珍藏版 家庭观赏宠物系列

热带鱼养殖与鉴赏

占家智 羊茜 编著

中国農業大學出版社

图书在版编目(CIP)数据

热带鱼养殖与鉴赏/占家智,羊茜编著.—北京:中国农业大学出版社,2008.6

ISBN 978-7-81117-437-3

Ⅰ.热… Ⅱ.①占… ②羊… Ⅲ.热带鱼类-鱼类养殖 Ⅳ.S965.8

中国版本图书馆 CIP 数据核字(2008)第 028200 号

书　　名 热带鱼养殖与鉴赏
作　　者 占家智　羊茜编著

策划编辑	冯雪梅	**责任编辑**	洪重光
装帧设计	北京长水流文化发展有限公司	**责任校对**	王晓凤　陈　莹
出版发行	中国农业大学出版社		
社　　址	北京市海淀区圆明园西路 2 号	**邮政编码**	100193
电　　话	发行部 010-62731190,2620	读者服务部	010-62732336
	编辑部 010-62732617,2618	出　版　部	010-62733440
网　　址	http://www.cau.edu.cn/caup	**e-mail**	cbsszs@cau.edu.cn
经　　销	新华书店		
印　　刷	北京鑫丰华彩印有限公司		
版　　次	2008 年 6 月第 1 版　2009 年 3 月第 2 次印刷		
规　　格	787×1 092　16 开本　10.125 印张　252 千字		
定　　价	39.90 元		

雅　趣

占家智

凡夫无欲亦无悔，敬业工作适时归，
小菜一碟浅酌醉，日上三竿犹酣睡，
偶与妻忆往昔情，闲伴儿放纸鸢飞。
春种兰花秋赏菊，冬喂鱼虾夏品龟，
年少痴狂比云鹤，如今尤爱石竹梅。
爱宠消得面憔悴，衣带渐宽不觉累。
小雅大趣偶成书，斟字酌句夜不寐。
恳请诸君多指教，期盼再版更完美。

前　言

热带鱼，顾名思义，它的故乡在热带。在众多的品种中，南美洲的亚马逊河流域所产的热带鱼最负盛名，它们的种类多、形体美、姿态雅、易生存，历来被认为是全球热带鱼的“仓库”。这些热带鱼也被称为是观赏鱼中的“动的宝石、活的精灵”，它们以动人的灵气、灵活的游姿、绚丽的色彩、迷人的情趣而让人爱不释手。

为了让广大热带鱼爱好者更方便简洁地了解热带鱼、饲养热带鱼、热爱热带鱼，我们编写了这本《热带鱼养殖与鉴赏》。本书共分四大部分，第一部分是热带鱼的文化，介绍了热带鱼的一些既有知识性又有趣味性的文化，对广大读者朋友了解热带鱼、喜爱热带鱼大有裨益；第二部分简明扼要地介绍热带鱼的家庭养殖技术及一些人们关心的常识；第三部分重点介绍目前在我国广为养殖的200多种热带鱼，每种鱼都配备了清晰的图片，方便读者朋友按图索骥；第四部分介绍热带鱼的造景，通过优美的画面、幽默的语言、睿智的哲理带领大家欣赏热带鱼的美、品味自然的生态美！

本书的特点是少讲理论，多介绍实用技巧，内容丰富，图文并茂，欣赏价值和收藏价值颇高。

由于我们的水平及技术力量有限，如有偏颇之处，敬请读者朋友指正为感！

占家智

2008年1月

目录 CONTENTS

CHAPTER 1
热带鱼的文化

CHAPTER 2
热带鱼的养殖

CHAPTER 3

常见热带鱼的欣赏

CHAPTER 4
热带鱼的造景与欣赏

CHAPTER 1
热带鱼的文化

一 热带鱼的起源

观赏鱼是水产养殖业的一个分支，而热带鱼则是观赏鱼的一个最主要品种。所谓热带鱼就是原产于热带地区的鱼类，现在多指生活于南、北温带及热带地区具有观赏价值的鱼类。观赏鱼业是以水族箱和水族馆为主要饲养场所、以水质的全人工调控为手段，饲养观赏水生生物供人欣赏、消闲和娱乐为目的的（图1）。在2万多种鱼类中，世界各地作为观赏的热带鱼有2 000多种，常见的热带鱼约有几百种（图2）。

图1–水族箱养殖热带鱼供观赏

由于鱼类的生理条件和适应能力决定了它们的地理分布，热带鱼主要分布在距离赤道较近的南美洲、非洲和亚洲的东南亚地区。其中首先以南美洲的亚马逊河水系出产的种类居多，形态、色泽也最为美观。因此，有人将亚马逊河称为热带鱼宝库。其次为东南亚，如印度尼西亚、泰国、马来西亚等地，也出产不少热带鱼。我国的广东、云南省等也有一些观赏价值很大的品种，如广州的白云金丝鱼、西双版纳的蓝星等。

图2–热带鱼

二 热带鱼的演变与饲养史

世界上鱼类有2万余种，以热带、亚热带水域的鱼类品种最多。热带鱼一般个体较小，生命周期较短，繁殖周期却快，一年中可以多次繁殖，且多姿多态，色泽美丽，招人喜爱，这些特点有利于品种的演变。一方面，自然界的热带鱼，在特定水域环境的适应中繁殖、杂交，一代代产子过程中发生变异；另一方面，各种美丽的热带鱼自被人们发现后，经不断地人工优选、杂交和定向培育，又获得了许多新的品种，从而形成了现在这样众多的、千姿百态的热带鱼种类。

由于热带鱼包括了鱼类中众多的科属品种，加之绵延不断的自然演化和人工培育筛选，导致热带鱼的体形、花色、个性和泳姿，奇异纷繁（图3、图4），例如：神仙鱼体形俊俏，花色高雅，泳姿姗姗，姿态万千，潇洒、娴静，真是超凡脱俗，实不愧有天使神仙之美称，它曾在德国热带鱼爱好者中引起轰动和狂热，冠以皇后鱼之称。宝莲灯鱼、珍珠玛丽、小丽丽等，体表似披珠宝、钻石般璀璨闪烁。接吻鱼虽无迷人的外表，却两鱼亲吻，独树一帜。孔雀鱼的花纹色彩千变万化，美丽无比。地图鱼能向投食者游去接食等。

根据史料记载，饲养并观赏热带鱼，可能起源于古代的埃及与罗马，距今2 000多年。但有文字记载表明世界上最早饲养热带观赏鱼的国家却是法国。公元1868年，卡蓬尼尔（Carbonnier）把一种热

图3–热带鱼之一

图4–热带鱼之二

带淡水鱼引入巴黎饲养，该鱼名为Paradise Fish（极乐鱼），其学名是*Macropodis opercularis*，实际是我国华南地区野生的一种斗鱼，后人称为中国斗鱼，这是世界上最早作为人工饲养观赏的一种热带淡水鱼。到了19世纪后期，欧洲出现了公共的水族馆，随后美国出现了第一个观赏鱼养殖者俱乐部，此时热带鱼也由南美洲的亚马逊河进入到美国的上层社会，热带鱼也开始为人们所认识并逐渐成为观赏鱼的主导。到了20世纪初期，由于电气化的发展，安全可靠的电热水族箱开始出现，人工养殖热带鱼开始成为一种饲养业。20世纪30年代，热带鱼养殖者俱乐部已经遍布欧美各国，行成热带鱼行业协会的雏形。随着各国热带鱼养殖协会的相继成立，推动了观赏鱼爱好者饲养技术的交流，促进了热带观赏鱼养殖业的蓬勃发展。在20世纪的40年代末期举行了第一次热带鱼展览。以后随着饲养技术的不断完善与提高，更多的人也加入了热带鱼养殖者的行列，与此同时，越来越多的野生热带鱼也不断地被开发而进入了家庭饲养（图5至图8）。

我国在20世纪30年代开始饲养观赏的热带鱼，也有70多年的历史。由于地理位置和历史的原因，我国最初饲养热带鱼的地方是广州和上海，然后逐步扩大到全国各大、中城市。

图6–维多利亚版画中的私人水族箱（引自《养鱼指南》，（英）米尔斯著，刘晓东译）

图7–日本养鱼图（引自《养鱼指南》，（英）米尔斯著，刘晓东译）

图5–水族馆版画（引自《养鱼指南》，（英）米尔斯著，刘晓东译）

图8–热带鱼水族箱盛行全球

三 热带鱼趣闻

1 热带鱼类中的生物气象员

泥鳅被称为活的“晴雨表”，它除了用鳃呼吸外，还能用肠子来进行呼吸。如果水中氧气少，说明外界气压低，泥鳅就急躁不安，卷曲身体游动，上下翻腾，水面冒出很多气泡，这预兆不久就会乌云密布；如果它在水中上下左右十分起劲地翻动时，要不了多长时间，天就下雨了；反之，泥鳅安静地栖息水底，说明水中氧气充足，外界气压高，是晴天的预兆。

还有一种生活在地中海沿岸的小型热带鱼，它也具有特异功能，预报天气又准又直观，被当地人称为“生物气象员”。当地居民将其养在鱼缸中，若鱼沿缸壁游，说明天气不好不坏，不是多云便是阴天；若浮在水面急躁不安，肯定要下雨；若静躺缸底不动，说明一定是晴天。据说这种气象热带鱼的本领比泥鳅还要强。

2 用拟态保护自己的热带鱼

蝴蝶鱼的身躯扁圆形，体色很美丽，头部和尾柄上有两条黑带，身体后部还有一个眼睛似的大圆点，平时缓缓地向后游动，看上去尾部像头部。当敌害向它进攻时，蝴蝶鱼突然用真正的头部迅速前进，向相反的方向游去，逃之夭夭。

图9-枯叶鱼

生活在巴西亚马逊河中的枯叶鱼，身体形状、大小和颜色极像一片枯树叶，下颌顶端还长着一根叶柄状的吻突。平时摆动着透明的小鳍，使身体缓慢前进，宛如一片枯叶在顺水飘流。如果它被网住，渔民也会以为这只是一枯枝败叶而弃之，使其得以生还（图9）。

一种叫天使鱼的热带鱼，扁圆形，鱼鳍很大，有的却变异成为长丝的样子。它行动缓慢，体色很像周围的水草。

3 热带鱼中的战斗机——射水鱼

射水鱼号称“神枪手”和“活水枪”，是生长在东南亚各国江河湖泊里的一种鱼类。它最大的奇特之处就是能射水弹捕鱼。据试验，体长10～12厘米的射水鱼，能够将水弹喷射到4米之外。它常在河边水面巡游，一旦发现落在水边植物上或低飞的苍蝇、蚊子、蜻蜓等，便轻轻游到离猎物不远的地方，伸出头，竖直身，将水弹箭似地射中昆虫，然后美美地享受它。

4 灭蚊高手——食蚊鱼

食蚊鱼的生活能力特别强，凡是有水的地方，它都能生长。食蚊鱼吃蚊子幼虫时的动作十分有趣，当它发现蚊子幼虫后，眼睛逼视上方，两鳃鼓动，出其不意，猛地向上一冲，一口就是一个，接二连三，直到肚子填得胀鼓鼓的才肯罢休。因此，人们称它为“灭蚊高手”（图10）。

图10－食蚊鱼

5 没有眼睛的热带鱼

生活在美国一些石灰岩洞或地下水中的盲鳉鱼，就是没有眼睛的鱼。它体无色，呈半透明状，眼退化埋于皮层下，眼球中的水晶体和玻璃体及视神经都已退化消失了，成为双目失明的瞎子。

在美洲还有一种体长约7厘米、皮肤光滑无鳞的盲鰕虎鱼。它们常附着在岩石块下面，或匍匐生活在岩石的裂缝及洞穴中。盲鰕虎鱼在胚胎发育时期，胎儿两眼明显，发育正常，以后逐渐退化。在它破卵膜时，两眼虽小，但还有感光功能。到了成鱼，双眼就隐没在皮下，仅留下一点痕迹。

在没有眼睛的鱼类中，有一种被人称为怪物的盲鱼。这种鱼生性善良，喜好游动，由于它无眼睛，活动全靠感光皮膜，觅食则靠嗅觉。盲鱼虽无眼，但它体色银白而略带粉红，颜色娇艳，有淡素之美，许多养观赏鱼的人都喜欢它，因而也有不少玩赏家将它们视为一种新的观赏鱼类。

6 在河蚌体内产卵的鱼

在河流中的鳑鲏鱼，在生殖期间，雌鱼的输卵管延长成一条长管状产卵管。生殖时，通过这根管子，卵可以直接产在河蚌的体内，雌鱼卵产出后，雄鱼便立刻使其受精。人们曾做过详细的观察，发现雄鱼在发生性兴奋时，并不是因为雌鱼在旁边，而是因为它看到了已被产过卵的河蚌。鳑鲏鱼卵在河蚌体内发育，借助河蚌呼吸时水流的进出，得到充分的氧。卵产下后约1个月，仔鱼便从这种暂时的寄生体内出来，开始它们的独立生活了。

有趣的是河蚌对鳑鲏鱼如此照顾并非没有缘故，而是出于礼尚往来。说来凑巧，河蚌的产卵期，恰恰和鳑鲏鱼相同，于是河蚌的这些“小宝宝”就附着在鳑鲏鱼仔鱼的身上，依靠鳑鲏鱼来照顾了。难怪河蚌为鳑鲏鱼提供特别优惠的“产卵房”，原来它们都是为了各自的后代能平平安安地在大自然里生活下来。

7 上国旗的鱼

蒙古人民共和国的国旗上镶嵌着两条鱼，因为鱼在白天、黑夜均不闭眼，用它来表示全国都保持高度警惕，日夜保卫祖国，捍卫家园，防止外敌入侵。

8 上硬币的鱼

冰岛国民经济的支柱产业之一便是渔业，为了显示这一特点和表达对鱼类的热爱，价值为1克朗的冰岛硬币上就铸有一尾摇头晃脑的鳟鱼，而在另一种硬币上刻画的则是一尾击水翻腾的鲔鱼。

在爱尔兰的一种硬币上，生动地反映了生活在大西洋北部水域品质优良、产量丰富的鲑鱼在繁殖期间的形态——肥硕的鱼鳍、精巧的钩喙、端庄的仪容，极为气派。

9 上城徽图案的鱼

俄国的雅岗斯克城在蓝色的衬底上画着两条鲟鱼，表明当地居民赖以生存的衣食之源就是捕捞鲟鱼。科罗普是个著名的古城堡，城徽为蓝色衬底上镶嵌着一条银色的鲫鱼，上方为金色的菜篮，据说是受了波兰家庭妇女的影响，出门带上篮子买回鲜鱼和蔬菜，带回的是吉祥和幸福。

俄国早年许多古城堡，是以鱼的图案作为城徽设计的，布古利马城绘着一条金光闪闪的鱼，表示此种鱼在本城水域内生息，告诉人们本地资源丰富，堪称风水宝地。

10 上邮票的鱼

热带鱼在国外被印上邮票，是很多见的（图11）。建国以后，我国邮政局也发行了鲟鱼的邮票。

图11–邮票

11 爱接吻的鱼

接吻鱼嘴唇上长着许多锯齿状的肉齿，当两条接吻鱼相遇时，它们便如久别的情人一般长时间地相互用嘴进行碰撞似的接吻，有时吻在一起，达几分钟之久，十分有趣。接吻鱼的幼鱼长到3个月时，就开始接吻了。

12 打斗能手——斗鱼

用来斗的鱼是一种个性凶猛、色彩斑斓的热带鱼，有红、白、绿、青、蓝等色，并有着丝带般的鱼鳍，外表优雅美丽，看来就好像披上战袍一样，总是摆出一副准备比武打架的架势。目前最受欢迎的一个新品种是身段修长呈橄榄色、鳞片闪闪发光的一种鱼，它的战斗力最强。

鱼友培育斗鱼也颇费心机，小鱼分别放在玻璃器皿里喂养。长大后，两条大小差不多的鱼隔瓶靠在一起，如这两条鱼的鱼鳍展开并互相冲突便可参赛。参赛前，将斗鱼放在暗处。开始相斗时，使用强光刺激，它就会大展雄风。

在斗鱼比武打斗的比赛中，鱼主人为斗鱼安排战场，鱼儿在对阵时雄赳赳地把鳍张开，气势汹汹，互相绕着游动，进而互相扭打搏斗。斗鱼比赛激烈而凶残，经常双方被咬得遍体鳞伤。有时，两条鱼嘴咬嘴死不松口，在水中团团打转向下沉，这样相持20秒钟后，松开换口气，接着继续战斗。有人统计，斗鱼最长能打斗6小时左右，观战的人们兴高采烈，为斗鱼喝彩，直到一方被咬得遍体鳞伤，颜色苍白，灰溜溜地败退为止。一般获胜的鱼需调养1周后再参战。在这1周内，主人要投喂上好饵料，并不时给它照镜子，据说这样可使它恢复元气，增强战斗力。

13 我国特有的唐鱼

白云金丝是广州白云山上的土著“居民”，别的地方根本没有这种鱼，它是白云山及其附近的山地小溪所独有的一种小型热带鱼，所以又称其为白云山鱼，别名唐鱼、彩金线鱼、金丝鱼、红尾鱼等。这种鱼身上披着美丽的彩纹，其身体基色为暗绿色，从眼至尾柄基部，特别是头部后边两侧各有一条一直通到尾巴的金黄色彩带，闪闪发光，连着这根金丝带的尾巴都染红了。另外，在白云金丝的每一片鳞片上，都有很多小黑点，这些小黑点在金丝带和鱼体的下半部形成根根黑色的细线，十分醒目。白云金丝小巧、艳丽、活泼，深受热带鱼爱好者的喜爱。

四 鱼类对联集锦

观鱼翩跹赏景迷离洞悉自然法则一二；
修身片刻养性时时体会精彩人生百年。（占家智辑：水族馆联）

碧江钓月；柳岸观鱼。
春水焕彩；锦鳞生辉。
红鱼戏柳；紫燕衔泥。（萧娴：附联——书赠陆丹林）

鱼戏新荷动；鸟散余花香。
禽乐花如雨；鱼游水底天。（中堂花鸟图联）

鸟啼春院静；鱼戏野池幽。（园林联）

绿沼看鱼乐；青云羡鸟飞。（园林联）

水静鱼吹浪；花繁鸟狎人。（花园亭榭联）

红日映千帆；鱼香飘万里。（渔乡春联）

花狗观鱼乐；青云羡鸟飞。（十二生肖联）

心闲临水知鱼乐；晓起入林寻鸟声。
水月寺，鱼游兔走；山海关，虎啸龙吟。（彭俊对长老联）
（上联也作：水月观，鱼跃兔走）

风吹马尾千条线；日照鱼鳞万点金。（解缙对财主联）

不除庭草留生意；爱养盆鱼识化机。（永理联）

假山石上栽真树；死水池中养活鱼。

鱼惊翠羽金鳞跃；莲脱红衣紫葩催。（中堂鱼游莲池图联）

我爱邻居邻爱我；鱼傍水活水傍鱼。（湛江德邻里，回文联）

浅水斑鱼他日焉能变化；高冈彩凤今朝果见稀奇。（游先达对东家联）

鱼汛兴旺，乐向四海撒渔网；
锦鳞生辉，喜看五湖载丰年；
忙里偷闲，西天听经鱼出水；
闹中取静，禅房入定猿添香。（衡阳西禅寺联）

五 热带鱼的价值文化

1 能陶冶人的情操，增强乐趣

研究证明，饲养热带鱼可以陶冶人的情操，培养人的性格。在自家的书房、卧室、客厅养上几条热带鱼，配以相宜的器具、盆景、花卉、异石假山，不但可以增添恬静优雅的情调，使环境更加雅净清新，而且在工余之暇时观玩，久看不厌，令人赏心悦目、心旷神怡，从而达到净化心灵，陶冶情操的目的。企事业单位、公园、宾馆及游览场所饲养热带鱼等，还可美化环境，增添乐趣，装点景色(图12)。

图12–增强乐趣

2 有利于提高精神享受，促进文化消费

热带鱼体态奇异、五光十色、绚丽多姿，被誉为“活的诗，动的画”。人们在紧张繁忙的工作之余，通过欣赏、饲养、制作得到美的享受(图13)。

图13–精神享受

3 有益于身心健康

饲养热带赏鱼需要一定的体力和技术，老年人和慢性病患者饲养热带鱼，换水、喂食可增加生活中的乐趣，增强体质；工作紧张的人，通过饲养热带鱼，缓解疲劳、放松精神，有助于身心健康和战胜疾病，可起到平衡血压，修身养性，对治疗神经衰弱、忧郁症、高血压都有明显的作用。良好的精神状态是最好的药方，故有“养鱼一缸，胜服参汤”之说。另外，热带鱼喜欢吞食蚊类的幼虫，因此可控制蚊类的滋生。在公园、宾馆、庭院中凡是有水的假山喷水池、人工河和荷花池等，放养一定数量的热带鱼，不仅可改善水体环境，控制蚊类滋生，又对除害灭病如减少疟疾、丝虫病、脑炎等发病率起到积极的作用(图14)。

图14–有益于身心健康

4 天然加湿、节能省电

家庭居室养一水族箱热带鱼，不仅可以使你欣赏水中美景，还可以达到对室内环境起到天然加湿的效果，因为生态水族箱里的水分不断地蒸发到室内空气中，使干燥的空气湿度增大，对防止衰老、预防支气管疾病和心血管疾

图15–天然加湿

病都有良好的效果。而且比起加湿器来，又具有湿度均匀、节能省电等多种优点，是良好的天然加湿器(图15)。

5 寓教于乐、开发智力

热带鱼的种类繁多，分布在不同国家的河流海域，每一种鱼都有它的学名、俗名、产地、分布及历史，因此家庭养殖热带鱼，还有一个重要功能就是寓教于娱乐之中。对培养孩子们热爱大自然，热爱生命和学习生物、地理、历史知识都有着重要的作用(图16)。

图16–开发智力

6 科学价值

热带鱼生长快，易饲养，性成熟早，是优良的科学试验材料。可用于水质监测、遗传工程、鱼病防治、探索鱼类提早繁殖原理与方法以及药物控制鱼类性别等方面的实验，还可进行生物变异、遗传进化、胚胎发育和环境保护等方面的研究，为鱼类生物学的发展作出重要贡献。

六 热带鱼的欣赏文化

对热带鱼本身的欣赏可以从静、动态两大类的“色、形、态、性”四方面出发。

首先，可以从静态的色开始，即体表色彩的种类、分布、深浅、反光度等，如七彩神仙的体形基本上是一致的，但是它们却能变化出好几十种变幻莫测的色彩，让人赏心悦目、爱不释手(图17)。还有静态的形，鱼体形状因种而异，如玻璃猫全身透明，骨骼与内脏清晰可见，形态独特；鲟龙和东洋刀的构造原始奇特。

图17–神仙鱼的色彩很美

其次，就是动态中的态即体态，它犹如人的气质，如普通神仙和七彩神仙的泳姿温文尔雅，突出了一种柔情之美。另外就是性，包括生活习性，如反游猫以腹部朝上背朝下方式游动，灯科鱼类以群游出没，接吻鱼爱接吻，老鼠鱼爱啃食水族箱壁上的藻类，高射炮用口喷射水柱击落空中昆虫等各具特色；还有就是繁殖习性，如斗鱼生殖时雌雄拥抱交配产卵，七彩神仙鱼产卵孵化出的仔鱼则需吸食亲鱼身上的分泌物，非常类似哺乳类的哺乳行为(图18)。这就是说一般可以从鱼体的颜色、体形、体态及习性四个方面去综合鉴赏和评价一条热带鱼。

图18–七彩神仙的幼鱼吸吮母鱼的体汁(引自《新热带鱼奇境》(日)株式会社绿书房)

七 评价热带鱼的标准

评价热带鱼的标准在各个国家有一定的差异，但总的来说是有一定规律可循的，一般标准主要包括以下几点：

第一，它的体色丰富艳丽，具体可分为色彩和花纹两类，即要求色彩鲜艳或花纹美丽或花纹奇特。从花纹的图形上看，一般带状、

图19-斗鱼的鳍很出众

点状、块状花纹比较受欢迎，如泰国斗鱼的鳍形丰满，状如火炬(图19)。色彩可谓五光十色，赤、橙、黄、绿、青、蓝、紫、黑、白各色，在热带鱼体上都可见到，但不同的种类色彩各异，有单色的，如红色、黑色；也有2种以上复色、多色的，在不同品种鱼体上构成各种美妙的花色、图形、镶边；有的还具有金属光泽，在光照下闪烁发亮，以及不同角度光线折射下变幻的色彩。有些科属的热带鱼，在性腺成熟的发情期，出现平时没有的浓艳体色，称之为婚姻色。婚姻色在雄鱼体上更为鲜艳。例如，孔雀鱼的体色有红、蓝、黄、黑、绿及杂色等。

第二，从它的体形上看是否出众，常见的有长吻、大头、大嘴等都可以引起人们的购买欲望，另外鳍形的特点、鳍条的长短及开阔程度和形状都是进行评价的重要方面(图20)。例如，孔雀鱼的尾鳍可分为上剑尾、下剑尾、双剑尾、矛镖尾、尖尾、琴尾、旗尾、扇尾、圆尾、铲尾和剪尾等。有的种类腹鳍变成丝状触须，如攀鲈科的丽丽鱼、珍珠鱼、蓝三星鱼、蓝曼龙鱼等。有的种类臀鳍宽大，游动时像一条裙子在摆动，如黑裙鱼、红裙鱼。有的种类背鳍高大成马鞍状，如马鞍翅鱼。神仙鱼的背鳍

图20-丽丽鱼的体形出众

和臀鳍都很大，且上下对称，腹鳍细长如触须。

第三，考察它是否具有有趣的生物学特性，常见的生物学特性具体表现在求偶的特殊性、筑巢孵卵的特性、口孵护幼的慈祥特点、射水的功能、叫唤的声音、带电的神秘、伪装的能力、凶残的本色、诱捕食物的技巧、认识主人的情趣、打斗的习性以及变色、装死等能力等(图21)。

第四，是否具有特殊的水族功能，主要评价内容有是否会清除残饵、清洁粪便、啃食鱼缸的青苔、清洁鱼缸的玻璃以及能否吃掉水体中的水螅等水族功能。

第五，泳姿多式多姿。如反游猫喜欢仰泳。

图21–斗鱼的求偶很有特点——雌雄鱼拥抱产卵
（引自《新热带鱼奇境》(日)株式会社绿书房）

CHAPTER 2
热带鱼的养殖

一 热带鱼的养殖基础

1 影响热带鱼生长的因素

(1) 水温

热带鱼是狭温性鱼类，例如，丽鱼科、攀鲈科和蝴蝶鱼科等，生存水温多为12~40℃，生长适温为20~32℃，繁殖水温以26～30℃为宜。它们对水温的要求比较苛刻，对水温的变化特别敏感，水温的急剧升降，常会引起热带鱼的不适应或生病，甚至死亡。因此，在气候的突然变化或者换水时均应特别注意水温的变化。

(2) 溶解氧

水中的溶氧过低，热带鱼就会出现浮头现象，严重缺氧时，就会窒息死亡。不同种类的热带鱼间对溶解氧有一些差异，如攀鲈科的鱼类具有鳃上呼吸器官，耐低氧的能力较同规格的其他鱼强；丽丽鱼的鳃弓上富有迷宫状血管网黏膜，是辅助呼吸器官，当水中缺氧时，鱼可游到水面上吞咽空气而进行呼吸。同种热带鱼，幼体的耗氧率比成体高，温度高时比温度低时高。

因此在鱼缸、水族箱内，要保持较高的溶氧量，一是考虑适宜的放养密度，以减少鱼类自身的耗氧；二是排污时换掉部分老水，输入含氧量高的清洁的新水；三是种植培养适量的水草；四是采用人工增氧。

(3) 二氧化碳

水体中二氧化碳的含量偏高，热带鱼会发生呼吸困难。

(4) 酸碱度

热带鱼原来出生地的土壤属红土壤，微酸性，加之地表、水中腐殖质较多，一般水质为微酸性，所以大多数热带鱼要求pH值6～7的水。

(5) 硬度

绝大多数热带鱼要求在软水、低硬度或中性的水中生活和繁殖。

(6) 食性

根据热带鱼对食物的喜好程度可分为植物食性、动物食性和杂食性，小鱼虾、螺肉、陆生昆虫、黄粉虫、禽畜肉块等是我国热带鱼爱好者的主要饵料。

(7) 对农药等有毒物质的耐受力

剑尾鱼对有机磷农药的敏感性比金鱼和斑马鱼强，而对菊酯类农药的敏感性不如金鱼和斑马鱼强。但是，几乎所有的热带鱼类对这些农药的反应均很敏感，因此，剑尾鱼易饲养，对农药敏感，在许多国家可作为农药污染的环境监测生物。

(8) 综合作用影响体色

饲养在水族箱中的这些鱼类体色往往不如在天然情况下鲜艳。造成这种差异的原因，目前认为是：①天然环境中鱼体受太阳光照射，而在水族箱中鱼多受日光灯的照射，光源不同，鱼体色自然不同。②亚马逊河水多呈红褐色或浊色，而水族箱中则多为无色透明，鱼体自然会退色。③自然水域多为酸性，皮肤色素对不同pH值的反应不同。④食物差异造成体色各异。饲养实践证明，给灯鱼投喂单一饲料不仅营养不全面，易患病，而且体色不鲜艳，无光泽，要使鱼保持鲜艳的体色和光泽，必须经常调换饲料，多种饵料搭配，其中以卤虫等动物性活饵料为佳。

2 养殖用水

饲养观赏鱼的用水一般有6种：第一种是地表水，如江河、湖泊等天然水，水中溶氧丰富，有大量的浮游生物作为热带鱼的饵料，养出的鱼色彩比较鲜艳，但有杂质较多、水质极易变质的不足；第二种是地下水，如井水、泉水，这种水的硬度较大，浮游生物不多，溶氧较低，要经过日晒升温以及曝气后方可用于养殖热带鱼；第三种是自来水，水质比较清洁，含杂质少，细菌和寄生虫也少，是饲养鱼比较

理想的水；第四种是海水，是养殖海水热带鱼专用的水源，它的来源有两种，一种是直接取自海洋中的水，另外一种就是人工配制的海水；第五种是去离子水；第六种是磁场处理水。

3 养殖容器

饲养热带鱼，以水族箱为主要容器，便于观赏，箱内鱼体、水草等景物不变形，符合热带鱼的需要。

4 热带鱼的选购

(1) 从专业的销售商处选购

选择热带鱼应该从专业销售商那里买鱼，这类商店鱼的种类多，消费者的选取择范围大，而且这里的鱼通常也比较好。

(2) 要选择良好条件下养殖的热带鱼

如果养殖热带鱼的水体浑浊，水中污染物多，养殖容器壁上模糊，热带鱼大多浮向水面，嘴一张一合地浮头，说明该处经营者管理不好，养殖条件差，这里的热带鱼可能有内伤、体质差，最好不要选择。

(3) 养殖种类的选择

初养热带鱼的人最好先选择耐低温、食性杂、适应性强、易饲养的种类，如孔雀鱼、剑尾鱼、黑玛丽、金丝鱼等。选购时，要选择具有典型的种质形态特征和特性的个体，要问清楚该种个体的年龄，仔细观察体质。应选择同批中个体较大、生命力强、体色鲜艳、体态肥满健壮、游泳活泼的鱼(图22)。

图22–黑玛丽

(4) 搭配种类

在饲养中，为增加花色品种和水族箱的景观，充分利用水体的饵料和空间，常混养不同种类、不同花色和体形的鱼。首先可以把对水质的要求相似、性情温顺、食性和栖息水层互补的鱼类混养在一起。其次是搭配比例，主养鱼类占多数，搭配鱼类占少数。第三是不能让整日游窜不息的鱼类与安详爱静的鱼类混养在一起。吸盘鱼、食藻鱼和接吻鱼等能摄食水族箱中的残饵，舔食箱壁上的藻类，具有很好的清洁作用，可以作为混养时的首选对象。

(5) 考虑鱼的大小与水族箱的匹配

在买鱼前，应先搞清楚你的鱼缸能容纳多大的鱼，在鱼商的水箱里，那些鱼也许看起来正适合你的水箱，但是有一点要记住，就是有些鱼虽然在幼小时是很小，但它们最终会长得很大。例如红腹水虎鱼是臭名昭著的掠食者，可长至30厘米，法国天使鱼可长到超过40厘米，而孔雀鱼体形细小，长得也不大，因此挑选时一定要了解你所需要的鱼将来可能长多大，与你的水族箱是否相适应。

(6) 最好多买几尾

对一个养鱼爱好者而言，挑选那些能在鱼缸里和谐共处的鱼是十分重要的。许多种鱼天生就是群居的，因而当水箱里没有它的同伴时，就会变得很烦躁，或变得很具攻击性。

(7) 了解鱼的习性

任何一种食肉鱼都应养在单独的水箱中，或是和与它们体形相近的其他鱼生活在一起。例如蓝带鳝不能和其他较小的鱼一块儿养。

(8) 利用水族箱

为了充分利用水族箱的空间，应该挑选不同品种的鱼，让它们生活水族箱中的各个水层中。不是所有的鱼生活习性都是相同的，有些鱼习惯于从水面上取食；一些鱼游弋在中层水位；而第三类鱼却很少离开水族箱底部。这样，通过选择各个水层中的鱼，可以使你的水族箱充分发挥不同层次的效用。

(9) 要选择健康无伤的热带鱼

①所选的鱼要健康，无病无伤残，无带病带菌现象。鱼的体色鲜艳，鳞鳍完整，双眼对称，检查一下那条你想买的鱼是否随时准备吃东西，也就是检查你要买的鱼的食欲是否正常。

②所选的鱼是活力要强，游动有力，在游泳时鱼鳍应竖起。在清澈的水体中，它会一边找饵料、一边贴近底石，不离群独游。

③鱼的颜色应很纯，形成图案的地方不会染有其他近似的颜色。

④各种不同的鱼要尽可能显示出它的特征和美感，尤其是某些品种的鱼，其色彩鲜艳的图案是它的特殊标志，因而这些图案必须与“标准”相符。为了增加观赏性，同一次购买的不同热带鱼最好颜色各异，形态有别。

(10) 不健康的鱼不要购买

①从鱼的活动能力来判断，一般要避免挑选那些沉在水箱角落里的鱼。

②从鱼的鳍条舒展情况来看，一只不健康的鱼游动时会将鳍平贴在身上。

③从鱼的排泄物来看，一只正受体内疾病困扰的鱼会流出无色的排泄物。

④从鱼的体表来看，不要挑选那些有脓肿、白点、水霉、病斑、肿块、伤口或鳍有裂口的鱼。

5 热带鱼的装运

购来的热带鱼一般都用塑料袋带水装运，离家较远，袋中还应充入氧气。经长途运输的，可放入纸盒中，要求热带鱼头一天不喂食，运输途中也不要放入水草，防止腐烂，败坏水质。

6 热带鱼的放养

装运来的观赏鱼，不要立即放入鱼缸中，应经过“缓苗”处理，保持水温基本一致。方法是将装鱼的容器（如塑料袋），连同水和鱼一起放在鱼缸中静置20分钟左右，然后再慢慢地将鱼倒出来，使之进入鱼缸中。一般情况下，直径约30厘米的鱼缸，可放入体长2～3厘米的小型热带鱼10尾左右，炎热的夏季可少放几尾。体大的，也可酌情少放。

二 热带鱼水族箱

1 热带鱼水族箱的款式

水族箱作为热带鱼的一种养殖载体，它本身也具有极强的赏析功能，它的观赏价值直接体现在造型上，不同的造型给人以不同的视觉享受(图23至图26)。

按照水族箱的制作材料可分为塑料水族箱、玻璃水族箱、有机玻璃水族箱、钢化玻璃水族箱和特殊玻璃水族箱等数种。

根据有无边框可分为两类，即无边框水族箱和有边框水族箱。

图23–壁挂式水族箱

图24–电视柜式水族箱

图25–双柜门式水族箱

根据水族箱的配备可分为单缸式水族箱、柜式水族箱和组合式水族箱。

根据各种家庭水族箱的不同造型，可分为长方形、正方形、立柱形、双柜门式等。

根据功能可分为养鱼盆、小玻璃缸、半开放式水族箱、完全异养型开放式水族箱、自控式水族箱。

从水族箱的大小可分为掌上缸、迷你水族箱、家用水族箱、大型水族箱及超大型水族箱等。

从水族箱不同的放置方式和放置位置来分，可以分为窗台式、壁橱式、壁挂式、案几式、茶几式、吧台式、电视柜式等。

2 热带鱼水族箱的选择

图26–S形水族箱

首先要准确确定水族箱的选择范围：根据自身的资金和技术的实际情况，合理调整水族箱的选择范围在个人可以承受的经济范围内。收入高的白领家庭可以养殖龙鱼等大型观赏鱼，收入较高的蓝领家庭可以养殖海水鱼，而家庭收入一般的公务员则以养殖精灵活泼小型的热带鱼为主，这一点相当重要，因为在热带鱼爱好者中有一句话很值得思考“买得起水族箱，却养不起热带鱼”。

其次要与家居装饰整体搭配：人们不但要观赏水族箱内的鱼，也欣赏整个家居的摆设，因此购买水族箱一定要与家居装饰的协调统一结合起来。这就要求选择水族箱的形状、大小、颜色及底柜都要与家居装饰相适宜。

再次是认真选择水族箱体：目前水族箱体主要流行弧形缸，一方面这种箱体的优点是大气而且没有棱角，不易伤害人及家具；另一方面水族箱体的选择也与养殖的热带鱼有一定的关系。如果是放在桌子上，则宜养5～8厘米的小型鱼，选的水族箱体积可适当小些，薄型玻璃质的扁圆形或长方形、六角形均可，长度一般最好不超过60厘米。如果是放养大型的热带鱼，水族箱的体积应该大一点，可采用压克力水族箱或有机玻璃水族箱，长度可达1.2～1.5米，款式以长方形、椭圆形或弧形为宜。

最后是辅助器材的选择：水族箱要考虑基础设施的匹配性，加温的性能要良好，温度不能失控，也不能漏电；充气增氧的功率要适当，过滤系统要通畅，照明灯管的功率及款式选择要合理。

3 热带鱼水族箱的放置

①安设水族箱的位置不仅要考虑家居格局和装饰效果，使水族箱既便于观赏又不妨碍其他家具和电器的摆设。

②放置后一定要稳定不摇动，否则会非常危险。

③放在没有太阳长期直晒的地方，以免影响水温度及加速藻类生长。

④不要放在风扇底下和门边，以保证观赏鱼不被影子惊吓。

⑤放置的位置也要考虑方便对鱼缸的管理。水族箱的位置应靠近电源插座，以免电线长度不够。

三 水族箱的设施

1 过滤与净化装置

(1)过滤器

在水族箱中设过滤系统有以下功能：促进水流循环，使水温维持均衡；防止污泥或细沙粒沉积在植物表面，保持水族箱中气体的交换。用于热带鱼养殖的过滤器种类较多，主要有上部过滤器、底部过滤器、沉水过滤器、外置式过滤器、滴流式过滤器和泡沫过滤器。

(2)滤材

常用的滤材主要有过滤棉、活性炭、生化球、陶瓷环、塑料丝、离子交换树脂。

(3)各类底砂

沙石作为理想的底床材质，在水族箱中同时兼具美观和调节水质的功能，此外还可固着水草根部，为有益微生物提供附着。在较大的水族箱中，一般选3～4毫米规格的底砂，1米以下的水族箱中大多用2～3毫米规格的底砂。常用的沙石主要有溪砂、沙子、麦饭石、沸石、斧劈石、水晶石、砂积石、湖石、卵石、英石、钟乳石、珊瑚、天然宝石。

(4)净水微生物

净水微生物的种类很多，效果也各不相同，目前最常用的还是硝化细菌。

2 水的消毒处理装置

随着人类文明的发展和环境保护意识的加强，有残留污染和二重感染的传统消毒剂和抗生素类药物逐渐退出使用的舞台，转而使用无污染和无残留的紫外光和臭氧来消毒水源。

紫外光能杀灭有害微生物，抑制藻类的繁衍，已广泛用于水源和器皿等物品的表面消毒。一个6瓦的紫外光灯可有效抑制500升水中藻类的生长，杀灭病源微生物。

臭氧（O_3）是氧的不稳定同素异构体，具强氧化性，有良好的消毒效果。臭氧的产生有3种方法：电晕放电法、电解法和氧分子电离法。

臭氧杀灭微生物的作用是物理、化学和生物等综合作用的结果，对改善水质也具有重要作用。它能增加水中的溶氧量，降低有害物质的浓度。

3 充气装置

水族箱饲养观赏鱼，往往需要增设充气设备，对水体进行充气，其作用主要有：一是可以增加水中的溶解氧量，把氧气输送到每一个角落，避免因氧气不足而对鱼类产生危害。特别是对海水水族箱和未栽种水草的水体更为重要。二是通过充气使水中气压增加，使水体产生波动，以达到清除溶解于水中的二氧化碳、硫化氢等有害气体的目的，起到净化水质的作用。三是可使水体产生流动，避免水族箱内上下水温、溶氧量等不一致。四是水中氧气的增加，使好氧细菌的活动加剧，从而加速了水中有害物质的分解，改善水体环境。五是气泵输入的气体形成气泡从排水嘴喷出，由水箱下层向上漂浮，增强水族箱的动感，提高了水族箱的观赏价值。气泵通常是根据每分钟能产生的空气体积或在一定水深时能带动多少散气石来分级的。如果使用气动过滤器和(或)蛋白分离器，则需要准备一个质量好、功率相当的气泵。目前市售的空气气泵有电磁震动式和马达式空气气泵2大类（图27）。

4 控温装置

水族箱中的水温变化受气温变化影响很大，在温带区域，温差明显，热带鱼极难适应。所以，水族箱饲养鱼类，需要一定的调温设备，使水族箱内的水体温度恒定在适宜于饲养鱼类生长繁殖的温度范围内，所以，加热棒是必备的器材。而炎热的盛夏外界温度又常常在30℃以上，这时，水族箱就必须借助冷却系统来降低水温维持恒定的温度。

图27-充氧

可供选择的加热棒有分离式加热棒、恒温调节器、复合式加热棒、加热板、沙石底部的加热线缆、带加热组件的过滤器等，最普遍使用的是带恒温调节器的复合式加热棒。

5 照明设施

饲养观赏鱼的目的，主要是供人们观赏，因此，水族箱必须有一定的光源。照明设施使人们在观赏时不受放置地点和时间的限制，在管理上，可随时借助照明设备进行工作，为水族箱提供照明条件，也是观赏鱼和水中其他生物正常生活所必需。一般来说，不同的鱼类对灯光的光谱都有不同的需求，因此挑选灯光必须根据不同的鱼种来确定，例如罗汉鱼比较适合暖色带淡紫红的灯光。因此，购买时应选择适宜热带鱼生长的照明灯具，如荧光灯、密合式荧光灯、水银灯、金属卤素灯等。

每天开灯时间只要在10～12小时，即可保证水族箱中充足的光线，为了有规律的照明，最好能在水族箱中装设定时器，以定时开关灯源，保证稳定充足的光照，也可避免鱼儿不必要的紧张。若安装暖色系及冷色系灯源的多灯管灯具，再配合定时器控制照明时间，则可以创造一个符合自然生态的照明系统。就淡水水族箱而言，有一个与水族箱长度一样的荧光灯管就足够了。柔和的光照不仅能使鱼游动活跃，而且还有利于展现其迷人的色彩。而色彩鲜明的海水热带鱼则需要几支灯管才能使观赏者完全欣赏到它们多姿多彩的生活。饲养热带观赏鱼水族箱的灯管功率参考值见表1。

表1　饲养热带观赏鱼水族箱的灯管功率参考值（引自章之蓉）

水族箱规格（厘米）	灯管		水族箱规格（厘米）	灯管	
	功率（瓦）	数量（只）		功率（瓦）	数量（只）
40×25×30	10	1	90×45×45	20	2
60×30×36	20	1	120×45×45	40	2
75×30×40	20	1			

6 配景的材料

(1) 沙子

沙子铺堆在水族箱底部，可固定各种装饰物、珊瑚和栽种各种水草。在使用前，应洗干净，浸泡24小时，以防有害物随同进入水族箱。

(2) 石头

在水族箱内摆放石头，与水草配合造景，使整个画面富有和谐统一的自然美景。可作置景石料有斧劈石、水晶石、砂积石、湖石、卵石、英石、石笋石、钟乳石等。

(3) 人造水草

人造水草是模拟观赏水草的叶形、株形，用无毒无副作用的塑料制作而成，目的是为了营造观赏水草的气氛，为观赏鱼提供一个安全感很强的地方，同时也具有修饰水族箱环境的作用。

(4) 沉木

有多种类型的沉木可供水族箱选用，选择时要注意，一是沉木的大小要和鱼缸成正比；二是不要选择形状太过复杂的沉木；三是要选择炭化完全的沉木；四是要选会沉入水中的沉木；五是要慎选沉木的外形，主要选外形特异，造型突出，很能显出造景功能的沉木。

(5) 装饰物

装饰物是以某种方式来修饰水族箱，它具备美化的功能。可供养殖者选择的装饰物有各种各样的类型，诸如珠宝盒、骨架、帆船、河蚌、蛤蜊、人造竹排、水车屋以及各式各样的陶瓷工艺品等，其作用主要是为水族箱养殖增添另外一种情趣。

(6) 背景板

可以购买表现树根和植物、岩石或珊瑚的塑料图片背景。另外，还可以在水族箱背面的外侧作画，对于淡水和半咸水水族箱来说，最好使用深的、与水岸相似的颜色。

(7) 测试盒

可用于溶氧量、水中金属含量等的测定。所有的养殖者至少应备有能测定硬度、pH值、氨、亚硝酸盐和硝酸盐的测试盒。此外，海水养殖者还应购买一个能测定铜含量的测试盒。

7 水草

图28–完整漂亮的叶片

水草是热带鱼养殖生态系的重要组成部分。在水族箱中栽种适宜的水草作背景，不仅能烘托气氛，装点环境，更能淋漓尽致地勾画出热带鱼的自然风采，尤其是那些鱼体透明度较高的鱼。若无水草陪衬，它们晶莹的体态就显得不够清晰，色彩显得不够鲜艳，因而从观赏的角度看，水草就显得极为重要。再则，水草在光线的照射下，进行光合作用，补充水体中的氧气，吸收鱼排泄的尿、粪中的氨，净化水质。此外，水草是某些鱼类夜间歇息的依附物，也是某些产黏性卵鱼类繁殖时鱼卵的附着物。夏季时，水草生长茂盛，可为鱼体遮阳，起到降温和减少光照的作用。

购买水草时，须根据水族箱的规格和所饲养的观赏鱼习性选择相适应的水草。选购的植物应叶片色彩鲜艳有生气，枝叶完整无损，根粗茎壮，根、茎挺拔繁茂，叶柄短而嫩，新芽多，没有青苔附着（图28、图29）。

图29–漂亮的水草

水草的栽种方法有以下3种。

缸栽法：把缸底沙子拨开一凹穴，将水草根部放入穴中，须根压入沙中，培沙并压上卵石。此法使布局完美，但清洗比较麻烦。

盆栽法：将水草栽于小盆中，再将小盆放入缸中。此法虽清洗方便，但种植的种类、数量及整体布局均受到限制。

压根法：对于浮生水草或缸底不宜铺砂的鱼缸，可将水草根部捆上小石或套入合适的玻璃管沉入缸底，用小石固定位置。

8 其他饲养器材

储水桶	当采用自来水、井水为水源时，必须备有储水桶，以便曝气、充氧后使用。
水桶、脸盆	作装运鱼、水及饵料等用。
小抄网	每当从水族箱中捞出或放进观赏鱼时，不宜直接用手捕捉，须用抄网捕捞。
浮游生物网	打捞活饵料专用网具。
饵料暂养缸	每当打捞回或购进一批鱼虫不能全部投入水族箱，应根据鱼的食量投喂，多余的活饵暂养于缸中待用。
饲架	专供放置线虫、红孑孓等活饵用。
镊子	用于种植水草与投喂饵料用。
虹吸管	每次换水时，用以吸取鱼缸内的水及箱底污物。
刮苔器	主要用于刮除附着于玻璃面上的青苔或尘埃。
水温计	用于观测水温变化。一种是以胶贴于水族箱外壁上的，另一种是以吸盘附在水族箱的内壁上的。

pH值试纸或pH值测定仪定期测定水的pH值，以便调整水的酸碱度。

四 热带鱼的饲养与护理

1 放养密度

热带鱼的放养密度依水族箱的大小和设备条件、鱼的种类和规格及养殖者的经验而定。例如60厘米×35厘米×35厘米的水族箱可放小型热带鱼30～40尾，中型鱼15尾，大型鱼5～7尾；40厘米×30厘米×30厘米的水族箱可放小型热带鱼20尾左右，中型鱼6～8尾，大型鱼4～5尾；大型海水鱼水族箱的放养密度为每吨水3～5千克鱼。

2 投饵管理

热带鱼放入水族箱或鱼缸后，每天都要给食。每天投饲料的次数和每次投量，要根据具体情况掌握。

每次投饲料的数量要根据鱼体大小、鱼数多少以及投喂次数掌握。若每天投喂1次，应投足喂饱，投饵量应留有余地，当时吃不完，但在当日之内能够吃完即可。若日喂2～3次，喂至八成饱就行，大约10分钟以内吃完，不留剩饵。如何判断鱼类是否吃饱？可在投入饵料时边少量慢投，边观察摄食情况，饵料初入水时，鱼的反应很快，马上游来吞食，一口接一口地吃得很快；后来就慢了，也不那么兴奋了；最后，对饵料不理睬，或者吞吞吐吐，这表明已经吃饱了。

无论每日投饵料几次，都应固定时间，如日投2次，上下午各1次，上午8~9时，下午3~4时，清早和夜晚不宜投喂。

无论喂的是鱼虫、丝蚯蚓、孑孓或干饵料，都不要过量。投喂丝蚯蚓时，可利用塑料小盒，盒上穿些孔，放入丝蚯蚓后吊挂于水中。喂其他切碎的动物性饵料，也装入盛具内为宜。人工配合饲料或切碎的鱼、肉块，注意颗粒适口。虾头胸甲上突出的额角刺和锯齿应除掉。

如果因事外出，不能每天给食，三五天不投饵料，鱼也不会饿死。但在离开前应按正常情况，投饵料和换清水，保证水质清新，氧气充足，不发生“闷缸”事故。

3 及时添施肥料

如果热带鱼水族箱中有水草生长时，就需要及时添加水草肥料。常用的水草肥料有氮肥、磷肥、钾肥等基本肥料，还有铁、镁等微肥及水草营养剂，添加方式是通过根肥、液肥、铁肥等形式注入水族箱内，添加水草肥料的具体方法是主要营养剂每天添加一次，以及每隔7天换水1次，并配合换水时再添加1次微肥。

4 清洁与换水

由于日常饲养过程中饵料不断地投入及鱼类自身产生的排泄物，会使水质变

CHAPTER 3 常见热带鱼的欣赏

005 红单剑

学名：	*Xiphophorus helleri* sp.
别名：	红剑尾鱼。
特征：	体形有向月鱼发展的趋势，尾部的剑只有一条。
身长：	8～12厘米。
雌雄区别：	成年雄鱼尾鳍下方常长有剑状突出物，未长出时，可靠观察臀鳍来分辨雌雄，雌鱼的臀鳍呈扇形，而雄鱼臀鳍为棒状。
饲养难度：	容易饲养。
食性：	杂食性。尤喜欢活饵。
繁殖方法：	卵胎生。雌雄比例为1：（2～3）。
繁殖能力：	强。雌鱼每隔45天左右便可繁殖1次，每次可产仔鱼50尾左右。
pH值：	7.2～7.9。
硬度：	6.5～11。
水温：	22～29℃。

光照：	需求量中等。
放养形式：	性情温和，能与所有鱼类混养。
活动区域：	上、中、下层水域。
特殊要求：	有浓密的水草。红单剑易跳，要注意防跳。
受欢迎程度：	很受欢迎。

006 红双剑

学名：	*Xiphophorus helleri* sp.
别名：	双剑尾鱼。
特征：	尾部的红剑有2条。
身长：	10～12厘米。
雌雄区别：	成年雄鱼尾鳍下方常长有剑状突出物，未长出时，可靠观察臀鳍来分辨，雌鱼的臀鳍呈扇形，而雄鱼臀鳍为棒状。
饲养难度：	容易饲养。
食性：	杂食性。特别喜欢吃水蚯蚓等活饵。
繁殖方法：	卵胎生。雌雄比例为1：（2～3）。
繁殖能力：	强。雌鱼每隔45天左右便可繁殖1次，每次可产仔鱼20～80尾。
pH值：	7.0～7.6。
硬度：	12～17。
水温：	20～26℃。

光照：	需求量中等。
放养形式：	性情温和，能与所有鱼类混养。
活动区域：	上、中、下层水域。
特殊要求：	有浓密的水草。
受欢迎程度：	很受欢迎。

007 日光单剑

学名：	*Xiphophorus helleri*
别名：	日光剑尾鱼。
特征：	尾鳍下缘的剑只有一条。
身长：	8～11厘米。
雌雄区别：	成年雄鱼尾鳍下方常长有剑状突出物，未长出时，可靠观察臀鳍来分辨，雌鱼的臀鳍呈扇形，而雄鱼臀鳍为棒状。
饲养难度：	容易饲养。
食性：	杂食性。爱吃绿色植物。
繁殖方法：	卵胎生。雌雄比例为1∶（2～3）。
繁殖能力：	强。雌鱼每隔30～40天便可繁殖1次，每次可产仔鱼60尾左右。
pH值：	7.1～7.5。
硬度：	11～16。
水温：	22～28℃。

光照：	需求量中等。
放养形式：	性情温和，能与所有鱼类混养。
活动区域：	上、中、下层水域。
特殊要求：	由于亲鱼会吃掉稚鱼，故要有带隔离网的产仔箱以保安全。
受欢迎程度：	很受欢迎。

008 银玛丽

学名：	*Poecilia latipinna* var.
别名：	银摩利。
特征：	银玛丽体色银白，背鳍高耸，尾鳍和背鳍分布着蓝色的圆点。
身长：	6～10厘米。
雌雄区别：	雄鱼个体小，臀鳍尖形成交配器；雌鱼个体粗壮，臀鳍圆形。
饲养难度：	容易饲养。
食性：	杂食性。可吃各种的商品饵料，饵料应含有植物性成分。
繁殖方法：	卵胎生。雌雄比例为1∶2。
繁殖能力：	强。每隔6～10周可繁殖一次，每条雌鱼一次可产仔鱼30～50尾。
pH值：	7.0～7.7 。
硬度：	9～15。

水温：	24～29℃。
光照：	需求量中等偏上。
放养形式：	可以混养。
活动区域：	上、中、下层水域。
特殊要求：	喜好生活在稍具盐分的碱性硬水中，所以在饲养时可以在缸中以珊瑚砂铺底。
受欢迎程度：	非常受欢迎。

009 金玛丽

学名:	*Poecilia latipinna* var.
别名:	彩玛丽、金摩利。
特征:	鱼体金黄色至橘红色，全身布满金红色的小点，背鳍宽大。
身长:	6～12厘米。
雌雄区别:	雄鱼臀鳍呈尖形，是性交配器官；雌鱼臀鳍呈圆形，腹部膨胀。
饲养难度:	容易饲养。
食性:	杂食性。喜食植物及苔藻，喂人工饲料时，要喂以绿藻为主的饵料。
繁殖方法:	卵胎生。雌雄比例为1∶4在一起饲养,追逐交配，当雌鱼腹部膨胀，肛门上透明部分呈黑色时，把雌鱼移至孵化箱内产仔。
繁殖能力:	强。多产，经2～3个月便可成熟，每条雌鱼一次可产仔鱼40～50尾。
pH值:	6.7～7.5。
硬度:	8～13。
水温:	24～27℃。

光照:	需求量中等。
放养形式:	性情温和，从不攻击其他品种的热带鱼，可以混养。
活动区域:	上、中、下层水域。
特殊要求:	偏好稍具盐分的弱碱性硬水，饲养时须以每10升的水添加5克的盐。孵化时要避免亲鱼吞食仔鱼。
受欢迎程度:	特别受欢迎。

010 红玛丽

学名:	*Poecilia latipinna* var.
别名:	红姑娘、红摩利。
特征:	通体红色，背鳍充分展开，活泼好动。
身长:	6～9厘米。
雌雄区别:	雄鱼背鳍大，臀鳍演化成交尾器；雌鱼体大。
饲养难度:	较易饲养。
食性:	杂食性。喜食植物及苔藻，喂人工饲料时，要喂以绿藻为主的饵料。
繁殖方法:	卵胎生。雌雄比例为1∶2。
繁殖能力:	强。多产，每条雌鱼一次可产仔鱼30～50尾。
pH值:	7.2～7.6。
硬度:	9～11。
水温:	24～26℃。

光照:	需求量要大。
放养形式:	混养。
活动区域:	上、中、下层水域。
特殊要求:	饲养时须以每10升的水添加5克的盐，另外，红玛丽对水温变化非常敏感，要注意。
受欢迎程度:	非常受欢迎。

011 燕尾红玛丽

学名：	*Poecilia latipinna* var.
别名：	燕尾摩利。
特征：	通体红色，尾部呈燕子尾样，游动时十分美丽。
身长：	7～12厘米。
雌雄区别：	雄鱼背鳍大，臀鳍演化成交尾器；雌鱼体大，无交尾器。
饲养难度：	较易饲养。
食性：	杂食性。特别喜食绿藻及苔藻。
繁殖方法：	卵胎生。雌雄比例为1∶2。
繁殖能力：	强。每条雌鱼一次可产仔鱼50尾左右。
pH值：	7.0～7.8。
硬度：	11～15。
水温：	24～28℃。
光照：	需求量中等偏上。

放养形式：	性情温和，可以混养。
活动区域：	上、中、下层水域。
特殊要求：	饲养时对水温变化非常敏感。
受欢迎程度：	非常受欢迎，尤其是中小学生和热带鱼饲养新手更是喜欢。

012 黑玛丽

学名：	*Poecilia sphenops*
别名：	黑姑娘、黑摩利鱼。
特征：	通体乌黑发亮，体形呈梭形而侧扁，腹部略圆，吻部稍尖。
身长：	5～7厘米。
雌雄区别：	雄鱼背鳍能充分展开，臀鳍呈尖形，是性交配器官；雌鱼个体较粗大，臀鳍呈圆形。
饲养难度：	较易饲养。
食性：	杂食性。喜食绿色植物及苔藻。
繁殖方法：	卵胎生。雌雄比例为1∶2。
繁殖能力：	强。多产，每次可产仔鱼50～100尾。
pH值：	7.2～8.3。
硬度：	9～11。
水温：	20～28℃，也可以忍受10℃的水温。
光照：	需求量中等偏上。

放养形式：	可以混养，但是由于喜欢弱碱性的硬水，所以最好不要与脂鲤科的热带鱼混养。
活动区域：	上、中、下层水域。
特殊要求：	含5%～10%的海水或盐水的水。
受欢迎程度：	一般。

013 金茶壶

学名：	*Poecilia latipinna* var.
别名：	金皮球。
特征：	腹部会变得浑圆，通体带有成熟金黄色色泽，有的个体带有杂黑色斑点。
身长：	4～6厘米。
雌雄区别：	雄鱼臀鳍演化成交尾器；雌鱼体大，无交接器。
饲养难度：	较易饲养。
食性：	杂食性。
繁殖方法：	卵胎生。雌雄比例为1∶2。
繁殖能力：	强。多产，每条雌鱼一次可产仔鱼60～80尾。
pH值：	7.2～7.9。
硬度：	10～14。
水温：	23～26℃。
光照：	需求量中等。
放养形式：	混养。
活动区域：	上、中、下层水域。
特殊要求：	喜弱碱性的硬水，每5升水加1小匙盐。
受欢迎程度：	非常受欢迎。

014 白茶壶

学名：	*Poecilia latipinna* var.
别名：	白皮球。
特征：	腹部浑圆，体色纯白，嘴巴尖小上翘。
身长：	4～5厘米。
雌雄区别：	雄鱼臀鳍演化成交尾器；雌鱼体大。
饲养难度：	较易饲养。
食性：	杂食性。对苔藻和绿色藻类特别感兴趣。
繁殖方法：	卵胎生。雌雄比例为1∶2。
繁殖能力：	强。多产，每条雌鱼一次可产仔鱼40尾左右。
pH值：	7.3～7.9。
硬度：	9～15。
水温：	23～29℃。
光照：	需求量中等偏上。
放养形式：	混养。
活动区域：	上、中、下层水域。
特殊要求：	喜弱碱性的硬水，每5升水加1小匙盐。
受欢迎程度：	受欢迎，尤其是中小学生和热带鱼饲养新手更是喜欢。

015 黑球琴尾

学名：	*Poecilia latipinna* var.
别名：	黑尾茶壶。
特征：	腹部浑圆，嘴巴尖小上翘，尾呈琴状。
身长：	4～7厘米。
雌雄区别：	雄鱼臀鳍演化成交尾器；雌鱼体大。
饲养难度：	一般。
食性：	杂食性。喜食苔藻和绿藻。
繁殖方法：	卵胎生。雌雄比例为1∶2。
繁殖能力：	强。多产，每条雌鱼一次可产仔鱼60尾左右。
pH值：	7.7～8.6。
硬度：	15～22。
水温：	25～30℃。
光照：	需求量中等。
放养形式：	混养。
活动区域：	上、中、下层水域。
特殊要求：	喜弱碱性的硬水，每5升水加1小匙盐。
受欢迎程度：	非常受欢迎，尤其是热带鱼饲养老手更是喜欢。

016 大帆金鸳鸯

学名：	*Xiphophorus maculatus*
特征：	背鳍呈帆状。
身长：	6～10厘米。
雌雄区别：	雄性有华丽的体色与由臀鳍特化成的交接器，另外，背鳍也较雌鱼宽阔；雌鱼的体色较为平淡，在体侧会有不连续的黑色杂斑。
饲养难度：	较难饲养。
食性：	杂食性。喜爱吃鱼粮。
繁殖方法：	卵胎生。雌雄比例为1∶2。
繁殖能力：	强。多产，每次可产仔鱼80尾左右。
pH值：	7.4～8.1。
硬度：	11～16。
水温：	23～28℃。
光照：	需求量中等。
放养形式：	可以混养。
活动区域：	上、中、下层水域。
特殊要求：	喜弱碱性的硬水。
受欢迎程度：	非常受欢迎，尤其是热带鱼饲养老手更喜欢。

017 红尾金月鱼

学名：	*Xiphophorus variatus*
特征：	尾鳍红色，身体金黄色。
身长：	6～9厘米。
雌雄区别：	雄性具有华丽的体色，臀鳍特化成的交接器；雌鱼的体色较为平淡。
饲养难度：	难饲养。
食性：	杂食性。
繁殖方法：	卵胎生，雌雄比例为1∶2。
繁殖能力：	强。生殖期可延续达2年。雌鱼每隔3个月可产20～200尾仔鱼。
pH值：	7.0～7.8。
硬度：	9～15。
水温：	20～26℃。
光照：	需求量中等。
放养形式：	混养。
活动区域：	上、中、下层水域。
特殊要求：	喜弱碱性的硬水。
受欢迎程度：	一般。

018 三色鱼

学名：	*Xiphophorus variatus*
别名：	鸳鸯鱼、落阳红、落日红。
特征：	体幅粗壮，由3种颜色组成的体色，浅海蓝色的身躯，旭红色的尾鳍，黄色的背鳍。
身长：	6～10厘米。
雌雄区别：	雄鱼体色艳丽，背鳍高大，超过自身的长度和宽度；雌体腹部圆大如鼓，色泽较雄鱼逊色。
饲养难度：	容易饲养。
食性：	杂食性。特别喜欢鱼虫、水蚯蚓、红孑孓和绿色藻类。
繁殖方法：	卵胎生。雌雄比例为1∶2。
繁殖能力：	强。1个月可产仔1次，1次可产仔鱼80尾左右。
pH值：	6.8～7.4。
硬度：	9～14。
水温：	18～27℃。
光照：	需求量中等偏上。
放养形式：	混养。
活动区域：	上、中、下层水域。
特殊要求：	喜弱碱性的硬水，要求水质清洁。
受欢迎程度：	一般。

019 月鱼

学　　名：*Xiphophorus maculatus*
别　　名：月光鱼、新月鱼、满鱼、光鱼、红太阳。
特　　征：腹部较圆，至尾部渐侧扁，头小眼大、吻尖，尾鳍圆形。
身　　长：4～6厘米。
雌雄区别：雄鱼的臀鳍前几根鳍条演化成棒状输精器；雌鱼腹部明显膨胀，胎斑由白变黑，肛门突出。
饲养难度：容易饲养。
食　　性：杂食性。以活水蚤为主，也食绿叶菜。
繁殖方法：卵胎生。雌雄比例为1∶2。
繁殖能力：强。每隔2个月便可产约50尾仔鱼。
pH　　值：7.2～8.1。
硬　　度：9～15。
水　　温：22～28℃。
光　　照：需求量中等偏上。
放养形式：适宜混养。
活动区域：上、中、下层水域。
特殊要求：喜弱碱性的软水，可按10升水加1茶匙海盐的比例配制。
受欢迎程度：非常受欢迎。

020 红尾圆鳉

学　　名：*Nothobranchius guentheri*
特　　征：体狭长，头吻较尖，圆形尾，粉红色。
身　　长：10～14厘米。
雌雄区别：雌鱼的背鳍、臀鳍比雄鱼的更圆；雄鱼的颜色比雌鱼的更鲜艳。
饲养难度：中等。
食　　性：杂食性。尤喜丰年虫、水蚤等活饵。
繁殖方法：卵生。雌雄比例为1∶2。
繁殖能力：强。每次产卵30粒左右。
pH　　值：6.2～6.9。
硬　　度：3～8。
水　　温：22～28℃。
光　　照：需求量一般。
放养形式：宜单独饲养。
活动区域：在上层和水面上游动。
特殊要求：饲养鱼缸水面上应放置一些浮性水草。
受欢迎程度：非常受欢迎，尤其是热带鱼饲养高手更是喜欢。

021 漂亮宝贝鳉

学名：	*Oryzias latipes*
特征：	身体流线型，头吻较尖，非常美丽。
身长：	5～8厘米。
雌雄区别：	雄鱼的背鳍、臀鳍较雌鱼大，雄鱼的体色更新艳。
饲养难度：	较难饲养。
食性：	杂食性。爱吃食红虫、丝蚯蚓、摇蚊幼虫、人工饲料。
繁殖方法：	卵生。雌雄比例为1：1，雌鱼在交配后先将受精卵黏于泄殖孔上，随后将之贮放在水草之间。
繁殖能力：	强。产卵25～40粒。
pH值：	6.7～7.8。
硬度：	3～8。
水温：	18～28℃。
光照：	需求量中等偏上。
放养形式：	宜单养。
活动区域：	上、中、下层水域。
特殊要求：	饲养鱼缸水面上应放置一些浮性水草。
受欢迎程度：	非常受欢迎，尤其是热带鱼饲养高手更是喜欢。

022 台湾青鳉

学名：	*Oryzias latipes latipes*
特征：	体狭长，头吻较尖，全身布有小黑斑。
身长：	3～7厘米。
雌雄区别：	雄鱼的背鳍、臀鳍较雌鱼大。
饲养难度：	中等偏难饲养。
食性：	杂食性。可吃食红虫、丝蚯蚓、蚊子及昆虫的幼虫、人工饲料。
繁殖方法：	卵生。雌雄比例为1：1，雌鱼在交配后先将受精卵黏于泄殖孔上，随后将之贮放在水草之间。
繁殖能力：	强。每次产卵15～25粒。
pH值：	7.0～8.1。
硬度：	3～5。
水温：	18～28℃。
光照：	需求量中等偏上。
放养形式：	性情温和，不会掠食其他鱼种及虾类，可混养。
活动区域：	在水域表层至底层。
特殊要求：	饲养鱼缸水面上应放置一些浮性水草。
受欢迎程度：	一般。

023 女王鳉

学名：	*Oryzias javanicus*
特征：	体高且宽，体色呈透明状，具有蓝色透明感的眼睛。
身长：	3～6厘米。
雌雄区别：	雄鱼有丰满的上半身，背鳍、臀鳍较雌鱼大而明显。
饲养难度：	较难。
食性：	杂食性。可吃食红虫、丝蚯蚓、人工饲料。
繁殖方法：	卵生。在水温23～28℃下，经14小时光照和10小时黑暗的光周期刺激产卵，受精卵10天后孵出。
繁殖能力：	强。产卵30粒左右。
pH值：	6.8～7.9。
硬度：	5～13。
水温：	22～28℃。
光照：	需求量中等偏上。
放养形式：	性情温和，喜好群体生活及行动，可混养。
活动区域：	上、中层水域。
特殊要求：	饲养鱼缸水面上应放置一些浮性水草。
受欢迎程度：	非常受欢迎。

024 闪电青鳉

学名：	*Melanotaenia splendida splendida*
特征：	背部有一块金属般闪亮花纹，尾鳍呈矛尾状。
身长：	3～9厘米。
雌雄区别：	雄鱼的背鳍、臀鳍较雌鱼大，颜色鲜艳。
饲养难度：	较难饲养。
食性：	杂食性。可吃食红虫、丝蚯蚓、人工饲料。
繁殖方法：	卵生。雌鱼在交配后先将受精卵黏于泄殖孔上，然后贮放在水草之间。
繁殖能力：	强。产卵20～40粒。
pH值：	7.0～8.0。
硬度：	3～5。
水温：	18～28℃。
光照：	需求量中等。
放养形式：	性情温和，可混养。
活动区域：	在水域表层至底层。
特殊要求：	饲养鱼缸水面上应放置一些浮性水草。
受欢迎程度：	一般。

Aplocheilidae(rivulinus)
溪鳉科

025 竖琴尾鱼

学名：	*Aphyosemion australe*
别名：	五彩琴尾鱼、澳洲琴尾鱼、琴尾鱼。
特征：	身躯苗条，尾鳍的形状像古代竖琴。体色橙黄，嵌有朱红斑点，腹部呈浅蓝色，臀鳍和背鳍红棕色并带紫红镶边。
身长：	6～10厘米。
雌雄区别：	雄鱼尾鳍较长大，上下叶鳍端延长；雌鱼尾鳍圆形。
饲养难度：	较难饲养。
食性：	爱食活饵。
繁殖方法：	产卵箱底不铺沙，放入捆成束的金鱼草或狐尾草，提高水温2℃，产卵完毕，捞出亲鱼，经12～14天孵出仔鱼。
繁殖能力：	弱。雌鱼产卵延续多日，每日10余粒。
pH值：	6.4～7.6。
硬度：	7～11。
水温：	20～27℃。
光照：	需要较暗的光线。
放养形式：	应单养。
活动区域：	下层水域。
特殊要求：	适宜弱酸性的水。
受欢迎程度：	较受欢迎。

Belonidae(needlefishes)
颌针鱼科

026 针嘴鱼

学名：	*Xencntoaon cancila*
别名：	小火箭、奇齿针鱼。
特征：	体形细而直，像一支银棒，大而长的口中布满了尖锐的牙齿。
身长：	27～32厘米。
雌雄区别：	雄鱼臀鳍前部较厚，具有交媾的功能，雌鱼则没有。
饲养难度：	容易饲养。
食性：	肉食性。喜食小鱼、红虫、水蚤或丰年虾等活饵。
繁殖方法：	卵生。将亲鱼放在有浮草的水族箱内，鱼卵产在浮草的根部，为黏性卵，约经9天孵化。
繁殖能力：	很弱。产卵100粒左右。
pH值：	6.8～7.7。
硬度：	10～17。
水温：	22～28℃。
光照：	需求量中等。
放养形式：	性情凶猛，不宜与其他鱼种混合饲养，宜单养。
活动区域：	下层水域。
特殊要求：	水族箱需加盖，防止受到惊吓时跳出。
受欢迎程度：	非常受欢迎。

027 澳洲彩虹鱼

学名：	*Melanotaenia maccullochi*
别名：	虹银汉鱼、黑纹鱼、短虹鱼、小彩虹鱼、五彩金凤凰、五彩虹、五彩金凤。
特征：	体侧扁，略呈红色，背鳍两个。
身长：	7～10厘米。
雌雄区别：	雄鱼体色较美，雌鱼的颜色比雄鱼暗淡；雌鱼性成熟时腹部比雄鱼膨胀。
饲养难度：	较易饲养。
食性：	杂食性。偏植物食性，爱吃人工饵料。
繁殖方法：	卵生。在繁殖缸底部铺置一层厚约3厘米的干净细沙，然后种植一些细叶水草，雌鱼在早晨产卵，鱼卵有黏性，经7天即可孵化出幼鱼。
繁殖能力：	强。雌鱼每次可产卵150粒左右。
pH值：	6.9～7.9。
硬度：	9～17。
水温：	23～28℃。
光照：	需求量较高。
放养形式：	生性温和，喜群游，宜混养。
活动区域：	上层水域。
特殊要求：	弱碱性带盐分的水。
受欢迎程度：	非常受欢迎，尤其是中小学生和热带鱼饲养新手更是喜欢。

028 新几内亚彩虹鱼

学名：	*Glossolepis incisus*
别名：	彩虹鱼、新几内亚彩虹鱼、舌鳞鱼。
特征：	鱼体呈纺锤形，侧扁。尾鳍呈叉形，鱼体呈深艳红色，各鳍也均为红色。
身长：	8～14厘米。
雌雄区别：	雌、雄颜色差异明显。雄鱼较雌鱼艳丽，全身带有金属光泽的酒红色；雌鱼是灰茶色，并不出众。
饲养难度：	饲养容易。
食性：	杂食性。偏植物食性，爱吃人工饵料。
繁殖方法：	卵生。产卵于茂密的草丛中，鱼卵有黏性，经7天即可孵化出幼鱼。
繁殖能力：	强。亲鱼每次可产卵150粒左右。
pH值：	6.9～7.8。
硬度：	9～13。
水温：	22～28℃
光照：	需求量较高。
放养形式：	性温和，喜群游，能与同性质鱼混养。
活动区域：	上层水域。
特殊要求：	宜弱碱性水质。
受欢迎程度：	非常受欢迎，尤其是中小学生和热带鱼饲养新手更是喜欢。

029 石美人

学名：	*Melanotaenia boesemani*
别名：	半身黄彩虹鱼。
特征：	鱼体呈纺锤形，侧扁，尾呈叉状。体色分成两个部分，前半部较偏蓝色，后半部则是橘黄色，身体有不明显的两条深蓝色横斑。
身长：	12～15厘米。
雌雄区别：	雄鱼较雌鱼艳丽，全身带有金属光泽的酒红色，雌鱼是灰茶色；雌鱼性成熟时腹部比雄鱼膨胀。
饲养难度：	较易饲养。
食性：	杂食性。喜食动物性饵料。
繁殖方法：	卵生。在繁殖缸底部铺置一层厚约3厘米的干净细沙，种植细叶水草，雌鱼产卵后经5～7天即可孵化出幼鱼。
繁殖能力：	强。亲鱼每次可产卵150粒左右。
pH值：	6.7～7.9。

硬度：	9～15。
水温：	22～28℃
光照：	需求量中等偏上。
放养形式：	生性温和，可以混养。
活动区域：	上、中、下层水域。
特殊要求：	弱碱性的硬水。
受欢迎程度：	非常受欢迎，尤其是中小学生和热带鱼饲养新手更是喜欢。

030 蓝美人

学名：	*Melanotaenia lacustris*
特征：	体呈纺锤形，侧扁，色彩从绿色、蓝色到靛色都有，同时会反射着美丽的光泽。
身长：	10～13厘米。
雌雄区别：	繁殖期雄鱼会呈现婚姻色，发出彩虹般的光彩。
饲养难度：	较易饲养。
食性：	杂食性。偏动物食性。
繁殖方法：	卵生。在繁殖缸底部铺置一层厚约3厘米的干净细沙，种植细叶水草，雌鱼产卵后经5～7天即可孵化出幼鱼。
繁殖能力：	强。亲鱼每次可产卵150粒左右。
pH值：	6.5～7.9。
硬度：	11～14。
水温：	21～28℃。

光照：	需求量中等。
放养形式：	生性温和，喜群游混养。
活动区域：	上、中层水域。
特殊要求：	宜弱碱性的水。
受欢迎程度：	非常受欢迎，尤其是中小学生和热带鱼饲养新手更是喜欢。

031 电光美人

学　　名：	*Melanotaenia praecox*
特　　征：	体形小，身体有霓虹蓝色，鳍的边框为红色。
身　　长：	7～11厘米。
雌雄区别：	繁殖期雄鱼会呈现婚姻色，雄鱼较雌鱼艳丽；雌鱼性成熟时腹部比雄鱼膨胀。
饲养难度：	较易饲养 。
食　　性：	杂食性。偏动物食性。
繁殖方法：	需要茂密的水草作卵的附着物，雌鱼产卵后经5～7天即可孵化出幼鱼。
繁殖能力：	强。亲鱼每次可产卵100粒左右。
pH　　值：	7.2～8.9。
硬　　度：	11～15。
水　　温：	22～28℃。
光　　照：	需求量中等。
放养形式：	生性温和，常与小型灯鱼一起混养在水草缸内。
活动区域：	上、中、下层水域。
特殊要求：	要十分留意水质状况，不能过酸。
受欢迎程度：	非常受欢迎，尤其是中小学生和热带鱼饲养新手更是喜欢。

032 红美人

学　　名：	*Melanotaenia splendida splendida*
特　　征：	体呈纺锤形，体色多为橘红色，随着成长背部会隆起，有尖而细的吻部。
身　　长：	12～16厘米。
雌雄区别：	雄鱼有较高的背部，体色较为明亮，有极度延深的背鳍和臀鳍，雌鱼则没有这些特征。
饲养难度：	较易饲养。
食　　性：	杂食性。喜欢吃活饵。
繁殖方法：	卵生。需种植茂密的细叶水草，雌鱼产卵后经5～7天即可孵化出幼鱼。
繁殖能力：	强。每次可产卵120粒左右。
pH　　值：	6.5～7.9。
硬　　度：	11～15。
水　　温：	21～28℃。
光　　照：	需求量中等偏上。
放养形式：	生性温和，喜群游混养。
活动区域：	上、中、下层水域。
特殊要求：	要种植水草。
受欢迎程度：	非常受欢迎，尤其是中小学生和热带鱼饲养新手更是喜欢。

033 暹罗斗鱼

学名：	*Betta splendens*
别名：	泰国斗鱼、五彩博鱼、火炬鱼等。
特征：	背鳍、臀鳍和尾鳍宽大，尾鳍呈火炬形。鱼体颜色有鲜红、艳蓝、草绿、紫蓝、杂色等。鳃弓上有辅助呼吸器官。
身长：	6～10厘米。
雌雄区别：	雄鱼颜色鲜艳，各鳍比雌鱼长得多；雌鱼体色暗淡，体形宽厚，腹部膨大，尾鳍、背鳍较小且浑圆。
饲养难度：	非常容易饲养。
食性：	杂食性。可摄食所有的商品饵料，但爱吃活饵。
繁殖方法：	卵生。繁殖前应先在缸里放一株菊花草。将亲鱼按雌雄1：1的比例放进缸里。雄鱼吐沫筑泡巢，泡巢筑好后，雄鱼将雌鱼引诱、追赶到泡巢下交配产卵，以后由雄鱼护卵。
繁殖能力：	强。一年可繁殖10次以上，每次可产卵400～1 000粒。
pH值：	6.6～7.5。
硬度：	6～10。
水温：	24～30℃。
光照：	需求量较多。
放养形式：	雄鱼以善斗闻名，在同一鱼缸里，不应该同时养2尾以上成年的雄性暹罗斗鱼，但它们却能和其他品种的热带鱼和平相处，是混养的好品种。
活动区域：	上、中、下层水域。
特殊要求：	鱼店卖此鱼时需一条鱼装一小袋，防止咬伤。
受欢迎程度：	非常受欢迎，各位热带鱼爱好者都喜欢。

034 中国斗鱼

学名：	*Macropodus opercularis*
别名：	歧尾斗鱼、菩萨鱼、花绣巾等。
特征：	鱼体长卵形侧扁。背鳍、臀鳍基长，后端鳍条均延长至尾鳍，体色基调灰绿色、褐色等，鳃弓上有辅助呼吸器官。
身长：	7～10厘米。
雌雄区别：	雄鱼体形较大，色泽鲜艳，背鳍、臀鳍和尾鳍均较尖长；雌鱼体形较小，腹部膨大隆起，各鳍较圆，颜色略淡雅。
饲养难度：	非常容易饲养。
食性：	杂食性。喜食孑孓、昆虫幼体和鱼虫，也食干饲料。
繁殖方法：	卵生。繁殖前应先在缸里放一株菊花草，亲鱼按雌雄1：1的比例放进缸里。雄鱼开始吐泡营巢，适时雌鱼受雄鱼挤抱后产卵，雄鱼随即射精，受精卵被集聚在泡巢中，经60小时孵出幼鱼。
繁殖能力：	比较强。每次可产卵300～400粒。
pH值：	6.7～7.5。
硬度：	6～12。
水温：	18～28℃。
光照：	需求量较多。
放养形式：	性好斗，又能吞食小鱼，不宜混养。
活动区域：	中、下层水域。
特殊要求：	需要水草。繁殖时需加高水温。
受欢迎程度：	非常受欢迎。

035 全红斗鱼

学名:	*Betta splendens* sp.
别名:	红斗鱼、红彩雀鱼。
特征:	体呈纺锤形，全身红色，尾鳍较大，鳃弓上有辅助呼吸器官。
身长:	4～8厘米。
雌雄区别:	雄鱼颜色鲜红，各鳍比雌鱼长得多；雌鱼体色暗淡，腹部膨大。
饲养难度:	一般。
食性:	杂食性。可摄食所有的商品饵料。
繁殖方法:	卵生。口孵，筑浮泡巢进行繁殖，雄鱼将雌鱼引诱、追赶到泡巢下交配产卵，以后由雄鱼护卵。
繁殖能力:	比较强。每次可产卵400粒左右。
pH值:	6.2～7.4。
硬度:	6～11。

水温:	24～30℃。
光照:	需求量较多。
放养形式:	不宜混养。
活动区域:	上、中、下层水域。
特殊要求:	需要水草。
受欢迎程度:	较受欢迎。

036 珍珠马甲鱼

学名:	*Trichogaster leeri*
别名:	珍珠鱼、马山甲鱼、珍珠毛足鱼。
特征:	体长椭圆形，侧扁，尾鳍浅叉状。腹鳍呈丝状延长，金黄色。鱼体基色为银灰色，全身及各鳍均布满珍珠形斑点。
身长:	12～15厘米。
雌雄区别:	雄鱼体色更红更鲜艳，背鳍、臀鳍均较长，末端呈尖形；雌鱼背鳍、臀鳍相对较短，末端呈圆形，性成熟的雌鱼腹部较膨胀。
饲养难度:	非常容易饲养。
食性:	杂食性。爱吃动物性饵料。
繁殖方法:	卵生。雌鱼吐沫营巢，浮在水面上，雄鱼护卵孵幼，经3天左右孵化。
繁殖能力:	比较强。每次产卵1 000粒以上。
pH值:	6.5～7.4。
硬度:	6～9。
水温:	23～28℃。

光照:	需求量中等偏多。
放养形式:	性情温和，适宜混养。
活动区域:	上、中、下层水域。
特殊要求:	喜欢生活在弱酸性的硬水中，要保持安静，若惊吓过度会退色与停止摄食。
受欢迎程度:	特别受欢迎。

037 银马甲鱼

学名：	*Trichogaster microlepis*
别名：	银龙鱼、银曼龙鱼。
特征：	身体银色且散发金属光泽，眼睛处会略带点红色的色泽。
身长：	12～16厘米。
雌雄区别：	雄鱼的背鳍长而尖，发情期腹部会变为橘黄色。有须的长腹鳍稍有一点红色，雌鱼不明显。
饲养难度：	非常容易。
食性：	杂食性。爱吃动物性饵料。
繁殖方法：	卵生。吐泡沫作巢，雄鱼引诱雌鱼游到浮巢下，完成产卵、受精。
繁殖能力：	强。每次可产卵700粒左右。
pH值：	6.0～7.5。
硬度：	4～9。
水温：	24～29℃。
光照：	需求量中等偏多。
放养形式：	生性温和胆怯，不适合与其他鱼种混养。
活动区域：	上、中层水域。
特殊要求：	需要茂密的水草或石堆。
受欢迎程度：	非常受欢迎，尤其是中小学生和热带鱼饲养新手更是喜欢。

038 迷你马甲鱼

学名：	*Trichopsis pumilus*
别名：	小型奇拉美。
特征：	体呈咖啡色，体侧有深色纵斑，各鳍镶有亮丽的蓝边。
身长：	4～8厘米。
雌雄区别：	雄鱼的背鳍长而尖，雌鱼背鳍的特征没有雄鱼明显。
饲养难度：	非常容易饲养。
食性：	杂食性。喜食活饵或人工饵料。
繁殖方法：	卵生。在浮叶下制造小型泡沫巢，由雄鱼负责照顾卵及幼鱼。
繁殖能力：	比较强。每次可产卵80粒左右。
pH值：	6.3～7.0。
硬度：	4～7。
水温：	25～30℃。
光照：	需求量中等偏多。
放养形式：	生性温和胆怯，不适合与其他鱼种混养。
活动区域：	上、中层水域。
特殊要求：	水族箱需多栽水草，产卵后，需将雌鱼移出。
受欢迎程度：	一般。

039 三星曼龙鱼

学名：	*Trichogaster trichopterus*
别名：	三点马甲。
特征：	鱼身体中央与尾鳍根处和眼球之间都有黑点，形成三星状，普通体色为银青色，背鳍和尾鳍有无数小斑点。
身长：	10～14厘米。
雌雄区别：	雄鱼的背鳍、臀鳍都显得更宽大和尖利，发情时，体色变成深蓝色。雌鱼在产卵期腹部会隆起。
饲养难度：	容易饲养。
食性：	杂食性。可喂人工饵料或活饵。
繁殖方法：	卵生。由雄鱼制造小型泡沫巢，由雄鱼负责照顾卵。
繁殖能力：	比较强。每次可产卵50粒左右。
pH值：	6.0～7.0。
硬度：	4～7。
水温：	23～28℃。
光照：	需求量中等偏多。
放养形式：	会吃小鱼和体弱鱼，不适合与小型鱼种混养。
活动区域：	上、中层水域。
特殊要求：	产卵后，需将雌鱼移出，水族箱需多栽水草。
受欢迎程度：	一般。

040 发声马甲鱼

学名：	*Trichopsis vittatus*
别名：	咕鲈、多丝鱼、发声鱼。
特征：	鱼尾柄很短，尾鳍卵圆形，身体两侧有3条齿形纵带，深棕色，中间一条始于吻至尾鳍尖。
身长：	7～10厘米。
雌雄区别：	雌鱼体色略淡，腹部隆起；雄鱼体细长，体色略深。
饲养难度：	容易饲养。
食性：	杂食性。可喂各种饵料。
繁殖方法：	卵生。在浮叶下制造小型泡巢，产卵后，需将雌鱼移出，由雄鱼负责照顾。
繁殖能力：	比较强。每次可产卵80～200粒。
pH值：	6.7～7.8。
硬度：	6～9。
水温：	23～30℃。
光照：	需求量中等偏上。
放养形式：	生性温和胆怯，不适合与其他鱼种混养。
活动区域：	上、中、下层水域。
特殊要求：	这种鱼对煤气味很敏感，如遇煤气会中毒死亡。
受欢迎程度：	一般。

041 青万龙

学名：	*Trichogaster trichoptetus*
特征：	全身有不规则的青色斑纹。
身长：	14 ~ 19厘米。
雌雄区别：	雄鱼的背鳍上具有点状斑点，雌鱼没有。
饲养难度：	容易饲养。
食性：	杂食性。主要喂人工饵料。
繁殖方法：	卵生。产卵后，需将雌鱼移出，由雄鱼负责照顾。
繁殖能力：	比较强。每次可产卵70粒左右。
pH值：	6.9 ~ 7.7。
硬度：	6 ~ 10。
水温：	25 ~ 30℃
光照：	需求量中等偏上。
放养形式：	不可同时放养2尾雄鱼。
活动区域：	下层水域。
特殊要求：	很少游动，在水族箱中几乎是静止不动的，因此水族箱的水流宜小。
受欢迎程度：	较受欢迎。

042 丽丽鱼

学名：	*Colisa lalia*
别名：	桃核鱼、蜜鲈鱼、五彩丽丽鱼、七彩丽丽、小丽丽鱼、雪丽丽。
特征：	体呈卵圆形，侧扁，尾鳍呈圆扇状。体色以红、蓝、橙三色为主色，交织在一起，形成一片五彩缤纷的网状花纹。腹部有两根长长的触须。
身长：	5 ~ 8厘米。
雌雄区别：	雄鱼的背鳍、臀鳍、尾鳍等为红绿色，花纹清晰，背鳍末端尖长，雄鱼体上的色彩更是鲜亮；雌鱼体色较淡雅，呈银灰色，腹部隆起，背鳍浑圆。
饲养难度：	容易饲养。
食性：	杂食性。喜食动物性饵料。
繁殖方法：	卵生。产卵于气泡巢中，巢由雄鱼负责建造和守卫。
繁殖能力：	强。每次可产卵600 ~ 1 000粒。
pH值：	6.6 ~ 7.7。
硬度：	7 ~ 12。
水温：	25 ~ 28℃。
光照：	需要较强的光照。
放养形式：	适宜混养。但是由于胆小，不能与大鱼混养。
活动区域：	中、下层水域。
特殊要求：	水族箱要多植水草，放青苔和水藻。
受欢迎程度：	非常受欢迎，尤其是中小学生和热带鱼饲养新手更是喜欢。

043 厚唇攀鲈

学名：	*Colisa labiosa*
别名：	厚唇鱼、五彩曼龙鱼。
特征：	鱼体卵圆形，侧扁，口唇厚。体色棕黄，有10条灰色横条纹，条纹间略显红色。背鳍、臀鳍黄绿色镶红色、橙色边，腹鳍呈长须状，尾鳍短圆，各鳍布满红点。
身长：	9～12厘米。
雌雄区别：	雌鱼体色出现红色条纹；雄鱼背鳍和臀鳍末端很尖，雌鱼的呈圆形。
饲养难度：	容易饲养。
食性：	杂食性。但较喜食鱼虫、水蚯蚓、藻类。
繁殖方法：	卵生。亲鱼按雌雄1∶1的比例放进缸里，雌鱼产卵于气泡巢中，巢由雄鱼负责建造和守卫。
繁殖能力：	强。每次可产卵600粒左右。
pH值：	6.0～7.7。
硬度：	8～14。
水温：	20～28℃。
光照：	需要较暗的光线。
放养形式：	混养。
活动区域：	中、下层水域。
特殊要求：	水族箱要多植水草。
受欢迎程度：	较受欢迎。

Helostomatidae（kissing gourami）

沼口鱼科

044 接吻鱼

学名：	*Helostoma temmincki*
别名：	吻鱼、亲嘴鱼、桃花鱼等。
特征：	体长卵圆形，有橄榄绿和淡肉色两种体色，侧扁，常用有锯齿的嘴唇亲吻同属鱼类。最喜欢用嘴唇刮食玻璃箱壁上或石块表面的软叶藻类。
身长：	15～25厘米。
雌雄区别：	雌、雄鱼难分，身型较长、体形较瘦者为雄性，腹部隆起而鳍较短的是雌鱼。
饲养难度：	较易饲养。
食性：	杂食性。包括植物性饵料。
繁殖方法：	浮性卵。直接产出琥珀色的卵于水面，产卵后即隔离亲鱼，受精卵经过36小时左右可孵化出仔鱼。
繁殖能力：	非常强。一年可繁殖数次，每次产卵3 000～10 000粒。
pH值：	6.0～7.5。
硬度：	8～12。
水温：	26～31℃。
光照：	需要较强的光照。
放养形式：	爱在鱼缸中撒欢，不能和爱安静的热带鱼混养，但可与其他的鱼混养。
活动区域：	上、中、下层水域。
特殊要求：	繁殖用的水族箱要大，需要有漂浮性水草。
受欢迎程度：	特别受欢迎。

045 火口鱼

学名：	*Cichlasoma meeki*
别名：	米氏真丽鱼、丽体鱼、红胸花鲈。
特征：	个体较大，纺锤形，头大，体稍高略扁。体色基调是淡褐色，背部较深，口下方至腹部红色。最大特色是张开大嘴，一口血红色，如同口中喷火。
身长：	12～20厘米。
雌雄区别：	雄鱼口下至腹部的红色面积扩大，背、臀鳍末端尖长；雌鱼背鳍较短，末端呈圆形。
饲养难度：	容易饲养。
食性：	杂食性。尤其爱吃动物性活饵料。
繁殖方法：	卵生。水箱内放1个侧倒的小花盆作繁殖窝，产卵完毕即捞出亲鱼。受精卵经4天孵出仔鱼。
繁殖能力：	强。1尾雌鱼可以产卵200～400粒。
pH值：	6.8～7.3。
硬度：	6～9。
水温：	19～30℃。
光照：	需要较强的光照。
放养形式：	性情凶猛，吞食小鱼，宜单养。
活动区域：	中、下层水域。
特殊要求：	在产卵时，水族箱内要有较多水草。
受欢迎程度：	特别受欢迎，尤其是热带鱼养殖高手更喜欢。

046 玫瑰鲷

学名：	*Cichlasoma nigrofasciatum*
别名：	白狮王、黑带丽体鱼。
特征：	体色为灰白色。
身长：	8～15厘米。
雌雄区别：	雄鱼背鳍、臀鳍的末端稍尖较长，雌鱼不明显。
饲养难度：	容易饲养。
食性：	杂食性。爱吃动物性活饵料。
繁殖方法：	卵生。在水箱内放1个侧倒的小花盆作繁殖窝，产卵完毕即捞出亲鱼。受精卵经4天孵出仔鱼。
繁殖能力：	强。1尾雌鱼可以产卵300～450粒。
pH值：	6.8～7.1。
硬度：	6～9。
水温：	24～26℃。
光照：	需要较强的光照。
放养形式：	性情凶猛，会攻击、吞食小鱼，不宜和其他热带鱼混养。
活动区域：	中、下层水域。
特殊要求：	喜欢在水草多的环境中产卵。
受欢迎程度：	受欢迎。

047 金菠萝鱼

学　　名： *Cichlasoma severum*

别　　名： 斑眼花鲈、西付罗鱼、菠萝鱼、彩菠萝鱼。

特　　征： 幼年时，横纹比较明显，随着成长，横纹逐渐变淡消失。体色呈橙红色，鳃盖有红色不规则的斑纹，全身布满红色的斑点，有规则的排列像菠萝纹。

身　　长： 15～20厘米。

雌雄区别： 雄鱼体色较深，体上带有金红色斑点花纹，背鳍较尖长；雌鱼身上斑点花纹较少，颜色略淡，腹部隆起。

饲养难度： 较难饲养。

食　　性： 杂食性。爱吃动物性活饵料。

繁殖方法： 卵生。将雌鱼、雄鱼放进缸里，雌鱼产卵，雄鱼射精使卵受精。受精卵经过60小时左右可孵化出仔鱼。

繁殖能力： 强。每次可产卵1 000～2 000粒。

pH　　值： 6.5～7.4。

硬　　度： 9～14。

水　　温： 23～28℃。

光　　照： 需要较强的光照。

放养形式： 最好单养。

活动区域： 中、下层水域。

特殊要求： 发情时，不宜与其他鱼共养。

受欢迎程度： 一般。

048 黑菠萝

学　　名： *Cichlasoma severum*

特　　征： 幼鱼身上有数条黑色横纹，长成后逐渐变成点状甚至消失。

身　　长： 15～21厘米。

雌雄区别： 雄鱼体色较深，背鳍较尖长；雌鱼身上斑点花纹较少，腹部隆起。

饲养难度： 一般。

食　　性： 肉食性。爱吃动物性活饵料。

繁殖方法： 卵生。将挑选好的雌鱼、雄鱼放进缸里，亲鱼便会追逐，雌鱼产卵，雄鱼会立即射精，使卵受精。

繁殖能力： 强。每次可产卵1 000～1 500粒。

pH　　值： 6.0～7.5。

硬　　度： 10～14。

水　　温： 22～28℃。

光　　照： 需要较弱的光照。

放养形式： 单养。

活动区域： 中、下层水域。

特殊要求： 发情时，不宜与其他鱼共养。

受欢迎程度： 一般。

049 钻石菠萝鱼

学名：	*Cichlasoma severum* sp.
别名：	钻石鱼。
特征：	全身布满钻石般的斑点。
身长：	12～17厘米。
雌雄区别：	雄鱼体色较深，背鳍较尖长；雌鱼颜色略淡，腹部隆起。
饲养难度：	较难饲养。
食性：	肉食性。吃动水蚤、水蚯蚓。
繁殖方法：	卵生。雌鱼、雄鱼产卵受精后，受精卵经过60小时左右可孵化出仔鱼。
繁殖能力：	强。1龄大的鱼即可繁殖。每次可产卵1 200粒左右。
pH值：	6.4～7.3。
硬度：	9～15。
水温：	22～28℃。
光照：	需要较强的光照。
放养形式：	单养，不宜与其他鱼共养。
活动区域：	中、下层水域。
特殊要求：	水体要宽阔，底质用细沙砾最佳。
受欢迎程度：	受欢迎，热带鱼饲养高手喜欢接受挑战。

050 九间菠萝

学名：	*Cichlasoma nigrofasciatum*
特征：	鱼体底色为灰色，具有九条横纹，不过横纹常常会中断形成独特的纹路。
身长：	10～15厘米。
雌雄区别：	雄鱼体色较深，背鳍较尖长；雌鱼腹部隆起。
饲养难度：	较难饲养。
食性：	肉食性。爱吃水蚤。
繁殖方法：	卵生。将挑选好的雌鱼、雄鱼放进缸里，亲鱼追逐产卵、受精。
繁殖能力：	强。每次可产卵800粒左右。
pH值：	6.0～7.5。
硬度：	5～7。
水温：	22～28℃。
光照：	光照需求量一般。
放养形式：	领域性强，会与其他鱼发生激烈的争斗，宜单养。
活动区域：	中、下层水域。
特殊要求：	嗜食水草，不适宜养在水草缸中。
受欢迎程度：	一般。

051 彩色白狮头

学名：	*Cichlasoma nigrofasciatum*
特征：	在水族箱中五彩缤纷，但是身体的颜色会随着时间而逐渐淡掉。
身长：	10～14厘米。
雌雄区别：	雄鱼体色较深，背鳍较尖长；雌鱼腹部隆起。
饲养难度：	较难饲养。
食性：	肉食性。吃水蚤等活饵料。
繁殖方法：	卵生。将挑选好的雌鱼、雄鱼放进缸里，亲鱼追逐产卵、受精。
繁殖能力：	强。每次可产卵700～1 000粒。
pH值：	6.0～7.5。
硬度：	5～7。
水温：	22～28℃。
光照：	需要强光照。
放养形式：	领域性强，会与其他鱼发生激烈的争斗，宜单养。
活动区域：	中、下层水域。
特殊要求：	嗜食水草，不适宜养在水草缸中。
受欢迎程度：	非常受欢迎，热带鱼饲养老手喜欢。

052 紫红火口鱼

学名：	*Cichlasoma synspihum*
特征：	土黄色的底色上有黑色喷点分布，腹部部分晕染着粉紫色，头部紫红色。
身长：	20～25厘米。
雌雄区别：	雄鱼前额较突出，体色红艳；雌鱼体色较淡，腹部膨大。
饲养难度：	较易饲养。
食性：	杂食性。爱吃动物性活饵料。
繁殖方法：	卵生。喜欢在水族箱底的沙石中挖洞及搬运小沙石做巢产卵，有护卵习性。
繁殖能力：	强。每次可产卵1 000粒左右。
pH值：	6.5～7.7。
硬度：	7～16。
水温：	22～28℃。
光照：	需要很强的光照。
放养形式：	暴躁脾气，会攻击其他鱼只，宜单养。
活动区域：	中、下层水域。
特殊要求：	发情时，不宜共养。
受欢迎程度：	非常受欢迎，尤其是中小学生和热带鱼饲养新手更是喜欢。

053 德州豹

学名:	*Cichlasoma cyanoguttatum*
别名:	得克萨斯鱼、德州狮头、金钱豹。
特征:	体幅宽阔，头型大。背鳍、臀鳍末端均尖而长。
身长:	20～30厘米。
雌雄区别:	雄鱼头、身比雌鱼大，背鳍臀鳍末端尖长，雌鱼腹部丰满。
饲养难度:	较易饲养。
食性:	肉食性。爱吃动物性活饵料。
繁殖方法:	卵生。繁殖水箱底铺沙和光滑石块，受精卵经2天左右孵出仔鱼。
繁殖能力:	强。每次可产卵200～500粒。
pH值:	6.5～7.8。
硬度:	9～13。
水温:	22～26℃。
光照:	需要较强的光照。
放养形式:	性凶猛，不宜与小型鱼混养。
活动区域:	中、下层水域。
特殊要求:	水族箱要宽大。
受欢迎程度:	非常受欢迎，尤其是白领更是喜欢。

054 金钱豹

学名:	*Cichlasoma carpinte*
别名:	大狮头。
特征:	体呈纺锤形，背鳍基长。体色基调黄褐色头背部，鳃盖和体侧有蓝黑色大斑。
身长:	20～35厘米。
雌雄区别:	雄鱼背鳍边缘出现淡红色，头部隆起，体色艳丽，雌鱼体形略小。
饲养难度:	较难饲养。
食性:	肉食性。爱吃动物性活饵料。
繁殖方法:	卵生。选择雌雄鱼常在一起的配对入箱，亲鱼会追逐，然后产卵受精。
繁殖能力:	强。每次可产卵500～1 000粒。
pH值:	6.9～8.8。
硬度:	9～13。
水温:	22～28℃。
光照:	需要一般的光照。
放养形式:	性凶猛，爱吃活食，绝不能与小型鱼混养。
活动区域:	中、下层水域。
特殊要求:	发情时，要有水草，水底铺沙置石。
受欢迎程度:	一般。

055 血鹦鹉

学名:	*Cichlasoma* var.
别名:	血红鹦鹉
特征:	血鹦鹉身短、头短、背高、腹圆，体幅宽厚。
身长:	10～20厘米。
雌雄区别:	雄鱼体形较大，体色红艳，背鳍、臀鳍的末梢尖长；雌鱼体形略小，体色略淡，腹部膨大肥圆。
饲养难度:	容易饲养。
食性:	杂食性。人工饲料、丰年虾、摇蚊幼虫等均食。
繁殖方法:	卵生。将挑选好的雌鱼、雄鱼放进缸里，亲鱼便会追逐，产卵在平板或底砂上，受精卵经1天半左右孵出仔鱼。
繁殖能力:	弱。每次可产卵1 000粒左右。需要用红魔鬼鱼、紫红火口鱼杂交才能得到纯正的血鹦鹉。
pH值:	6.5～7.5。
硬度:	5～10。
水温:	25～30℃。
光照:	需要较强的光照。
放养形式:	性情温顺，可以混养。
活动区域:	中、下层水域。
特殊要求:	繁殖特殊，需要不同鱼的杂交才行。
受欢迎程度:	非常受欢迎，各阶层饲养热带鱼的人都喜欢。

056 罗汉

学名:	*Cichlasoma* sp.
特征:	身体较宽阔，有的额头隆起，背高，头短。
身长:	15～30厘米。
雌雄区别:	雄鱼体形较大，背鳍、臀鳍的末梢尖长；雌鱼体形略小，腹部膨大肥圆。
饲养难度:	较难饲养。
食性:	杂食性。人工饲料、丰年虾、摇蚊幼虫等均食，幼鱼爱吃丰年虾及人工微粒饲料。
繁殖方法:	杂交种。繁殖方法不详。
繁殖能力:	弱。
pH值:	7.0～8.5。
硬度:	5～12。
水温:	18～28℃。
光照:	需要较强的光照。
放养形式:	单养。
活动区域:	中、下层水域。
特殊要求:	繁殖期亲鱼脾气暴躁，雄鱼有强烈的地域性。需单独配对。
受欢迎程度:	非常受欢迎，尤其是中小学生和热带鱼饲养新手更是喜欢。

057 花罗汉

学名：	*Cichlasoma* sp.
特征：	身体较宽阔，有的额头隆起，背高，头短。全身有美丽的花纹。
身长：	15～30厘米。
雌雄区别：	雄鱼体形较大，背鳍、臀鳍的末梢尖长；雌鱼体形略小，腹部膨大肥圆。
饲养难度：	较难饲养。
食性：	杂食性。人工饲料、丰年虾、摇蚊幼虫等均食，幼鱼爱吃丰年虾及人工微粒饲料。
繁殖方法：	杂交种。繁殖方法不详。
繁殖能力：	弱。
pH值：	7.0～8.5。
硬度：	5～12。
水温：	18～28℃。
光照：	需要较强的光照。
放养形式：	单养。
活动区域：	中、下层水域。
特殊要求：	繁殖期亲鱼脾气暴躁，雄鱼有强烈的地域性。需单独配对。
受欢迎程度：	非常受欢迎，尤其是中小学生和热带鱼饲养新手更是喜欢。

058 豹点罗汉

学名：	*Cichlasoma* sp.
特征：	身体较宽阔，有的额头隆起，背高，头短，身体上有美丽的豹子斑点样的花纹。
身长：	15～30厘米。
雌雄区别：	雄鱼体形较大，背鳍、臀鳍的末梢尖长；雌鱼体形略小，腹部膨大肥圆。
饲养难度：	较难饲养。
食性：	杂食性。人工饲料、丰年虾、摇蚊幼虫等均食，幼鱼爱吃丰年虾及人工微粒饲料。
繁殖方法：	杂交种。繁殖方法不详。
繁殖能力：	弱。
pH值：	7.0～8.5。
硬度：	5～12。
水温：	18～28℃。
光照：	需要较强的光照。
放养形式：	单养。
活动区域：	中、下层水域。
特殊要求：	繁殖期亲鱼脾气暴躁，雄鱼有强烈的地域性。需单独配对。
受欢迎程度：	非常受欢迎，尤其是中小学生和热带鱼饲养新手更是喜欢。

059 珍珠罗汉

学名：	*Cichlasoma* sp.
特征：	身体较宽阔，有的额头隆起，背高，头短。身体上有珍珠样美丽的斑点。
身长：	15～30厘米。
雌雄区别：	雄鱼体形较大，背鳍、臀鳍的末梢尖长；雌鱼体形略小，腹部膨大肥圆。
饲养难度：	较难饲养。
食性：	杂食性。人工饲料、丰年虾、摇蚊幼虫等均食，幼鱼爱吃丰年虾及人工微粒饲料。
繁殖方法：	杂交种。繁殖方法不详。
繁殖能力：	弱。
pH值：	7.0～8.5。
硬度：	5～12。
水温：	18～28℃。
光照：	需要较强的光照。
放养形式：	单养。
活动区域：	中、下层水域。
特殊要求：	繁殖期亲鱼脾气暴躁，雄鱼有强烈的地域性。需单独配对。
受欢迎程度：	非常受欢迎，尤其是中小学生和热带鱼饲养新手更是喜欢。

060 眼斑鲷

学名：	*Cichla ocellaris*
别名：	皇冠三间鱼、丽鱼、帝王三间。
特征：	体黄色，有3条暗色横带，尾鳍上有1个镶有黄边大而黑的眼斑。
身长：	40～60厘米。
雌雄区别：	雄鱼体形较大，背鳍、臀鳍的末梢尖长；雌鱼腹部膨大肥圆。
饲养难度：	容易饲养。
食性：	杂食性。任何饲料都吃。
繁殖方法：	卵生。在浅水底部挖洞穴筑巢产卵，没有明显的护幼行为。
繁殖能力：	强。每次可产卵1万粒以上。
pH值：	6.5～7.6。
硬度：	9～13。
水温：	22～28℃。
光照：	需要一般的光照。
放养形式：	宜单养。
活动区域：	中、下层水域。
特殊要求：	同类相残，不宜大小鱼同时养殖。
受欢迎程度：	一般。

061 孔雀龙鱼

学　　名： *Crenicichla lepidota*
别　　名： 鳞斑鲷、矛尖鱼、长丽鱼。
特　　征： 背部黄绿色，体侧有数条短黑的横纹，鳃盖后方和尾部有镶着金边或银边的黑点。
身　　长： 22～28厘米。
雌雄区别： 雄鱼体形较大，背鳍、臀鳍的末梢尖长；雌鱼体形略小，腹部膨大肥圆。
饲养难度： 容易饲养。
食　　性： 杂食性。偏肉食性。
繁殖方法： 卵生。将挑选好的雌鱼、雄鱼放进缸里，可自行配对，然后亲鱼产卵受精。
繁殖能力： 强。雌鱼产卵500～1 000粒。
pH　　值： 6.5～7.3。
硬　　度： 6～11。
水　　温： 23～27℃。
光　　照： 需要较暗的光照。
放养形式： 性情凶暴，不可混养。
活动区域： 中、下层水域。
特殊要求： 宜饲养在大型的水族箱中，多植水草，并放置岩石供其躲藏。
受欢迎程度： 一般。

062 黄尾短鲷

学　　名： *Apistogramma agassizii* sp.
特　　征： 尾呈黄色。
身　　长： 8～12厘米。
雌雄区别： 雄鱼个体大，体色艳丽，背鳍、臀鳍和尾鳍都较雌鱼长。
饲养难度： 容易饲养。
食　　性： 杂食性。喜食人工饲料。
繁殖方法： 卵生。将成熟的亲鱼放入准备好的繁殖缸，3天内可孵出。
繁殖能力： 强。每次可产卵100～180粒。
pH　　值： 5.8～6.8。
硬　　度： 7～10。
水　　温： 24～28℃。
光　　照： 需要强光照。
放养形式： 性和善，可以混养。
活动区域： 上、中、下层水域。
特殊要求： 要多种水草。
受欢迎程度： 非常受欢迎，尤其是中小学生和热带鱼饲养新手更是喜欢。

063 蓝珍珠可卡西

学　　名：*Apistogramma agassizii* sp.
特　　征：从鳃盖到尾基部均有珍珠光泽的蓝色斑点。
身　　长：7～10厘米。
雌雄区别：雄鱼背鳍、臀鳍和尾鳍都较雌鱼长。
饲养难度：容易饲养。
食　　性：杂食性。喜食活饵及人工饲料。
繁殖方法：在准备好的繁殖缸里放入小陶瓮或岩石、瓦片，亲鱼产卵后3天内可孵出。
繁殖能力：强。每次可产卵250粒左右。
pH　　值：5.5～6.7。
硬　　度：5～10。
水　　温：24～28℃。
光　　照：需要强光照。
放养形式：混养。
活动区域：上、中、下层水域。
特殊要求：应多种水草，以作为其栖息和躲藏的场所。
受欢迎程度：非常受欢迎，尤其是中小学生和热带鱼饲养新手更是喜欢。

064 女王短鲷

学　　名：*Apistigramma bongsloi*
特　　征：状况良好的女王短鲷腹部的红色斑点是最迷人的特征。
身　　长：4～7厘米。
雌雄区别：雄鱼背鳍与臀鳍末端延伸成镰刀状，雌鱼体形较小且为普通黄色。
饲养难度：容易饲养。
食　　性：杂食性。喜食活饵及人工饲料。
繁殖方法：卵生。需要在准备好的繁殖缸里放入小陶瓮或岩石、瓦片，产的卵3天内可孵出。
繁殖能力：强。每次可产卵70～100粒。
pH　　值：5.5～6.5。
硬　　度：5～9。
水　　温：25～27℃。
光　　照：需要强光照。
放养形式：混养。
活动区域：上、中、下层水域。
特殊要求：要多种水草，以作为其栖息和躲藏的场所。
受欢迎程度：非常受欢迎，尤其是中小学生和热带鱼饲养新手更是喜欢。

065 七彩凤凰鱼

学名：	*Apistogramma ramirezi*
别名：	荷兰凤凰鱼、郁金香。
特征：	体呈黄色，鳞边及各鳍均有极小的青色斑点，背鳍前方有四条黑色的棘刺。
身长：	5～9厘米。
雌雄区别：	雄鱼背鳍前缘较尖长，颜色较鲜艳，腹部会呈现桃红的婚姻色；雌鱼背鳍前缘较短而钝，身体较粗壮。
饲养难度：	容易饲养。
食性：	杂食性。喜食活饵及人工饲料。
繁殖方法：	卵生。挑选出来的雌雄两鱼放入底部已铺一层洗净沙子的缸，放入一个紫砂花盆或表面光滑的大石块，雌鱼将卵产在这些东西上面。雄鱼看护鱼卵，受精卵在36小时左右孵化。
繁殖能力：	强。每次可产卵200粒左右。
pH值：	6.5～7.5。
硬度：	5～8。
水温：	25～28℃。
光照：	需要强光照。
放养形式：	混养。
活动区域：	上、中、下层水域。
特殊要求：	应多种水草。
受欢迎程度：	非常受欢迎。

066 玻利维亚凤凰

学名：	*Apistogramma ramirezi*
别名：	七彩番王鱼。
特征：	灰黄的体色，鳞边有不规则的黑点。尾鳍呈琴状，有的是红鳍。
身长：	8～12厘米。
雌雄区别：	雄鱼背鳍前缘较尖长，颜色鲜艳；雌鱼背鳍前缘较短而钝。
饲养难度：	容易饲养。
食性：	杂食性。喜食活饵及人工饲料。
繁殖方法：	卵生。挑选出来的雌雄两鱼放入底部应铺一层洗净沙子的缸，放入一个紫砂花盆或表面光滑的大石块，雌鱼产卵，受精卵在36小时左右孵化。
繁殖能力：	强。每次可产卵200～400粒。
pH值：	6.2～7.6。
硬度：	5～8。
水温：	23～26℃。
光照：	需要较强的光照。
放养形式：	混养。
活动区域：	上、中、下层水域。
特殊要求：	应多种水草。
受欢迎程度：	非常受欢迎，尤其是中小学生和热带鱼饲养新手更是喜欢。

067 棋盘凤凰

学　　名： *Julidochromis marlievri*
别　　名： 花凤凰。
特　　征： 体侧有黑白交错的格子状棋盘花纹，鱼鳍外缘泛着金属蓝色光泽。
身　　长： 13～17厘米。
雌雄区别： 雄鱼背鳍前缘较尖长，颜色较鲜艳；雌鱼背鳍前缘较短而钝。
饲养难度： 容易饲养。
食　　性： 杂食性。喜食活饵及人工饲料。
繁殖方法： 卵生。繁殖缸底部铺一层洗净沙子，受精卵在36小时左右孵化。
繁殖能力： 强。每次可产卵150粒左右。
pH　　值： 7.4～8.7。
硬　　度： 7～10。
水　　温： 20～24℃。
光　　照： 需要一般光照。
放养形式： 领域性强，不宜混养。
活动区域： 下层水域。
特殊要求： 饲养时宜选取黑色部位较多的鱼，避免将水族箱放置于日光直射处。
受欢迎程度： 一般。

068 酋长短鲷

学　　名： *Apistogramma bitaenita*
特　　征： 眼至尾部有1条暗色纵带，纵带靠近背鳍处有胭脂色的鳞片，鳃盖上有蓝色斑点。
身　　长： 8～12厘米。
雌雄区别： 成熟的雄鱼背鳍有10条硬棘，背鳍、臀鳍和尾鳍都较雌鱼长。而雌鱼则不明显。
饲养难度： 容易饲养。
食　　性： 杂食性。喜食活饵。
繁殖方法： 卵生。将成熟的亲鱼放入准备好的繁殖缸，放入小陶瓮或岩石、瓦片，3天内可孵出。
繁殖能力： 强。可产卵40～60粒。
pH　　值： 5.7～7.2。
硬　　度： 5～10。
水　　温： 24～28℃。
光　　照： 需要略强的光照。
放养形式： 混养。
活动区域： 上、中、下层水域。
特殊要求： 应多种水草或在箱底覆盖细沙。
受欢迎程度： 较受欢迎，热带鱼饲养高手喜欢。

069 非洲王子

学　　　名：*Labidochromis caeruleus*
特　　　征：鲜黄的体色，背鳍有一道深黑的条纹。
身　　　长：9～13厘米。
雌 雄 区 别：雄鱼臀鳍变尖且长，雌鱼不明显。
饲 养 难 度：很容易饲养。
食　　　性：杂食性。
繁 殖 方 法：口孵。雌鱼会在雄鱼挖掘的产卵巢产卵，再将受精卵含在口中并离开产卵巢，最好能单独让雌鱼在水族箱中孵卵。
繁 殖 能 力：强。可产卵250粒左右。
pH　　　值：7.5～8.5。
硬　　　度：5～12 。
水　　　温：18～28℃。
光　　　照：需要较强的光照。
放 养 形 式：混养。
活 动 区 域：上、中、下层水域。
特 殊 要 求：需准备有底砂的水族箱供亲鱼产卵。
受欢迎程度：非常受欢迎，尤其是中小学生和热带鱼饲养新手更是喜欢。

070 非洲国王

学　　　名：*Labinocbromis caeruleus*
特　　　征：柠檬黄的体色。
身　　　长：8～13厘米。
雌 雄 区 别：雄鱼臀鳍变尖且长，雌鱼不明显。
饲 养 难 度：很容易饲养。
食　　　性：杂食性。
繁 殖 方 法：口孵。雌鱼会在雄鱼挖掘的产卵巢产卵，再将受精卵含在口中并离开产卵巢。
繁 殖 能 力：强。可产卵280粒左右。
pH　　　值：7.5～8.7。
硬　　　度：5～12。
水　　　温：18～28℃。
光　　　照：需要略强的光照。
放 养 形 式：混养。
活 动 区 域：上、中、下层水域。
特 殊 要 求：需准备有底砂的水族箱供亲鱼产卵。
受欢迎程度：非常受欢迎。

071 雪鲷

学名：	*Labidochromis* sp.
特征：	体纯白，眼红色。
身长：	10～15厘米。
雌雄区别：	雄鱼在臀鳍有白色至黄色的卵斑。
饲养难度：	容易饲养。
食性：	杂食性。对植物性或薄片类的饵料比较喜欢。
繁殖方法：	口孵。雌鱼会在雄鱼挖掘的产卵巢产卵，再将受精卵含在口中并离开产卵巢。
繁殖能力：	强。雌鱼一次可产卵200粒左右。
pH值：	7.3～8.4。
硬度：	14以上。
水温：	23～28℃。
光照：	需要很强的光照。
放养形式：	适合与其他慈鲷科鱼类混养。
活动区域：	上、中、下层水域。
特殊要求：	需准备有底砂的水族箱供亲鱼产卵。
受欢迎程度：	一般。

072 花鲷

学名：	*Labidocbromis exasperatus*
别名：	花雀。
特征：	体色上有斑斓的花色。
身长：	9～15厘米。
雌雄区别：	雄鱼在臀鳍有白色至黄色的卵斑。
饲养难度：	容易饲养。
食性：	杂食性。爱好刮食藻类。
繁殖方法：	口孵。雌鱼在产卵受精后，将受精卵含在口中孵卵。
繁殖能力：	强。雌鱼一次可产卵300粒左右。
pH值：	7.2～8.4。
硬度：	7～17。
水温：	18～28℃。
光照：	需要一般的光照。
放养形式：	个性温和，适合与其他慈鲷科鱼类混养。
活动区域：	上、中、下层水域。
特殊要求：	要定期换水，喜欢有岩石的生活环境。
受欢迎程度：	一般。

073 彩虹鲷

学　　名：*Labidochromis flavigulis*
特　　征：体色有一条彩虹带。
身　　长：7～13厘米。
雌雄区别：雄鱼在臀鳍有卵斑。
饲养难度：容易饲养。
食　　性：藻食性。可以喂食蔬菜、藻类、人工饲料。
繁殖方法：口孵。雌鱼会在雄鱼挖掘的产卵巢产卵，再将受精卵含在口中并离开产卵巢。
繁殖能力：强。雌鱼一次可产卵200粒左右。
pH　　值：7.3～8.3。
硬　　度：9～12。
水　　温：20～28℃。
光　　照：需要较强的光照。
放养形式：不适合与其他小型鱼类混养。
活动区域：上、中、下层水域。
特殊要求：喜欢栖息于满布岩石的环境。
受欢迎程度：非常受欢迎，热带鱼饲养老手喜欢。

074 白神仙鱼

学　　名：*Pterophyllum eimekei* sp.
特　　征：体色银白。
身　　长：7～9厘米。
雌雄区别：雄鱼额头高大；雌鱼腹部隆起，输卵管较粗。
饲养难度：容易饲养。
食　　性：杂食性。活饵及人工饲料都吃。
繁殖方法：沉性卵。雌、雄鱼配对，产卵后，亲鱼护卵孵幼。卵2～3天就会孵化。
繁殖能力：较强。每次可产卵500～700粒。
pH　　值：6.7～7.5。
硬　　度：5～8。
水　　温：24～28℃。
光　　照：需要极强的光照。
放养形式：混养，但不能与虎皮鱼混养，因为虎皮鱼经常啃咬神仙鱼的臀鳍和尾鳍。
活动区域：上、中、下层水域。
特殊要求：饲养在较大型的鱼缸里，同时应种植大型水草。
受欢迎程度：非常受欢迎，所有的热带鱼爱好者都喜欢。

075 黑白神仙鱼

学名：	*Pterophyllum eimekei* sp.
特征：	体色黑白均有。
身长：	11～13厘米。
雌雄区别：	雄鱼额头高大；雌鱼腹部隆起，输卵管较粗。
饲养难度：	容易饲养。
食性：	杂食性，活饵及人工饲料都吃。
繁殖方法：	沉性卵。雌、雄鱼自然配对，放入光滑瓦片或塑料板（倾斜45°）作为产卵床。亲鱼产卵后，有护卵孵幼的习性。卵2～3天就会孵化。
繁殖能力：	较强。每次可产卵400～650粒。
pH值：	6.5～7.3。
硬度：	5～8。
水温：	24～28℃。
光照：	需要极强的光照。
放养形式：	可以混养，但不能与虎皮鱼混养。
活动区域：	上、中、下层水域。
特殊要求：	应种植大型水草，最好能使神仙鱼每天接受几小时的光照。
受欢迎程度：	非常受欢迎，所有的热带鱼爱好者都喜欢。

076 纱尾云神仙鱼

学名：	*Pterophyllum eimekei* sp.
特征：	体高而薄，尾呈纱状。
身长：	13～17厘米。
雌雄区别：	雄鱼额头高大，身体也较强大；雌鱼腹部隆起，输卵管较粗。
饲养难度：	容易饲养。
食性：	杂食性。爱吃活饵及人工饲料。
繁殖方法：	沉性卵。雌、雄鱼自然配对后，开始产卵。卵2～3天就会孵化。
繁殖能力：	较强，每次可产卵300～400粒。
pH值：	6.7～7.6。
硬度：	5～8。
水温：	24～28℃。
光照：	需要极强的光照。
放养形式：	可以混养，但不能与虎皮鱼混养。
活动区域：	上、中、下层水域。
特殊要求：	应种植大型水草，神仙鱼每天接受几小时的光照。
受欢迎程度：	非常受欢迎，所有的热带鱼爱好者都喜欢。

077 玻璃神仙鱼

学　　名： *Pterophyllum eimekei* sp.
特　　征： 体高而薄，全身玻璃样透明。
身　　长： 8 ~ 12厘米。
雌雄区别： 雄鱼额头高大；雌鱼腹部隆起，输卵管较粗。
饲养难度： 容易饲养。
食　　性： 杂食性。爱吃活饵及人工饲料。
繁殖方法： 沉性卵。雌、雄鱼自然配对，将配好对的亲鱼移到繁殖缸，放入光滑瓦片或塑料板(倾斜45°)作为产卵床。亲鱼打扫完产卵床，便开始产卵，亲鱼护卵孵幼。卵2 ~ 3天就会孵化。
繁殖能力： 较强。每次可产卵200 ~ 400粒。
pH　　值： 6.8 ~ 7.6。
硬　　度： 5 ~ 8。
水　　温： 22 ~ 28℃。
光　　照： 需要极强的光照。
放养形式： 可以混养，但不能与虎皮鱼混养，因为虎皮鱼经常啃咬神仙鱼的臀鳍和尾鳍。
活动区域： 上、中、下层水域。
特殊要求： 应种植大型水草，最好能使神仙鱼每天接受几小时的光照。
受欢迎程度： 非常受欢迎，所有的热带鱼爱好者都喜欢。

078 红眼金神仙鱼

学　　名： *Pterophyllum eimekei* sp.
特　　征： 体色金黄色，眼红色。
身　　长： 9 ~ 12厘米。
雌雄区别： 雄鱼额头高大；雌鱼腹部隆起，输卵管较粗。
饲养难度： 一般。
食　　性： 杂食性。活饵及人工饲料都吃。
繁殖方法： 沉性卵。雌、雄鱼自然配对产卵，亲鱼护卵孵幼。卵2 ~ 3天就会孵化。
繁殖能力： 较强。每次可产卵200 ~ 350粒。
pH　　值： 6.4 ~ 7.3。
硬　　度： 5 ~ 8 。
水　　温： 24 ~ 28℃。
光　　照： 需要极强的光照。
放养形式： 性情温和，可以和其他品种的热带鱼混养，也可以单独饲养。但不能与虎皮鱼混养，因为虎皮鱼经常啃咬神仙鱼的臀鳍和尾鳍。
活动区域： 上、中、下层水域。
特殊要求： 饲养在较大型的鱼缸里，同时应种植大型水草。
受欢迎程度： 非常受欢迎，所有的热带鱼爱好者都喜欢。

079 黑神仙鱼

学名：	*Pterophyllum scalare* var.
别名：	黑燕、墨燕。
特征：	鳍翅鳍形较宽短，全身墨黑。
身长：	10 ~ 14厘米。
雌雄区别：	雄鱼额头高大，身体也较强大；雌鱼腹部隆起，输卵管较粗。
饲养难度：	容易饲养。
食性：	杂食性。活饵及人工饲料都吃。
繁殖方法：	沉性卵。雌、雄鱼自然配对产卵，亲鱼护卵孵幼。
繁殖能力：	较强。每次可产卵500 ~ 800粒。
pH值：	6.4 ~ 7.3。
硬度：	5 ~ 8。
水温：	21 ~ 27℃。
光照：	需要极强的光照。

放养形式：	可以混养。
活动区域：	上、中、下层水域。
特殊要求：	饲养在较大型的鱼缸里，同时应种植大型水草。
受欢迎程度：	非常受欢迎，所有的热带鱼爱好者都喜欢。

080 五彩神仙鱼

学名：	*Symphysodon discus*
别名：	五彩燕鱼、红神仙鱼、盘丽鱼等。
特征：	体侧扁而近圆盘形，尾鳍呈扁形，背鳍与臀鳍从鳃盖后端一直达尾柄基部。鱼体底色为深褐色，眼眶为黑色。
身长：	18 ~ 25厘米。
雌雄区别：	雄鱼个体较大，腹部呈深红色；雌鱼个体较小，腹部为金黄色。
饲养难度：	比较难饲养。
食性：	杂食性。喜食水蚯蚓、孑孓、鱼虫等。
繁殖方法：	沉性卵。当雌鱼腹部突出物较长时，可将平时常在一起的一对移入产箱，并放入阔叶水草，它们产卵受精后，亲鱼会守护鱼卵，轮流用胸鳍扇水，使受精卵更多地吸收氧气，并且会将未受精而变白的鱼卵吃掉。受精卵经过4 ~ 5天后孵出仔鱼。
繁殖能力：	较弱。

pH值：	6.7 ~ 7.5。
硬度：	3 ~ 6。
水温：	23 ~ 29℃。
光照：	需要极强的光照。
放养形式：	不爱群居，宜单养。
活动区域：	上、中、下层水域。
特殊要求：	胆小怕惊扰。水箱宜大，阔叶水草要多。
受欢迎程度：	非常受欢迎。

081 盖子红七彩神仙鱼

学　　名： *Symphysodon aequifasciata*
特　　征： 身体红色。
身　　长： 15～22厘米。
雌雄区别： 雄鱼体形较大，头部较高，背鳍有拖尾；雌鱼体形较小，背鳍、尾鳍较圆而小，腹部较膨胀。
饲养难度： 难饲养。
食　　性： 杂食性。爱吃新鲜动物饵料。
繁殖方法： 沉性卵。让亲鱼自行配对，移入繁殖缸产卵，产卵受精结束后，亲鱼孵卵，2～3天后可孵出鱼苗。
繁殖能力： 较弱。一次可产卵200～300粒。
pH　　值： 6.2～7.2。
硬　　度： 3～6。
水　　温： 25～30℃。
光　　照： 需要极强的光照。
放养形式： 单独饲养。
活动区域： 上、中、下层水域。
特殊要求： 充分过滤且定期换水，保证优质的水环境。
受欢迎程度： 非常受欢迎，所有的热带鱼爱好者都喜欢。

082 豹点蛇纹七彩神仙鱼

学　　名： *Symphysodon aequifasciata*
特　　征： 体上有豹点斑纹，呈蛇行样排列。
身　　长： 16～24厘米。
雌雄区别： 性成熟后，雄鱼腹部扁平，生殖器外突后略粗；雌鱼腹部膨大，生殖器下垂后较细。
饲养难度： 难饲养。
食　　性： 杂食性。爱吃血虫、丰年虾、红虫、水蚤、鱼肉。
繁殖方法： 沉性卵。在繁殖前加强观察，如果一对鱼长期形影不离地占据水族箱的一方，不许其他鱼类接近，这就很可能是一对情投意合的伴侣。将它们移入繁殖缸产卵，产卵受精结束后，亲鱼孵卵，2～3天后可孵出鱼苗。
繁殖能力： 较弱，一次可产卵150～300粒。
pH　　值： 6.5～7.5。
硬　　度： 3～6。
水　　温： 24～28℃。
光　　照： 需要极强的光照。
放养形式： 宜单独饲养。
活动区域： 上、中、下层水域。
特殊要求： 充分过滤且定期换水，保证优质的水环境。
受欢迎程度： 非常受欢迎，所有的热带鱼爱好者都喜欢。

087 蓝纹七彩神仙鱼

学名：	*Symphysodon aequifasciata*
特征：	体上有蓝色纹路。
身长：	18～25厘米。
雌雄区别：	雄鱼腹部扁平，生殖器外突后略粗；雌鱼腹部膨大，生殖器下垂后较细。
饲养难度：	难饲养。
食性：	杂食性。爱吃新鲜的血虫、丰年虾、红虫、水蚤、鱼肉。
繁殖方法：	沉性卵。在繁殖前加强观察，如果一对鱼长期形影不离地占据水族箱的一方，不许其他鱼类接近，这就很可能是一对情投意合的伴侣。将它们移入繁殖缸产卵，产卵受精结束后，亲鱼孵卵，2～3天后可孵出鱼苗。
繁殖能力：	较弱。一次可产卵100～300粒。
pH值：	6.5～7.2。
硬度：	3～6。
水温：	24～28℃。
光照：	需要极强的光照。
放养形式：	宜单独饲养。
活动区域：	上、中、下层水域。
特殊要求：	充分过滤且定期换水，保证优质的水环境。
受欢迎程度：	非常受欢迎，所有的热带鱼爱好者都喜欢。

088 育种红色型七彩神仙鱼

学名：	*Symphysodon aequifasciata*
特征：	全身红色，人工新育种品种。
身长：	17～25厘米。
雌雄区别：	雄鱼腹部扁平，生殖器外突后略粗；雌鱼腹部膨大，生殖器下垂后较细。
饲养难度：	难饲养。
食性：	杂食性。爱吃新鲜的血虫、丰年虾、红虫、水蚤、鱼肉。
繁殖方法：	沉性卵。它们平时胆很小，性格孤僻。在繁殖前加强观察，如果一对鱼长期形影不离地占据水族箱的一方，不许其他鱼类接近，这就很可能是一对情投意合的伴侣。将它们移入繁殖缸产卵，产卵受精结束后，亲鱼孵卵，2～3天后可孵出鱼苗。
繁殖能力：	较弱。一次可产卵150～350粒。
pH值：	6. 5～7.2。
硬度：	3～6。
水温：	24～28℃。
光照：	需要极强的光照。
放养形式：	宜单独饲养。
活动区域：	上、中、下层水域。
特殊要求：	充分过滤且定期换水，保证优质的水环境。
受欢迎程度：	非常受欢迎，所有的热带鱼爱好者都喜欢。

089 猪仔鱼

学　　名：*Astronauts ocellatus*
别　　名：地图鱼、星丽鱼、尾星鱼。
特　　征：体色多变，深褐色的底色上有红色鲜艳的鳞片，形成特殊的形状，犹如一幅地图，尾柄部出现红黄色边缘的大黑点，状如眼睛，可作保护色和诱敌色。
身　　长：25～35厘米。
雌雄区别：雄鱼身体瘦小，头部隆起，体表斑纹较多，较艳丽，鳍尖长；雌鱼较雄鱼肥壮，体色略淡，腹部隆起。
饲养难度：容易饲养。
食　　性：肉食性。生性贪食，食量大，喜欢食鱼虾。
繁殖方法：沉性卵。自然配对后，在大石块或大瓦片上产卵，产卵结束后，亲鱼照料鱼卵，卵2～3天孵化。
繁殖能力：强。每次可产卵1 000～5 000粒。
pH　　值：5.5～6.5。
硬　　度：5～7。
水　　温：25～28℃。
光　　照：需要较强的光照。
放养形式：不可与其他小型鱼混养。
活动区域：下层水域。
特殊要求：应饲养在不铺底砂的大型鱼缸里。
受欢迎程度：非常受欢迎。

090 花猪仔鱼

学　　名：*Astronauts ocellatus*
特　　征：身体颜色多样，以黑、紫为主。
身　　长：25～32厘米。
雌雄区别：雄鱼头部隆起，成熟的雄鱼身上的红色花纹和斑点比雌鱼要多，背鳍、臀鳍尖长；雌鱼较雄鱼肥壮，体色略淡，腹部隆起。
饲养难度：容易饲养。
食　　性：肉食性。喜欢食鱼虾、红虫。
繁殖方法：沉性卵。在孵化缸的底部应铺置一层洗净的沙子，自然配对后，在大石块或大瓦片上产卵，卵2～3天孵化。5～6天后仔鱼能游动，可喂刚孵出的丰年虾或小水蚤等。
繁殖能力：强。每次可产卵800～1 200粒。
pH　　值：5.5～6.6。
硬　　度：5～8。
水　　温：25～28℃。
光　　照：需要较强的光照。
放养形式：不可与其他小型鱼混养。
活动区域：下层水域。
特殊要求：应饲养在不铺底砂的大型鱼缸里。
受欢迎程度：非常受欢迎，所有的热带鱼爱好者都喜欢。

091 黄猪仔鱼

学名：	*Astronauts ocellatus*
特征：	体色鲜黄。
身长：	27～31厘米。
雌雄区别：	雄鱼头部较厚而高，背鳍、臀鳍较尖而长；雌鱼身体较粗壮。
饲养难度：	容易饲养。
食性：	肉食性。喜欢食鱼虾。
繁殖方法：	沉性卵。自然配对后，在大石块或大瓦片上产卵，产卵结束后，亲鱼照料鱼卵，卵2～3天孵化。
繁殖能力：	强。每次可产卵800～1 000粒。
pH值：	5.3～6.5。
硬度：	5～7。
水温：	25～28℃。
光照：	需要较强的光照。
放养形式：	不可与其他小型鱼混养。
活动区域：	下层水域。
特殊要求：	应饲养在不铺底砂的大型鱼缸里。
受欢迎程度：	非常受欢迎，所有的热带鱼爱好者都喜欢。

092 血红猪仔鱼

学名：	*Astronauts ocellatus*
特征：	体色血红色。
身长：	25～34厘米。
雌雄区别：	雄鱼身体略瘦小，头部隆起，背鳍、臀鳍尖长；雌鱼较雄鱼肥壮，体色略淡，腹部隆起。
饲养难度：	容易饲养。
食性：	肉食性。生性贪食，食量大，喜欢食鱼虾。
繁殖方法：	沉性卵。亲鱼在产卵结束后会照料鱼卵，卵2～3天孵化。
繁殖能力：	强。每次可产卵1 000粒左右。
pH值：	5.4～6.7。
硬度：	5～9。
水温：	23～29℃。
光照：	需要较强的光照。
放养形式：	不可与其他小型鱼混养，嘴特别大，见较小的鱼会一口吞下。
活动区域：	下层水域。
特殊要求：	应饲养在不铺底砂的大型鱼缸里。
受欢迎程度：	非常受欢迎，所有的热带鱼爱好者都喜欢。

093 红猪仔鱼

学名：	*Astronauts ocellatus*
特征：	体色鲜红。
身长：	24～36厘米。
雌雄区别：	雄鱼身体瘦小，头部隆起，体表红色艳丽，背鳍、臀鳍尖长；雌鱼较雄鱼肥壮，体色略淡，腹部隆起。
饲养难度：	容易饲养。
食性：	肉食性。生性贪食，食量大，喜欢食鱼虾。
繁殖方法：	沉性卵。自然配对后，在大石块或大瓦片上产卵，产卵结束后，亲鱼照料鱼卵，卵2～3天孵化。
繁殖能力：	强。每次可产卵700～1 000粒。
pH值：	5.5～6.5。
硬度：	5～7。
水温：	25～28℃。
光照：	需要较强的光照。
放养形式：	不可与其他小型鱼混养，喜食鱼虾，嘴特别大，见较小的鱼会一口吞下。
活动区域：	下层水域。
特殊要求：	应饲养在不铺底砂的大型鱼缸里。
受欢迎程度：	非常受欢迎，所有的热带鱼爱好者都喜欢。

094 红眼碧玉猪仔鱼

学名：	*Astronauts ocellatus*
特征：	体色雪白，眼红色。
身长：	20～28厘米。
雌雄区别：	雄鱼头部隆起，背鳍、臀鳍尖长；雌鱼较雄鱼肥壮，腹部隆起。
饲养难度：	容易饲养。
食性：	肉食性。生性贪食，喜欢食鱼虾。
繁殖方法：	沉性卵。自然配对后，爱在大石块或大瓦片上产卵，产卵结束后，亲鱼照料鱼卵，卵2～3天孵化。
繁殖能力：	强。每次可产卵800～1 100粒。
pH值：	5.2～6.5。
硬度：	5～7。
水温：	25～28℃。
光照：	需要较强的光照。
放养形式：	不可与其他小型鱼混养，喜食鱼虾，见较小的鱼会一口吞下。
活动区域：	下层水域。
特殊要求：	应饲养在不铺底砂的大型鱼缸里。
受欢迎程度：	非常受欢迎，所有的热带鱼爱好者都喜欢。

099 白金阿里

学名：	*Haplochromis ahli* var.
特征：	体色为白金光泽，体形略小于阿里。
身长：	11～13厘米。
雌雄区别：	雄鱼背鳍和臀鳍呈尖形，背鳍有发亮的白色云带；雌鱼体色灰黄，个体较小。
饲养难度：	十分容易饲养。
食性：	杂食性。
繁殖方法：	口孵。由雌鱼含在口中孵育，约2周小鱼能游动，雌鱼绝食护幼。
繁殖能力：	强。雌鱼一次可产卵30～60粒。
pH值：	7.4～8.9。
硬度：	7～12。
水温：	18～28℃。
光照：	需要很强的光照。
放养形式：	混养。
活动区域：	中、下层水域。
特殊要求：	用珊瑚砂或贝壳砂作为底床，需防鱼吞吃自己的鱼卵。
受欢迎程度：	受欢迎。

100 蓝王子

学名：	*Haplochromis chrysonotus*
特征：	背鳍与臀鳍边缘呈现出乳黄色。
身长：	8～12厘米。
雌雄区别：	雄鱼背鳍、臀鳍尖且长，雌鱼不明显。
饲养难度：	十分容易饲养。
食性：	杂食性。爱吃水蚤。
繁殖方法：	口孵。由雌鱼含在口中孵育，约2周小鱼能游动。
繁殖能力：	强。雌鱼一次可产卵30～50粒。
pH值：	8.2～8.7。
硬度：	7～19。
水温：	18～28℃。
光照：	需要强光照。
放养形式：	混养。
活动区域：	上、中、下层水域。
特殊要求：	用珊瑚砂或贝壳砂作为底床。
受欢迎程度：	受欢迎。

101 七彩天使鱼

学名：	*Haplochromis brouwnnae*
特征：	体黄褐色，体侧有数条不规则的横带，头部有数条黑色条纹。
身长：	9～11厘米。
雌雄区别：	雄鱼的背鳍和尾鳍鲜红色，臀鳍有卵斑，体鲜黄色。
饲养难度：	饲养容易。
食性：	杂食性。喜食人工饲料。
繁殖方法：	口孵。雄鱼利用卵斑，引诱雌鱼到达产卵处，雌鱼产下卵，立即将鱼卵一一衔入口中，同时将雄鱼射出的精液吞入口中，让口中的鱼卵得以受精。
繁殖能力：	强。雌鱼一次可产卵60～80粒。
pH值：	7.8～8.5。
硬度：	8～16。
水温：	24～28℃。
光照：	需要较强的光照。
放养形式：	混养。
活动区域：	上、中、下层水域。
特殊要求：	水族箱避免放在倾斜或不平的场所。
受欢迎程度：	受欢迎，热带鱼爱好者都喜欢。

102 皇帝鱼

学名：	*Aulonocara baenschi*
特征：	幼鱼体色暗淡，性成熟后变成鲜明的黄色，头部和颊部青蓝色。
身长：	12～15厘米。
雌雄区别：	雄鱼体色表现得更突出艳丽，雌鱼体色较淡且腹部膨大。
饲养难度：	容易饲养。
食性：	杂食性。喜食水蚯蚓等活饵。
繁殖方法：	口孵。雌鱼产卵受精后，由雌鱼含在口中孵育，约2周小鱼能游动。
繁殖能力：	强。雌鱼一次可含卵30～50粒。
pH值：	7.3～8.6。
硬度：	7～12。
水温：	23～28℃。
光照：	需要一般的光照。
放养形式：	性情温和，可以和其他鱼混养。
活动区域：	上、中、下层水域。
特殊要求：	需要水草。
受欢迎程度：	受欢迎。

103 流星鲷

学名：	*Chilotilapia rhoadesii*
特征：	吻部宽大，身体呈流线状，在金属蓝的天空出现一抹黄色。
身长：	35～45厘米。
雌雄区别：	雄鱼身上有点点流星样的斑点，臀鳍上有卵斑；雌鱼体色近似褐色。
饲养难度：	饲养容易。
食性：	杂食性。以浮游生物为主食。
繁殖方法：	口孵。雄鱼会在底砂挖1个浅洞，然后引诱雌鱼来此产卵并使之受精，接着雌鱼把受精卵含在嘴里。
繁殖能力：	较弱。雌鱼每次产卵30～50粒。
pH值：	7.4～8.7。
硬度：	7～12。
水温：	18～28℃。
光照：	需要强光照。
放养形式：	有吞食小鱼的习性，不可混养小型鱼。
活动区域：	上、中层水域。
特殊要求：	口孵时不能打扰雌鱼。
受欢迎程度：	受欢迎，热带鱼饲养高手喜欢。

104 血艳红鱼

学名：	*Copadichromis trimaculatus*
别名：	阿里红。
特征：	头部金属蓝色，身体是鲜红色。
身长：	20～25厘米。
雌雄区别：	雄鱼头金属蓝色，其他部位呈艳丽的红褐色；雌鱼无彩色。
饲养难度：	容易饲养。
食性：	杂食性。喜食水蚤、摇蚊幼虫等活饵。
繁殖方法：	口孵。雌雄鱼产卵受精后，由雌鱼含在口中孵育，2周左右小鱼能游动。
繁殖能力：	强。雌鱼每次可产卵20～40粒。
pH值：	7.3～8.6。
硬度：	7.5～18。
水温：	23～28℃。
光照：	需要很强的光照。
放养形式：	性情温和，可以和其他鱼混养。
活动区域：	上、中、下层水域。
特殊要求：	偏好岩石造景的环境。
受欢迎程度：	受欢迎，热带鱼爱好者都喜欢。

105 马面鱼

学名:	*Haplochromis compressiceps*
特征:	体扁平，体侧有2条直条纹，吻部特长。
身长:	23～26厘米。
雌雄区别:	雄鱼体色呈银黄色，背鳍、臀鳍镶有红边；雌鱼则全身呈银色。
饲养难度:	容易饲养。
食性:	肉食性。喜食小鱼、小虾。
繁殖方法:	口孵。雄鱼往往选择一块平石作为繁殖的场所。雌鱼产下几粒卵，随即将鱼卵含入口中，随后让雄鱼排出精子使卵受精。
繁殖能力:	强。雌鱼每次可产卵30～50粒。

pH值:	7.5～8.7。
硬度:	6～16。
水温:	22～28℃。
光照:	需要一般的光照。
放养形式:	单养。
活动区域:	中、下层水域。
特殊要求:	口孵时要保持安静。
受欢迎程度:	受欢迎。

106 黄金闪电

学名:	*Pseudotropheus zebra*
特征:	柔和的淡蓝体色上有不明显的条纹，背鳍与尾鳍有闪亮的橘红色光泽。
身长:	9～12厘米。
雌雄区别:	雄鱼的背鳍与尾鳍有闪亮的橘红色光泽，雌鱼则有金黄色的卵斑。
饲养难度:	容易饲养。
食性:	杂食性。偏食藻类。
繁殖方法:	口孵。雌鱼产下几粒卵，即将鱼卵含入口中，随后让雄鱼受精。
繁殖能力:	强。雌鱼每次可产卵30～50粒。
pH值:	8.0～8.5。
硬度:	9～17。
水温:	23～28℃。
光照:	需要较强的光照。

放养形式:	具有领域性，最好单养。
活动区域:	中、下层水域。
特殊要求:	宜饲养在布满岩石的水族箱中。
受欢迎程度:	受欢迎，热带鱼饲养老手喜欢。

115 蓝九间

学名:	*Lamprologus cylrndricus*
特征:	优美的白色线条，体侧具有8～9条茶褐色的横带，各鱼鳍均泛着金属蓝色。
身长:	12～15厘米。
雌雄区别:	雄鱼成熟后体色明显转暗，但眼睛下缘的蓝线会更加明显。
饲养难度:	较难饲养。
食性:	肉食性。爱吃鲜活的小鱼和浮游动物。
繁殖方法:	口孵。雌鱼产卵后，雄鱼将卵受精后，雌鱼再将受精卵含入口中孵化。
繁殖能力:	较弱。雌鱼每次可产卵25粒左右。
pH值:	7.0～7.7。
硬度:	7～12。
水温:	22～27℃。
光照:	需要一般的光照。
放养形式:	性凶猛，不宜混养。
活动区域:	中、下层水域。
特殊要求:	宜饲养于以岩石布景的水族箱中。
受欢迎程度:	受欢迎。

116 黄金燕尾鱼

学名:	*Lamprologus daffodil*
特征:	是白金燕尾鱼的变异种，鳞和眼四周呈黄色，眼睛蓝色。
身长:	8～10厘米。
雌雄区别:	雄鱼有鲜艳复杂的花纹，个体通常较雌鱼小些。
饲养难度:	容易饲养。
食性:	杂食性。可食人工饲料。
繁殖方法:	采用平抬式产卵。成熟配对的种鱼，可连续产卵孵化。
繁殖能力:	强。雌鱼一次可产卵100～200粒。
pH值:	7.7～9.0。
硬度:	9～19。
水温:	24～29℃。
光照:	需要强光照。
放养形式:	可与其他鱼混养，但应该要避免与体形过大的鱼种混养。
活动区域:	上、中、下层水域。
特殊要求:	宜使用较大型的水族箱饲养。
受欢迎程度:	受欢迎，热带鱼爱好者都喜欢。

117 非洲十间

学名：	*Tilapia buttikoferi*
别名：	布氏鲷。
特征：	鱼体以青白色为基底，有8条黑色纵带均匀地环绕其上。
身长：	28～35厘米。
雌雄区别：	雄鱼臀鳍突化成交接器，雄鱼体色加深；雌鱼无交接器。
饲养难度：	容易饲养。
食性：	杂食性。任何饵料都吃。
繁殖方法：	口孵。雌鱼产卵，雄鱼受精，然后雌鱼把受精卵吸入口中孵化。
繁殖能力：	强。雌鱼一次可产卵80～100粒。
pH值：	8.0～9.0。
硬度：	7～19。
水温：	22～28℃。

光照：	需要一般的光照。
放养形式：	可与其他鱼混养。
活动区域：	上、中、下层水域。
特殊要求：	宜使用较大型的水族箱饲养。
受欢迎程度：	受欢迎。

118 红宝石鱼

学名：	*Hemichromis lifalili*
别名：	星光鲈、红花鲈、宝石鱼、珠宝石鱼。
特征：	体呈纺锤形。尾鳍后边缘平直。背部为绿褐色，腹部为红色。鳍均有红色的边缘，全身闪着红蓝色的小亮点。
身长：	9～12厘米。
雌雄区别：	雄鱼的色彩较浓，鱼体较大；雌鱼在性成熟时腹部较膨胀。
饲养难度：	容易饲养。
食性：	杂食偏肉食性。喜食水蚯蚓等活饵。
繁殖方法：	卵生。先在缸里放一块平滑的石头，亲鱼按雌雄1∶1的比例放进缸里，亲鱼将卵产在平滑石块上，双亲轮流照顾子代。
繁殖能力：	强。雌鱼一次可产卵250～300粒。
pH值：	6.4～7.5 。
硬度：	7～9。
水温：	23～26℃。

光照：	需要较强的光照。
放养形式：	一般是单独饲养，可与要求相同的大型热带鱼混养，不可与灯类等小型鱼混养。
活动区域：	中、下层水域。
特殊要求：	喜好挖掘底砂，水族箱内宜放沉木、石块和底砂。
受欢迎程度：	受欢迎，热带鱼饲养老手喜欢。

119 狮头鱼

学名：	*Steatocranus casuarius*
别名：	猴头鱼。
特征：	雄鱼头部有隆起的脂肪突起，色彩很普通。
身长：	12～15厘米。
雌雄区别：	雄鱼头部有隆起的脂肪突起，雌鱼不明显。
饲养难度：	容易饲养。
食性：	杂食性偏肉食性。喜食摇蚊幼虫、水蚯蚓等多种活饵。
繁殖方法：	卵生。繁殖前应先在缸里放一块平滑的石头，将亲鱼按雌雄1∶1的比例放进缸里，亲鱼将卵产在平滑石块上，雌鱼守护鱼卵。
繁殖能力：	强。雌鱼一次可产卵750～900粒。
pH值：	6.4～7.5。
硬度：	7.5～8.5。
水温：	23～28℃。
光照：	需要中等的光照。
放养形式：	混养。
活动区域：	中、下层水域。
特殊要求：	喜好挖掘底砂，水族箱内宜放大量底砂。
受欢迎程度：	受欢迎。

120 白金蝴蝶

学名：	*Tropheus moorii*(Albino)
特征：	乳黄色的体色。
身长：	12～15厘米。
雌雄区别：	雄鱼头部有隆起的脂肪突起。
饲养难度：	容易饲养。
食性：	植物食性。喜欢刮食岩石藻类为食。
繁殖方法：	口孵。雌鱼产卵后，将卵含入口中孵化。
繁殖能力：	弱。一般约8粒。
pH值：	7.3～8.2。
硬度：	8～23。
水温：	20～28℃。
光照：	需要较强的光照。
放养形式：	具有领域性，不可混养。
活动区域：	中、下层水域。
特殊要求：	性情暴躁，繁殖发情时要隔离。
受欢迎程度：	受欢迎。

121 牛头鲷

学名：*Geophagus steindachneri*

别名：秃头蓝宝石、珠母丽鱼、牛头。

特征：体侧橘、绿、蓝色，头部有瘤状突起，唇又宽又厚，酷似牛头。

身长：14～18厘米。

雌雄区别：雄鱼头部隆起的脂肪突起更明显，颜色更鲜艳。

饲养难度：容易饲养。

食性：杂食性。喜欢刮食岩石藻类为食。

繁殖方法：半口孵。雌鱼产卵于岩石或瓦盆表面上，由雌鱼负责保卫。卵经10天孵化，刚孵化的仔鱼，由雌鱼吸入口内保护，故称之为“半口孵鱼”。

繁殖能力：一般。雌鱼产卵50～100粒。

pH值：6.5～7.5。

硬度：8～12。

水温：22～26℃。

光照：需要中等的光照。

放养形式：混养。

活动区域：上、中、下层水域。

特殊要求：牛头鲷有用口掘砂的习性，要注意保护水草。

受欢迎程度：受欢迎。

122 蓝宝石鱼

学名：*Geophagus jurupari*

别名：蓝口孵鱼。

特征：体侧黄色，腹部青黄色，尾鳍呈扇形，后边缘平直。

身长：17～23厘米。

雌雄区别：雄鱼的背鳍、臀鳍较长，全身布满了发蓝光的小斑点；雌鱼腹部比较膨胀。

饲养难度：容易饲养。

食性：杂食性。喜欢吃动物性饵料。

繁殖方法：卵生口孵。产卵在岩石或其他附着物上，雌、雄鱼口含卵，2～3天孵化，出生10天后，亲鱼绝食，用口孵养仔鱼。

繁殖能力：较强。雌鱼一次产卵1 000～2 000粒。

pH值：6.5～7.6。

硬度：7～12。

水温：24～28℃。

光照：需要较强的光照。

放养形式：幼鱼可与其他鱼混养，成鱼不宜混养。

活动区域：中、下层水域。

特殊要求：有挖砂、咬水草的习惯，水族箱不能放置砂、草。

受欢迎程度：受欢迎。

123 联邦德国蓝宝石鱼

学名： *Geophagus jurupari*
特征： 体呈纺锤形，幼鱼有横条花纹，成熟时全身布满了发蓝光的小斑点。
身长： 15～25厘米。
雌雄区别： 雄鱼的背鳍、臀鳍较长，雌鱼腹部比较膨胀。
饲养难度： 容易饲养。
食性： 杂食性。尤其喜欢吃动物性饵料。
繁殖方法： 卵生口孵。产卵在岩石或其他附着物上，雌、雄鱼口含卵，2～3天孵化。
繁殖能力： 强。雌鱼一次产卵1 200～1 700粒。
pH值： 6.5～7.4。
硬度： 6～10。
水温： 22～27℃。
光照： 需要强光照。
放养形式： 幼鱼可与其他鱼混养，成鱼有攻击其他鱼的倾向，不宜混养。
活动区域： 中、下层水域。
特殊要求： 有挖砂、咬水草的习惯，水族箱不能放置砂、草。
受欢迎程度： 一般。

124 红尾皇冠

学名： *Aequidens rivulatus*
别名： 绿面皇冠鱼。
特征： 脸颊有绿色的斑纹，身上带有排列规律的绿色斑点，鳍的一端皆带橙色。
身长： 15～28厘米。
雌雄区别： 雌、雄鱼都具有非常鲜艳的花纹。但雄鱼的颜色更鲜艳，额头更隆起。
饲养难度： 容易饲养。
食性： 杂食性。喜欢食小鱼、小虾。
繁殖方法： 沉性卵。自然配对后，亲鱼在大石块或大瓦片上产卵受精，亲鱼照料鱼卵，卵2～3天孵化。
繁殖能力： 强。雌鱼产卵约700粒。
pH值： 5.5～6.8。
硬度： 5～9。
水温： 22～27℃。
光照： 需要较暗的光照。
放养形式： 不宜与小型鱼混合饲养。
活动区域： 下层水域。
特殊要求： 注意水温变化不能太大。
受欢迎程度： 受欢迎。

125 黑鳍鲷

学　　名：	*Pelmatochromis thomasi*
特　　征：	身体浑圆，鳞呈青、赤、绿等颜色。
身　　长：	7～10厘米。
雌雄区别：	雄鱼的颜色更鲜艳，额头更隆起。
饲养难度：	容易饲养。
食　　性：	杂食性。喜食动物性饵料。
繁殖方法：	口孵。只要能配好对，就能产卵，亲鱼有护幼行为。
繁殖能力：	强。雌鱼产卵约600粒。
pH　　值：	6.4～8.0。
硬　　度：	8～12。
水　　温：	22～28℃。
光　　照：	需要暗光照。
放养形式：	混养。
活动区域：	上、中、下层水域。
特殊要求：	适宜在水族箱中植有水草。
受欢迎程度：	一般。

126 埃及艳后鱼

学　　名：	*Maravichromis ericotaenia*
特　　征：	埃及艳后是大型湖产慈鲷颇具特色的鱼种。
身　　长：	20～27厘米。
雌雄区别：	成熟后的雄鱼在面颊处散发出金属绿光泽，体形较雌鱼为大。
饲养难度：	容易饲养。
食　　性：	杂食性。喜欢吃摇蚊幼虫和水蚤等动物性饵料。
繁殖方法：	口孵。产卵在岩石或其他附着物上，双亲轮流口含卵，2～3天孵化，亲鱼还是用口孵养仔鱼。
繁殖能力：	较强。雌鱼一次产卵700～950粒。
pH　　值：	6.6～7.7。
硬　　度：	6～13。
水　　温：	22～27℃。
光　　照：	需要中等的光照。
放养形式：	幼鱼可与其他鱼混养，成鱼不宜混养。
活动区域：	中、下层水域。
特殊要求：	有挖砂、咬水草的习惯，水族箱不能放置砂、草。
受欢迎程度：	受欢迎。

Lobotidae

松鲷科

127 泰国虎鱼

学名:	*Datnioides microlepis*
别名:	虎鱼、四带松鲷、泰国老虎。
特征:	尾鳍圆形；腹鳍位于胸鳍基底的后方，体侧有5～6条黑白相间的带纹。
身长:	40～60厘米。
雌雄区别:	雄鱼的花纹和色彩更鲜艳；雌鱼则没有这么鲜艳，同时腹部膨胀。
饲养难度:	较易饲养。
食性:	肉食性。爱吃小鱼。
繁殖方法:	卵生。喜爱栖息于多洞口的岩石地带，并在此产卵受精孵化。
繁殖能力:	弱。一对亲鱼每次可繁殖鱼卵210粒左右。

pH值:	6.1～7.2。
硬度:	7～13。
水温:	23～26℃。
光照:	需要中等的光照。
放养形式:	同类混养。
活动区域:	下层水域。
特殊要求:	注意小型鱼的混养，多植水草。
受欢迎程度:	受欢迎，热带鱼饲养老手喜欢。

Toxotidae

射水鱼科

128 高射炮鱼

学名:	*Toxotes jaculatrix*
别名:	射水鱼、枪手鱼。
特征:	体呈长椭圆形，侧扁。体色为银白色，有6条黑纹，尾鳍微凹。
身长:	7～10厘米。
雌雄区别:	雌鱼性成熟时腹部比较膨胀，雄鱼不明显。
饲养难度:	容易饲养。
食性:	杂食性。常吃浮在水面的饵，也吃干饵。鱼即会喷出水柱，将水族箱内侧活饵射落而捕食。
繁殖方法:	卵生。产浮性卵。亲鱼爱食卵。需及时将捞出。鱼卵经12小时可以孵化。
繁殖能力:	比较弱。每次约产卵3 000粒。

pH值:	7.0～7.6。
硬度:	7～10。
水温:	25～30℃。
光照:	需要中等的光照。
放养形式:	与个体大小相同的鱼可以混养。
活动区域:	适合养在半水景缸中。
特殊要求:	水族箱内加少许食盐饲养。
受欢迎程度:	受欢迎。

Gobiidae
虾虎鱼科

129 蜜蜂鱼

学名：	*Brachygobius doriae*
别名：	短虾虎鱼。
特征：	左右腹鳍愈合成吸盘状，体表的黄色与黑色粗条纹犹如小蜜蜂模样。
身长：	3～5厘米。
雌雄区别：	雌鱼腹部比雄鱼膨胀，雄鱼不明显。
饲养难度：	中等。
食性：	肉食性。尤其爱吃活饵。
繁殖方法：	卵生。产卵于洞穴中，雄鱼护卵孵化。
繁殖能力：	较弱。雌鱼产卵150粒左右。
pH值：	7.0～7.8。
硬度：	7～9。
水温：	18～32℃。
光照：	需要较暗的光照。
放养形式：	混养。
活动区域：	喜欢在砂上或玻璃面游动。
特殊要求：	属于咸淡水的热带鱼，饲养时水中需加盐。要求有岩石洞穴等隐蔽所。
受欢迎程度：	受欢迎。

Tetraodontiformes
鲀形目

Tetraodontidae
鲀科

130 河鲀

学名：	*Fugu obscurus abe.*
别名：	暗纹东方鲀、红鳍东方鲀等。
特征：	身体为亚圆筒形。全身无鳞，无腹鳍，背面和上侧面有不同的斑纹或斑点。有一遇到动静就膘内充气，腹部膨大，皮刺竖起，全身上浮于水面装死的特性，极具观赏价值。
身长：	20～25厘米。
雌雄区别：	手摸鱼的腹侧，有两条明显的条状物，生殖孔较小，长圆形，轻微压迫溢出白色精液者为雄鱼；手摸鱼的两侧，有一条轮廓不明显的柔软条状物，生殖孔稍大，较圆形，轻微压迫无精液溢出为雌鱼。
饲养难度：	一般。
食性：	杂食偏肉食性。喜食小鱼、小虾等。
繁殖方法：	按雌雄1∶2比例配对，自然交配、产卵和孵化。
繁殖能力：	较弱。
pH值：	7.4～8.6。
硬度：	8～12。
水温：	16～27℃。
光照：	需要中等的光照。
放养形式：	可以混养。
活动区域：	下层水域。
特殊要求：	它是一种食用和观赏兼具的鱼，由于体内有剧毒，最好不要食用。
受欢迎程度：	一般。

131 绿河鲀

学名：	*Tetraodon fluviatilis*
别名：	东方鲀。
特征：	体粗短，亚圆筒形，头和吻宽钝，鼻瓣呈卵原形突起；体无鳞，背鳍无棘，无腹鳍，尾鳍圆形。气囊发达。当用网捞取时，此鱼会将空气吸入鱼鳔中，使鱼腹膨胀如球，放回水里，便会喷出空气而恢复原状。
身长：	8～12厘米。
雌雄区别：	性成熟的雌鱼腹部比雄鱼膨胀。
饲养难度：	容易饲养。
食性：	肉食性。以食动物性活饵为主。
繁殖方法：	卵生。目前在水族箱中繁殖还比较困难。
繁殖能力：	弱。
pH值：	7.0～7.5。
硬度：	7～9。
水温：	21～27℃。
光照：	需要中等的光照。
放养形式：	牙齿尖锐，常会咬伤小型鱼或动作迟钝的鱼。不宜和小型鱼混养。
活动区域：	上、下层水域。
特殊要求：	此鱼身体不佳时会变黑，此时，要立即采取换水加盐和浸药方法处理。
受欢迎程度：	一般。

132 南美鲀

学名：	*Colomesus asellus*
别名：	金娃娃、鹦鹉鲀、吉娃娃。
特征：	腹部白色，背部黄绿色，有黑色横纹。当用网捞取时，鱼全身鼓得像气球，放回水中，便会吐出空气恢复原状。
身长：	10～15厘米。
雌雄区别：	性成熟的雌鱼腹部比雄鱼膨胀。
饲养难度：	中等。
食性：	杂食性。活饵、干饵都吃。
繁殖方法：	卵生。其他不详。
繁殖能力：	较弱。
pH值：	6.0～7.2。
硬度：	4～8。
水温：	24～26℃。
光照：	需要较强的光照。
放养形式：	最好单独饲养。
活动区域：	中、下层水域。
特殊要求：	宜弱酸性软水。
受欢迎程度：	受欢迎，热带鱼爱好者都喜欢。

133 黑斑花纹鼠鱼

学名：	*Corydoras polystictus*
别名：	兵鲇。
特征：	灰黑色，体侧有斑点，胸鳍较长，末端深跃腹鳍起点，腹鳍、臀鳍较小；各鳍有斑点。须2对。
身长：	10～13厘米。
雌雄区别：	雄鱼的胸鳍第一软条长而粗并变红色。
饲养难度：	容易饲养。
食性：	杂食性。所有的观赏鱼饲料都吃。
繁殖方法：	卵生。产卵于水族箱底或黏附于水草丛内。
繁殖能力：	强。雌鱼每次产卵300粒左右。

pH值：	6.3～7.5。
硬度：	7～12。
水温：	24～26℃。
光照：	需要一般的光照。
放养形式：	混养。
活动区域：	大多喜潜伏在水族箱底下或水草丛中。
特殊要求：	水箱底有沙石和水草。
受欢迎程度：	受欢迎。

134 花鼠鱼

学名：	*Corydoras paleatus*
别名：	绿花鼠、大花鼠、胡椒点鲶鱼。
特征：	背鳍到脂鳍中间有三个黑斑，身上则有不规则的黑斑。口部具挖砂的小须，形状怪异。
身长：	7～10厘米。
雌雄区别：	雄鱼胸鳍第一软条长而粗，并变成红色。
饲养难度：	容易饲养。
食性：	杂食性。喜食动物性饵料。
繁殖方法：	卵生。雌鱼产完卵后，将卵产在水草叶上，充分打气增氧可避免细菌的侵袭。
繁殖能力：	强。雌鱼每次产卵200～500粒。
pH值：	6.0～8.0。
硬度：	9～13。

水温：	22～28℃。
光照：	需要较暗的光照。
放养形式：	混养。
活动区域：	大多喜潜伏在水族箱底下或水草丛中，偶尔会游上水面吸氧又立即游下底部。
特殊要求：	水箱底有沙石和水草。
受欢迎程度：	受欢迎。

135 网纹鼠鱼

学　　名： *Corydoras reticulatus*
别　　名： 网纹鲶、网纹兵鲶、网斑鼠。
特　　征： 全身覆盖一层网状纹，头部的网纹致密；尾鳍有3条宽的黑条纹；躯体和头部有红色印记；幼鱼有斑点。
身　　长： 4～6厘米。
雌雄区别： 雄鱼胸鳍第一软条长而粗，并变成红色。
饲养难度： 容易饲养。
食　　性： 杂食性。特别爱吃掉落缸底的残饵。
繁殖方法： 卵生。雌鱼产完卵后，将卵产在水草叶上孵化。
繁殖能力： 强。雌鱼每次产卵300～500粒。
pH　　值： 7.3～8.4。
硬　　度： 12～21。
水　　温： 22～28℃。
光　　照： 需要较暗的光照。
放养形式： 混养。
活动区域： 大多喜潜伏在水族箱底下或水草丛中。
特殊要求： 水箱底有沙石和水草。
受欢迎程度： 一般。

Loricariidae (suckermouth armored catfishes)

甲鲇科

136 琵琶鼠鱼

学　　名： *Hypostomus plecostomus*
别　　名： 下口鲶。
特　　征： 全身为粗糙的鳞片披裹，体色为淡褐色，上面布满褐色花纹及斑点，嘴呈吸盘状，奇丑无比。
身　　长： 45～60厘米。
雌雄区别： 雄鱼的背鳍及臀鳍上有长而粗的棘。
饲养难度： 较易饲养。
食　　性： 杂食性。喜食青苔藻类，会吞食小型鱼。
繁殖方法： 卵生。以水塘或水泥池繁殖，内放石块等供卵附着。
繁殖能力： 强。每次产卵100～200粒。
pH　　值： 7.0～8.7。
硬　　度： 2～15。
水　　温： 22～28℃
光　　照： 需要暗光照。
放养形式： 混养，但长大后不宜与小型鱼混养。
活动区域： 下层水域。
特殊要求： 在水族箱中要开动增氧机。
受欢迎程度： 非常受欢迎，热带鱼爱好者都喜欢。

137 大帆皇冠琵琶鼠

学名：	*Glyptoperichthys* sp. cf. *gibbiceps* .
特征：	游动时高举背鳍与尾鳍，体表遍布中型黑色斑点，鱼鳍末端有橘红色的光彩。
身长：	22～36厘米。
雌雄区别：	雄鱼的背鳍及臀鳍上有长而粗的棘。
饲养难度：	较易饲养。
食性：	杂食性。会吞食小型鱼。
繁殖方法：	卵生。以水塘或水泥池繁殖，内放石块等供卵附着。
繁殖能力：	强。每次产卵100～200粒。
pH值：	6.5～7.4。
硬度：	2～15。
水温：	22～28℃。
光照：	需要中等的光照。
放养形式：	混养。
活动区域：	下层水域，喜好吸附于沉木上。
特殊要求：	给予遮光与高溶氧的饲养环境。
受欢迎程度：	受欢迎。

138 红尾鲶

学名：	*Phractocephalus hemiliopterus*
别名：	红尾鸭嘴鱼。
特征：	体背部黑色，具黑色斑点，口部到尾柄有一白带贯穿。尾鳍红色，其他鳍为黑色，边缘红色。须3对。
身长：	70～95厘米。
雌雄区别：	雄鱼的背鳍及臀鳍上有长而粗的棘。
饲养难度：	较易饲养。
食性：	肉食性。喜吃小鱼等动物性饵料。
繁殖方法：	卵生。繁殖方法不详。
繁殖能力：	较弱。
pH值：	6.5～7.1。
硬度：	2～11。
水温：	22～28℃
光照：	需要较暗的光照。
放养形式：	单养。
活动区域：	下层水域。
特殊要求：	养于大型水环境中。
受欢迎程度：	受欢迎。

139 虎鲶

学名：*Pseudoplatystoma fasciatum*
别名：鸭嘴鼠鱼。
特征：体上有十几条横纹，像老虎斑纹一样，头稍扁平，吻大而扁平。
身长：70～110厘米。
雌雄区别：性成熟的雌鱼腹部比雄鱼膨胀。
饲养难度：较易饲养。
食性：杂食性。爱吃自己蜕下的皮。
繁殖方法：卵生。繁殖方法不详。
繁殖能力：较弱。
pH值：6.2～7.0。
硬度：5～14。
水温：22～28℃。

光照：需要较暗的光照。
放养形式：混养。
活动区域：多居岩洞、流木等掩蔽物下。
特殊要求：需要布置供其躲藏以及觅食的岩石环境。
受欢迎程度：一般。

140 吸盘鱼

学名：*Plecostomus punctatus*
别名：琵琶鱼、皇冠琵琶鱼、吸口鲇。
特征：尾鳍浅叉形。口下位。左右腹鳍相连成吸盘。从腹面看像个小琵琶，又称琵琶鱼。体暗褐色，布满黑色斑点。
身长：16～28厘米。
雌雄区别：性成熟的雌鱼腹部比雄鱼略膨胀。
饲养难度：容易饲养。
食性：杂食性。任何饵料都吃，尤其爱吃腐屑料、吸食绿苔。
繁殖方法：卵生。繁殖方法不详。
繁殖能力：非常弱。
pH值：6.2～7.6。
硬度：7～11。
水温：22～30℃。

光照：需要较暗的光照。
放养形式：同类之间有时发生争斗，在饲养时应加以注意。
活动区域：底层水域或水族箱壁。
特殊要求：喜欢弱酸性的软水。
受欢迎程度：受欢迎。

Mochokidae(Synodidae,Squeakers or upside-down catish)

歧须鮠科

141 大帆满天星

学名：	*Synodontis eupterus*
特征：	背鳍和臀鳍很大，游动时张开鳍条，体呈蓝紫色，具白色斑点，如满天的星星。
身长：	18～25厘米。
雌雄区别：	雄鱼较雌鱼小；雌鱼体较肥壮，腹部比雄鱼膨胀。
饲养难度：	容易饲养。
食性：	杂食性。动物性饵料和植物性饵料都吃。
繁殖方法：	卵生。人工繁殖技术没有成功。
繁殖能力：	极弱。
pH值：	6.0～7.4。

硬度：	11～17。
水温：	24～28℃。
光照：	需要中等的光照。
放养形式：	性情温和，爱群居，宜混养。
活动区域：	中、下层水域。
特殊要求：	在饲养缸里应多种菊花草、慈姑草、金鱼藻等软性水草。
受欢迎程度：	受欢迎，热带鱼爱好者都喜欢。

Pangasiidae

斧头鲨科

142 斧头鲨

学名：	*Pangasius polyurandon*
别名：	虎鲨鱼、蓝鲨鱼。
特征：	体侧扁，腹部圆，须2对。幼鱼腹白，其他部分黑色，在阳光照射下会闪闪发光。
身长：	10～50厘米。
雌雄区别：	性成熟的雌鱼腹部比较膨胀。
饲养难度：	容易饲养。
食性：	食性杂。也爱吃颗粒饵。
繁殖方法：	卵生。将完成受精的卵放入孵化缸中进行孵化。
繁殖能力：	弱。
pH值：	6.2～7.5。

硬度：	7～14。
水温：	23～25℃。
光照：	需要较暗的光照。
放养形式：	适宜与大型热带鱼混养。
活动区域：	中、下层水域。
特殊要求：	水族箱要大。
受欢迎程度：	一般。

Doradidae

棘甲鲇科

143 猫嘴鲶

学名：	*Xenocara dolichoptera*
特征：	体细长，略侧扁。头扁平，吻突出，四周丛生须状突起，颇像猫。
身长：	10～12厘米。
雌雄区别：	性成熟的雌鱼腹部比较膨胀；雄鱼不明显。
饲养难度：	容易饲养。
食性：	杂食性。爱吃水族箱上的苔类、水草。
繁殖方法：	卵生。产卵在圆筒状的洞穴里，雄鱼护卵，经4天左右孵化。
繁殖能力：	强。每次产卵90～120粒。

pH值：	6.2～7.5。
硬度：	7～13。
水温：	22～28℃。
光照：	需要一般的光照。
放养形式：	会吃比它小的鱼，不适宜混养。
活动区域：	中、下层水域。
特殊要求：	水族箱要有沉木、石材等隐蔽物。
受欢迎程度：	受欢迎。

144 黄颡鱼

学名：	*Pelteobagrus fulvidraco* (Richardson)
别名：	黄颡公子、嘎鱼、黄刺鱼等。
特征：	体细长，腹面宽平，无鳞。头宽平，眼在鱼头两侧。上下颔有绒毛状牙带，须4对，鳃孔宽大。背鳍、胸鳍各有一个硬刺，后缘有锯齿。背部黑褐色，体侧黄色，有宽而长的黑色断纹，腹部淡黄色，各鳍灰黑色，鼻须一半白色一半黑色。
身长：	11～27厘米。
雌雄区别：	成熟雄鱼较大，体形瘦长，在肛门后面有1个生殖突，泄殖孔在其顶端，肉眼可见。雌鱼的体形较短粗，腹部膨大而柔软，生殖孔与泌尿孔分开。
饲养难度：	非常容易饲养。
食性：	肉食性鱼类。喜食小鱼、小虾等，也食水生植物。
繁殖方法：	5月中旬至7月中旬为生殖季节，产卵活动一般在夜间进行。在沿岸地带水草茂密且有淤泥的地方，雄鱼将胸鳍刺入底泥不断地转动，挖出小泥坑为产卵巢，然后呆在巢里静候“新娘”上门。雌鱼进入巢内产卵，雄鱼立即排出精液，受精卵在巢内孵化，由雄鱼负责护幼和孵化。
繁殖能力：	一般2龄就达性成熟。
pH值：	6.0～9.0。
硬度：	6～12。
水温：	17～34℃。
光照：	需要较强的光照。
放养形式：	喜群居，宜混养。
活动区域：	中、下层水域。
特殊要求：	怕强光，白天多在隐蔽之处活动，需幽暗的环境。
受欢迎程度：	一般。

Pimelodidae(Long-whiskered catfishes)

花鲇科

145 脂鲶

学名：	*Pimelodus pictus* sp.
特征：	须2对，后伸超过腹鳍基部。头稍扁平，吻尖长。
身长：	8～11厘米。
雌雄区别：	雄鱼的背鳍硬棘伸长并成弯曲状。
饲养难度：	容易饲养。
食性：	杂食性。爱吃水蚯蚓、摇蚊幼虫等活饵。
繁殖方法：	卵生。很少能人工繁殖。
繁殖能力：	弱。
pH值：	6.2～7.6。
硬度：	7～11。
水温：	22～30℃。
光照：	需要中等的光照。
放养形式：	不能与小鱼混养。
活动区域：	中、下层水域。
特殊要求：	移动时注意背鳍或胸鳍的硬棘，避免刺伤。
受欢迎程度：	一般。

146 蓝脂鲶

学名：	*Pimelodus pictus* sp.
特征：	体裸露。须2对，头稍扁平，吻尖长，尾呈叉状。体蓝色。
身长：	8～12厘米。
雌雄区别：	雄鱼的背鳍硬棘伸长并成弯曲状。
饲养难度：	容易饲养。
食性：	杂食性。喜吃活饵。
繁殖方法：	卵生。没有人工繁殖的记录。
繁殖能力：	弱。
pH值：	6.4～7.5。
硬度：	6～12。
水温：	25～30℃。
光照：	需要中等的光照。
放养形式：	可与中型鱼同箱饲养。
活动区域：	中、下层水域。
特殊要求：	需在水族箱中摆设流木、岩石等供隐蔽。
受欢迎程度：	较受欢迎。

Characiformes
脂鲤目
Characinidae
拟鲤科（脂鲤科、加拉辛科）

147 霓虹灯鱼

学名：	*Hyphessobrycon innesi*
别名：	红绿灯鱼、红灯鱼、红莲灯鱼。
特征：	尾鳍叉状，背鳍较尖。基色为鲜红色，配上一条银蓝色霓虹纵带。
身长：	2～4厘米。
雌雄区别：	雄鱼臀鳍末端呈尖状，颜色较深，身体较细；雌鱼臀鳍末端呈圆形，颜色较浅，身体较粗壮。
饲养难度：	容易饲养。
食性：	杂食性。喜欢吃活的水蚤、摇蚊幼虫。
繁殖方法：	卵生。把性成熟的雌鱼和雄鱼放入底部铺置了一层煮过的棕榈丝的鱼缸里，翌日即可产卵受精，24小时左右孵化。
繁殖能力：	中等。每次雌鱼产卵150粒左右，宜在小型水族箱繁殖。
pH值：	6.2～7.3。
硬度：	7～12。
水温：	22～28℃。
光照：	需要很强的光照。
放养形式：	喜欢群游，可混养。
活动区域：	上、中、下层水域。
特殊要求：	鱼胆小，饲养环境要保持安静，要多置水草、岩石等。另外霓虹灯鱼对新水反应敏感。
受欢迎程度：	特别受欢迎，尤其是中小学生和热带鱼新手更是喜欢。

148 霓虹仙子

学名：	*Hyphessobrycon innesi* sp.
特征：	体形稍扁，尾鳍叉状。体色鲜艳夺目，犹如闪烁的霓虹灯。
身长：	4～6厘米。
雌雄区别：	雄鱼臀鳍末端呈尖状，身体细小；雌鱼臀鳍末端呈圆形，身体粗壮。
饲养难度：	容易饲养。
食性：	杂食性。特别爱吃活的水蚤。
繁殖方法：	卵生。把一条腹部膨大的雌鱼和一条已经发情的雄鱼放入繁殖缸，事先在缸底部铺置一层煮过的棕榈丝或杨树根，繁殖缸放置在有柔和光线的地方，亲鱼一般在翌日产卵，雌鱼将卵排出体外，雄鱼使之受精，26小时左右孵化。
繁殖能力：	中等。每次雌鱼产卵120粒左右。
pH值：	6.0～7.6。
硬度：	6～14。
水温：	21～28℃。
光照：	需要较强的光照。
放养形式：	可混养、群居。
活动区域：	上、中、下层水域。
特殊要求：	鱼胆小，饲养环境要保持安静，要多置水草、岩石等。
受欢迎程度：	特别受欢迎，热带鱼新手喜欢。

149 黑莲灯鱼

学名：*Hyphessobrycon herbertaxelrodi*
别名：双线灯鱼、黑霓虹灯鱼。
特征：体呈细长形，尾鳍呈叉形，体暗褐色，上有1条金黄色横线，其下有1条黑线。
身长：3～4厘米。
雌雄区别：雄鱼较细长，臀鳍末端略呈尖状；雌鱼较粗壮，臀鳍末端呈圆形。
饲养难度：容易饲养。
食性：杂食性。喜欢吃活的水蚤、水蚯蚓和薄片饲料。
繁殖方法：卵生。将雌雄亲鱼放进繁殖缸里，雄鱼激烈地追逐雌鱼，雌鱼将卵产在水草上，雄鱼同时射精，使卵受精。36小时左右孵化。
繁殖能力：中等。每次雌鱼产卵180～240粒。
pH值：6.2～7.0。
硬度：7～14。
水温：22～28℃。
光照：需要较强的光照。
放养形式：适合与红莲灯鱼、新红莲灯鱼混养。
活动区域：上、中、下层水域。
特殊要求：鱼缸里应多种阔叶水草。
受欢迎程度：特别受欢迎。

150 柠檬灯鱼

学名：*Hyphessobrycon pulchripinnis*
别名：柠檬翅鱼。
特征：体色淡黄，臀鳍前缘鲜黄色，鱼体两侧为银白色，眼上部鲜红，并有淡黄色的脂鳍。
身长：4～5厘米。
雌雄区别：雄鱼较细长，臀鳍上有钩状物；雌鱼较粗壮肥硕。
饲养难度：容易饲养。
食性：杂食性。喜欢吃摇蚊幼虫等动物性饵料。
繁殖方法：黏性卵。将亲鱼按雌雄1∶2的比例放进缸里，雌鱼将卵产在水草上，雄鱼射精，使卵受精。35小时左右孵化。
繁殖能力：强。每次雌鱼产卵220粒左右。
pH值：5.7～7.0。
硬度：16～27。
水温：22～28℃。
光照：需要较强的光照。
放养形式：宜和性情温和的小鱼混养。
活动区域：上、中、下层水域。
特殊要求：喜欢栖于多水草、用黑色背景衬托的水族箱内。
受欢迎程度：特别受欢迎，尤其是中小学生和热带鱼新手更是喜欢。

155 红印鱼

学名:	*Hyphessobrycon erythrostigma*
特征:	体侧扁而较高。体色为深红色，体侧有一明显的血红色斑块，背鳍有黑色斑点。
身长:	6～9厘米。
雌雄区别:	雄鱼的背鳍和臀鳍呈镰刀状，背鳍约为体长的一半；雌鱼各鳍则短而圆。
饲养难度:	容易饲养。
食性:	杂食性偏肉食性。可喂食冷冻干燥饵料、红虫、孑孓等。
繁殖方法:	卵生。把挑选的亲鱼按雌雄1∶1的比例放进缸里，并放一层小卵石，雌鱼产卵，雄鱼受精，在36小时内孵化。
繁殖能力:	强。每次雌鱼产卵250粒左右。
pH值:	5.8～6.5。
硬度:	5～11。

水温:	24～28℃。
光照:	需要中等的光照。
放养形式:	混养。
活动区域:	上、中、下层水域。
特殊要求:	水族箱要多植水草。
受欢迎程度:	一般。

156 红灯管

学名:	*Hemigrammus erytbrozonus*
特征:	体轴有一条荧光桃红色的条纹贯穿，背鳍基部有一抹红彩，臀鳍末端为白色。
身长:	3～5厘米。
雌雄区别:	雄鱼臀鳍末端呈尖状；雌鱼臀鳍末端呈圆形，身体较粗壮。
饲养难度:	容易饲养。
食性:	杂食性。特别爱吃活的水蚤。
繁殖方法:	卵生。把选择好的成熟雌鱼和雄鱼放入底部铺置了一层煮过的棕榈丝的鱼缸里，雌鱼将卵排出体外，雄鱼使之受精，24小时左右孵化。
繁殖能力:	中等。每次雌鱼产卵120～180粒。
pH值:	5.5～7.3。
硬度:	9～14。

水温:	22～28℃。
光照:	需要较强的光照。
放养形式:	群居、混养。
活动区域:	上、中、下层水域。
特殊要求:	要多置水草、岩石等。
受欢迎程度:	一般。

157 飞凤鱼

学名： *Semaprochilodus teaniurus*
特征： 口能延伸突出。唇扩大成吸盘。背鳍前具棘。体银白色，尾鳍具有黑色纵行条纹。
身长： 34～45厘米。
雌雄区别： 雄鱼较细长；雌鱼较粗壮，性成熟的雌鱼腹部比较膨胀。
饲养难度： 中等。
食性： 杂食性。特别爱吃植物性饵料。
繁殖方法： 卵生。把挑选的亲鱼按雌雄1∶1的比例放进缸里，雌、雄鱼产卵受精，在48小时内孵化。
繁殖能力： 中等。每次可产卵250～400粒。
pH值： 5.5～6.5。
硬度： 9～12。

水温： 22～28℃。
光照： 需要较强的光照。
放养形式： 混养。
活动区域： 中、下层水域。
特殊要求： 会吃青苔和水草，不适宜在水族箱中种水草。
受欢迎程度： 比较受欢迎。

158 红鼻剪刀鱼

学名： *Petitella georgiae*
别名： 红鼻鱼、红头鱼、红头帽鱼。
特征： 体呈细长形，尾鳍呈叉形。红鼻鱼体基色为黄绿色，腹部白色，从鱼体中部向后有一条黑色条纹，延至尾鳍中部。从头部前端至胸鳍的上半部为鲜红色。
身长： 4～5厘米。
雌雄区别： 雄鱼较细长；雌鱼较粗壮，性成熟的雌鱼腹部比较膨胀。
饲养难度： 中等。
食性： 杂食性。以吃动物性饵料。
繁殖方法： 卵生。雌、雄鱼产卵受精，在48小时内孵化。
繁殖能力： 中等。一年可繁殖10次左右。每次可产卵220粒左右。
pH值： 5.5～6.7。

硬度： 5～10。
水温： 20～25℃。
光照： 需要强光照。
放养形式： 适宜与小型热带鱼混养。
活动区域： 中、下层水域。
特殊要求： 需要水草。
受欢迎程度： 特别受欢迎，尤其是中小学生和热带鱼新手更是喜欢。

Lebiasimidae

大鳞脂鲤科

175 红鳍铅笔鱼

学名：	*Nannostomus trifasciatus*
别名：	三线铅笔鱼、金银带。
特征：	体侧有3条黑纹贯穿，臀鳍、腹鳍、背鳍及尾鳍都有红色的美丽斑点。
身长：	5～7厘米。
雌雄区别：	雌鱼腹部比雄鱼圆，但雄鱼体色比雌鱼深。
饲养难度：	容易饲养。
食性：	杂食性。
繁殖方法：	卵生。在黄昏时，雌、雄鱼并肩而游，产卵于草的背面，受精卵经48小时左右的孵化可孵出仔鱼。
繁殖能力：	稍弱。一对亲鱼每次可产卵40～70粒。
pH值：	6.2～7.5。
硬度：	7～13。
水温：	22～28℃。
光照：	需要中等的光照。
放养形式：	群游、混养。
活动区域：	上、中层水域。
特殊要求：	需要水草和阳光照射。水族箱水深需超过20厘米。雌鱼吃卵，产卵后移出亲鱼。
受欢迎程度：	一般。

Anostomidae

上口脂鲤科

176 带纹鱼

学名：	*Leporinus fasciatus*
别名：	九间鲨、美国九间鱼、黑九间鱼、兔脂鲤。
特征：	体呈长形，两鼻孔相距近，尾鳍被鳞，幼鱼有6条带纹，成体时变为10条。
身长：	20～30厘米。
雌雄区别：	雌鱼性成熟时腹部比较膨胀。
饲养难度：	容易饲养。
食性：	杂食性。喜吃水草、人工饵料及其他小鱼等。
繁殖方法：	卵生。目前尚无成功。
繁殖能力：	弱。
pH值：	6.2～7.5。
硬度：	7～11。
水温：	22～27℃。
光照：	需要中等的光照。
放养形式：	单养。
活动区域：	上、中层水域。
特殊要求：	水族箱需加盖，箱内不宜种植水草。
受欢迎程度：	受欢迎。

Curimatidae

无齿脂鲤科

177 网球鱼

学名：	*Chilodus punctatus*
特征：	体色银灰色，鱼鳞很大，每片鱼鳞都有黑点，体侧上有1条由头至尾的黑线。
身长：	8～12厘米。
雌雄区别：	雌鱼体辐较大，腹部隆起。
饲养难度：	容易饲养。
食性：	杂食性。喜吃青苔、水藻类、青菜叶、摇蚊幼虫。
繁殖方法：	卵生。鱼产出的卵块黏附在箱底，产卵4天后孵化。
繁殖能力：	强。雌鱼一次产卵200～300粒。
pH值：	6.4～7.6。
硬度：	8～12。
水温：	22～28℃
光照：	需要强光照。
放养形式：	群养。
活动区域：	上、中、下层水域。
特殊要求：	需要大型水草等隐蔽物。
受欢迎程度：	一般。

Cypriniformes

鲤形目

Cyprinidae(minnows or carps)

鲤科

178 银鲨

学名：	*Balantiocheilos melanopterus*
别名：	黑鳍袋唇鱼、黑眼银鲨。
特征：	各鳍呈黄色且具黑边，体色为银白色，体形如梭形，背鳍、尾鳍大而尖锐。须2对。
身长：	18～24厘米。
雌雄区别：	性成熟后，雄鱼瘦长，而雌鱼腹部肥大。
饲养难度：	容易饲养。
食性：	杂食偏动物性，爱吃摇蚊幼虫。
繁殖方法：	卵生。尚没有成功的经验。
繁殖能力：	弱。
pH值：	6.4～7.3。
硬度：	8～10。
水温：	22～28℃。
光照：	需要中等的光照。
放养形式：	可与大型热带鱼混养。
活动区域：	下层水域。
特殊要求：	善跳跃，水族箱要加盖。
受欢迎程度：	特别受欢迎。

183 彩虹鲨

学名：	*Labeo erythrurus*
别名：	红鳍鲨鱼。
特征：	口下位。有须。体青灰色，尾鳍有一黑斑，各鳍鲜红色。
身长：	10～13厘米。
雌雄区别：	雄鱼的臀鳍镶有黑边，雌鱼于繁殖季节腹部膨大且臀鳍无黑边。
饲养难度：	容易饲养。
食性：	杂食性。爱吃蚯蚓等动物性饵料。
繁殖方法：	卵生。繁殖不详。
繁殖能力：	弱。
pH值：	7.0～7.7。
硬度：	11～22 。
水温：	24～28℃
光照：	需要中等的光照。
放养形式：	具有强烈的领域意识，不宜同类混养，和其他种类的鱼能混养。
活动区域：	上、中、下层水域。
特殊要求：	适宜在水族箱中种水草。
受欢迎程度：	特别受欢迎，尤其是中小学生和热带鱼新手更是喜欢。

184 玫瑰鲫鱼

学名：	*Puntius conchonius*
别名：	瑰刺鱼、印度鲫鱼、咖啡鱼。
特征：	体侧扁，卵圆形，背鳍为黄绿色，体侧近背鳍的后端边缘有金色及黑色斑纹。
身长：	7～12厘米。
雌雄区别：	雄鱼体形细长，体色由红色变为紫色，背鳍、腹鳍、尾鳍都宽大且长；雌鱼体形略胖，颜色略显淡雅。
饲养难度：	容易饲养。
食性：	杂食性。爱吃摇蚊幼虫等动物性饵料。
繁殖方法：	卵生。将亲鱼放入植满水草的水族箱内繁殖。受精卵在24～36小时孵化
繁殖能力：	强。雌鱼可产卵350～500粒。
pH值：	6.3～7.3。
硬度：	7～12。
水温：	22～27℃。
光照：	需要较强的光照。
放养形式：	不宜与小型鱼混养。
活动区域：	中、下层水域。
特殊要求：	适宜在水族箱中种水草。雌鱼有吃卵的习性，产卵后需立即隔离。
受欢迎程度：	特别受欢迎，尤其是中小学生和热带鱼新手更是喜欢。

Curimatidae
无齿脂鲤科

177 网球鱼

学名：	*Chilodus punctatus*
特征：	体色银灰色，鱼鳞很大，每片鱼鳞都有黑点，体侧上有1条由头至尾的黑线。
身长：	8～12厘米。
雌雄区别：	雌鱼体辐较大，腹部隆起。
饲养难度：	容易饲养。
食性：	杂食性。喜吃青苔、水藻类、青菜叶、摇蚊幼虫。
繁殖方法：	卵生。鱼产出的卵块黏附在箱底，产卵4天后孵化。
繁殖能力：	强。雌鱼一次产卵200～300粒。
pH值：	6.4～7.6。
硬度：	8～12。
水温：	22～28℃
光照：	需要强光照。
放养形式：	群养。
活动区域：	上、中、下层水域。
特殊要求：	需要大型水草等隐蔽物。
受欢迎程度：	一般。

Cypriniformes
鲤形目

Cyprinidae(minnows or carps)
鲤科

178 银鲨

学名：	*Balantiocheilos melanopterus*
别名：	黑鳍袋唇鱼、黑眼银鲨。
特征：	各鳍呈黄色且具黑边，体色为银白色，体形如梭形，背鳍、尾鳍大而尖锐。须2对。
身长：	18～24厘米。
雌雄区别：	性成熟后，雄鱼瘦长，而雌鱼腹部肥大。
饲养难度：	容易饲养。
食性：	杂食偏动物性，爱吃摇蚊幼虫。
繁殖方法：	卵生。尚没有成功的经验。
繁殖能力：	弱。
pH值：	6.4～7.3。
硬度：	8～10。
水温：	22～28℃。
光照：	需要中等的光照。
放养形式：	可与大型热带鱼混养。
活动区域：	下层水域。
特殊要求：	善跳跃，水族箱要加盖。
受欢迎程度：	特别受欢迎。

179 泰国鲫

学名：	*Bardodes schwanenfeldi*
别名：	红鳍鲫、红旗鱼。
特征：	体型、色彩和鲫相似。幼鱼无色彩，成鱼鳞银色闪闪，背鳍和尾鳍边缘有黑、红双线，游动时像身上插着一面面小红旗。
身长：	29～36厘米。
雌雄区别：	雄鱼色彩鲜明；雌鱼体幅较高，腹部隆起。
饲养难度：	容易饲养。
食性：	杂食性。
繁殖方法：	卵生。要用长度超过1米的水族箱繁殖。在水族箱内先放置棕榈皮或水草或尼龙丝，选择亲鱼一对，先放雌鱼，第二天再放雄鱼。雄鱼会诱导雌鱼产出透明的黏性卵，受精卵在20～30小时内孵化。
繁殖能力：	强。每次产卵300~1 000粒。
pH值：	6.4～7.3。
硬度：	8～12。
水温：	22～26℃。
光照：	需要较强的光照。
放养形式：	混养。
活动区域：	中、下层水域。
特殊要求：	不适宜在水族箱中种水草，产卵后，需将亲鱼立即隔离。
受欢迎程度：	特别受欢迎。

180 红鳍银鲫

学名：	*Bardodes schwanenfeldi* var.
别名：	双线察。
特征：	体表银白色，背鳍、腹鳍、肛鳍、尾鳍呈鲜红色，尾鳍上下边缘各有1条明显的黑边。
身长：	20～31厘米。
雌雄区别：	雄鱼体型较瘦长，颜色鲜艳；雌鱼体较肥壮，腹部隆起，颜色淡雅。
饲养难度：	容易饲养。
食性：	杂食性。喜食生果、水蚤、水蚯蚓、颗粒饲料及水草。
繁殖方法：	卵生。要用长度超过1米的水族箱繁殖。在水族箱内先放置棕榈皮或水草或尼龙丝，雄鱼会诱导雌鱼产出透明的黏性卵，受精卵在24小时内孵化。
繁殖能力：	强。雌鱼每次产卵400～600粒。
pH值：	6.7～7.6。
硬度：	6～10。
水温：	22～26℃。
光照：	需要较强的光照。
放养形式：	混养。
活动区域：	下层水域。
特殊要求：	不适宜在水族箱中种水草。
受欢迎程度：	一般。

181 虎皮鱼

学名：	*Bardodes schwanenfeldi*
别名：	四间鱼、品品鱼、虎鱼等。
特征：	体呈红褐色，下侧渐转银白色。身体两侧四条黑色横带清晰可辨，第一条竖纹通过眼部，第二条在鳃盖与背鳍之间，第三条起于背鳍末端直达臀鳍起点，第四条在尾鳍基部。
身长：	4～6厘米。
雌雄区别：	雄鱼鳍上的红色比雌鱼的深，鼻部及尾部会出现火一般的红色。雌鱼体比雄鱼宽而大，尤其腹部膨大。
饲养难度：	容易饲养。
食性：	肉食性。比较贪食。
繁殖方法：	卵生。产卵后，需将亲鱼立即隔离，受精卵在36小时左右孵化。
繁殖能力：	强。一年可繁殖多次，雌鱼每次产卵250～400粒。

pH值：	6.4～7.5。
硬度：	8～12。
水温：	22～26℃。
光照：	需要强光照。
放养形式：	宜同类鱼集群饲养，不宜与丝状体鳍条的神仙鱼等混养。
活动区域：	中、下层水域。
特殊要求：	喜高温高氧，适宜在水族箱中种水草，要备有加温增氧设备。
受欢迎程度：	特别受欢迎。

182 淡水白鲨

学名：	*Pangasius sutchi*
别名：	八珍鱼。
特征：	体型长而侧扁，背部明显隆起，腹部圆，没有腹棱。头部扁平呈圆锥形，吻短，鳃膜与颊部不相连。上下颌有密生的弯状小齿，呈板带状。背鳍位于最高处，有一粗壮硬棘。背鳍后上方靠近尾基处有一脂鳍。胸鳍外缘有一枚发达的硬棘，腹鳍小，臀鳍长，尾鳍分叉。无鳞。体背灰黑色，体侧青灰色，腹部银白色。幼鱼体侧有3～4条纵向蓝色条纹。
身长：	20～28厘米。
雌雄区别：	雌鱼腹部较大，松软而富有弹性，卵巢轮廓明显，腹中线下凹，卵巢下坠后有流动状；雄性生殖孔松弛，轻压腹部有乳白色精液流出。
饲养难度：	容易饲养。
食性：	杂食性。偏爱肉食性。
繁殖方法：	卵生。每年6～9月份为繁殖季节。1尾雌鱼的卵最好用2尾雄鱼的精液使之受精。

繁殖能力：	强。一次产卵5 000～2 0000粒。
pH值：	6.4～7.3。
硬度：	5～9。
水温：	25～29℃。
光照：	需要中等的光照。
放养形式：	性情较温和，可混养。
活动区域：	中、下层水域。
特殊要求：	不能在水族箱内种植水草。
受欢迎程度：	一般。

183 彩虹鲨

学名:	*Labeo erythrurus*
别名:	红鳍鲨鱼。
特征:	口下位。有须。体青灰色，尾鳍有一黑斑，各鳍鲜红色。
身长:	10～13厘米。
雌雄区别:	雄鱼的臀鳍镶有黑边,雌鱼于繁殖季节腹部膨大且臀鳍无黑边。
饲养难度:	容易饲养。
食性:	杂食性。爱吃蚯蚓等动物性饵料。
繁殖方法:	卵生。繁殖不详。
繁殖能力:	弱。
pH值:	7.0～7.7。
硬度:	11～22 。
水温:	24～28℃
光照:	需要中等的光照。
放养形式:	具有强烈的领域意识，不宜同类混养，和其他种类的鱼能混养。
活动区域:	上、中、下层水域。
特殊要求:	适宜在水族箱中种水草。
受欢迎程度:	特别受欢迎，尤其是中小学生和热带鱼新手更是喜欢。

184 玫瑰鲫鱼

学名:	*Puntius conchonius*
别名:	瑰刺鱼、印度鲫鱼、咖啡鱼。
特征:	体侧扁，卵圆形，背鳍为黄绿色，体侧近背鳍的后端边缘有金色及黑色斑纹。
身长:	7～12厘米。
雌雄区别:	雄鱼体形细长，体色由红色变为紫色，背鳍、腹鳍、尾鳍都宽大且长；雌鱼体形略胖，颜色略显淡雅。
饲养难度:	容易饲养。
食性:	杂食性。爱吃摇蚊幼虫等动物性饵料。
繁殖方法:	卵生。将亲鱼放入植满水草的水族箱内繁殖。受精卵在24～36小时孵化
繁殖能力:	强。雌鱼可产卵350～500粒。
pH值:	6.3～7.3。
硬度:	7～12。
水温:	22～27℃。
光照:	需要较强的光照。
放养形式:	不宜与小型鱼混养。
活动区域:	中、下层水域。
特殊要求:	适宜在水族箱中种水草。雌鱼有吃卵的习性，产卵后需立即隔离。
受欢迎程度:	特别受欢迎，尤其是中小学生和热带鱼新手更是喜欢。

185 火玫瑰鲫鱼

学　　名：	*Puntius conchonius*
别　　名：	火玫瑰。
特　　征：	体高而侧扁，卵圆形，背鳍为鲜艳的黄绿色，在繁殖期，体色变为黄绿色。
身　　长：	7～10厘米。
雌雄区别：	雄鱼体形细长，背鳍、腹鳍、尾鳍都宽大且长；雌鱼体形略胖，颜色淡雅。
饲养难度：	容易饲养。
食　　性：	杂食性。爱吃动物性饵料。
繁殖方法：	卵生。将成熟亲鱼放入植满水草的水族箱内繁殖。受精卵在30小时孵化。
繁殖能力：	强。雌鱼可产卵300～400粒。
pH　　值：	6.5～7.2。
硬　　度：	5～10。
水　　温：	24～30℃。
光　　照：	需要较强的光照。

放养形式：	混养。
活动区域：	中、下层水域。
特殊要求：	适宜在水族箱中种水草。雌鱼有吃卵的习性，产卵后需立即隔离。
受欢迎程度：	特别受欢迎，尤其是中小学生和热带鱼新手更是喜欢。

186 金条鱼

学　　名：	*Puntius sachsii*
别　　名：	五线鱼、黄金条鱼。
特　　征：	体呈卵圆形。腹部圆，体色金黄灿烂。
身　　长：	5～6厘米。
雌雄区别：	雄鱼身体较瘦长，腹部颜色深；雌鱼体形较肥大、粗壮，腹部颜色较浅。
饲养难度：	容易饲养。
食　　性：	杂食性。爱吃动物性饵料。
繁殖方法：	卵生。将亲鱼按雌雄1∶1的比例放入植有水草的小水族箱内，产卵受精后24小时即孵化。
繁殖能力：	强。雌鱼可产卵400～600粒。
pH　　值：	6.3～7.7。
硬　　度：	5～11。
水　　温：	22～28℃。

光　　照：	需要较强的光照。
放养形式：	混养。
活动区域：	中、下层水域。
特殊要求：	适宜在水族箱中种水草，产卵结束后，应将亲鱼立即捞出另养。
受欢迎程度：	一般。

187 五线鲫鱼

学名：	*Puntius lineatus*
别名：	五间鱼。
特征：	体黄色中带银褐色或暗金色，体侧有4～6条青色的花纹线，多为5条，背鳍和臀鳍赤黄色透明。
身长：	5～6厘米。
雌雄区别：	雄鱼背鳍、腹鳍、尾鳍都宽大且长；雌鱼腹部膨大。
饲养难度：	难饲养。
食性：	肉食性。用轮虫来喂饲最好。
繁殖方法：	卵生。将亲鱼放入植满水草的水族箱内繁殖。受精卵在24～36小时孵化。
繁殖能力：	弱。
pH值：	6.3～7.4。
硬度：	9～12。
水温：	22～27℃。
光照：	需要中等的光照。
放养形式：	不能与小型鱼混养。
活动区域：	中、下层水域。
特殊要求：	适宜在水族箱中种水草。雌鱼有吃卵的习性，产卵后需立即隔离。
受欢迎程度：	一般。

188 双点鲫鱼

学名：	*Puntius ticto*
别名：	黑点鲫鱼。
特征：	体银色，鳃盖后与尾鳍部各有一个黑点，发出金色光芒。
身长：	4～8厘米。
雌雄区别：	发情期，雄鱼体色更显得美丽，背鳍变为红色。
饲养难度：	容易饲养。
食性：	杂食性。爱吃水蚤等活饵。
繁殖方法：	卵生。将成熟亲鱼放入植满水草的水族箱内，雌雄鱼产卵受精后，受精卵在30小时孵化。
繁殖能力：	强。每次产卵300粒左右。
pH值：	6.3～7.3。
硬度：	9～14。
水温：	21～26℃。
光照：	需要中等的光照。
放养形式：	不能与小型鱼混合饲养。
活动区域：	上、中、下层水域。
特殊要求：	需用密植水草的水族箱。
受欢迎程度：	一般。

189 金丝鱼

学名：	*Tanichthys albonubes*
别名：	唐鱼、白云山金丝鱼、红鳍鱼、彩金线鱼等。
特征：	体呈长梭形。鳍较小，尾鳍分叉。背部为褐中带蓝，腹部银白色，体两侧有一条沿侧线的发光金线。金线的一端是黑眼珠，另一端有黑斑，鳍为鲜红色。
身长：	12～15厘米。
雌雄区别：	雄鱼各鳍长而高，雌鱼肥硕，腹部隆起。在发情期各鳍呈鲜红色。
饲养难度：	容易饲养。
食性：	杂食性。
繁殖方法：	卵生。将成熟的一对雌、雄鱼放进种植水草的水族箱中，光线稍暗些，雌鱼即可产卵，所产的沉性卵经2～3天后便可孵化。
繁殖能力：	强。每年产卵数次，每次产卵200～300粒。
pH值：	7.3～8.2。
硬度：	5～12。
水温：	24～29℃。
光照：	需要较强的光照。
放养形式：	混养。
活动区域：	上、中层水域。
特殊要求：	水族箱内不宜种太多水草。
受欢迎程度：	一般。

190 斑马鱼

学名：	*Brachydanio rerio*
别名：	蓝条鱼、花条鱼、星条鱼。
特征：	全身布满多条深蓝色纵纹似斑马，与银白色或金黄色纵纹相间排列。
身长：	3～5厘米。
雌雄区别：	雄性体形细长，颜色略深，条纹较为显着，为深蓝色条纹间柠檬色条纹；雌鱼体态较丰满，颜色稍淡，为蓝色条纹间银灰色条纹，在性成熟后腹部肥大。
饲养难度：	容易饲养。
食性：	杂食性。喜食摇蚊幼虫等动物性饵料。
繁殖方法：	卵生。把成熟的雌鱼2尾，雄鱼1尾，放入水族箱内，雄鱼便立即追逐雌鱼。产卵于小石块下，水族箱保持充氧状态，经36～40小时可孵化。
繁殖能力：	强。每条雌鱼可产卵350～600粒。
pH值：	6.5～7.3。
硬度：	9～14。
水温：	22～26℃。
光照：	需要中等的光照。
放养形式：	集群、混养。
活动区域：	上、中层水域。
特殊要求：	需用密植水草的水族箱，亲鱼有吞食卵的习性，产卵后需立即将亲鱼隔离。
受欢迎程度：	受欢迎。

191 豹纹斑马鱼

学名：	*Brachydonio frankei*
别名：	豹皮斑马。
特征：	色彩艳丽，金黄色的底色有连续的黑点，十分特别。
身长：	5～7厘米。
雌雄区别：	雄性颜色略深，条纹较为显着；雌鱼身体肥胖，颜色稍淡，腹部肥大。
饲养难度：	容易饲养。
食性：	杂食性。投喂观赏鱼的饵料它都吃。
繁殖方法：	卵生。把成熟的雌、雄鱼按2：1的比例，放入水族箱内，雄鱼追逐雌鱼，雌鱼产卵于小石块下，雄鱼受精，经36～40小时可孵化。
繁殖能力：	强。每条雌鱼可产卵200～400粒。
pH值：	5.9～7.5。
硬度：	9～12。
水温：	22～28℃。
光照：	需要中等的光照。
放养形式：	混养。
活动区域：	上层水域。
特殊要求：	需用密植水草的水族箱。
受欢迎程度：	一般。

192 蓝三角鱼

学名：	*Rasbora heteromorpha*
别名：	高体波鱼、黑三角鱼、异形波鱼，三角鱼、三角灯鱼、异形鲰。
特征：	体呈纺锤形，尾鳍叉形。鱼体为银白色，背鳍、臀鳍和尾鳍均为红色，背鳍下部至尾部有一块蓝光闪闪的三角形斑纹。
身长：	4～6厘米。
雌雄区别：	雄鱼体形较小而长，体色呈现较艳的玫瑰色；雌鱼较大而腹部膨胀。
饲养难度：	容易饲养。
食性：	杂食性。喜食动物性饵料。
繁殖方法：	卵生。水族箱内多种皇冠草水草，雌、雄鱼产卵受精于宽叶内，经28～32小时孵化。
繁殖能力：	较弱。每条雌鱼可产卵80～150粒。
pH值：	5.9～6.8。
硬度：	7～9。
水温：	24～26℃。
光照：	需要较强的光照。
放养形式：	混养。
活动区域：	上、中层水域。
特殊要求：	应成群饲养，需要阔叶水草。
受欢迎程度：	受欢迎。

193 新一点灯

学　　名：	*Rasbora dorsiocellata macropbtbalma*
特　　征：	身体像漂过金粉状似的，背鳍上有黑点。
身　　长：	3～4厘米。
雌雄区别：	雌鱼的腹部较大，尾鳍为黄色；雄鱼身体细长，尾鳍较红。
饲养难度：	容易饲养。
食　　性：	杂食性。对人工饵料非常爱好。
繁殖方法：	卵生。水质呈微酸性，在水族箱内要多植水草，产卵时温度加至30℃，受精卵在36小时内孵化。
繁殖能力：	强。每条雌鱼可产卵100～200粒。
pH　　值：	5.3～6.8。
硬　　度：	7～12。
水　　温：	23～28℃。
光　　照：	需要较强的光照。
放养形式：	混养。
活动区域：	中、下层水域。
特殊要求：	宜饲养于水草较多的水族箱中。
受欢迎程度：	特别受欢迎，尤其是中小学生和热带鱼新手更是喜欢。

194 胭脂鱼

学　　名：	*Myxocyprinus asiaticus* (Bleeker)
别　　名：	一帆风顺。
特　　征：	体形及身上的颜色，从幼鱼开始一直在不断地改变。幼鱼体呈灰褐色，头小而尖，背部高高隆起，腹部则扁平。脊鳍高而宽展，像船帆一样高高扯起。同时身上还拥有三条黑色的宽大条纹，长大后，背部不再隆起，背鳍也变短且长，三条竖黑条纹却变为横条纹而贯穿头尾，脊鳍及尾变为红色。
身　　长：	20～30厘米。
雌雄区别：	雄鱼身体带红色；雌鱼则呈青紫色。
饲养难度：	容易饲养。
食　　性：	肉食性。
繁殖方法：	卵生。在水族箱内要多植水草，产卵时温度加至28℃，受精卵在36小时内孵化。
繁殖能力：	极弱，需在激流中交配。
pH　　值：	6.5～7.5。
硬　　度：	7～14。
水　　温：	15～26℃。
光　　照：	需要中等的光照。
放养形式：	混养。
活动区域：	中、下层水域。
特殊要求：	宜饲养于水草较多的水族箱中。
受欢迎程度：	一般。

195 金鳟

学名：*Oncorhynchus mykiss*
特征：体呈长纺锤形，尾柄背部有一脂鳍，鳞片细小。背部黄色，腹部白色，体侧有一条紫红色彩带。
身长：22～30厘米 。
雌雄区别：雄鱼口裂较大，吻端略尖长，肌肉坚实，体色发暗；雌鱼吻圆，口裂小，肌肉较柔软，腹部膨大。
饲养难度：一般。
食性：掠食性。喜食昆虫、小型鱼类、人工饲料。
繁殖方法：一般需人工授精。在较暗的室内进行人工采卵，一手握住雌鱼的尾柄，使其腹部向下，生殖孔对准采卵盆，另一只手托住鱼头部的下方，轻轻向上用力，迫使鱼体向背部略弯，卵即可排向产卵盆。同法采集精子，然后将精子倒入卵子的盆中，搅拌均匀。30天左右孵化。
繁殖能力：较强。
pH值：6.5～7.5。
硬度：5～10。
水温：5～20℃。
光照：需要中等的光照。
放养形式：混养。
活动区域：中、下层水域。
特殊要求：卵的早期发育就怕光，要注意光线和水温的控制。
受欢迎程度：一般。

196 虹鳟

学名：*Salmo gairdneri* Richardson.
别名：七色鱼。
特征：体呈长形，背部和头顶部苍青、蓝绿等色。侧面银白色、浅黄绿色等色。腹部银白色、白色或灰白色。体侧沿侧线中部有一条紫红色彩虹带，延伸至尾鳍基部，体侧布有黑色小斑点。
身长：20～35厘米 。
雌雄区别：雄鱼口大，下颌端部突出并向上弯曲呈尖钩状，体色发黑，背部略隆起，轻压腹部有精液流出；雌鱼口小，吻端稍圆钝，背部不隆起，腹部圆胀柔软、有弹性，泄殖孔红肿突出，轻压腹部有卵流出。
饲养难度：一般 。
食性：肉食性鱼类。也喜食人工配合饲料。
繁殖方法：雌鱼掘产卵坑，雄鱼保护雌鱼，接着雌鱼排卵雄鱼射精。在8～10℃水温条件下，需30天左右才能出苗。
繁殖能力：3～4龄性成熟，体重在600克以上的雌鱼怀卵量为1 600～3 500粒。
pH值：5.5～9.2。
硬度：6～10。
水温：5～24℃。
光照：需要中等的光照。
放养形式：混养。
活动区域：上、中、下层水域皆可。
特殊要求：水温不能太高，水中不能缺氧。
受欢迎程度：受欢迎。

197 仙女鳟

学　　名：	*Oncorhynchus mykiss* sp.
别　　名：	圣鱼、部长鱼。
特　　征：	体呈长纺锤形，尾柄背部有一脂鳍，鳞片细小，身体非常美丽，如同仙女下凡。
身　　长：	20～25厘米。
雌雄区别：	雄鱼口裂大，吻端尖长，肌肉坚实；雌鱼吻圆，口裂小，肌肉较柔软，腹部膨大。
饲养难度：	较难饲养。
食　　性：	杂食偏动物食性。喜食底栖动物、水生昆虫及其他幼鱼为食，也吃食人工饵料。
繁殖方法：	卵生。雌鱼掘产卵坑，雄鱼保护雌鱼，接着雌鱼排卵雄鱼射精，在8～10℃水温条件下，需30天左右才能出苗。
繁殖能力：	繁殖能力较强，每次可产卵800～2 200粒。
pH　　值：	6.7～7.6。
硬　　度：	6～10。
水　　温：	5～15℃。
光　　照：	需要中等的光照。
放养形式：	混养。
活动区域：	中、下层水域。
特殊要求：	一定要注意光线和水温的控制。
受欢迎程度：	受欢迎。

Gyrinocheilidae(algae eaters)

双孔鱼科

198 食藻鱼

学　　名：	*Gyrinocheilus aymonieri*
别　　名：	青苔鱼。
特　　征：	体呈纺锤形，唇将口包围成漏斗状吸盘，背部褐色，腹部白色。身上有不太明显的深色间条。头侧具2对鳃孔。
身　　长：	11～15厘米。
雌雄区别：	雌鱼腹部较大，尾鳍为黄色；雄鱼身体细长，尾鳍较红。
饲养难度：	容易饲养。
食　　性：	杂食性。喜食附着于水族箱内的苔类、藻类等。
繁殖方法：	卵生。繁殖时，将长15厘米以上的食藻鱼放入小鱼塘中或大水族箱中，亲鱼将卵产于石头等附着物上，受精卵需30小时左右孵化。
繁殖能力：	弱。每条雌鱼约可产卵1 000粒。
pH　　值：	6.4～7.5。
硬　　度：	7～11。
水　　温：	22～30℃。
光　　照：	需要较暗的光照。
放养形式：	混养。
活动区域：	下层水域。
特殊要求：	保持一定的光线。
受欢迎程度：	特别受欢迎，尤其是中小学生和热带鱼新手更是喜欢。

199 青苔鼠

学　　　名：	*Gyrinocheilus aymonieri*
别　　　名：	马头鳅。
特　　　征：	身体修长，身上有深色大型斑纹延伸到尾部。嘴巴呈吸盘状，口部吸贴于水草、岩石等物而徐徐移动，适合啃食岩石上附着的藻类。
身　　　长：	8～18厘米。
雌 雄 区 别：	雌鱼腹部较大，尾鳍为黄色；雄鱼身体细长，尾鳍较红。
饲 养 难 度：	较易饲养。
食　　　性：	杂食性。偏植物食性。
繁 殖 方 法：	卵生。将亲鱼按合适的配比放入水族箱中，卵产于石头等附着物上，受精卵需30小时左右孵化。
繁 殖 能 力：	弱。每条雌鱼可产卵700～950粒。
pH　　　值：	5.5～6.5。
硬　　　度：	5～12。
水　　　温：	25～28℃。
光　　　照：	需要暗光照。
放 养 形 式：	混养。
活 动 区 域：	下层水域。
特 殊 要 求：	用水草作产床。
受欢迎程度：	特别受欢迎，尤其是中小学生和热带鱼新手更是喜欢。

Cobitidae

鳅科

200 蛇仔鱼

学　　　名：	*Acanthophthalmus kuhlii*
别　　　名：	刺眼鳅。
特　　　征：	体形似泥鳅，眼小，有透明膜；体黄色、橙色、茶色，有黑色花纹间条。胸鳍、背鳍细少，位于身体后部，臀鳍与尾鳍相连。
身　　　长：	7～8厘米。
雌 雄 区 别：	雄鱼的体形细窄；雌鱼的体形大，腹部稍大。
饲 养 难 度：	中等。
食　　　性：	杂食性。喜欢吃剩余食物残渣。
繁 殖 方 法：	卵生。经验很少。
繁 殖 能 力：	弱。很少有在水族箱中繁殖的报道。
pH　　　值：	6.5～7.5。
硬　　　度：	7～9。
水　　　温：	24～27℃。
光　　　照：	需要较暗的光照。
放 养 形 式：	性情温和，能与同体形温和鱼混合饲养。
活 动 区 域：	喜欢在暗处活动，常穿插在水草、岩石缝壁间。
特 殊 要 求：	饵料最好在深夜投喂。
受欢迎程度：	受欢迎。

201 泥鳅

学名： *Misgurnus anguillicaudatus*
别名： 鳛、泥鳝
特征： 体长形，呈圆柱状，尾柄侧扁而薄，头小，吻尖，有须5对，鳞片细小，深陷皮内。上部灰黑色，下部白色，体侧有不规则的黑色斑点。鳍上有更小的斑点，尾鳍基部上方有一个黑色大斑，其他各鳍灰白色。当天气闷热要下雨时，泥鳅会在水族箱内或池塘中上下翻滚，提前为你做天气预报。
身长： 9～18厘米。
雌雄区别： 雄鱼成熟期较早，雌鱼体形较大。雌鱼胸鳍较小，末端圆，在第2鳍条的基部无骨质薄片，无珠星；雄鱼胸鳍较大，末端尖，在第2鳍条基部有骨质薄片，有珠星。
饲养难度： 很容易饲养。
食性： 杂食性。食性随着体长有一定的变化，体长在5厘米以内时主要摄食浮游动物，体长达8厘米时转为杂食性。人工饲养时，爱吃配合饲料。
繁殖方法： 自然繁殖时，泥鳅多在有新鲜的浅水处产卵，几尾雄鱼追逐一尾雌鱼，其中一尾雄鱼将身体缠住雌鱼，压迫其产卵，同时它排出精子。
繁殖能力： 强。在水族箱内一尾雌鱼可产卵500粒左右。
pH值： 6.5～7.2。
硬度： 6～16。
水温： 20～30℃，过高、过低或天旱水干时，会潜入底泥中休眠。
光照： 需要一般的光照。
放养形式： 单养。
活动区域： 底层。
特殊要求： 水族箱内不宜栽种水草。
受欢迎程度： 一般。

202 棘鳅

学名： *Macrognathus siamensis*
特征： 体呈长形，似鳗鱼。眼前下方有小棘，背鳍前部也有许多分离的小棘。咖啡色的身体上有3～10个不规则的圆形黑斑，口小吻长，且可自由扭转。
身长： 30～35厘米。
雌雄区别： 很难区别。
饲养难度： 容易饲养。
食性： 杂食性。爱采食水底的饲料，爱用此口吻挖砂觅食。
繁殖方法： 卵生。经验很少。
繁殖能力： 弱。
pH值： 6.0～6.8。
硬度： 7～12。
水温： 24～28℃。
光照： 需要较暗的光照。
放养形式： 不要与小型鱼混养。
活动区域： 爱躲藏于底层的水草丛中或砖瓦中。
特殊要求： 种水草需加石块压住，水族箱要密盖，防止此鱼爬出。
受欢迎程度： 一般。

203 长薄鳅

学名：	*Leptobotia elongata*
别名：	花鱼、花斑鳅、花泥鳅、花鳅、红沙鳅钻、火军。
特征：	体呈长形，侧扁，尾柄高而粗壮。头侧扁而尖，须3对，胸、腹鳍短，胸鳍基部具有1个长形的皮褶；尾鳍深叉状。腹部为淡黄褐色。臀鳍有2列褐色的斑纹；尾鳍浅黄褐色，有3～4条褐色条纹。
身长：	18～25厘米。
雌雄区别：	很难区别。
饲养难度：	容易饲养。
食性：	肉食性鱼类。
繁殖方法：	卵生。生殖期在3～5月份，产黏性卵，卵黏附在石上孵化。
繁殖能力：	弱。
pH值：	6.3～7.8。
硬度：	7～14。
水温：	20～28℃。
光照：	需要较暗的光照。
放养形式：	集群、混养。
活动区域：	底层。
特殊要求：	水族箱要密盖，防止此鱼爬出。
受欢迎程度：	一般。

Mrliobatiformes

鲼形目

Potamotrygonidae (river sting rays)

河魟科（江魟科）

204 珍珠魟

学名：	*Potamotrygon motoro*
别名：	亚马逊河魟鱼。
特征：	珍珠魟鱼具有美丽的斑纹，背部色彩由褐色至淡褐色，有奶油状的圆形斑点散布，腹部纯白，尾部突出呈尖刺型。
身长：	30～50厘米。
雌雄区别：	性成熟的雌鱼腹部较膨胀。
饲养难度：	中等。
食性：	杂食性。吃动物性饵料。
繁殖方法：	胎生。胎内孵化出的仔鱼和亲鱼同游。
繁殖能力：	弱。
pH值：	6.1～7.4。
硬度：	6～10。
水温：	22～28℃，
光照：	需要较暗的光照。
放养形式：	喜食活鱼，不可与小型鱼类混养。
活动区域：	下层水域。
特殊要求：	应尽可能使用旧水，不可全部换新水。
受欢迎程度：	特别受欢迎，尤其是中小学生和热带鱼新手更是喜欢。

205 淡水魟

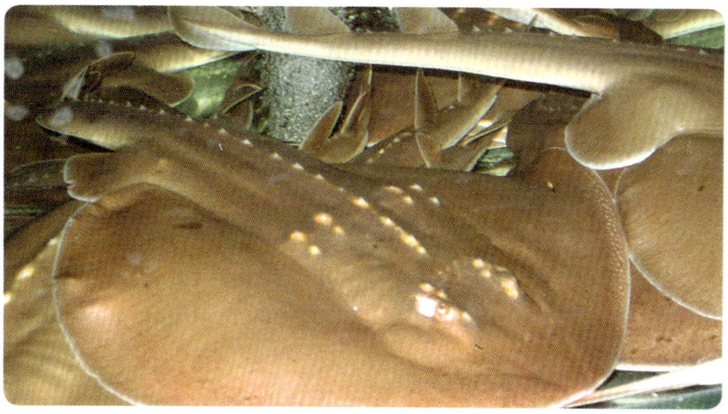

学　　名：	*Potamotrygon laticeps*
特　　征：	体背部的斑点小于珍珠魟，尾较长。喜欢紧贴水底游动。
身　　长：	60～75厘米。
雌雄区别：	性成熟的雌鱼腹部较膨胀。
饲养难度：	中等。
食　　性：	杂食性。吃活的物性饵料。
繁殖方法：	胎生。胎内孵化出的仔鱼和亲鱼同游。
繁殖能力：	弱。
pH　　值：	6.3～7.5。
硬　　度：	7～12。
水　　温：	22～28℃。
光　　照：	需要较暗的光照。
放养形式：	喜食活鱼，不可与较小的鱼类混养。
活动区域：	下层水域。
特殊要求：	应尽可能使用旧水，不可全部换新水。
受欢迎程度：	受欢迎。

Lepidosireniformes

双鳔肺鱼目（南美肺鱼目）

Protopteridae

非洲肺鱼科

206 非洲肺鱼

学　　名：	*Protopterus annectens*
别　　名：	原鳍鱼。
特　　征：	胸鳍和腹鳍都很长，在干旱季节，在泥底夏眠，用肺呼吸，在平时有水的环境下，则用鳃呼吸。
身　　长：	85～200厘米。
雌雄区别：	性成熟的雌鱼腹部较膨胀。
饲养难度：	较难饲养。
食　　性：	肉食性。喜吃小鱼。
繁殖方法：	胎生。繁殖方法不详。
繁殖能力：	弱。
pH　　值：	6.3～8.4。
硬　　度：	5～13。
水　　温：	20～25℃。
光　　照：	需要中等的光照。
放养形式：	同种间要单独饲养，但可与其他大型鱼混养。
活动区域：	下层水域。
特殊要求：	尽量提供宽阔的水域。
受欢迎程度：	特别受欢迎。

Polypteriformes
多鳍鱼目

Polypteridae
多鳍鱼科

207 金恐龙

学名：	*Polyterus senegalus*
别名：	尼罗多鳍鱼。
特征：	外形像鳝鱼，身体披着菱形的硬鳞甲，背鳍分为许多棘条。在幼鱼期有一对外露的辅助鱼鳃进行工作，直到长成成鱼，辅助鳃才消失。
身长：	40～150厘米。
雌雄区别：	不详。
饲养难度：	较难饲养。
食性：	肉食性。喜吃小鱼。
繁殖方法：	胎生。尚未在水族箱中繁殖。
繁殖能力：	弱。
pH值：	6.3～8.1。
硬度：	5～13。
水温：	20～28℃。
光照：	需要较暗的光照。
放养形式：	不可与其他鱼混养。
活动区域：	下层水域，平时喜静不动。
特殊要求：	水底有沙石。
受欢迎程度：	一般。

208 芦苇鱼

学名：	*Polypterus ornatipinnis*
特征：	背鳍分有许多棘条。用鳃呼吸，但也可像肺鱼一样用肺呼吸。
身长：	40～100厘米。
雌雄区别：	不详。
饲养难度：	较难饲养。
食性：	肉食性。喜吃小鱼。
繁殖方法：	胎生。尚未在水族箱中繁殖。
繁殖能力：	弱。
pH值：	6.3～8.1。
硬度：	5～13。
水温：	24～26℃。
光照：	需要较暗的光照。
放养形式：	可与小型鱼以外的鱼类一起混养。
活动区域：	下层水域，夜行性鱼类。
特殊要求：	要有隐蔽处。
受欢迎程度：	一般。

Acipenseriformes

鲟形目

Acipenseridae（Sturgeon）

鲟科

209 欧洲鲟

学　　名：	*Acipenser ruthenus.*
别　　名：	德国鲟。
特　　征：	欧洲鲟鼻部尖而突出，下方长有触须，身体的背部及两侧有数排大骨质的鳞片环绕。
身　　长：	40～95厘米。
雌雄区别：	不详。
饲养难度：	较难饲养。
食　　性：	肉食性。可喂食丝蚯蚓或红虫，长大时可喂小鱼。
繁殖方法：	卵生。将成熟的亲鱼分别注射促性腺激素，注射后产卵、受精、孵化。
繁殖能力：	强。雌鱼每次可产卵近万粒左右。
pH　　值：	6.3～8.1。
硬　　度：	5～13。
水　　温：	15～22℃。
光　　照：	需要中等的光照。
放养形式：	混养。
活动区域：	中、下层水域。
特殊要求：	夏天温度高需注意降温。
受欢迎程度：	受欢迎。

Lepisosteiformes

雀鳝目

Lepisosteidae

雀鳝科

210 短嘴鳄鱼火箭

学　　名：	*Lepisosteus oculatus*
别　　名：	雀鳝。
特　　征：	体色呈青褐或灰色，全身有着黑色斑点，嘴部突出且略为扁平。
身　　长：	35～70厘米。
雌雄区别：	不详。
饲养难度：	容易饲养。
食　　性：	肉食性。可喂小鱼和活虾。
繁殖方法：	卵生。没有在水族箱中繁殖成功的经验。
繁殖能力：	弱。
pH　　值：	6.5～7.6。
硬　　度：	9～12。
水　　温：	24～30℃。
光　　照：	需要较强的光照。
放养形式：	不宜与小型鱼混养。
活动区域：	底层。
特殊要求：	饲养时需用超大型水族箱养较好。
受欢迎程度：	特别受欢迎。

211 长嘴鳄鱼火箭

学名：	*Lepisosteus plathrhincus*
别名：	长吻鳄鱼火箭。
特征：	嘴和鱼身细长，身体两侧各有1条黑色的条纹，各鳍均带有黑色的斑点。
身长：	120～150厘米。
雌雄区别：	不详。
饲养难度：	容易饲养。
食性：	肉食性。可喂食丝蚯蚓或红虫，长大时可喂小鱼。
繁殖方法：	卵生。没有在水族箱中繁殖成功的经验。
繁殖能力：	弱。
pH值：	6.5～7.6。
硬度：	9～12。
水温：	24～30℃。
光照：	需要较强的光照。
放养形式：	不能与小型鱼混养。
活动区域：	下层水域。
特殊要求：	饲养时需用超大型水箱养较好。
受欢迎程度：	受欢迎。

212 黑点鳄鱼火箭

学名：	*Lepisosteus oculatus* sp.
别名：	雀鳝。
特征：	嘴部突出且略为扁平，体表有黑点。
身长：	40～65厘米。
雌雄区别：	不详。
饲养难度：	容易饲养。
食性：	肉食性。可喂小鱼和活虾。
繁殖方法：	卵生。繁殖方法不详。
繁殖能力：	弱。
pH值：	6.7～7.5。
硬度：	8～12。
水温：	24～30℃。
光照：	需要一般的光照。
放养形式：	单养。
活动区域：	底层。
特殊要求：	饲养时需用大型水族箱，底部有沙砾。
受欢迎程度：	一般。

Osteoglossiformes 骨舌鱼目

Osteoglossidae(osteoglossids 或bonytongues) 骨舌鱼科

213 银龙

学名：	*Osteoglossum bicirrhosum*
别名：	双须骨舌鱼、银船大刀等。
特征：	体呈长宽带形，银白色，含有钴蓝色等颜色混合。背鳍及臀鳍呈带状并向尾鳍延伸至尾柄基部，尾柄短小，尾鳍较小呈圆扇形。
身长：	60～85厘米。
雌雄区别：	雄鱼腹鳍尖长；雌鱼性成熟时腹部较膨胀。
饲养难度：	容易饲养。
食性：	肉食性。成鱼喜食水生昆虫、面包虫、蟑螂、小虾等。
繁殖方法：	卵生。口孵型孵幼。龙鱼自行配对后，要单独饲养，产卵结束后，雄鱼会将受精卵全部含在口中进行孵化，雌鱼捞出另养。孵化期1个月左右。
繁殖能力：	一般。每次产卵200～300粒。
pH值：	6.5～7.5。
硬度：	3～12。
水温：	24～30℃。
光照：	需要较强的光照。
放养形式：	不宜与小型热带鱼混养。
活动区域：	上、中、下层水域。
特殊要求：	需水体较大，鱼缸尺寸长度应在140厘米以上，不宜种植水草，不要铺底砂，须加盖。
受欢迎程度：	特别受欢迎。

214 红尾金龙

学名：	*Scleropages formosus*
特征：	身体的上半部，包括第五和第六排整整两列的鳞片都是很独特的黑或深褐色。尾鳍上端1/3的部分和背鳍都是深绿色的，尾鳍下端2/3的部分，则与臀鳍、腹鳍和胸鳍一样都是橙红色的。
身长：	60～85厘米。
雌雄区别：	雄鱼腹鳍尖长；雌鱼性成熟时腹部较膨胀。
饲养难度：	容易饲养。
食性：	肉食性。在自然界以浮游动物为主，人工养殖时以活鱼、活虾、水蚯蚓等动物性活饵料为主。
繁殖方法：	卵生口孵。雄鱼把鱼卵含在口中孵化。当幼鱼孵化出后会聚集在雄鱼附近，夜晚雄鱼张口，把全部幼鱼含在口中。
繁殖能力：	弱。每次产卵40～300粒。
pH值：	6.5～7.5。
硬度：	3～12。
水温：	24～28℃。
光照：	需要较强的光照。
放养形式：	小型热带鱼不宜与其混养。
活动区域：	上、中、下层水域。
特殊要求：	鱼缸尺寸长度应在140厘米以上。缸中不宜种植水草，不要铺底砂，水族箱须加盖。
受欢迎程度：	特别受欢迎，尤其是中小学生和热带鱼新手更是喜欢。

215 过背金龙

学名：	*Scleropages formosus*
别名：	马来西亚骨舌鱼、柔佛金等。
特征：	金色略带绿色的鳞片，很亮，鳞框则略带粉红色与金黄色，并且包括整个鱼背，体侧的亮鳞可达4～5排。
身长：	35～55厘米。
雌雄区别：	雄鱼腹鳍尖长；雌鱼性成熟时腹部较膨胀。
饲养难度：	容易饲养。
食性：	肉食性。喜食活鱼、活虾。
繁殖方法：	卵生口孵。雄鱼把鱼卵含在口中，直到孵化完成。当幼鱼孵化出后会聚集在雄鱼附近，夜晚雄鱼张口，把全部幼鱼含在口中。
繁殖能力：	弱。每次产卵40～150粒。

pH值：	6.5～7.5。
硬度：	3～12。
水温：	24～28℃。
光照：	需要较强的光照。
放养形式：	小型热带鱼不宜与其混养。
活动区域：	上、中、下层水域。
特殊要求：	需大水体，鱼缸应在140厘米以上。缸中不宜种植水草，不要铺底砂，应加盖。
受欢迎程度：	特别受欢迎。

216 青龙

学名：	*Scleropages jardini*
别名：	青金龙。
特征：	体呈银灰色而略带绿色的色调，各鳍在幼鱼时期略带黄色，随着成长，各鳍变为暗灰带点浅绿色，胸鳍与腹鳍的鳍尖为金黄色。
身长：	60～80厘米。
雌雄区别：	雄鱼腹鳍尖长；雌鱼性成熟时腹部较膨胀。
饲养难度：	容易饲养。
食性：	肉食性。成鱼喜食水生昆虫、蟑螂、小虾等。
繁殖方法：	卵生口孵。雄鱼把鱼卵含在口中，直到孵化完成。当幼鱼孵化出后会聚集在雄鱼附近，夜晚雄鱼张口，把全部幼鱼含在口中。
繁殖能力：	弱。每次产卵40～120粒。

pH值：	6.5～7.5。
硬度：	3～12。
水温：	24～28℃。
光照：	需要较强的光照。
放养形式：	小型热带鱼不宜与其混养。
活动区域：	上、中、下层水域。
特殊要求：	鱼缸尺寸长度应在140厘米以上。缸中不宜种植水草，不要铺底砂，水族箱须加盖。
受欢迎程度：	特别受欢迎。

217 红龙

学名：	*Scleropages formosus*
别名：	红金龙吐珠、旺家鱼。
特征：	红龙幼鱼时期鱼鳍呈淡淡的金绿色，鳞片边缘略带粉红色，嘴部则为浅红色。成鱼时，鱼体成金黄色，鳞片边缘则带有金红色的鳞框，嘴部及鳃盖均带有特别的深红色的斑纹，各鳍均呈深红色。
身长：	60～70厘米。
雌雄区别：	雄鱼腹鳍尖长；雌鱼性成熟时腹部较膨胀。
饲养难度：	一般。
食性：	肉食性。以活鱼、活虾和水蚯蚓等动物性活饵料为主。
繁殖方法：	卵生口孵。雄鱼把鱼卵含在口中孵化，幼鱼聚集在雄鱼附近，夜晚雄鱼张口，把全部幼鱼含在口中。
繁殖能力：	极弱。每次产卵40～100粒。
pH值：	6.5～7.5。
硬度：	3～12。
水温：	24～28℃。
光照：	需要较强的光照。
放养形式：	不宜与小型热带鱼混养。
活动区域：	上、中、下层水域。
特殊要求：	鱼缸尺寸长度应在140厘米以上。缸中不宜种植水草，不要铺底砂，水族箱须加盖。
受欢迎程度：	特别受欢迎，尤其是热带鱼老手更是喜欢。

Notoperidae (featherbacks, knifefishes)

驼背鱼科（弓背鱼科）

218 弓背鱼

学名：	*Notopterus77 chitala*
别名：	七星飞刀鱼，印第安刀鱼，东洋刀鱼，花刀鱼。
特征：	体呈长刀形，尾鳍呈尖形，体呈银灰色，由鳃盖后方至尾部有好几个镶白边的黑色圆纹，斑点的排列每尾鱼不同，数目也不同。
身长：	80～100厘米。
雌雄区别：	性成熟的雌鱼腹部比雄鱼膨胀。
饲养难度：	容易饲养。
食性：	杂食性。喜欢吃动物性饵料。
繁殖方法：	卵生。亲鱼将卵产在石块或木块上，产卵后雄鱼护卵。受精卵7天左右孵化。
繁殖能力：	比较弱。每次产卵1 000～3 000粒。
pH值：	6.5～7.0。
硬度：	3～12。
水温：	22～28℃。
光照：	需要较暗的光照。
放养形式：	会吃小鱼，不可与其他小型鱼混养。
活动区域：	下层水域。
特殊要求：	水族箱中只注入半箱水，多加水草，并加盖。
受欢迎程度：	特别受欢迎。

CHAPTER 4
热带鱼的造景与欣赏

1. 静谧

造景师采用黑色的底板作为背景，两块巨石既似村落，又似远处的大山，红绿的水草挺立，犹如森林，来回游动的热带鱼好似自然界的小精灵，一切显得如此安详、静谧。

2. 穿梭

这是一幅海底世界图，密布的水草，稀疏的石材，众多的游鱼在此间来回穿梭，好一派繁忙景象。

3. 庇护

采自巴西的沉木设计成一棵参天大树，而在树旁来回游动的灯鱼则是弱者的化身。它们在河流中嬉戏玩耍，一遇到风吹草动就躲在大树底下寻求庇护。

4. 高处不胜寒

苏东坡的“高处不胜寒，起舞弄清影”千古流芳，几块嶙峋的巨石象征着高高的山峦，而围绕山间巡游的鱼儿正是起舞的鸟儿，它们只能在山腰间盘旋，无法享受“高处不胜寒”的意境。

5. 吊秋千

一根滕蔓悠悠地伸展过来，就好像树梢上的秋千，而珍珠马甲一尾在上，一尾在下，就好像两只在树梢上玩耍的猴子，一切都是那么传神。

6. 顶天立地

造景师用两块沉木搭成“人”字形，再用碧绿的鹿角苔来昭示生命。这个有生命的“人”上端接近水面（好似顶天），下端则植根于底砂中（犹如立地），象征一个顶天立地的男子汉。

7. 夫妻双双把家还

精致的门楼，门前一块块绿化的草坪，旁边还有蕎芭墙围成的花园你看那燕子鱼成双成对往家赶，好像家中来了贵客，哦，原来那边来了一对红剑鱼和一对蓝孔雀，他们可是远在他乡的姑娘和姑爷回家串门呢。

8. 龟山新景

“龟蛇锁大江”是武汉的一大景观，本景正是按照长江天堑而营造的，唯一不同的是，龟山的景观已经有了很大的改变，两只千年老友——神龟正俯视在山巅上，感叹新世界的变化。

9. 对台戏

这是一幅相当对称、均衡的造景图，左右两侧分别用两株巨大的红蛋叶作为主景草，好像正在唱戏的戏班子，而灯鱼和神仙鱼明显分为两队，一对前往左侧凑热闹，另一队则在右侧捧场。

10. 过桥

溪水清清阻断路，小桥横跨铺坦途，整齐排队排前方，水族造景立意殊。

11. 濠梁观鱼

庄子与惠子游于濠梁之上。庄子曰：“有鱼出游从容，是鱼之乐也。”惠子曰：“子非鱼，安知鱼之乐？”庄子曰：“子非我，安知我不知鱼之乐？”惠子曰：“我非子，固不知子矣；子固非鱼矣，子之不知鱼之乐，全矣。”小桥上的两位老人就是庄子与惠子，他们正在观赏上面的游鱼，并作出富有哲理性的争论。

12. 绿意盎然

绿色的水草、绿色的灯鱼、绿色的背景，一切都昭示了春天的绿意。

13. 群鱼闹春

春天到了，一切都是绿的世界；春天到了，鱼儿到处嬉戏。

14. 三国演义

通过整幅画面，可以看出水草红的不红、绿的不绿，显出一种肃杀的氛围，而红剑等鱼上上下下不停地游动，好似三足鼎立前的群雄混战。而三块石头则暗示着魏、蜀、吴三国，石头上的两人则是当年的刘皇叔刘备和孔明先生诸葛亮，在隆中的小屋里，在谈笑风生之间，已经“三分天下，纵论江湖”了。

15. 乡间小路

一条由小碎石铺成的乡间小路，路旁是瘦石嶙峋，蓑草满地，离乡多年的游子正踏上回家的乡间小路。

16. 山雨欲来风满楼

水族箱中从左到右是由明亮到昏暗的灯光组合，暗示着乌云压来，由鱼儿幻化的小鸟一起向前方飞奔，在水流的作用下，由各种挺水植物幻化的大树向左侧不停地摇摆，这是大雨来临前的呼啸。

17. 偷着乐

闲来无事偷着乐，是南方农家人的一种自娱方式，整个画面采用简单的白描手法，通过两块不同的石头及不同的水草搭配勾勒出了不同的土地，而各种高低不同、色彩迥异的水草则代表了高粱、水稻等不同的农作物，这些农作物在田地里你追我赶地竞相生长之时，正是农民农闲之际，这位老农在自家门前摆好了龙门阵，一个人在摆着棋谱偷着乐呢。

18. 望乡

左侧是茂密的水草，好似伟大的祖国大陆，地大物博，人杰地灵。右侧好似偏隅一角的中国台湾省，连接大陆与台湾省的是由沉木幻化的连心桥，身在台湾省的亲人一直凝望着家乡。

19. 让开大道，占领两厢

水族箱中间有一条用细沙石铺成的沙石小路，而两侧则由巨石及水草浑然天成地分为道路的两旁，所有的游鱼都在两边嬉戏，这种置景格局，让人想起了毛泽东当年要求东北野战军对待东北政局时的态度：“让开大道，占领两厢。”。

20. 大树底下好乘凉

夏天的中午，艳阳高照，一群群游鱼都朝大树底下奔来，大树底下好乘凉嘛。

21. 相聚

长期分居两地的情人终于相聚，瞧，他们正紧紧地握手相拥呢！造景师通过将沉木设置成一对分居的情侣，一旦相聚，众多的亲人和朋友们都在不停地跳舞，祝福他们的相聚呢。

22. 仙子下凡

水草和巨石组成了一个凡间尘世的景观，那些从天而降的花神仙、黑神仙无疑是披花衣、着黑衫的九天仙女，她们向往人世间的温情，纷纷从仙界下到凡间，品味凡尘的款款温馨。

23. 向往

前景用矮珍珠设计成奔向美好家园的大道，中景和背景则用各种富有生命力和想象力的水草设计出一幅美好家园的景象，这是一个令人向往的家园。

24. 燕子回归

“小燕子，穿花衣，年年春天来这里，我问燕子为啥来？燕子说，这里的春天最美丽”，稚声稚语的童谣唱出了燕子回归的原因，这里的春天最美丽——山青青、水清清、草油油、树绿绿。

25. 宝塔镇河妖

这是当年杨子荣上山时面对匪徒盘问时的一个经典黑话，用于此景最恰当不过了。古有河妖会兴风作浪，只有宝塔方能镇住，故此景用别致的宝塔设在小桥上，用来镇住河妖，确保一方平安。

26. 考古

在原始森林中，一块化石引起了考古科学家（燕子鱼幻化而成）的注意力，经过仔细考察，哦，原来这是一颗价值连城的恐龙蛋。

参 考 文 献

[1]占家智，羊茜．观赏鱼养殖500问．北京：金盾出版社，2003.

[2]占家智，赵玉宝，等．观赏鱼养护管理大全．沈阳：辽宁科学技术出版社，2004.

[3](英)迪克·米尔斯．养鱼指南．广州：羊城晚报出版社，2000.

[4]韦三立．养鱼经．北京：国际文化出版公司，2001.

[5]占家智，羊茜．鱼趣．北京：中国农业出版社，2002.

[6]占家智，等．观赏水草的栽培与饰景．合肥：安徽科学技术出版社，2004.

[7]占家智．水族箱造景与养护大全．沈阳：辽宁科学技术出版社，2004.

第七章

红水河流域少数民族铜鼓文化综论

一、红水河流域少数民族铜鼓音乐

（一）铜鼓音乐概况

1. 铜鼓的历史源流

铜鼓最初源于云南。公元前 8 世纪的春秋时代早期，是铜鼓艺术的萌芽期。生活在云南中部地区的濮人从炊具铜釜中创造了打击乐器铜鼓，即万家坝型铜鼓（以云南楚雄县万家坝古墓群出土铜鼓为代表而得名）。公元前 5 世纪至公元 1 世纪是铜鼓的发展成熟期。早期铜鼓向东传到滇池周围，这里的滇人在造型和纹饰上对铜鼓进一步美化，铸造了精美绝伦的石寨山型铜鼓（以云南昆明市晋宁区石寨山古墓群出土铜鼓为代表而得名），此类型铜鼓对称和谐，装饰华丽，象征滇王及其他“邑君”“侯王”的统治权威。

铜鼓在向东发展的路线中逐渐衍变，当它进入广西境内后，融入了当地民族的特有审美要求，最终形成广西境内铜鼓铸造、使用的繁荣景象。铜鼓在向东传播进入广西的过程中，主要沿着两条河流：一是南盘江与北盘江汇合后形成的红水河；二是发源于云南与广西交界的右江，它在桂平与红水河交汇。出土的铜鼓实物证实，沿着河流越向西年代越古老。继石寨山型铜鼓之后，公元 1 世纪至 7 世纪（约东汉至唐代）是铜鼓的鼎盛发展时期，各类新型铜鼓纷纷出现。生活在广西浔江流域的僚人铸造了鼓面有各种立体装饰且纹饰高度图案化的冷水冲型铜鼓；与此同时，生活在广西、广东交界的云开大山区及周围的俚人，创造了体形硕大、几何花样丰富多彩的北流型、灵山型铜鼓。这个时期，各类型铜鼓争奇斗艳，不仅体形魁伟，而且纹饰充满神秘色彩，更加凸显铜鼓象征统治权力的功能。当铜鼓作为一种证明社会身份的物品时，体积越大，就越能表明使用者的权势之大、身份之高、财富之多。

《隋书》记载：“自岭已南二十余郡……并铸铜为大鼓，初成，悬于庭中，置酒以招同类。来者有豪富子女，则以金银为大钗，执以叩鼓，竟乃留遗主人，名为铜鼓钗……欲相攻则鸣此鼓，到者如云。有鼓者号为‘都老’，群情推服。本之旧事，尉陀于汉，自称‘蛮夷大酋长、老夫臣’，故俚人犹呼其所尊为‘倒老’也。言讹，故又称‘都老’云。”①

《广州记》记载：“俚僚贵铜鼓，惟高大为贵，面阔丈余，方以为奇。……有是鼓者，极为豪强。”②

① 魏徵等：《隋书》卷三十一，中华书局，1973，第 887—888 页。

② 李昉：《太平御览》第七卷，孙雍长、熊毓兰校点，河北教育出版社，1994，第 320 页。

《文献通考》记载，大铜鼓，“铸铜为之，作异兽以为饰，惟以高大为贵，面阔丈余”[①]。到了唐宋以后（公元 9 世纪以后），铜鼓铸造逐渐走向衰落，其明显特点是铜鼓体形逐渐变小，花纹趋向简单，铜鼓的礼器作用逐渐被削弱，而变为民间一般的祭祀用具和伴奏乐器。由于乐器功能较强，此时期铜鼓经一度衰落后，又恢复大量生产，以满足民间的大量需求，有商品化生产的迹象。此时期铜鼓的装饰艺术具有开放和创新的特点，广泛吸收内地汉文化因素，道、佛艺术纹样盛行，并结合本地的习俗风尚加以创新，纹饰造型兼具抽象与写实，形成清新活泼的装饰艺术风格。

八大类型铜鼓在广西都有出土或留存。冷水冲型、北流型、灵山型都是以广西铜鼓出土地点命名的，广西是这三大类型铜鼓分布的重心。如果将出土和流传铜鼓的地点填入广西地图，铜鼓的分布几乎覆盖了整个广西。宋代及其以后各个时期的铜鼓，多集中于桂西以及桂黔、桂滇交界的地区。下面来说明一下 8 种铜鼓的特点及使用范围。

（1）万家坝型铜鼓

万家坝型铜鼓鼓面窄小，鼓胸特别膨胀，鼓足短，足径大，体形小而略扁；器壁厚、表面粗糙，有的通体无纹，有的装饰稚拙简朴的花纹。此类型铜鼓产生于云南西部，云南东部很少有实物出土，使用范围没有超出云南。

图二九三　田东南哈坡 A 鼓（万家坝型铜鼓）(王梦祥　摄)

（2）石寨山型铜鼓

石寨山型铜鼓以云南晋宁石寨山古墓群出土的 19 面铜鼓为标准器。石寨山型铜鼓制作精美，布局对称，中部有写实纹，内外装饰几何花纹，刻画有羽人舞蹈、划船、捕鱼、祭祀、砍牛等写实画像，再现了当时南方民族的社会生活场景。该类型铜鼓是古滇国文化

① 马端临：《文献通考》卷一百三十四，钦定四库全书本。

的代表性青铜器，分布范围在云南东部、广西西北部、四川南部。后期鼓面开始出现 4 只青蛙，装饰复杂。

图二九四　西林普驮 280 号鼓（石寨山型铜鼓）(王梦祥　摄)

(3) 冷水冲型铜鼓

冷水冲型铜鼓以广西藤县蒙江公社横村冷水冲出土的一面铜鼓作为标准器。冷水冲型铜鼓鼓体较大，足部较高，足径与面径大小接近，有宽扁耳两对；花纹密集且纹饰高度图案化，立体装饰丰富。此类型铜鼓主要分布于广西的右江、黔江、郁江、浔江沿岸一带，在广西贵港市区、藤县、金秀、邕宁、平南、宾阳、桂平、武宣、武鸣、上林、昭平、大新、宜州、岑溪、柳州市区、凭祥等地均有出土。

图二九五　藤县冷水冲鼓（王梦祥　摄）

(4) 北流型铜鼓

北流型铜鼓以广西北流市出土的两面铜鼓作为标准器。北流型铜鼓体积高大，鼓面大于鼓胸，部分鼓的面沿下折形成“垂檐”，鼓腰缓缓收缩，鼓身附环耳；遍体饰以精细的云雷纹等几何形花纹，鼓面的立蛙一般瘦小无纹，鼓面背部有调音铲痕。在广西北流、岑溪、容县、陆川、桂平、浦北、灵山、苍梧、博白、平南、合浦、邕宁等地均有出土。

图二九六　北流大屋鼓（王梦祥　摄）

(5) 灵山型铜鼓

灵山型铜鼓的造型与北流型铜鼓大体相似。不同的是，灵山型铜鼓鼓面边沿伸至颈外的部分较短，没有“垂檐”，鼓身一律附以扁耳，鼓面青蛙塑像为后两足并拢的三足蛙，蛙背有纹饰，多见累蹲蛙；装饰花纹主要为钱纹、变形羽人纹、虫纹、鸟纹、兽纹、四瓣花纹、蝉纹、席纹等，种类较多，有主次之分；部分鼓的鼓身或鼓腔内有动物立体装饰。此类铜鼓主要分布于广西东南部。在广西陆川、浦北、容县、合浦、邕宁、横州、灵山、博白、宾阳、扶绥、桂平、北流、平南等地均有出土。

图二九七　玉林莲塘坪鼓（灵山型铜鼓）(王梦祥　摄)

（6）遵义型铜鼓

遵义型铜鼓以贵州省遵义市杨粲夫妇墓出土的铜鼓为标准器。遵义型铜鼓鼓面一般无青蛙塑像，有的则以蛙爪为装饰。铜鼓体形变小，花纹也更简略，这些特征表现出铜鼓艺术衰退的明显迹象。早期型鼓有的沿用冷水冲型铜鼓晚期的花纹，后期型鼓出现新型的游旗纹。使用范围多在贵州及广西北部。

图二九八　那坡下华鼓（遵义型铜鼓）(王梦祥　摄)

（7）麻江型铜鼓

麻江型铜鼓以贵州麻江县谷峒火车站出土的一面铜鼓为标准器。麻江型铜鼓鼓形矮扁，胸、腰、足三段无明显分界，而在鼓腰处起一道凸棱将鼓身分为上下两段；主要花纹有游旗纹、符箓纹、十二生肖纹、人物纹、花草纹，以及吉祥语和纪年铭文等，受汉文化影响比较明显。该类型铜鼓是现存数量最多的铜鼓。该类型铜鼓在广西、云南、贵州等地的民族地区均有使用。

图二九九　东兰鱼龙纹鼓（麻江型铜鼓）(王梦祥　摄)

（8）西盟型铜鼓

西盟型铜鼓以云南省西盟流传的一面铜鼓为标准器。西盟型铜鼓器壁轻薄，体形高瘦，鼓身近乎直筒形；晕多而密，主要花纹有双眼条花纹、团花纹、鸟纹、鱼纹、雷纹、米粒纹等。

图三〇〇　龙州龙江村鼓（西盟型铜鼓）（王梦祥　摄）

广西是冷水冲型、北流型、灵山型铜鼓的铸造、使用中心。以左江、邕江、郁江、浔江为界限，冷水冲型铜鼓主要分布在沿岸以北地区，北流型和灵山型铜鼓主要分布在沿岸以南地区。这三种形制的铜鼓几乎在同一时期使用。其共同点是以大为美，纹饰以云雷纹为主。

综上所述，可以看出：以大为美的审美特征是俚人、僚人共有的。同时，他们没有统一的社会组织，而铜鼓的拥有者，即首领，则以“都老”为名。

铜鼓作为财富的象征，本身也具有十分可观的价值。《晋书》记载：“孝武太元三年（378年），诏曰：‘钱，国之重宝，小人贪利，销坏无已，监司当以为意。广州夷人宝贵铜鼓，而州境素不出铜，闻官私贾人皆于此下贪比输钱斤两差重，以入广州，货与夷人，铸败作鼓。其重为禁制，得者科罪。’”①

上述《晋书》中所记载的材料说明，在南北朝时期，中原汉族与岭南少数民族在经济上来往频繁，除了一般货物，还有铜金属以货币的形式流入岭南地区。首先，这说明铜鼓在岭南少数民族中的重要性，即冒着与中原统治者对抗的风险仍然源源不断地引入铜金属铸造铜鼓；其次，铸造体积硕大的铜鼓，需要大量金钱作为支持；最后，在铜资源的供求关系中，需求远远大于供给，所以文中的“小人”“贾人”才会冒着“得者科罪”的风险将铜币运入岭南地区。

多元的社会土壤造成了冷水冲型、北流型、灵山型铜鼓的特殊风格。在周代，当时的少数民族已经开始向中原王朝进贡；春秋时期，楚国吴起曾“南收扬越”，不仅地理上与岭南毗邻，而且楚族成规模地进入岭南地区与越人杂处。《史记》记载：“及至秦王……南

① 房玄龄等:《晋书》卷二十六，中华书局，1974，第795页。

取百越之地，以为桂林、象郡，百越之君，俯首系颈，委命下吏”，“发诸尝逋亡人、赘婿、贾人略取陆梁地，为桂林、象郡、南海”。秦始皇统一岭南之后，采取了设郡置县、辟道置关、徙民杂处的措施来控制岭南，试图同化越人社会。制造、使用铜鼓的俚人、僚人受到中原汉文化的影响，中原地区常见的云纹、雷纹成为冷水冲型、北流型、灵山型铜鼓的主要纹饰。唐代以后的文献中，很少出现俚僚铸造铜鼓的记载。广西东部、南部地区在秦始皇统一全国后直接推行汉族的政治、经济、文化等各方面政策，在这些地区世代居住的民族原有的风俗、习惯、语言、思想逐渐与汉文化融合，铸造和使用铜鼓的社会风气到唐代时已衰落。而在广西西北部、北部山区，中原王朝实行羁縻政策，只是在明代以后才改土归流，所以这些地区受汉文化的影响相对较弱。在这些地区居住的人至今仍沿袭铸造、使用铜鼓的传统。

2. 铜鼓音乐的现时存见

铜鼓音乐流传地域广大、使用范围多样、演奏形式各具特色。现存铜鼓主要被壮、瑶、苗、水、布依、彝、毛南等民族使用于喜庆、祭祀、丧葬等场合。

（1）铜鼓音乐流传地域

至今仍在使用铜鼓的地域主要集中在广西、云南、贵州，如广西隆林、田林、那坡、南丹、天峨、东兰、巴马、凤山、大化、都安、罗城、环江、融水、三江，贵州黎平、榕江、三都、平塘、荔波、独山、紫云、晴隆、普安、安龙，以及云南广南、富宁等地。

以广西河池为例，这一地区是广西现存使用铜鼓音乐最为密集的地区，民间铜鼓蕴藏总量居上述地区之首。为了保护铜鼓文化遗产，1991—1993年，河池地区文物管理站组织文物工作者开展了一次为期三年的民间传世铜鼓专题调查，为开展科学研究和弘扬民族传统文化提供了重要的科学依据。2003年，为配合文化部“广西红水河流域铜鼓艺术保护工程”的实施，河池市文化局组织文化、文物工作者对河池铜鼓再次进行调查，统计出东兰县民间收藏有传世铜鼓504面，南丹县有405面，巴马瑶族自治县有138面，天峨县有40面。其中，东兰县的铜鼓主要分布在东兰镇、长江镇、长乐镇、隘洞镇、三弄瑶族乡、泗孟乡、大同乡、巴畴乡、三石镇、金谷乡、花香乡；南丹县的铜鼓主要分布在里湖瑶族乡、八圩瑶族乡、中堡苗族乡、吾隘镇、六寨镇、罗富镇、月里镇、城关镇；巴马瑶族自治县的铜鼓主要分布在东山乡、甲篆镇、西山乡、巴马镇、那社乡；天峨县的铜鼓主要分布在岜暮乡、六排镇、向阳镇、坡结乡、更新乡、三堡乡。

东兰县的铜鼓民间储量在河池市各县中最丰富，东兰县因此被称为“铜鼓之乡”。2004年，广西壮族自治区文化厅授予东兰县“广西民间艺术之乡”称号。根据2003年有关部门的调查数据可知，东兰县传世铜鼓的具体分布情况为：东兰镇51面，长江乡（今长江镇）63面，花香乡12面，长乐镇16面，隘洞镇151面，三弄瑶族乡28面，泗孟乡9面，大同乡17面，巴畴乡75面，三石镇3面，金谷乡79面。

由上述资料可以看出，在东兰县的各个乡镇之中，武篆、兰木等乡镇没有使用铜鼓的习俗。这些乡镇地理位置与红水河不相邻，所以即使像东兰县这样铜鼓保存数量最多的县，使用铜鼓的居民也主要居住在红水河两岸。

笔者在田野调查中得出如下3个结论：①使用铜鼓的村屯多为同一氏族聚居，没有其他姓氏杂居。②购买铜鼓时，多以本姓氏族（本姓氏族的认定标准为是否有共用的坟场。例如，兰阳村周乐屯的韦氏坟山，有1000余座坟墓，韦姓氏族都可以在这座山建坟）集资购买。③在铜鼓流传地区有独特的节日歌舞作为铜鼓音乐生存的空间，如在蚂蚜节、祝著节时使用铜鼓音乐。

(2) 铜鼓音乐的沿用习俗

①壮族铜鼓音乐的沿用习俗

a. 蚂蚜节使用铜鼓

蚂蚜节是壮族使用铜鼓最主要的场合。蚂蚜，即青蛙。蚂蚜节是一种集祭祀、占卜于一体的大型民俗活动。红水河从境内穿过，当地壮族人自古以来就从事农业，水对于他们至关重要，而水又与青蛙有着密切的关系，所以他们把农业好收成的希望寄托在青蛙的身上。虽然各地蚂蚜节的流程有些差别，但是民歌、舞蹈、乐器演奏始终贯穿其中，铜鼓演奏更是不可或缺。铜鼓与壮族的雨、雷、太阳等文化息息相关，壮族先民认为铜鼓是神器，是传达信息的工具，敲打铜鼓可以向雷神祈求雨水。

图三〇一　壮族群众在蚂蚜节活动中使用铜鼓（王梦祥　摄）

20 世纪 50 年代初期以前，在红水河沿岸的河池地区，凡有铜鼓的壮族村寨，几乎都有蚂蚜节使用铜鼓的习俗。比较有代表性的有东兰县长江镇兰阳村周乐屯蚂蚜节、东兰县巴畴乡巴英村蚂蚜节、天峨县六排镇纳洞村蚂蚜节、天峨县六排镇都隆村蚂蚜节、南丹县吾隘镇那地村蚂蚜节。

蚂蚜节分“找”(雅圭)、“孝”(要圭)、“葬”（肯圭）3 个阶段。各地蚂蚜节的具体做法不太一样。东兰县蚂蚜节各个部分按照时间依次为敲铜鼓、找蚂蚜、蚂蚜拜年、蚂蚜歌会、葬蚂蚜等。天峨县纳洞村蚂蚜节依次为找蚂蚜、立幡、孝蚂蚜、周游田峒、跳蚂蚜舞、葬蚂蚜 6 个部分。天峨县都隆村蚂蚜节依次为祭鼓测音、敲十二生肖鼓舞狮、找蚂蚜、孝蚂蚜、葬蚂蚜、敲十二生肖鼓表演夜牛舞 6 个部分。

b. 春节使用铜鼓

春节是壮族一年中最盛大的节日，也是铜鼓使用较主要的场合之一。除夕夜夜火不熄，全家欢乐夜不眠，坐着“等鸡嘴”(鸡叫)，谓之“守岁”。铜鼓一般于腊月末取出，然后悬挂于家中，任人敲打。正月初一以后，一般还将铜鼓拿到村中的亭棚（多建于村中较空旷的平地上）中敲打，让更多的人得以娱乐。春节期间，人们每天吃过早饭，即拥向亭

图三〇二　东兰县兰阳壮族群众在春节打铜鼓（梁富林　摄）

棚，或自己打铜鼓，或欣赏别人打。这时演奏铜鼓，以娱乐为主要目的，并在此过程中传习铜鼓的鼓点演奏。

c. 建新房使用铜鼓

东兰县的长江镇、巴畴乡等地有铜鼓的壮族人家在盖新房时也打铜鼓。这一带的传统民居为干栏式建筑，起新房时，当人们将新房的柱子与最下面的一道穿梁安装好后，就要将木架立于新房的柱基上，称“立排架”。排架立好后，即将铜鼓悬于梁上敲打，并燃放鞭炮庆贺。铜鼓要一直敲打至房子的整个木架安放完毕。此时铜鼓演奏以四面铜鼓为一组，组的数量不限，组越多显示出房主的地位越高。数量众多的铜鼓同时演奏，现场气氛十分热烈。

d. 婚庆使用铜鼓

东兰县长江镇一带的壮族人在婚庆中亦使用铜鼓。在新娘子过门的前一天，男方即在家中悬挂铜鼓并敲打，以增添娶亲的热闹气氛。当晚要通宵敲打铜鼓，同时还有唱山歌等青年喜欢的活动，直至婚宴结束。宾客离去后，铜鼓声方可停止。在婚庆中演奏铜鼓音乐，是一种娱乐的方式，为现场增添热闹。

e. 丧葬使用铜鼓

壮族丧葬仪式分为送终换洗、报丧入棺、设灵台吊孝、出殡安葬、三朝砌墓、做七和三年砌新坟 7 个部分。现在虽然已不再使用铜鼓送葬，但是据东兰县老人叙述：古时举行祭奠仪式，会设灵堂，并请道公来做道场，吊唁数天。在祭奠期间，会敲击使用铜鼓鸣击开道，求其英魂安息。这时使用铜鼓，敲击速度慢、力度轻，鼓声低沉。民国以后，使用铜鼓送葬的意识逐渐淡薄，现在已没有铜鼓送葬的习俗了。

②瑶族铜鼓音乐的沿用习俗

a. 春节使用铜鼓

春节是布努瑶的一个大节，节期为腊月三十至正月十五。打铜鼓是布努瑶春节期间的主要活动。布努瑶在大年三十晚供祭祖宗，吃团圆饭以后，围在火塘边守岁至深夜，并彻夜点着一盏灯。娱乐活动有打铜鼓、打陀螺、射弩箭比赛等。铜鼓演奏在这时是以娱乐的方式出现的。

图三〇三　布努瑶群众在春节打铜鼓（梁富林　摄）

b. 祝著节使用铜鼓

“祝著”是布努瑶语“十九”的音译，意指这一节日的时间在农历五月二十九，但称呼中省去了“二”字，仅称“十九”。节日这一天，家家户户杀猪宰羊，杀鸡酿酒，蒸糯米饭，准备宴席。村民们将酿制的糯米酒和煮熟的猪头、羊头、五色糯米饭供奉密洛陀和九位大神之后，身着盛装前往开阔的山坳口聚餐，敲打铜鼓，吹唢呐，射弩箭，赛马逗鸟，唱歌对词。在祝著节里，铜鼓是不可或缺的乐器。在非正式场合，人们以娱乐、学习铜鼓音乐为目的；而在正式的场合，演奏铜鼓音乐有着一定的要求。

c. 婚庆使用铜鼓

布努瑶婚礼一般在秋后至春节这段时间举行。婚礼时间为两天：头天是女方请客日，较为简单；第二天为男方请客日，最为隆重。许多地方的布努瑶在男方请客这一天都要打铜鼓，既是祝愿新人吉祥幸福，又为婚礼增加热烈气氛。婚礼第一天，即在女方请客日时，男方派出接亲队伍吹着唢呐到女家迎接新娘，同时在家中悬挂铜鼓等待。第二天，当接亲队伍的唢呐声传到男方家的寨子时，男方家即敲响铜鼓，以迎接新娘。新娘到男方家门前时，须在门外等候吉辰，吉辰到了，方能跨进男方家的门槛。新娘在门外等候期间，唢呐声、铜鼓声均不能停。新娘进门后，铜鼓声、唢呐声方可停止。

铜鼓手将鼓槌交给新郎新娘，让他俩打铜鼓，众亲友在一旁观看。因而这一带的瑶族从小就要学习打铜鼓，以免结婚时不会敲打而被人取笑。两位新人打至高潮时，人群中发出阵阵欢呼声，这时人们端来一碗酒，让他俩共同喝下，表示相亲相爱。之后，新人即可将鼓槌交予旁人，新娘或入洞房休息，或在外与新郎一道接待客人。众人则敲打铜鼓，猜拳行令，或唱山歌、吹口弦以助兴。从新郎新娘将鼓槌交给众人那一刻起，直到所有来参加婚礼的客人都离开为止，都要不停地敲打铜鼓，不能停下。若客人还在场而鼓声中断，就会引起主家及客人的反感，认为是不吉利的。

图三〇四　七百弄乡的瑶族人民在祝著节里打铜鼓（李桐摄）

d. 建新房使用铜鼓

布努瑶的村寨依山而建，村落比较分散，每个山头或弄场少的只有一两户。布努瑶的传统民居多为干栏式建筑。过去，建房所需一切木料、瓦料、石料均由主家自备，中梁为舅家所送，上梁时举行仪式，建房择安基日、砍柱日、修料日、立房日。

布努瑶建房历来都相互帮助，全村的亲戚都尽力相助，或出劳力，或送米、酒、猪、羊等给主家。主家起房屋时，舅家必须赠送梁木、猪、羊、糍粑。上梁日要择良辰吉日，吉时一到，要鸣炮，诵《上梁吉庆词》。众人一边诵词一边敲打铜鼓，抛撒钱币、糍粑，俗称“一家起屋，百家享福”。上完梁后，进行各种娱乐活动，有跳铜鼓舞、吹唢呐、斗鸡、赛马、唱《密洛陀古歌》、喝欢笑酒等。建新房打铜鼓，仅限于有铜鼓的家庭，没有铜鼓的家庭不会去借铜鼓来打。

e. 还愿使用铜鼓

还愿是布努瑶地区规格最高、耗资最大、最为隆重的祭祀活动。祭祀祖宗神有“祭”和“敬”两层意思，时间于农历九月之后至春节。还愿有大还愿和小还愿之分：小还愿只祭一位大神，即第二代九位大神中的老大阿胜；大还愿祭的则是众多的家神和客神。这里的还愿指大还愿。

自决定举行还愿之日起，还愿者就要将铜鼓起出，祭鼓后将铜鼓悬挂于家中，供人敲打。从决定举行还愿到真正开始还愿，中间的时间有长有短，长的可达几个月，短的也要一个月。在这期间，每天均需要敲打铜鼓，村里人谁来打都行，白天晚上都可以打，一直

图三〇五　巴马瑶族自治县东山乡卡桥村弄岭屯瑶族群众使用铜鼓贺新房（梁汉昌　摄）

打到开始还愿的那一天。打铜鼓的目的：一是预告诸神，让他们到时前来接受祭祀；二是让村里人和路人知道打铜鼓的这家将要举行还愿活动。

到了举行还愿活动的日子，铜鼓就要悬挂在祭台旁边，日夜敲打，鼓声不能停止也不能沙哑，否则，就认为是对神不敬，还愿即告失败。祭祀结束后，人们还要狂欢几天几夜，这段时间，打铜鼓又成了人们娱乐的主要内容。

f. 丧葬使用铜鼓

布努瑶在老人去世时，必须给亡者举行送终仪式，认为这样做可以护送亡者的灵魂安然回到始祖密洛陀和历代祖宗的祖源地生活。整个过程要经历报丧、洗尸、入棺、寻坟地、出殡、埋尸、回程、洗手、招魂、开悼等。只有主家有铜鼓的才能在丧葬中使用铜鼓。

白裤瑶的丧葬程序包括报丧入棺、砍牛、引路、上山、断魂等。在报丧至砍牛的几天中，只要是与主家或舅家有点关系的人，都会带上自家的鼓前往。在葬礼开始前会有人统一念祭鼓词祭铜鼓，祭铜鼓当天白天只打一遍单数轮的鼓点。治丧期间的晚上，铜鼓可以任意敲打，这是孩子学习敲打铜鼓的最好时机。因为这是自由演奏的时间，不用担心因打错鼓点而受到惩罚。第二天砍牛时，舅家的铜鼓地位最高，挂在正对皮鼓的位置，主家的鼓挂在鼓架的两端。

③苗族铜鼓音乐的沿用习俗

a. 春节使用铜鼓

春节使用铜鼓需要在使用前祭鼓，祭鼓时间在除夕晚上。祭鼓后即将铜鼓、皮鼓悬挂于家中，通宵达旦地敲打，在铜鼓声中辞旧迎新。整个春节期间（除夕至正月十五），村里男女老少均可自由敲打铜鼓。正月十六以后，铜鼓仍然悬挂于家中，允许随时敲打；待到

图三〇六　南丹县白裤瑶在葬礼上打铜鼓（廖明君　供图）

正月三十晚，则需将铜鼓取下收藏。此后直到秋末，除非遇到丧事，否则不得使用铜鼓。

b.“红喜”使用铜鼓

中堡苗族认为，“红喜”用的铜鼓在春节后至秋收结束前不能使用，否则当年收成就不好；秋收结束后，农事转闲，此时村里人若有兴趣，可将铜鼓取出敲打。另外，从秋季至来年春节前，苗族还有两个节日可以使用铜鼓，分别是农历九月初九和十一月三十（苗族小年）。“红喜”使用铜鼓，不需要祭鼓，取出可直接敲打。

c.“白喜”使用铜鼓

葬礼是中堡苗族乡苗族铜鼓最主要的使用场合，一年中无论何时举办葬礼均可使用铜鼓，在这种场合下使用铜鼓被当地人称为“白喜”用鼓。

苗家若有人过世，不论家庭贫富，一律操办酒席。操办的程序为：首先是报客。亡者家族兄弟被分配去报主要的客，寨上的兄弟去报散客。被报客的主家要杀牲设宴，请寨上的家族兄弟陪客吃饭。然后，来陪客的兄弟均设酒席宴请报客人。其次是办客。操办“白喜事”的当天，身着盛装的亲戚吹唢呐、扛花伞、抬酒肉、放鞭炮来到主家。在人到齐后，主家把客人按主次排列成一行于门口院坝就座。主家鼓手在家中不停地击丧鼓。一小时后，主人宣布就餐，这时客人先吃自己从家带来的酒肉和糯米饭。然后，原去帮主家报客的人设酒席宴请客人。当客人喝酒到半醉后，主家摆一桌饭菜招待客人。在客人吃饭的过程中，主家有三人边敲打铜鼓边到各桌给客人敬酒，酒必须敬三次。最后是请舅家给亡者打鼓送丧。未打鼓前，棺木停在火坑边，这意味着亡者生前时时与火相伴。舅家在打鼓时，主家将一面铜鼓和一面木鼓分别悬挂在门外的鼓架上，木鼓上要搭一条打死的狗崽和一束谷穗，上系一条白布。铜鼓上也要系上一束谷穗。待麽公祭鼓后，舅家的两位鼓手开始打鼓。当鼓手打完鼓后，负责抬棺木的人便将棺木抬出大门送上山安葬。

图三〇七　中堡苗族乡的苗族妇女打鼓（王梦祥　摄）

④水族铜鼓音乐的沿用习俗

a．端节使用铜鼓

端节是水族庆贺丰收、祭祀祖先的重大节日。端节又叫“瓜节”，当地人称为“借端”，“借”意为“吃”，时间大致为水历十二月至次年二月（农历八月至十月）。过节时，各家准备好糯米饭、鱼等招待客人。端节前一天敲铜鼓。

b．丧葬使用铜鼓

水族丧葬程序有报丧、入殓、择吉、安葬。祭悼规模依据各家经济情况分为小控、中控、大控和特控。丧事期间要吃素，并且要演奏铜鼓。

⑤布依族铜鼓音乐的沿用习俗

布依族保留着在丧葬仪式中使用铜鼓的传统习俗。当布依族老人故去之后，丧家立即

图三〇八　三都水族自治县水族端节打铜鼓（温远涛　摄）

向至亲好友报丧，有的要马上鸣放三发火药枪，然后再请本民族的“濮摩”（巫师）选择吉日办丧事。如果亡者是女性，必须等到舅家人到现场检视过后才能入棺安葬。一般来说，丧事的繁简程度视家庭经济状况而定。贫苦的人家只请“濮摩”开路，仪式一切从简；富裕人家则要讲排场，除了请“濮摩”开路、堂祭，还要举行一个叫作“古谢王”的仪式。下葬的前两天，寨里的亲朋好友都送礼凭吊。这天夜里，人们敲铜鼓、吹唢呐、打竹筒，开始举行丧葬仪式。到时村寨里前来吊唁的人都聚集于丧家的门外，手持竹筒或刷把跳铜鼓刷把舞。

⑥彝族铜鼓音乐的沿用习俗

彝族一般是在跳弓节等重大节日和葬礼仪式中使用铜鼓。演奏方式分为单鼓演奏和双鼓演奏两种。

图三〇九　彝族男子打铜鼓（王梦祥　摄）

⑦毛南族铜鼓音乐的沿用习俗

毛南族丧葬仪式中铜鼓和皮鼓的使用数量，视丧葬仪式的具体情况略有不同。如家中有老人过世，立即举办丧葬仪式，则使用铜鼓、皮鼓各一面；如家中老人过世，事主家没有经济条件举办丧葬仪式，需先掩埋亡者，待有经济能力时再为之补办仪式，则使用铜鼓一面、皮鼓两面或更多。仪式中除了铜鼓和皮鼓数量存在差异，铜鼓和皮鼓的演奏节奏也因亡者年龄的差异而存在差异。

(3) 铜鼓音乐的演奏形式

①铜鼓合奏

铜鼓合奏乐一般为东兰壮族所用。红水河沿岸壮家，几乎村村有铜鼓。逢年过节，红白喜事，村民都要打铜鼓。尤其是蚂蜗节，红水河畔遍地铜鼓响。

东兰壮族的铜鼓音乐只用铜鼓演奏而没有加入其他乐器，普遍以四面铜鼓进行演奏，一般将音色不同的四面鼓放在一起，四面鼓分为两对，将音色相近者配为一对（由一面公鼓和一面母鼓组成）。演奏前，先在打铜鼓的场地上搭一个长形架，铜鼓用绳索或铁链系鼓耳悬挂于固定的架子上进行演奏。

演奏时，四面铜鼓的鼓面朝同一方向。每面铜鼓后站一人，右手握鼓槌，敲击铜鼓鼓面的太阳纹，左手持硬物在鼓腰上均匀地拍打，发出“当、同、叮、咚”的音响。每人敲击的鼓点一般不在同一节拍上，敲击顺序为1、3、2、4或1、4、2、3。由于四面铜鼓音高各不相同，形成四个声部的合奏，鼓声动听悦耳。演奏速度以第一面鼓敲击的节奏为准。铜鼓音乐的鼓点类型包括基本鼓点（单）与“花六”“花七”“花四”（当地人统称为“敲花”）。

图三一〇 东兰县壮族群众打铜鼓（廖明君 摄）

②皮鼓与铜鼓合奏

a. 一面皮鼓与多面铜鼓合奏

水族、白裤瑶多使用一面皮鼓与多面铜鼓合奏的演奏方式。下面以白裤瑶为例详细说明。

白裤瑶主要在丧葬中演奏铜鼓音乐，因为参加演奏的人数众多，所以多选在空旷的地方。演奏前先用木头在场地内搭立若干个木桩或三脚架，在每两个木桩或三脚架上用绳横系一长杆，将铜鼓用绳系鼓耳悬挂在长杆下。乐器由一面皮鼓和数量不等的铜鼓组成。以皮鼓为中心，铜鼓摆成“一”字形、“∟”字形、“⊓”字形、“□”字形。皮鼓高一米，中空无底，一面蒙皮，使用若干竹钉将牛皮固定在枫木树干上。演奏时，无蒙皮的一端向下用石头垫起。皮鼓是整个乐器演奏的指挥，鼓手敲打鼓面、鼓边、鼓身三个位置。铜鼓音乐演奏由皮鼓手用两个鼓槌同时敲击鼓面开始，依据鼓点的要求，皮鼓手做出跳步打、侧身打、转身打、跃身打等动作，甚至模仿猴子的动作等。铜鼓演奏由两个人进行：一人右手持鸡血藤制成的鼓槌敲击铜鼓太阳纹，左手持竹条配合右手敲击铜鼓鼓腰；另一人使用风筒在铜鼓底部循环推进送出，改变铜鼓音色。风筒推进时铜鼓发出“当”的声音，送出时发出“嗡”的声音。白裤瑶铜鼓有公母之分，公鼓太阳纹平滑、声音低沉，母鼓太阳纹突起、声音清脆。在实际中，白裤瑶人没有对公、母鼓的使用进行限制。铜鼓为“油锅”内成员共有，每面铜鼓都有“金宝”“银宝”“金母”“银母”的名称。白裤瑶正式鼓点轮数为 14 轮或 18 轮，每一轮都要把一段鼓式打三遍。

白裤瑶铜鼓音乐鼓式依据村寨的名字命名，有“怀里式”“纪后式”“瑶里式”“岜地式”4 种。在丧葬仪式中，除砍牛前后和上山时演奏固定鼓式外，其余时间这 4 种鼓式可以随意使用。由于 4 种鼓式可以随机组合，因此在白裤瑶丧葬仪式中不会出现同样的铜鼓音乐。每个鼓手对于鼓式了然于胸，甚至只是单一使用铜鼓或皮鼓，都可以演奏这 4 种鼓式而不会有差错。

图三一一　南丹县白裤瑶砍牛场上，一面皮鼓与多面铜鼓合奏（梁富林 摄）

b. 一面皮鼓与两面铜鼓合奏

天峨县都隆村壮族使用公母两面铜鼓与一面皮鼓相配合的形式演奏都隆十二生肖鼓，两面铜鼓所敲击的内容一致。相传，都隆十二生肖鼓由宁氏家族于 1663—1670 年始创。当时人们根据每个铜鼓鼓面都有序地排列着十二生肖图案这一特点，结合季节变化和人们生产生活的规律，创造出了都隆十二生肖鼓。都隆十二生肖鼓应用于天峨县都隆村壮族蚂蜗节的各个环节。

演奏前，在场地中央分别搭好木架，悬挂铜鼓与平置皮鼓，皮鼓位于两面铜鼓之间，铜鼓侧悬于鼓架，鼓手立于鼓后。鼓手右手持木棒敲击铜鼓鼓面，左手持硬物敲击铜鼓鼓腰，发出“当、切”的音响。皮鼓与铜鼓节奏统一，鼓声抑扬顿挫。皮鼓是演奏的指挥，皮鼓手边击鼓边做出一些花样的动作，如跨腿击鼓、侧身击鼓等。演奏的鼓点以十二生肖代表十二个月，每个生肖都用一种特殊的鼓点来描述，各段鼓点使用“常路引”进行连接。演奏场面热烈、欢快。鼓点连接有固定的套路，每次铜鼓音乐演奏的内容一致。

c. 一面皮鼓与一面铜鼓合奏

一面皮鼓与一面铜鼓合奏的形式见于中堡苗族丧葬仪式中。苗族丧葬仪式中，敲击铜鼓的场地在棺木附近。如棺木在院内，则铜鼓与木鼓同悬于院中木架上；如棺木在本家屋内，则铜鼓与木鼓同悬于屋梁上。演奏前，逝者安放在床上，待“席磨”（指苗族丧葬仪式执行者）来到后才装进棺木。盖棺时将一只小狗撞死在棺木头上，并将小狗挂在木鼓上，然后开始演奏铜鼓音乐。主家将一面铜鼓和一面木鼓悬挂在门外的鼓架上，铜鼓和木鼓上都挂上一束谷穗，木鼓上系上一条白布。在院内演奏铜鼓时，先在院中打桩立两个约 2 米高的木桩，木桩上绑好长杠，用绳系铜鼓耳并悬挂于长杠下，铜鼓与木鼓平行悬挂。安葬的前一夜，主要活动有打铜鼓、吹唢呐、放鞭炮以及亲人向亡者哭别。鼓手们每打一轮鼓，就有人给他们各敬一碗酒，这样做一方面是让鼓手休息，另一方面是在鼓手休息的同时，在铜鼓面上也泼上酒，以保持铜鼓的音色。每个唢呐手面前的小方凳上都摆有一碗酒，可随时喝，喝去一半即补满，不让酒干。这一夜，鼓手和唢呐手都会轮流演奏。第二天上山安葬时，将铜鼓与皮鼓悬于出殡经过的道路上方。先由舅家请来的鼓手敲击，后将鼓槌交于主家请来的鼓手敲击。鼓点一停，棺木必须立即抬出门。此后即可收鼓，整个丧葬仪式中，铜鼓使用到此为止。

中堡苗族丧葬仪式中的铜鼓音乐，由铜鼓与木鼓合奏，速度由鼓师来定。中堡苗族铜鼓音乐共有 7 种鼓式，以所在地命名，分别是“中堡式”“九立式”“由照式”“由元式”“拢结式”“拉纳式”“由者式”。中堡苗族乡不只是这 7 个屯存有铜鼓，在拉纳村麦甲屯、拉纳村牛角屯、拉纳村拉晒屯也有，这 3 个屯演奏的鼓式也是“拉纳式”。在铜鼓音乐演奏中，只有同一鼓师教授出来的徒弟才能默契演奏铜鼓和木鼓。这些鼓手既会打铜鼓也会打皮鼓，他们的技术是村里最好的。中堡苗族乡的苗族人认为，鼓手若鼓打得不好，神会怪罪。演奏铜鼓音乐时，没有明显的地域局限，7 种鼓式都可以演奏。鼓式越多，越能表示主家的兴旺。在丧葬仪式中，同一面铜鼓和木鼓由不同的鼓师轮流演奏。

图三一二　中堡苗族乡苗族男子演奏铜鼓和皮鼓（廖明君　摄）

③钹与皮鼓、铜鼓合奏

钹与皮鼓、铜鼓合奏形式见于巴马瑶族自治县东山乡，使用范围广泛，如过年过节、婚娶、丧葬、建房等场合。使用的乐器一般由两面麻江型铜鼓、一面皮鼓、一件钹外加一个竹筛组成，也有使用十几面铜鼓的大型场面，如祝著节。

布努瑶使用铜鼓，鼓手右手持鼓槌轮流敲击两面铜鼓的太阳纹，发出“叮、咚”的音响。鼓手左手持竹棒敲击铜鼓鼓腰。两面铜鼓所演奏的鼓点是相互补充的。演奏铜鼓时，右手的鼓槌与左手的竹条有时轮流敲击，有时同时敲击。皮鼓是整个乐器演奏的核心与指挥，敲击皮鼓的鼓手，往往资历最老、经验最丰富，他们会边敲击边模仿猴子的动作。钹、竹筛的演奏者比较自由，钹只要在每小节强弱拍处敲击即可，演奏比较简单。相对而言，皮鼓演奏者的动作要求难度较大，主要在乐队中表演滑稽的动作，活跃场面气氛。竹筛的演奏者与其左右呼应。皮鼓演奏者主要的动作有蹲跳、垫步、单脚跳等，有时甚至会做出戏弄铜鼓手的动作。在皮鼓手与铜鼓手配合演奏的同时，皮鼓手与钹演奏者的动作也是相互配合的，一般乐队由常在一起表演的人组成。

在家中演奏铜鼓时，表演的成分不多。在房子的横梁上挂一条铁链，把铜鼓的鼓耳挂在铁链的铁钩上，两面铜鼓平行悬挂。在两面铜鼓中间放一个木制的鼓架，鼓架上放置皮鼓即可开始演奏。而在户外演奏铜鼓时，铜鼓悬挂于木制鼓架上，皮鼓放置于铜鼓之间，表演的成分大于音乐本身。布努瑶铜鼓分为“锣去”“锣封”“锣去锣来”“锣几样”“锣哈面七峒”5个鼓点。每种鼓点的主体部分有固定的模式。演奏时乐器摆放位置如图三一三所示：

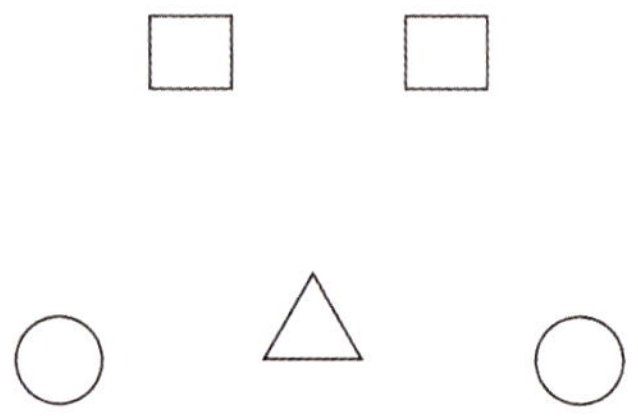

“○”为铜鼓位置，“△”为皮鼓位置，“□”为钹和竹筛的位置。

图三一三　乐器摆放位置示意图（一）

④吹打乐器与铜鼓合奏

吹打乐器与铜鼓合奏形式见于天峨县纳洞村壮族地区和贵州省布依族地区。其中，天峨县纳洞村壮族主要在蚂蜗节使用铜鼓演奏。乐器有麻江型铜鼓4面、皮鼓2面、唢呐6支、钹2件、锣3面。以皮鼓为中心，铜鼓在其后摆放，钹、锣在其左边，唢呐在其右边。高30厘米、直径42厘米的皮鼓平置于固定的鼓架上，皮鼓的两面蒙以猪皮，用双排铁钉固定在木质的鼓框上。两面皮鼓都由女子演奏相同的鼓点，边演奏边做统一的姿势。由两位男子用肩横扛一根木棍，将铜鼓用绳子系鼓耳挂在木棍上，鼓耳扎红绸。演奏铜鼓时由右边的男子左手扶鼓，右手持鼓槌敲击铜鼓太阳纹，节奏平缓。

演奏未正式开始前由除了唢呐之外的其他乐器演奏，正式开始时加入唢呐。以唢呐为第一组，以钹、锣为第二组，分别边演奏边排成横队穿插于表演场内。在穿插两次后，两组演奏者在每次铜鼓与皮鼓密集的鼓点结束后，先面向铜鼓、皮鼓，后面向观众鞠躬。接着继续在场内穿插表演，再次绕场两周后回到起始位置。由于鼓点变化不大，唢呐在表演中占主要成分，以热闹气氛为主。演奏时乐器摆放位置如图三一四所示：

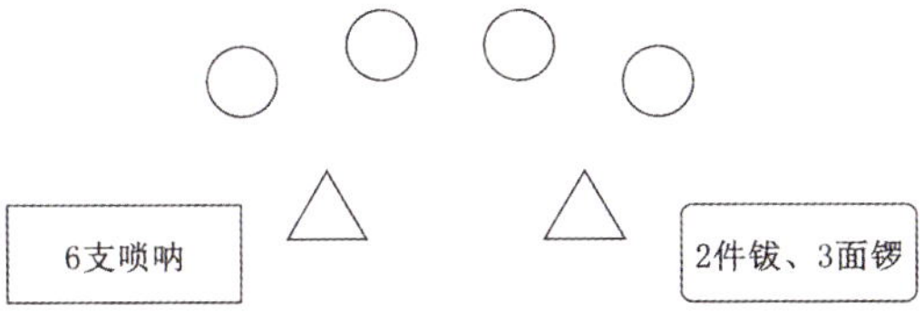

“○”为铜鼓位置，“△”为皮鼓位置。

图三—四　乐器摆放位置示意图（二）

（二）铜鼓音乐形态分析

不同民族、不同地区的铜鼓音乐形态各有特色，下面分别以广西东兰兰阳、天峨都隆、南丹中堡、南丹里湖、巴马东山为例，对这些地方的铜鼓音乐形态进行分析，以展现红水河流域少数民族铜鼓音乐的面貌。

1. 东兰兰阳壮族铜鼓音乐分析

东兰兰阳壮族普遍用四面铜鼓演奏，分为两组，两面铜鼓为一组（如下例鼓 1、鼓 2 为第一组，鼓 3、鼓 4 为第二组）。演奏速度以第一组的第一面鼓敲击的节奏为准。

（1）鼓式的结构模式

在此次采访中，兰阳壮族铜鼓音乐的结构为：

单 Ⅰ①（5）②——“花七”Ⅰ—1（10）——单 Ⅰ（15）——“花七” Ⅱ （11）——单 Ⅰ（16）——“花七” Ⅰ—2（16）—— 单 Ⅰ（16）——“花四” Ⅰ—1（17）——单 Ⅰ（16）——“花四” Ⅱ—1（25）——单 Ⅰ（11）——“花七” Ⅰ—1（10）——单 Ⅰ（10）——“花四” Ⅰ—2（11）——单 Ⅰ（15）——“花七” Ⅰ—2（16）——单 Ⅰ（15）——“花四” Ⅰ—3（17）—— 单 Ⅰ（23）——“花四” Ⅱ—2（30）——单 Ⅱ （12）——“花七” Ⅰ—1（10）——单 Ⅱ（19）——“花四” Ⅰ—4（16）——单 Ⅱ （11）——“花七” Ⅰ—3（16）——单 Ⅱ（21）——“花四” Ⅰ—5（17）——单 Ⅱ （15）——“花四” Ⅱ—3（33）——单 Ⅱ （14）——“花七” Ⅰ—1（10）——单 Ⅱ （20）——“花四” Ⅰ—6（18）——单 Ⅰ（18）——“花七” Ⅰ—2（16）——单 Ⅰ（55）——“花四” Ⅰ—7（17）——单 Ⅰ（20）——“花四” Ⅱ—4（32）——单 Ⅰ（9）。

（2）基本节奏型③

兰阳壮族铜鼓音乐的鼓式类型包括基本鼓式（单）与“花六”“花七”“花四”（当地人统称为“敲花”）。

第一种，基本鼓式分为 Ⅰ 和 Ⅱ 两种，即单 Ⅰ 和单 Ⅱ。

① 基本节奏名称。

② 笔者采访时，所记录的基本节奏小节数。

③ 鼓谱中的“当”“同”“叮”“咚”分别表示敲击铜鼓 1、2、3、4 太阳纹，“△”表示敲击铜鼓的鼓腰。

单Ⅰ：

右手	铜鼓 1	当 0	0
	铜鼓 2	0	同 0
	铜鼓 3	0	0 叮
	铜鼓 4	0 咚	0
左手		△△	△△

单Ⅱ：

右手	铜鼓 1	当 0	0
	铜鼓 2	0	同 0
	铜鼓 3	0 叮	0
	铜鼓 4	0	0 咚
左手		△△	△△

单Ⅰ的铜鼓演奏顺序为1、4、2、3，单Ⅱ的铜鼓演奏顺序为1、3、2、4。

第二种，“花六”，壮语称“亨腰”。

“花六”的特点是鼓1由“ 当当 0 |”和“ 当 0 当 0 |”节奏型构成。其中，“ 当当 0 |”为敲花演奏，“ 当 0 当 0 |”为连接节奏。“ 当当 0|”演奏的小节数依次递增，分别为1、2、3。

“花六”：

			1		2	2
右手	铜鼓 1	当0 当0	当当 0	当0 当0	当当 0	当当 0
	铜鼓 2	0 同0	0 同同	0同 0同	0 同同	0 同同
	铜鼓 3	0 0叮	0 0叮	0 0叮	0 0叮	0 0叮
	铜鼓 4	0咚 0	0咚 0	0咚 0	0咚 0	0咚 0
左手		△△ △△	△△ △△	△△ △△	△△ △△	△△ △△

	3	3	3	
当0 当0	当当 0	当当 0	当当 0	当0 当0
0同 0同	0 同同	0 同同	0 同同	0同 0同
0 0叮	0 0叮	0 0叮	0 0叮	0 0叮
0咚 0	0咚 0	0咚 0	0咚 0	0咚 0
△△ △△	△△ △△	△△ △△	△△ △△	△△ △△

第三种，“花七”，壮语称“亨刀”。

“花七”的特点也是由鼓1“ 当当 0 |”和“ 当 0 当 0 |”节奏型构成。“ 当当 0 |”为敲花演奏，“ 当 0 当 0 |”为连接节奏。但是“ 当当 0 |”演奏的小节数依次递减，分别为3、2、1。

“花七”：

			3	3	3	
右手	铜鼓 1	当0 当0	当当 0	当当 0	当当 0	当0 当0
	铜鼓 2	0 同0	0 同同	0 同同	0 同同	0同 0同
	铜鼓 3	0 0叮	0 0叮	0 0叮	0 0叮	0 0叮
	铜鼓 4	0咚 0	0咚 0	0咚 0	0咚 0	0咚 0
左手		△△ △△	△△ △△	△△ △△	△△ △△	△△ △△

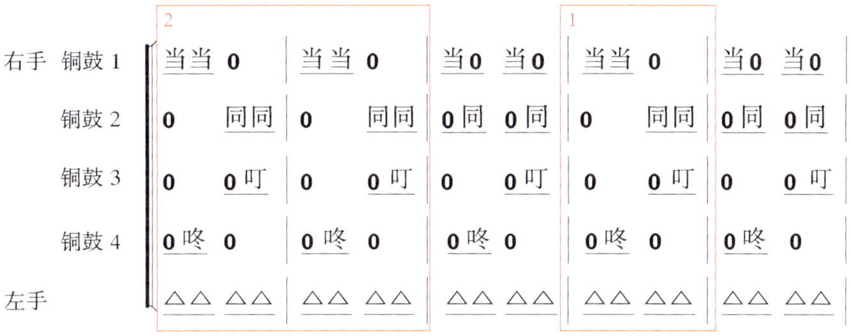

第四种，“花四”，壮语称“亨虽”。根据参与加花变奏的铜鼓不同，可分为“花四”Ⅰ和“花四”Ⅱ两种。“花四”Ⅰ由第二组鼓（鼓 3 与鼓 4）进行加花变奏。

“花四”Ⅰ：

“花四”Ⅱ是从鼓 1 到鼓 4 依次进行加花变奏。

“花四”Ⅱ：

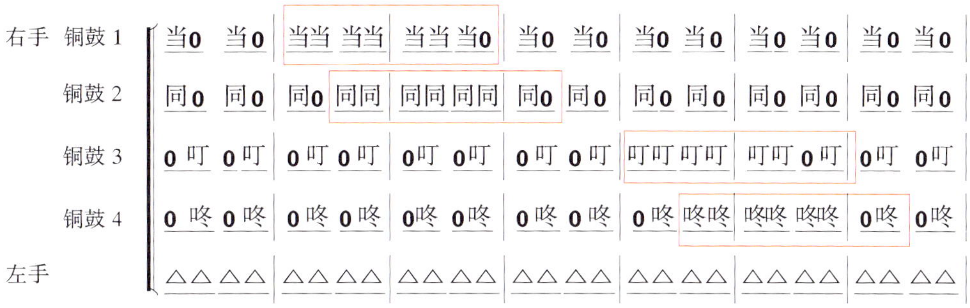

（3）鼓式特点

兰阳壮族铜鼓音乐的鼓点节奏以四二拍为基本节拍。

演奏基本鼓式的时候，鼓手的左右手以一对四的敲打法进行（右手敲一下，左手敲四下，左右手第一拍同时敲），由于各面铜鼓的鼓手左右手同时敲击的时间不一致，重拍不一，再加上四面铜鼓的音色不一，就造成了好似轮奏的抑扬顿挫的音响效果。基本鼓式速度统一，节奏较为单一，给人以平稳感，是铜鼓音乐开始的序幕和每次敲花的间奏。

“花七”分为Ⅰ和Ⅱ两种。“花七”Ⅰ由鼓 1 与鼓 2 变化敲花，鼓 3 与鼓 4 敲击基本拍。“花七”Ⅱ由鼓 3 与鼓 4 变化敲花，鼓 1 与鼓 2 敲击基本拍。由于“当当 0 |”和“当 0 当 0 |”节奏型出现的次数不同（如“当当 0 |”节奏型的演奏次数可能会出现 3、2、2、1 或 3、2、2、2、1，“当 0 当 0 |”节奏型可能会在两个“当当 0 |”节奏型之间连续出现若干次的情况），“花七”Ⅰ可划分为“花七”Ⅰ—1、“花七”Ⅰ—2、“花七”Ⅰ—3 等“花七”的变体。

“花四”节奏是基本节奏的变化，由一对四的节奏变为二对四、四对四的节奏，节奏是均分的节奏，四面铜鼓以两面为一组同时敲，由于演奏鼓点由疏变密，鼓声更加浑厚，在音量上达到最大，铜鼓音乐持续时间最长。在实际音乐中“花四”Ⅰ的使用次数比“花四”Ⅱ要多。

在“花四”Ⅰ中，鼓1与鼓2演奏基本节奏型“单”的部分，鼓3与鼓4发生变化。在这个敲花变奏中，鼓3和鼓4处在同等重要的位置，各自进行特有的加花变奏。在鼓3变化前，鼓手都会空出第一小节“ 0 0 |”，提醒其他鼓手开始加花，而鼓4则会敲击“ 0咚 0咚 |”节奏型。在“花四”Ⅱ中，鼓1与鼓2敲击同一节奏“ × 0 × 0 |”，鼓3与鼓4敲击同一节奏“ 0 × 0 × |”。然后由鼓1开始敲击“ 当当 当当 |”，鼓2在鼓1第二拍时也敲击这一节奏。鼓3、鼓4也是如此，在鼓4敲击完毕后，鼓1又开始敲击“当当 当当 |”，循环往复，形成卡农式的音乐结构。

2. 天峨都隆壮族铜鼓音乐分析

天峨都隆壮族普遍采用一面皮鼓与两面铜鼓合奏的形式。

（1）鼓式的结构模式

都隆十二生肖鼓的结构为：引子—虎—兔—龙—蛇—马—羊—猴—鸡—狗—猪—鼠—牛—结尾。其中，虎、兔、龙为春季，壮语称为“独乜龙”；蛇、马、羊为夏季，壮语称为“独削平”；猴、鸡、狗为秋季，壮语称为“独削奔”；猪、鼠、牛为冬季，壮语称为“独昂办”。

引子的鼓式结构为“切 - | 切切切 切 | 切切切 当 | 切切切 切 | 切切切 当 | 切切切 切 | 切切 当 | 切切切 当 | 切切切 当 | 切切切 当 | 切切切 当切 当 | 切切切 当切 当 | 切切切 当切 当 | 切切切 当切 当 |”。

引子由“切切切 切 |”为基本节奏型的反复，意为正式鼓点演奏前的序奏部分。

虎的鼓式结构为“当当 切当 当 | 当切 当切 当 | 当当 切当 当 | 当切 当切 当 |”。该鼓式以“当当 切当 当 |”节奏型的重复出现来表现虎的形象。

兔的鼓式结构为“当切 当当 | 当当 当当 | 切当 切当 | 当切 当当 | 当当 当当 | 切当 切当 | 当切 当当 | 当当 当当 | 当切 当切 当 | 当当 切当 当 | 当当 切当 当 | 当当 切当 当 | 当当 切 - | 当当 切 - | 当当 切 - | 当当 切当 切 | 当当 切当 切 | 当当 切当 切 | 当当 切当 | 切当 当 | 切切 切 | 当当 切当 | 切当 当 | 切切 切 | 当当 切当 | 切当 当 |”。其以“当切 当当 | 当当 当当 |”节奏型表现了兔子活跃的特点，之后以“当当 切 - |”节奏型表现了兔子小心谨慎的形象，从而与虎高大、稳定的形象形成对比。

龙的鼓式结构以“当切 同切 当 |”节奏型表现龙变化无常的形象。

蛇的鼓式结构以“当切 当当 | 切当 当 当 |”节奏型表现蛇蜿蜒、盘附的形象。

马的鼓式结构以“当切 当 当· |”节奏型表现马轻快、骠勇的形象。

羊的鼓式结构以“当切 当当 | 当当 当当 当 |”节奏型表现羊款款而来的形象。

猴的鼓式结构为“当切 当当 | 切当 切当 | 当切 当切 | 当当 当当 | 切当 切当 当 |”。该鼓式以“当切 当当 |”为基本节奏型，表现了猴子灵活多变、聪明伶俐的形象。

鸡的鼓式结构以“当切 当当 当 |”为基本节奏型，表现鸡啄食的形象。

狗的鼓式结构为“当切 当当 | 切 当当 | 切当 当 |”。该鼓式分为上下两句，表现了狗东张西望、四处打探的生动形象。

猪的鼓式结构为“当切 当当 | 当切 当 当· | 当当 切当 当 | 当当 切当 | 切

当 当 | 切当 切当 | 当 | ”。该鼓式以多句组成，表现了猪慵懒、富态的形象。

鼠的鼓式结构以“当 切当 当 | ”为基本节奏型，表现老鼠机警、嗜咬的形象。

牛的鼓式结构以“当切 当当 | 切 当· | ”为基本节奏型，表现牛质朴、实在的形象。

结尾的鼓式结构为“当切 当当 | 切当 当 | 当当 切当 当 | 当当 切当 当 | 当当 切 0 | 当当 切 0 | 切切 当 0 | 当当 切当 切 | 当当 切当 切 | 当当 切当 切 | 当当 切当 | 切当 当 | 切切 切 | 当当 切当 | 切当 当 | 切切 切 | 当当 切当 | 切当 切 | 切切 当切 | 切切 当 | 切切 当切 | 切切 当 | 切切 当切 | 切切 当 切切 | 当 同 | 当 切切 | 当 同 | 当 切切 | 当 同 | 当 切切 | 切 切 切切 | 切切 切 | 切切 切切 | 切切 当 | 切切 切切 | 切切 切 | 切切 切切 | 切切 当 | 切切 切切 | 切切 切 | 切切 切切 | 切切 当 | 切切 切切 | 切切 切 | 切切 切切 | 切切 当 | 切切 切 | 0 切切 | 当 同 | 当 当 | 切切 切 | 0 切切 | 当 同 | 当 当 | 切切 切 | 0 切切 | 当 同 | 当 当 | 切 切 当 | 切切 切 | 切 当 | 切切 切 | 切 当 | 切切 当 | 切切 当 | 切 切 当 | 切切 切切 | 当 切 | 当 切切 | 当 切 | 当 切切 | 当切 当当 | 当 切 当当 | 当切 当当 | 当 – ‖”。

（注：“当”表示右手敲击铜鼓太阳纹中心，“同”表示右手敲击铜鼓太阳纹光晕，“切”表示左手敲击铜鼓鼓腰。）

（2）鼓式特点

①3种不同的结构类型

都隆十二生肖鼓中每一种节奏型代表一种生肖。几乎每一种生肖主题均由间节引和常路引连接。“切切 当切 | 切切 当 | ”节奏型为间节引，“当切 当切 | ”节奏型的不断重复为常路引。都隆十二生肖鼓各主题的鼓式结构并不是完全一致的，根据主题出现次数不同，可以分为一次主题、三次主题、六次主题3种类型。

只出现一次主题的是虎、兔，结构为：主题—常路引或主题—间节引—常路引。

出现三次主题的是猪，结构为：主题—间节引—常路引—主题—间节引—主题—间节引—常路引。

出现六次主题的是龙、蛇、马、羊、猴、鸡、狗、鼠、牛。结构为：主题—间节引—常路引—主题—间节引—主题—间节引—常路引—主题—间节引—主题—间节引—主题—间节引—常路引。

②省略间节引最后一个音

这种情况在有三次主题、六次主题的时候出现。在演奏两个主题之间的间节引时，都会省略间节引的最后一个长音，再由后面的主题提前半个小节，以填补间节引。例如，在演奏两个龙主题之间的间节引时，正常演奏为：

龙主题 间节引 龙主题

当切 同切 当 | 切切 当切 | 切切 当 | 当切 同切 当 |

但在实际演奏中会省去间节引最后一个长音“当”，由后面主题向前半个小节补位，即变为：

龙主题 间节引 龙主题

当切 同切 当 | 切切 当切 | 切切 当切 | 同切 当 |

图三一五　都隆村壮族蚂𧊅节活动中一面皮鼓与两面铜鼓合奏（廖明君　摄）

③固定模式中的随意鼓点

常路引是都隆十二生肖鼓中没有规定长度的节奏部分，它由“ 当切 当切 | ”节奏型不断重复组合而成，唯一的要求是只需最后落在统一的长音上。常路引可在相同主题或不同主题之间使用。常路引的作用是统一速度，使鼓手暂时休息，长音结束时再进入后面鼓点。常路引一般为17小节或18小节。

④使用节拍交替

在虎、兔、龙、蛇、马、羊、猴、鸡、猪、鼠等主题中，首先使用四二拍与四三拍交替。在狗、牛主题中虽然没有直接使用，但是当两个主题之间的间节引被省略，第二次演奏主题时，也就出现了四二拍与四三拍交替。例如，牛主题为“当切 当当 | 切 当· | ”，没有出现交替拍，但当两个牛主题之间的间节引被省略后，即变为：

牛主题 $\frac{2}{4}$　　间节引　　牛主题 $\frac{3}{4}$

当切 当当 | 切 当· | 切切 当切 | 切切 当切 | 当当 切 当· |

3. 南丹里湖白裤瑶铜鼓音乐分析

南丹里湖白裤瑶普遍采用一面皮鼓与多面铜鼓合奏的形式。

（1）铜鼓鼓式

里湖白裤瑶有4种鼓式，即“怀里式”“瑶里式”“纪后式”“岜地式”。

（2）鼓式的结构模式

里湖白裤瑶铜鼓音乐的鼓式由单一部曲式构成，结构为：引子＋A＋尾声。每一轮都

图三一六　南丹县白裤瑶铜鼓舞表演（廖明君　摄）

要把鼓式打三遍，即演奏 A 及 A 的变体 A1、A2。

鼓式中的结构总体相同，其中也有区别。“怀里式”“瑶里式”“岜地式”的结构为：

引子 ＋ a ＋ b ＋ a1 ＋ b1 ＋ a2 ＋ b2 ＋ 尾声（其中 a ＋ b 为 A，a1 ＋ b1 为 A1，a2 ＋ b2 为 A2）

而“纪后式”虽然也是单一部曲式，但结构为：引子 ＋ A ＋ A1 ＋ A ＋ A2 ＋ 尾声。

（3）基本节奏型

里湖白裤瑶铜鼓音乐 4 种鼓式的节奏型以“咚　－｜”“咚 咚・　｜”“咚 咚　｜”为基本单位构成。在同时演奏 4 种鼓式时，当地人一听就知道是在演奏哪种鼓点，这是因为每一种鼓点都有区别于其他鼓点的特殊打法。

（4）鼓式特点

“怀里式”由木鼓双槌重击“咚　－｜”作为引子，a 为“咚　咚｜”节奏型和“打　打　｜”节奏型，分别随木鼓鼓手的个人意愿重复演奏，a、a1、a2 的主要区别在于演奏次数的不同。b 为 a 的变奏加花，交替使用四二拍与四三拍，出现了“怀里式”特有的节奏型“咚　咚咚 咚　｜”。尾声以“咚　－　｜”结束。

“瑶里式”由木鼓双槌重击“咚　－　｜”作为引子，a 由“咚　咚｜”节奏型的随意反复加“打 打 ｜ 打 打・｜”构成，a1 与 a 的节奏完全一致，a2 则只有“咚 咚 ｜”节奏型的随意反复。b 由“打 打 ｜ 打 －｜”节奏型的随意反复加一系列的加花变奏组成，并交替使用四二拍与四三拍。虽然也使用“咚 咚咚 咚 ｜”节奏型，但是“瑶里式”使用最多、最有特色的节奏型是“打 打 ｜ 打 －｜”。尾声以“咚 咚・｜ 咚 －｜”结束。

“纪后式”引子部分首先由铜鼓单独长时间演奏，接着木鼓以“打 打｜ 打 －｜”节奏型加入进来，引子规模相当庞大。A 部分以“咚咚　咚咚｜ 咚 咚・　｜”节奏型构成，交替使用四二拍与四三拍，这个节奏也是“纪后式”的特有节奏。A、A1、A2 的结构一致，区别在于木鼓演奏音色的不同。尾声以“咚 咚咚 ｜ 咚咚 咚咚 ｜ 咚　－　｜”结束。

“岜地式”的铜鼓演奏与“怀里式”一致，只是木鼓在演奏最后一段时以 A 代替 A2 演奏，按当地人的说法是“中间又折回去”。

4. 巴马东山布努瑶铜鼓音乐分析

巴马东山布努瑶普遍采用一面皮鼓与两面铜鼓配以钹合奏的形式。

（1）铜鼓鼓式

巴马东山布努瑶铜鼓音乐分为“锣去”“锣封”“锣去锣来”“锣几样”“锣哈面七峒”5种鼓式。

图三一七　巴马瑶族自治县东山乡布努瑶群众打铜鼓（王梦祥　摄）

（2）鼓式的结构模式

每种鼓式都是由前奏部分、主体部分和结束部分组成。前奏部分和结束部分是随意重复的，鼓式的结构为：前奏（随意反复）＋A＋结尾（随意反复）。

（3）基本节奏型

每种鼓式都是由鼓 1 和鼓 2 轮流敲击，以两鼓交替敲击为共同的基本拍，如：

铜鼓 1	叮	0
铜鼓 2	0	咚

（注：“叮”表示敲击铜鼓 1 太阳纹，“咚”表示敲击铜鼓 2 太阳纹。）

每种鼓式都有四二拍、八三拍、八五拍等拍子，因各自的敲法不同而自由排列。

（4）鼓式特点

①提示性节奏组合

在“锣几样”“锣去锣来”“锣哈面七峒”的主体部分，鼓 1 会有一个“叮叮叮”的提示，以告诉其他鼓手要开始敲击主体部分了，如：

铜鼓 1	叮 叮	叮 0 叮	0 叮 0
铜鼓 2	0 咚	0 咚 0	咚 0 咚

在“锣去”“锣封”中，鼓 1 也会提示，但和上述的方式不同，如：

铜鼓 1	叮 0 叮	0 叮 0
铜鼓 2	0 咚 0	咚 0 咚

②母体与变体

通过对音乐本体的分析得出“锣几样”“锣去”是基本鼓点，“锣去锣来”“锣哈面七峒”“锣封”是前两种鼓式的变体。“锣哈面七峒”兼有“锣几样”“锣去”的共同鼓点。

“锣去锣来”中特有的节奏组合如下所示：

铜鼓 1	叮 叮	叮 0 叮	0 叮 0
铜鼓 2	0 咚	0 咚 0	咚 0 咚

“锣去”中特有的节奏组合如下所示：

铜鼓 1	0 叮 0 叮	0 叮 0	叮 0	叮 0 叮 0	叮 0 叮	0 叮 0
铜鼓 2	咚 0 咚 0	咚 0 咚	0 咚	0 咚 0 咚	0 咚 0	咚 0 咚

“锣哈面七峒”同时出现“锣来锣去”与“锣去”中特有的节奏组合，构成新的节奏组合形式。

5. 南丹中堡苗族铜鼓音乐分析

南丹中堡苗族普遍采用一面铜鼓与一面木鼓合奏的形式。

（1）丧葬仪式中的铜鼓鼓式

中堡苗族丧葬仪式中的铜鼓音乐鼓式共有 7 种，以所在地为其名称，分别是“中堡式”“九立式”“由照式”“由元式”“拢结式”“拉纳式”“由者式”。

（2）丧葬仪式中鼓式的结构模式

由铜鼓先自由敲奏一组引子，接着铜鼓与木鼓配合敲击 A 段，然后铜鼓再次单独敲奏一组自由的间奏，铜鼓与木鼓再次配合敲击出 B 段，直到结束。结构为：引子＋ A ＋引子＋ B。区分每一种鼓式主要看引子是如何演奏的。同一种鼓式使用场合不同，演奏的内容也不同。如同是“九立式”，在春节中使用的引子与在丧葬中使用的引子完全不同。

(3) 基本节奏型

A 段主要由苗族铜鼓的 4 个基本节奏型组成。如：

铜鼓节奏 1	切当 切切 |	
	咚咚 咚咚 |	
铜鼓节奏 2	切当 切 |	
	咚咚 咚咚 |	
铜鼓节奏 3	切当 切 |	
	咚咚 咚咚 |	
铜鼓节奏 4	切当 · |	
	咚咚 咚咚 |	

（注："当"表示右手敲击铜鼓太阳纹中心，"切"表示左手敲击铜鼓鼓腰，"咚"表示敲击木鼓鼓面。）

B 段铜鼓在 A 段铜鼓的基础上于后半部使用了加花演奏。B 段木鼓则敲打鼓面和鼓沿。如：

铜鼓节奏 1	切当 切同 |	切当 切当 |	切同 · |	
	打打 咚 |	0 咚 咚 |	0 咚 · |	
铜鼓节奏 2	切当 切同 |	切当 切 |	切同 切当 |	切同 · |
	0 咚 咚 |	0 咚 打打 |	0 咚 咚 |	0 咚 · |
铜鼓节奏 3	切当 切同 |	切当 切同 |	切当 切同 |	切当 · |
	打 咚咚 |	咚打 打 |	咚打 打 |	打打 · |

（注："同"表示右手敲击铜鼓太阳纹光晕，"打"表示敲击木鼓鼓沿。）

无论 A 段还是 B 段，铜鼓在弱拍处敲击，切分节奏始终贯穿于全曲。这使苗族铜鼓音乐在节奏上区别于壮族、瑶族铜鼓音乐，使其成为苗族所特有的铜鼓音乐特征。

(4) 鼓式特点

①铜鼓与木鼓节奏特点

铜鼓部分引子和间奏都是自由的散拍，以"切当 切切 | 切 当 · |"开始，全曲最后落在"切 当 · |"上。A 段都为上述 4 个基本节奏型组成，以" 切当 切 | 切 当 · |"使全段分开。B 段以"切当 切同 | 切 当 · |""切同 切当 | 切 同 · |""切当 切同 | 切当 切当 | 切同 · |"的连奏为特点。例如："九立式"鼓谱中为" 切当 切 | 切当 切同 | 切当 切当 | 切同 切 | 切当 切 | 切当 切同 | 切当 切 | 切同

切当 ｜ 切同　切　｜”。B 段加花部分的同一个加花演奏也有变化，如“中堡式”鼓谱中的“切同　切当　｜　切　当　·｜”这一加花变奏，第一小节不变，在第二小节时会有“切当　切｜”的变化。在结尾部分都会使用“切当　切同　｜　切　当·　｜”节奏型及其变化节奏。

木鼓部分，“中堡式”“由照式”“拢结式”“拉纳式”鼓谱以“ 咚咚　咚咚 ｜”开始，“九立式”“由元式”“由者式”鼓谱以“ 0　咚 · ｜”开始。结束时除了“九立式”鼓谱是以“打打　打 ｜”结尾外，其他鼓式都是以“打　打　·｜”作为结束。B 段时，木鼓开始出现具有特色的加花变奏，如鼓谱中的“0　0 打 ｜ 打打　打打 ｜ 咚咚 0 ｜”和“0 咚　打打 ｜ 打咚　打打 ｜ 打 0　0　｜”，这两个节奏型是 7 种鼓式所共有的，只是出现的位置不同。在“由照式”“拢结式”的鼓谱中，出现了独有的节奏型“咚 0　咚咚 ｜”。

②特色鼓谱

“由元式”的鼓谱是 7 种鼓式中篇幅最长的一种。它的铜鼓部分的 A 段和 B 段前半部分使用“切　当　·｜”节奏较多。木鼓部分在 A 段和 B 段前部出现了特有的“咚咚　咚 ｜”节奏。“由者式”在铜鼓部分 B 段出现了“切当　切 ｜ 切当　切 ｜ 切　当 · ｜”的节奏连接，B 段后部的“切当　切同 ｜ 切当　切 ｜ 切同　切当 ｜ 切当　切　｜ 切同　切当 ｜ 切当　切切 ｜ 切同　切当 ｜ 切　当　· ｜”“切当　切同 ｜ 切当　切当 ｜”很有特色。“拢结式”是仅有的一个 A 段长度超过 B 段的鼓谱。铜鼓部分 A 段和 B 段前部为“切当　切 ｜ 切　当　· ｜”节奏型，木鼓部分使用了独有的“咚 0　咚 ｜”节奏型。“拉纳式”的篇幅最短。“由照式”在 A 段中的特点是铜鼓部分反复出现“切当　切 ｜ 切　当 · ｜”和“切当　切 ｜”节奏型；木鼓部分出现“咚咚　咚 ｜ 咚 0　咚咚 ｜”节奏型。

③铜鼓与木鼓配合

中堡苗族认为木鼓为公鼓，铜鼓为母鼓，铜鼓听从木鼓的指挥，跟随木鼓的节奏而变化。例如，“由者式”鼓谱中 B 段铜鼓音乐开始的部分为：

切当 切	切 当·	切 当　切	切 当　切	切 当　切	切 当·
0　0	0　0 咚	咚 咚　咚	咚 咚　咚	咚 0　咚 咚	咚 咚　咚

切当 切切	切 当·	切 当　切	切 当·	切 当　切	切 当　切
咚 咚　咚	咚 咚·	0　0	0 咚·	咚 咚　咚	咚 咚　咚

切当 切	切 当·	切当 切	切 当·	切 当 切	切 当·
咚 0　咚咚	咚 咚　咚	咚 咚　咚	咚 0 ·	0　0	0 咚·

切 当　切	切 当　切	切 当　切	切 当　切	切 当　切	切 当·
咚 咚　咚	咚 咚　咚	咚 0　咚咚	咚 咚　咚	咚 咚　咚	打 打·

这个铜鼓音乐可记录为 a1+a2+a3，a1 为 8 个小节，a2 为 8 个小节，a3 为 8 个小节。铜鼓部分相应于 a1 为“切当　切 ｜ 切　当 ·｜ 切　当　切 ｜ 切　当　切 ｜ 切　当　切 ｜ 切　当 · ｜ 切当　切切 ｜ 切　当 · ｜”，相应于 a2 为“切当　切 ｜ 切　当 · ｜ 切　当　切 ｜ 切　当　切 ｜ 切当　切 ｜ 切　当 ·　｜ 切当　切　｜ 切　当 ·　｜”，相应于 a3 为“切当　切 ｜ 切　当 · ｜ 切　当　切 ｜ 切　当　切 ｜ 切当　切 ｜ 切　当　切 ｜ 切当　切 ｜ 切　当 · ｜”。

6. 三都水族铜鼓音乐分析

三都水族普遍采用一面皮鼓与一面铜鼓、一个木桶合奏的形式。

(1) 基本节奏型

左手均匀敲击铜鼓鼓腰的基本节奏型为“切切 切切｜”，木桶进出铜鼓的基本节奏型为“当 嗡｜”，皮鼓敲击鼓面和鼓沿的基本节奏型为“咚咚 咚咚 ｜ 咚打打 咚咚｜”。上述节奏型均无变化，循环往复。右手敲击铜鼓鼓面的节奏型由“当 同当｜”“当当 同当｜”“当·当｜”“当 同｜”组成。

(2) 鼓式特点

三都水族铜鼓音乐的节奏型主要以“当 同当｜”和“当当 同当｜”交替进行。首先为“当 0 ｜0 0｜”2个小节的引子，接下来为6小节的a节奏型“ 当 同当｜”。变化节奏型主要由b节奏型“ 当 同当 ｜ 当当 同当｜”及c节奏型“ 当当 同当｜ 当 同当 ｜”构成。鼓点结构为b+c+c+b+a+b。之后再接10小节的“当当 同当｜”节奏型，后加入新的“当· 当 ｜ 当 同 ｜”节奏型。最后由c节奏型加“当 0｜ 0 0｜”结束。

7. 布依族铜鼓音乐分析

布依族普遍采用一面铜鼓与唢呐、钹等乐器合奏的形式。

(1) 基本节奏型

布依族铜鼓音乐有如下4个基本节奏型：

节奏1：[当 － ｜ / 0 切切 ｜]

节奏2：[当 － ｜ / 0切 切切 ｜]

节奏3：[当 同 ｜ / 0切 切切 ｜]

节奏4：[当 同 － ｜ / 0切 0 切 切切 ｜]

(2) 鼓式特点

节奏1、2、3的四二拍与节奏4的四三拍交替进行。如以“当切 切切｜ 当 切切｜”节奏组合划分，全曲结构可以划分为A+A1。结构如下：

A: a + b + b1 + b2 + c
5 4 6 3 4

A1: a + a1 + b3 + b
5 6 5 5

a

2/4		3/4	2/4	
当 -	当 -	当 同 -	当 -	当 -
0 切切	0 切切	0 切 0 切 切切	0 切 切切	0 切切

b

当 同	当 同	当 -	当 -
0 切 0 切	0 切 0 切	0 切 切切	0 切切

c

当 同	当 同	当 同	当 同
0 切 0 切	0 切 0 切	0 切 0 切	0 切 0 切

（三）铜鼓音乐文化透视

铜鼓音乐使用历史长、流传地区广、使用民族众多，深受使用民族的喜爱。铜鼓音乐与各少数民族长期以来的原始宗教信仰有着密切的联系，根植于各种仪式活动之中，并被使用它的民族的特有民族心理所制约。

1. 民族心理与铜鼓音乐

民族是指在一定地域内形成的具有语言、经济、文化等特点的稳定的群体。首先，同一民族具有特有的衣、食、住、行等方面的共同特征；其次，具有特有的政治、经济、社会、法律等方面的制度；再次，具有语言、文字、符号、宗教、习俗、价值标准等特征；最后，具有同一民族特有的心理特质。

铜鼓音乐的享有者（族内人）通常持有某些仅在本民族内部达成共识的观念性内容，或在其社会个体的内心深处隐藏着与潜意识相关的东西。这类带“主位”色彩的立场观念，一般不易为铜鼓音乐的非享有者（族外人）所认识和理解。然而，也有一些文化内容是展露在铜鼓音乐享有者的外部行为中的，这些内容易于被族内人和族外人共同认识、分享和相互理解沟通。由此，铜鼓音乐文化形成了民族心理—铜鼓音乐的二元结构。

（1）民族心理——内在层次

铜鼓音乐以各使用民族的民族心理为基础。民族作为一个存在的实体，这个共同体必然因历史、地理、宗教、风俗等共同因素的作用而在心理特点上表现出共同性。民族团体是社会团体的一种组织形式，民族团体活动内容或形式的一致性，是产生民族团体的心理特征。从不同民族的活动内容或形式中可以看出，无论什么民族都在认知、性格、需要与动机、情绪、情感、艺术等方面表现出各自不同的特点。它表现于物质文化和精神文化的各种民族形式中，如房屋的结构样式、生产工具和生活用品的制作、劳动成果、道德观、价值观、生产方式、服饰、饮食、节日、仪式、风俗习惯、交往方式、语言、文字、体育、音乐、绘画、舞蹈，以及个体的态度体系和习惯了的行为方式。所以，民族共同心理就是民族基于共同物质和精神生活之上的、表现在心理活动诸方面的、具有相对稳定性和独立性的心理特征。

（2）铜鼓音乐——外显层次

铜鼓音乐作为民族传统文化的一个重要组成部分，是民族生命中的特质要素和力量之源，深深地根植于民族的价值观念、行为方式、风俗习惯和符号载体中，深刻而又久远地影响和制约着这个民族成员的思想、观念、习惯和行为，规定和左右着该民族对生计方式的选择，并决定这个民族发生具有自身特色的社会文化变迁。例如，东兰铜鼓结构与壮族人的审美心理是一脉相承的，都隆十二生肖鼓映射出汉族文化与壮族文化的交融，东山布努瑶铜鼓音乐名称隐含使用地域的信息，里湖白裤瑶铜鼓音乐受白裤瑶人传统习惯的影响，中堡苗族丧葬仪式中使用铜鼓音乐的引路功能，等等。下面以东兰壮族为例，说明铜鼓音乐是如何受其民族心理影响，又是怎样表现出来的。

衣、食、住、行，是一个民族特质的最外层次。笔者认为，壮族特有的敲花演奏部分，即“花六”“花七”结构与其挑花图案有着密切的联系，它们的同一性表现为：首先是二者的结构构图；其次是壮族稻作文化的影响。

①壮族挑花

服饰的衍变是一个由简单到繁杂的长期历史过程，无论从简单地使用骨针拼凑兽皮到人工纺织，还是从穿着素服到刺绣工艺的发展，都自始至终地体现着人类社会发展的内在要求。壮族人对于服饰文化的传承，既有传统性又有民族性。

刺绣的首要目的是满足人们生活的需要。东兰壮族人民在纺织的土布上使用平绣、剪贴绣、挑花、包绣、缠丝扣绣、布中叠绣等工艺，刺绣出别具风格的图案，既可增强服饰易磨处的牢度，又能给人以美的享受。挑花又称“挑绣”“挑织”“十字绣花”“十字挑花”。壮族民间挑花是利用布料的经纬线，采取十字绣法挑出纹样。挑花图案的纹样都受到十字针脚的限制，必须严格按照布的经纬线交织点施针，因此造型简练，图案几何化。挑花针

图三一八　壮族绣花鞋（梁汉昌　摄）

法排列不同，可以产生不同的效果。有的在密集的十字针脚中适当空针，即可取得实地空花图案；有的用近似网绣的方法，取得精致细密的效果，甚至挑出正反两面都是完整而美丽的图案。构图形式多种多样，随意而变，十分灵活。一般是在织物中间挑绣大型团花，在四角、边沿挑绣精致的角花、边花，中心图案多为八角形、菱形、十字形、四方形的叠套变化。边花图案多为二方连续组合，细密紧凑。挑花最突出的实用特点在于结实、耐磨、耐洗，所以一般都装饰在服饰最易磨损的领口、袖沿、衣脚、头巾、腰带、围腰、脚绑等处。

②壮族铜鼓音乐

东兰壮族铜鼓以四面铜鼓合奏，鼓有雌雄之分，公鼓音高，母鼓音低（如下例鼓 1、鼓 2 为第一组，鼓 3、鼓 4 为第二组）。铜鼓演奏中的四面铜鼓，两面为一组，演奏速度以第一组的第一面鼓敲击的节奏为准。鼓点以四二拍为基本拍。

根据前文对“花六”“花七”的分析，在“花六”“花七”中，敲花演奏部分可分为由鼓 1 或鼓 3 带领敲花两种情况，鼓 1、鼓 2 演奏“花六”“花七”部分时，鼓 3、鼓 4 敲击基本节拍。也可以换为鼓 3、鼓 4 演奏“花六”“花七”部分，鼓 1、鼓 2 敲击基本节拍。但鼓 2（或鼓 4）只跟随鼓 1（或鼓 3）演奏而变化。

③壮族铜鼓音乐与挑花构图的同一性

东兰壮族使用挑花手法刺绣鞋垫时，会形成刺有菱形的几何图案密布于鞋垫上。服饰图案亦是如此。图三一九为服饰中的一个几何图案的挑花图示：

列数：	1	2	3	4	5
每列挑花个数：	1	2	3	2	1

（△为在一个挑花过程中横线与竖线的交叉点）

图三一九　服饰中的一个几何图案的挑花图示

而如果按照挑花图示的形式来表示“花六”“花七”，则其构图如图三二〇所示：

列数：	1	2	3	4	5	6
敲花演奏次数：	1	2	3	3	2	1

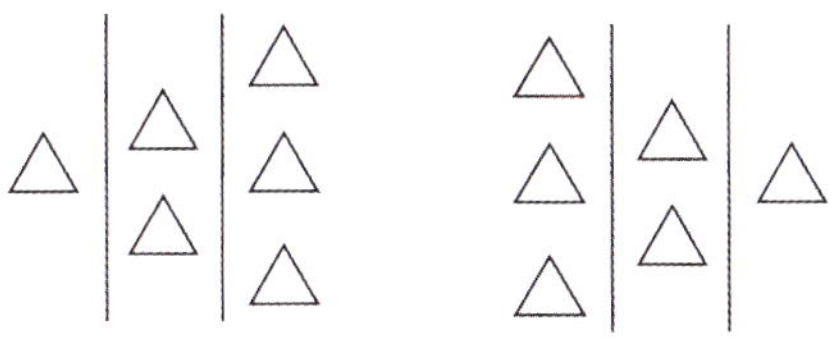

图三二〇　“花六”和“花七”敲花演奏次数示意图

左为“花六”，右为“花七”。△表示鼓 1 中的“当当 0　|”节奏型，是“花六”和“花七”的敲花演奏。“花六”的敲花演奏次数为 1、2、3，“花七”的敲花演奏次数为 3、2、1。因为鼓 2（或鼓 4）跟随鼓 1（或鼓 3）演奏，所以在这里只以鼓 1 为例。

如果把图三二〇的第三、第四列叠置在一起，则为图三二一：

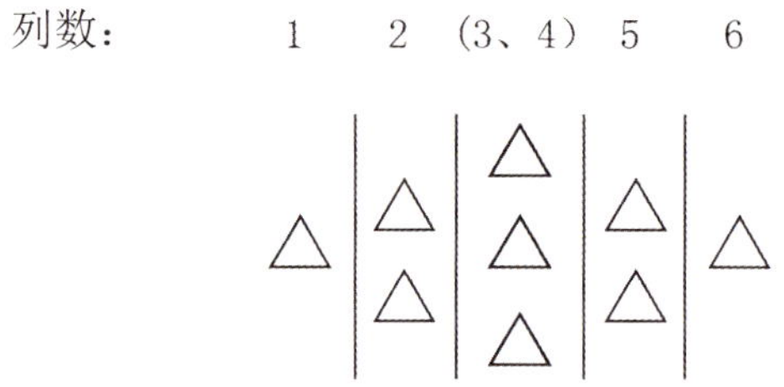

图三二一　图三二〇的第三、第四列重叠在一起时的示意图

如图三二一所示，如果把图三二〇的第三、第四列重叠在一起，则图三二一与图三一九就完全一致。

具体情况如表二二所示：

表二二　挑花构图与壮族铜鼓音乐的同一性

	图三一九	图三二〇
同一性	第一列挑花次数	第一列敲花演奏次数
	第二列挑花次数	第二列敲花演奏次数
	第三列挑花次数	第三列、第四列敲花演奏次数
	第四列挑花次数	第五列敲花演奏次数
	第五列挑花次数	第六列敲花演奏次数

综上所述，如果把“花六”“ 花七”部分结构叠置，就构成了挑花的几何结构。壮族铜鼓鼓点“花六”“花七”在结构上与壮族挑花的几何结构是一致的。

④来源的同一性

壮族铜鼓鼓点“花六”“花七”与壮族挑花结构在来源上的同一性表现 为鼓点结构与挑花结构都源于菱形雷纹，是壮族民族心理的延续。壮族服饰的图案纹样大多反映的是壮族先民对自然事物、图腾的崇拜。

东兰壮族地区没有人为宗教的痕迹，原始宗教仍是这一地区民族民间信仰的主要成分。古代人类崇拜自然力，并不是崇拜一切自然现象，而是崇拜对自身有重大影响的自然力。壮族是一个稻作民族，从事农耕生产，产生了对太阳、青蛙、雷神的崇拜。长期的稻作农耕、特定的历史条件和生产力限制，使稻作农业对太阳、雨等自然力有很大的依赖性。该地区的壮族人民企望通过各种事神巫术行为祈求这些自然神力的护佑，其旨在祈求阳光、雨水为水稻耕作提供前提，祈求五谷丰登。

雷神崇拜在壮族地区十分普遍，雷神神话是壮族地区的原生神话。在壮族社会，雷神是天上的主宰大神。壮族先民祭祀青蛙，就是为了使雷神降下雨来。对蛙的崇拜，是雷神崇拜习俗的延续。在对雷神的崇拜过程中，雷纹应运而生，进而被广泛使用。在铜鼓鼓身上刻画雷纹，更加强了铜鼓作为神器祈求风调雨顺的神秘感。雷蛙承袭蛙图腾文化的农耕文化特点，在壮族社会里是作为人类求取甘露的使者而受到人们的敬重。铜鼓是雷神的象征物，它受到壮族及其先民的崇敬。壮族铜鼓鼓点“花六”“花七”在来源上与壮族挑花几何结构是一致的，是壮族民族心理的不同表现方式。

图三二二　麻江型铜鼓上的雷纹（梁富林　摄）

2. 民族信仰与铜鼓音乐

（1）信仰为核心

信仰属于观念范畴，其核心组成部分之一是宇宙观。宇宙观是一个民族对于其所处的生态环境的组成、运作机制以及人在这环境中的角色、地位及互动关系的认知。

红水河流域的壮、瑶、苗、水、布依、彝、毛南等民族有着共同的信仰崇拜，包括自然崇拜、祖先崇拜等。虽然崇拜目的相同，但内涵与表现形式丰富多样。例如，在祖先崇拜方面，壮族祖先崇拜的对象是同一姓氏的共同祖先，瑶族祖先崇拜的对象是自家血缘关系的共同祖先，苗族祖先崇拜的对象是同一民族的共同祖先。笔者认为，这种同目的的崇拜的不同内涵，是由不同民族特有的民族意识决定的。红水河流域诸民族流传着一种在民族演化过程中长期形成的原始观念。这种观念存在于民族的集体潜意识中，原始崇拜、图腾崇拜等都是源于集体潜意识。

（2）音乐为表征

笔者运用分析评价原则，在民间评价的基础上，对铜鼓音乐进行了概括性的分类。

①演奏形式分类原则

铜鼓音乐分为 4 种演奏形式：第一种，铜鼓合奏（东兰壮族）；第二种，皮鼓与铜鼓合奏，包括一面皮鼓与多面铜鼓合奏（南丹白裤瑶），一面皮鼓与两面铜鼓合奏（天峨都隆壮族），以及一面皮鼓与一面铜鼓合奏（南丹苗族）；第三种，钹与皮鼓、铜鼓合奏（巴马瑶族）；第四种，吹打乐器与铜鼓合奏（天峨纳洞壮族）。诸民族在演奏铜鼓音乐时所采用的演奏形式的差异，反映了不同民族独特的意识和文化特征，这种差异可以被看作是民族意识在物质方面的具体表现。

②音乐结构分类原则

笔者根据音乐形态，将铜鼓音乐划分为词汇式、语句式和段落式 3 种类型。使用上述 3 个名词并不是由于铜鼓音乐结构整体的规模大小有别，而是考虑到“词汇”“语句”“段落”可以形象地表达铜鼓音乐的结构组合形式，就如同 3 篇不同结构的文章，每篇文章分别只由“语汇”“语句”“段落” 3 种类型构成。

a. 词汇式

这类铜鼓音乐，如东兰壮族铜鼓音乐，其结构由像“词汇”一类的敲花演奏部分，如“花六”“花七”“花四”及其变体无序排列而成。每一个敲花演奏部分都相当于一个“词汇”，因此，铜鼓音乐的整体结构就由无数个“词汇”组成。在东兰县田野调查过程中，笔者曾遇到一次特殊情况：4 位演奏者连续演奏铜鼓音乐长达 3 小时，其间他们轮流承担不同的演奏任务，而音乐从不间断。这正是因为铜鼓音乐的结构由无数个敲花演奏部分连接而成，所以演奏时间的长短完全由演奏者根据自己的意愿来决定。

b. 语句式

这类铜鼓音乐，如都隆十二生肖鼓音乐，以 12 个生肖代表 12 个月，每一种生肖对应的鼓式如一个完整的“语句”，都生动传神地刻画一种生肖的形象。都隆十二生肖鼓音乐的结构就是由这 12 个完整的“语句”组成，并且是有序的固定的排列组合。

c. 段落式

中堡苗族铜鼓音乐、东山布努瑶铜鼓音乐和里湖白裤瑶铜鼓音乐等属于此类铜鼓音乐。每一种鼓式就是一首曲目，如东山布努瑶的“锣哈面七峒”“锣封”“锣几样”“锣去”“锣去锣来”，里湖白裤瑶的“怀里式”“瑶里式”“纪后式”“岜地式”，中堡苗族的“中堡式”“九立式”“拉纳式”“由者式”“由元式”“拢结式”“由照式”，等等。每一种鼓式都如一个固定的“段落”一样，有固定的内容。虽然一种鼓式由若干部分组成，但是各个部分结合成一个有机的整体，无法拆分使用。

③使用功能分类原则

铜鼓在历史上有过多种使用功能，如神器功能、贮器功能、祭祀功能和音乐功能等。在这里主要阐述铜鼓的音乐功能。铜鼓的音乐功能有娱神和娱人两类。

a. 娱神

具有代表性的是东兰壮族铜鼓音乐、东山布努瑶铜鼓音乐、里湖白裤瑶铜鼓音乐、中堡苗族铜鼓音乐。铜鼓被认为是祭祀神灵、祖先的神器。

铜鼓被赋予神器功能，它的使用在于向未知（如天神、祖先等概念）表达愿望，因此，人们认为铜鼓是人与未知之间信息传送的工具。人们在许多祭祀神灵或祖先的活动中使用铜鼓，最终目的都是祈求丰收与兴旺。人们甚至认为，铜鼓即使在不敲击的时候，也可保佑丰收，使财富增值。

b. 娱人

铜鼓毕竟是一件乐器，娱人功能已成为铜鼓最主要的社会功能。经过历史变迁，铜鼓的神器功能逐渐减弱。而铜鼓的娱人功能则相反，越来越显著。现存铜鼓音乐无论在何种场合使用，都以娱人为目的。比如，都隆十二生肖鼓在都隆壮族蚂蜗节的化装舞环节使用，整个活动都是以供人娱乐为目的的。

首先，都隆十二生肖鼓采用汉族的十二生肖元素，这种融合其他民族文化元素的做法，在拥有原始宗教传统的壮族族群中，可能会引发文化认同上的思考。

其次，从音乐结构看，都隆十二生肖鼓具有汉族锣鼓点的一般特点。笔者认为，其类似于“宝塔尖”，主题演奏的次数分别为 1、2、3，主体与主题之间使用固定的间接引与常路引作为连接。如蛇主题的鼓式结构为：主题 + 间接引 + 常路引—主题 + 间接引 + 主题 + 间接引 + 常路引—主题 + 间接引 + 主题 + 间接引 + 主题 + 间接引 + 常路引。

最后，尽管在具有祭祀性质的蚂蜗节活动中使用都隆十二生肖鼓，但是它主要承担的是为供人娱乐的化装舞伴奏的角色。由于它所依附的对象是以娱人为目的，因此，作为从属的都隆十二生肖鼓也相应地表现出同样的娱乐性质。

3. 民间仪式与铜鼓音乐

“仪式属于行为范畴，是信仰认知模式的外向展现，在特定场合和时间、按特定方式和程序、由特定执仪人员执行，为特定群体举行的行为活动。”[①] 不同的民间仪式，所使用

① 杨民康：《贝叶礼赞——傣族南传佛教节庆仪式音乐研究》，宗教文化出版社，2003，第 31 页。

的铜鼓音乐各不相同。在红水河流域，以村社为基本范围举行的传统仪式音乐活动具有一些共同特点。这些活动较少受到人为宗教信仰的直接影响，规模相对较小，结构形式也较为单一。除此之外，它们在其他方面并无太明显的差别。笔者使用“近—远”两极变量，在广西铜鼓音乐使用的属性上进行分类。

（1）核心层次——半封闭型仪式

半封闭型仪式是在特定地域群体内部举行的崇拜仪式或纪念仪式，如兰阳壮族、都隆壮族、纳洞壮族在蚂蜴节所使用的铜鼓音乐，以及巴马东山布努瑶在祝著节和还愿中所使用的铜鼓音乐，都是这种仪式的典型代表。这类仪式具有明显的民间信仰色彩，如壮族祭祀蚂蜴、布努瑶祭祀密洛陀。这种仪式是在群体内部，通过超越地域和社会单位界限的共同文化来维系。虽然每一种心理特征都是通过某群体特殊的社会化过程而世代相传，并随时代的变迁而不断发展，但是在历史的某一个时间点上，使用特定音乐的仪式就是其在某一时期的具体心理的反映。

仪式中的音声，主要源自两个方面：一是仪式执行者或参与者在语言性至歌唱性范围内的各种念诵和唱颂，二是仪式中使用的乐器、法器所发出的声响。在许多信仰体系的内部观察者看来，这些声音（包括研究者一般认为是音乐的音声）并不被视为音乐，或者至少不单独以“音乐”来称呼它们。这种更接近于语言而非纯粹音乐的音声，包括壮族蚂蜴节中麽公祭祀蚂蜴时的吟诵，瑶族、苗族请铜鼓时的祭鼓词，仪式中麽公使用的各种类似语言的唱腔等。

（2）中介层次——开放型仪式

开放型仪式是指在民族地区的各种社会性和民俗性仪式中，如诞生、成年、婚丧等人生重要时刻的歌舞表演内容。例如，在丧葬仪式中，巴马布努瑶、里湖白裤瑶、中堡苗族使用了铜鼓音乐；在建新房仪式中，兰阳壮族、巴马布努瑶使用了铜鼓音乐；而在婚庆等仪式中，兰阳壮族、巴马布努瑶、中堡苗族使用了铜鼓音乐。由于历史渊源、自然地理环境以及社会发展条件的不同，各民族在发展过程中形成了各具特色的民族传统文化。这些传统文化深深植根于民族的行为方式、风俗习惯和符号载体中，深刻而又久远地影响着这个民族成员的思想、习惯和行为，左右着该民族对生计方式的选择，并促使这个民族发生具有自身特色的社会文化变迁。

（3）外围层次——其他歌舞戏剧表演活动内容

兰阳壮族、巴马布努瑶、中堡苗族在春节使用的铜鼓音乐就属于这个层次的铜鼓音乐。无论是局内人还是局外人都可以感受到它所带来的冲击。这是所有人都可以参与其中的活动。下面以中堡苗族春节使用的铜鼓音乐表演为例说明铜鼓音乐在这一层次中所表现出来的非倾向性功能、审美功能与倾向性功能。

①非倾向性功能

音乐的非倾向性功能属于最外层次的功能。“这种功能的产生是由于音乐结构中含有的情绪类型与人的天然生物需求之间被音乐知觉的第一阶段沟通的结果。”[①]

① 王次炤：《音乐美学新论》，中央音乐学院出版社，2003，第30页。

音乐中的非倾向性首先表现为人们对音乐的直观感受。例如，中堡苗族春节仪式中的鼓乐由铜鼓、木鼓两件乐器演奏而成，音乐节奏平稳，旋律变化多样。其次，祭鼓词、麽公吟诵调无旋律性，只是仪式过程中的一个环节，重点在于吟诵的内容和用途。

祖先崇拜的含义贯穿于整个过程，如在仪式中使用铜鼓音乐。苗族崇拜的万物有灵观念使他们认为，生活中的任何事物，无论是树木还是山石，都具有灵魂，都能成为崇拜的对象。当自己的亲人去世以后，其灵魂便会与祖先团聚。

②审美功能

审美功能首先满足于人的心理，但是这种满足是非功利性的，是人自发的，包含广泛、深刻的社会内容和社会意义的精神感受。在非倾向性功能和倾向性功能之间，音乐的审美功能具有中介的作用。

在中堡苗族春节仪式中，音乐虽然不能直接地表现现实生活的内容，但它却与现实生活有着非常密切的关系。苗族人民最为崇拜的图腾是枫树和蝴蝶，它们被视为生殖和繁衍的象征。因此，他们使用枫木制成的木鼓与铜鼓相配合进行演奏，这构成了苗族区别于其他民族铜鼓演奏的一个特点。

③倾向性功能

音乐对于各种社会生产都具有一定的影响，这些影响是间接地作用于人们的精神生活需求。在中堡苗族春节仪式中，音乐的倾向性功能表现在它对各种社会活动的反映上。同时，中堡苗族的铜鼓音乐富有深刻的含义。

苗族观念形成的过程及其在社会生活中的反映，是建立在共同的民族意识的基础之上的。在苗族形成、发展的过程中，群体的成员逐渐意识到他们同属一个民族，并因此产生了特有的民族认同感。这种共同的民族意识在苗族社会中表现为强烈的民族凝聚力、向心力，以及独特的民族自尊心、自豪感，同时还蕴含着丰富的民族信仰和民族崇拜。

音乐激发了苗族成员对社会生活的想象和联想，促使他们产生相应的心理活动去感受音乐，进而形成对仪式音乐的独特感知。这种想象和联想一方面受到特有的民族意识的影响和反映，另一方面受到音乐本身所表现出来的具体的容易被其成员理解的情感内容。这有助于我们在了解和研究苗族丧葬仪式音乐时借助这些非音乐的因素，还原苗族在非音乐因素上的联想，使音乐中概括性的情感具体化，从而更深刻地感受苗族与其他民族相区别的社会内容。

过去，苗族没有自己的民族文字，历史文化的传承以口传心授为唯一方法。在春节仪式中，年轻人参与其中，这是学习、了解本民族音乐与历史文化的最佳机会。演奏铜鼓音乐、吹奏唢呐使音乐的使用者及外来参与者深刻体验了苗族民族意识与民族精神的内涵。音乐在所有活动中扮演着重要角色，起着凝聚人心的作用。人们通过音乐来表达对祖先的敬意，祈求祖先庇护，从而去主动学习本民族的历史文化。苗族特有的心理特征与非倾向性功能、审美功能、倾向性功能相结合，在音乐中得以体现，这些功能在体现自然崇拜、灵魂崇拜和祖先崇拜的基础上，蕴含了民族意识的特殊要求。

附录一：谱例

兰阳鼓谱

邢　磊 记谱
韦福超　韦举欢　韦礼江　韦举谋 演奏

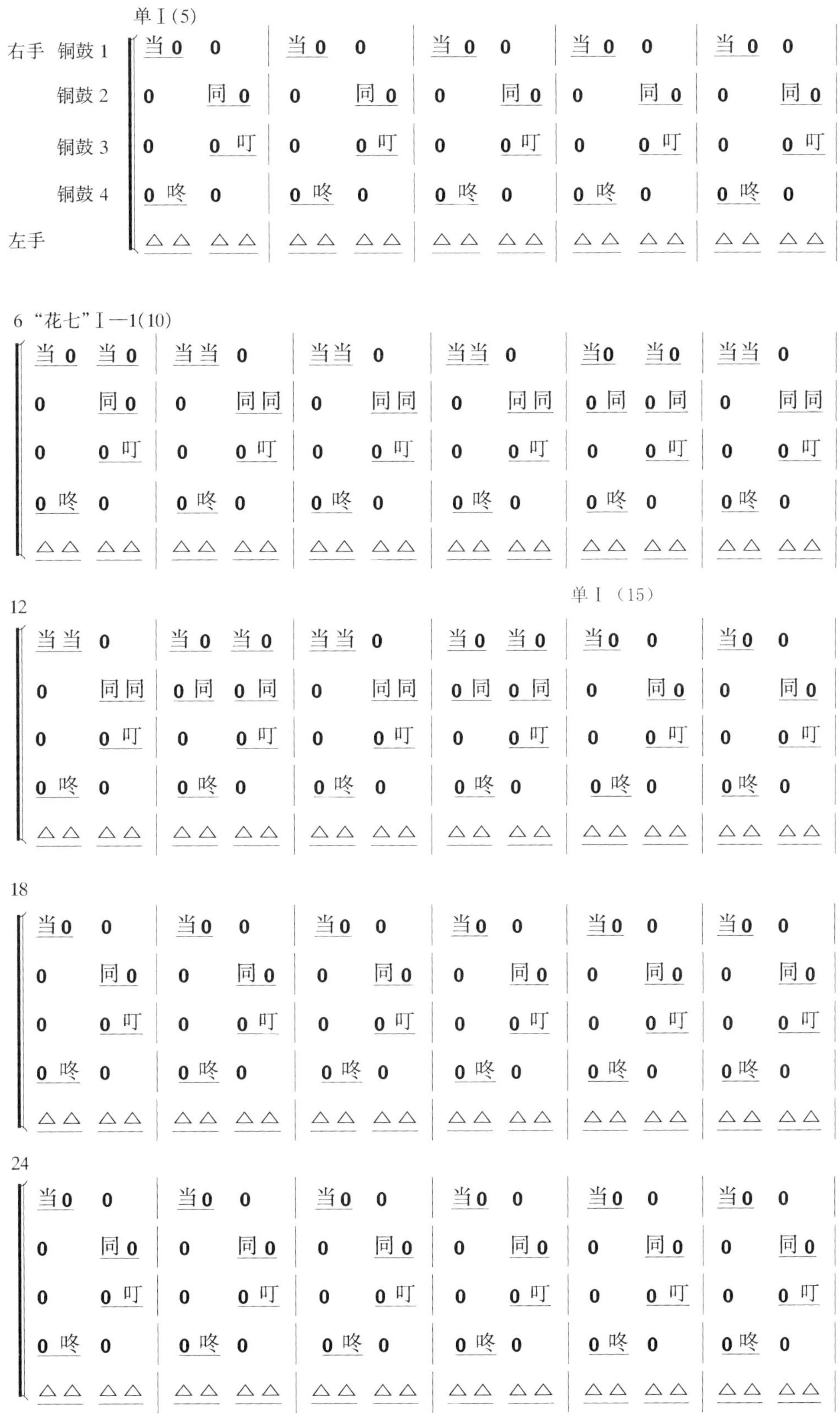

30 "花七"Ⅱ(11)

当0 0	当0 0	当0 0	当0 0	当0 0	当0 0
0 同0	0 同0	0 同0	0 同0	0 同0	0 同0
0 0叮	叮0 叮0	叮叮 0	叮叮 0	叮叮 0	叮0 叮0
0咚 0	0咚 0咚	0 咚咚	0 咚咚	0 咚咚	0咚 0咚
△△ △△	△△ △△	△△ △△	△△ △△	△△ △△	△△ △△

36

当0 0	当0 0	当0 0	当0 0	当0 0	当0 0
0 同0	0 同0	0 同0	0 同0	0 同0	0 同0
叮叮 0	叮叮 0	叮0 叮0	叮叮 0	叮0 叮0	叮0 叮0
0 咚咚	0 咚咚	0咚 0咚	0 咚咚	0咚 0咚	0咚 0咚
△△ △△	△△ △△	△△ △△	△△ △△	△△ △△	△△ △△

42 单Ⅰ(16)

当0 0	当0 0	当0 0	当0 0	当0 0	当0 0
0 同0	0 同0	0 同0	0 同0	0 同0	0 同0
0 0叮	0 0叮	0 0叮	0 0叮	0 0叮	0 0叮
0咚 0	0咚 0	0咚 0	0咚 0	0咚 0	0咚 0
△△ △△	△△ △△	△△ △△	△△ △△	△△ △△	△△ △△

48

当0 0	当0 0	当0 0	当0 0	当0 0	当0 0
0 同0	0 同0	0 同0	0 同0	0 同0	0 同0
0 0叮	0 0叮	0 0叮	0 0叮	0 0叮	0 0叮
0咚 0	0咚 0	0咚 0	0咚 0	0咚 0	0咚 0
△△ △△	△△ △△	△△ △△	△△ △△	△△ △△	△△ △△

54 "花七"Ⅰ—2(16)

当0 0	当0 0	当0 0	当0 0	当0 当0	当当 0
0 同0	0 同0	0 同0	0 同0	0 同0	0 同同
0 0叮	0 0叮	0 0叮	0 0叮	0 0叮	0 0叮
0咚 0	0咚 0	0咚 0	0咚 0	0咚 0	0咚 0
△△ △△	△△ △△	△△ △△	△△ △△	△△ △△	△△ △△

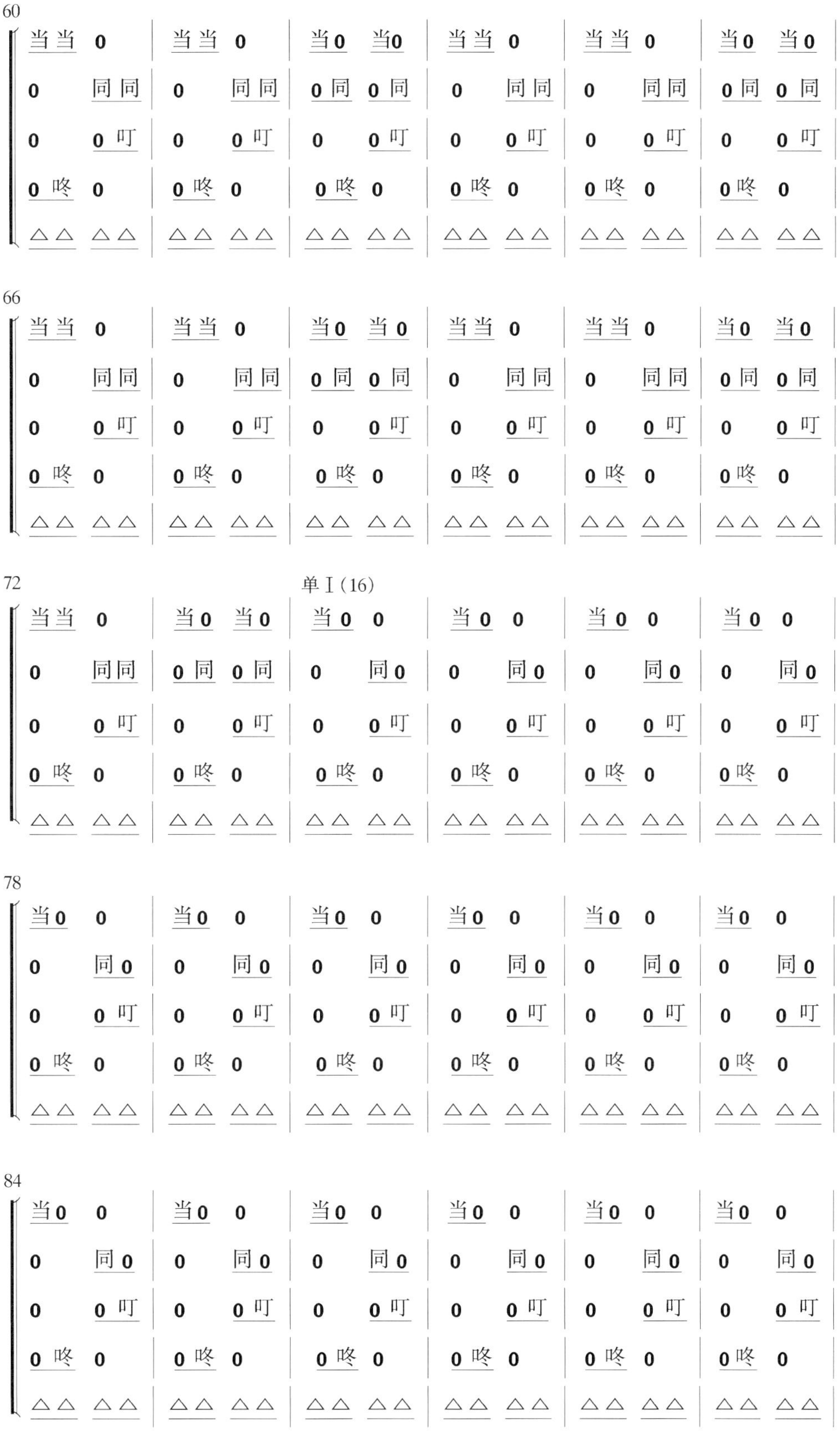
60
66
72
单Ⅰ(16)
78
84

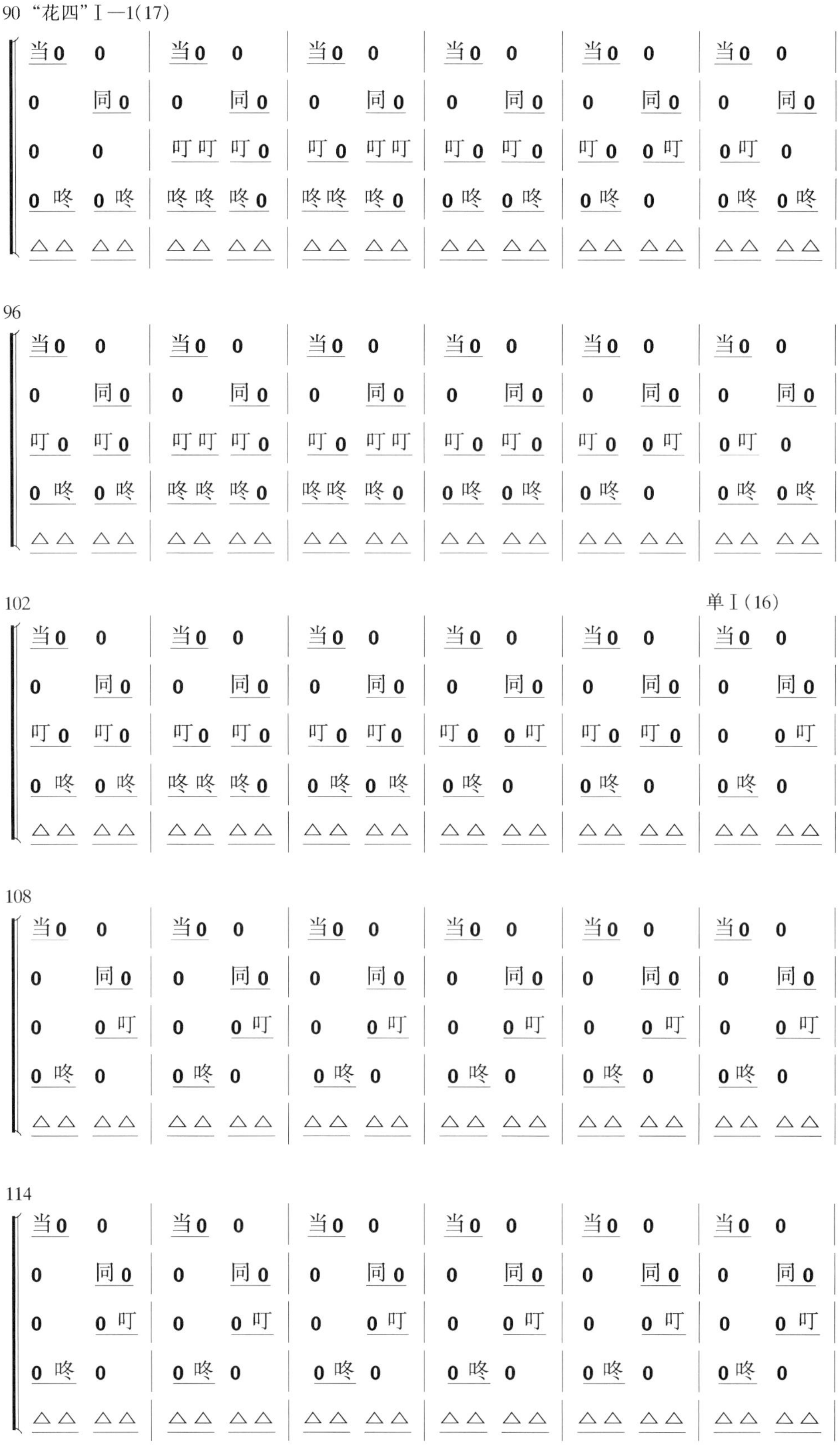
90 “花四”Ⅰ—1(17)
96
102
单Ⅰ(16)
108
114

"花四" Ⅱ—1（25）

120

当0 0	当0 0	当0 0	当0 当0	当0 当0	当0 当0
0 同0	0 同0	0 同0	同0 同0	同0 同0	同0 同0
0 0叮	0 0叮	0 0叮	0 0叮	0叮 0叮	0叮 0叮
0咚 0	0咚 0	0咚 0	0咚 0	0咚 0咚	0咚 0咚
△△ △△	△△ △△	△△ △△	△△ △△	△△ △△	△△ △△

126

当当 当当	当当 当0	当0 当0	当0 当0	当0 当0	当0 当0
同0 同同	同同 同同	同0 同0	同0 同0	同0 同0	同0 同0
0叮 0叮	0叮 0叮	0叮 0叮	叮叮 叮叮	叮叮 0叮	0叮 0叮
0咚 0咚	0咚 0咚	0咚 0咚	0咚 咚咚	咚咚 咚咚	0咚 0咚
△△ △△	△△ △△	△△ △△	△△ △△	△△ △△	△△ △△

132

当当 当当	当当 当0	当0 当0	当0 当0	当0 当0	当0 当当
同0 同同	同同 同同	同0 同0	同0 同0	同0 同0	同0 同0
0叮 0叮	0叮 0叮	0叮 0叮	叮叮 叮叮	叮叮 0叮	0叮 0叮
0咚 0咚	0咚 0咚	0咚 0咚	0咚 咚咚	咚咚 咚咚	0咚 0咚
△△ △△	△△ △△	△△ △△	△△ △△	△△ △△	△△ △△

138

当当 当当	当0 当0	当0 当0	当0 当0	当0 当当	当当 当当
同同 同同	同同 同0	同0 同0	同0 同0	同0 同0	同同 同同
0叮 0叮	0叮 0叮	0叮 叮叮	叮叮 叮叮	0叮 0叮	0叮 0叮
0咚 0咚	0咚 0咚	0咚 0咚	咚咚 咚咚	咚咚 0咚	0咚 0咚
△△ △△	△△ △△	△△ △△	△△ △△	△△ △△	△△ △△

144

				单Ⅰ(11)	
当0 当0	当0 当0	当0 当0	当0 当0	当0 0	当0 0
同同 同0	同0 同0	同0 同0	同0 同0	0 同0	0 同0
0叮 0叮	0叮 叮叮	叮叮 叮叮	0叮 0叮	0 0叮	0 0叮
0咚 0咚	0咚 0咚	咚咚 咚咚	咚咚 0咚	0咚 0	0咚 0
△△ △△	△△ △△	△△ △△	△△ △△	△△ △△	△△ △△

150

当0 0	当0 0	当0 0	当0 0	当0 0	当0 0
0 同0	0 同0	0 同0	0 同0	0 同0	0 同0
0 0叮	0 0叮	0 0叮	0 0叮	0 0叮	0 0叮
0咚 0	0咚 0	0咚 0	0咚 0	0咚 0	0咚 0
△△ △△	△△ △△	△△ △△	△△ △△	△△ △△	△△ △△

156

			“花七”Ⅰ—1(10)		
当0 0	当0 0	当0 0	当0 当0	当当 0	当当 0
0 同0	0 同0	0 同0	0 同0	0 同同	0 同同
0 0叮	0 0叮	0 0叮	0 0叮	0 0叮	0 0叮
0咚 0	0咚 0	0咚 0	0咚 0	0咚 0	0咚 0
△△ △△	△△ △△	△△ △△	△△ △△	△△ △△	△△ △△

162

当当 0	当0 当0	当当 0	当当 0	当0 当0	当当 0
0 同同	0同 0同	0 同同	0 同同	0同 0同	0 同同
0 0叮	0 0叮	0 0叮	0 0叮	0 0叮	0 0叮
0咚 0	0咚 0	0咚 0	0咚 0	0咚 0	0咚 0
△△ △△	△△ △△	△△ △△	△△ △△	△△ △△	△△ △△

168

	单Ⅰ(10)				
当0 当0	当0 0	当0 0	当0 0	当0 0	当0 0
0同 0同	0 同0	0 同0	0 同0	0 同0	0 同0
0 0叮	0 0叮	0 0叮	0 0叮	0 0叮	0 0叮
0咚 0	0咚 0	0咚 0	0咚 0	0咚 0	0咚 0
△△ △△	△△ △△	△△ △△	△△ △△	△△ △△	△△ △△

174

					“花四”Ⅰ—2(11)
当0 0	当0 0	当0 0	当0 0	当0 0	当0 0
0 同0	0 同0	0 同0	0 同0	0 同0	0 同0
0 0叮	0 0叮	0 0叮	0 0叮	0 0叮	0 0
0咚 0	0咚 0	0咚 0	0咚 0	0咚 0	0咚 0咚
△△ △△	△△ △△	△△ △△	△△ △△	△△ △△	△△ △△

180

当0 0	当0 0	当0 0	当0 0	当0 0	当0 0
0 同0	0 同0	0 同0	0 同0	0 同0	0 同0
叮叮 叮0	叮0 叮叮	叮0 叮0	叮0 叮叮	叮0 叮叮	叮0 叮0
咚咚 咚咚	咚咚 咚0	0咚 0咚	0 咚0	咚0 咚0	0咚 0咚
△△ △△	△△ △△	△△ △△	△△ △△	△△ △△	△△ △△

186

				单Ⅰ(15)	
当0 0	当0 0	当0 0	当0 0	当0 0	当0 0
0 同0	0 同0	0 同0	0 同0	0 同0	0 同0
叮0 叮叮	叮0 叮0	叮0 0叮	0叮 0叮	0 0叮	0 0叮
0咚 咚咚	咚咚 咚0	0咚 0咚	0咚 0咚	0咚 0	0咚 0
△△ △△	△△ △△	△△ △△	△△ △△	△△ △△	△△ △△

192

当0 0	当0 0	当0 0	当0 0	当0 0	当0 0
0 同0	0 同0	0 同0	0 同0	0 同0	0 同0
0 0叮	0 0叮	0 0叮	0 0叮	0 0叮	0 0叮
0咚 0	0咚 0	0咚 0	0咚 0	0咚 0	0咚 0
△△ △△	△△ △△	△△ △△	△△ △△	△△ △△	△△ △△

198

当0 0	当0 0	当0 0	当0 0	当0 0	当0 0
0 同0	0 同0	0 同0	0 同0	0 同0	0 同0
0 0叮	0 0叮	0 0叮	0 0叮	0 0叮	0 0叮
0咚 0	0咚 0	0咚 0	0咚 0	0咚 0	0咚 0
△△ △△	△△ △△	△△ △△	△△ △△	△△ △△	△△ △△

204

	“花七”Ⅰ—2(16)				
当0 0	当0 当0	当当 0	当当 0	当当 0	当0 当0
0 同0	0 同0	0 同同	0 同同	0 同同	0同 0同
0 0叮	0 0叮	0 0叮	0 0叮	0 0叮	0 0叮
0咚 0	0咚 0	0咚 0	0咚 0	0咚 0	0咚 0
△△ △△	△△ △△	△△ △△	△△ △△	△△ △△	△△ △△

210

当当 0	当当 0	当0 当0	当当 0	当当 0	当0 当0
0 同同	0 同同	0同 0同	0 同同	0 同同	0同 0同
0 0叮	0 0叮	0 0叮	0 0叮	0 0叮	0 0叮
0咚 0	0咚 0	0咚 0	0咚 0	0咚 0	0咚 0
△△ △△	△△ △△	△△ △△	△△ △△	△△ △△	△△ △△

216

					单Ⅰ(15)
当当 0	当当 0	当0 当0	当当 0	当0 当0	当0 0
0 同同	0 同同	0同 0同	0 同同	0同 0同	0 同0
0 0叮	0 0叮	0 0叮	0 0叮	0 0叮	0 0叮
0咚 0	0咚 0	0咚 0	0咚 0	0咚 0	0咚 0
△△ △△	△△ △△	△△ △△	△△ △△	△△ △△	△△ △△

222

当0 0	当0 0	当0 0	当0 0	当0 0	当0 0
0 同0	0 同0	0 同0	0 同0	0 同0	0 同0
0 0叮	0 0叮	0 0叮	0 0叮	0 0叮	0 0叮
0咚 0	0咚 0	0咚 0	0咚 0	0咚 0	0咚 0
△△ △△	△△ △△	△△ △△	△△ △△	△△ △△	△△ △△

228

当0 0	当0 0	当0 0	当0 0	当0 0	当0 0
0 同0	0 同0	0 同0	0 同0	0 同0	0 同0
0 0叮	0 0叮	0 0叮	0 0叮	0 0叮	0 0叮
0咚 0	0咚 0	0咚 0	0咚 0	0咚 0	0咚 0
△△ △△	△△ △△	△△ △△	△△ △△	△△ △△	△△ △△

234

		“花四”Ⅰ—3(17)			
当0 0	当0 0	当0 0	当0 0	当0 0	当0 0
0 同0	0 同0	0 同0	0 同0	0 同0	0 同0
0 0叮	0 0叮	0 0叮	0 0叮	0 0叮	0 0叮
0咚 0	0咚 0	0咚 0咚	0咚 咚0	咚咚 咚0	咚咚 咚0
△△ △△	△△ △△	△△ △△	△△ △△	△△ △△	△△ △△

240

当0 0	当0 0	当0 0	当0 0	当0 0	当0 0
0 同0	0 同0	0 同0	0 同0	0 同0	0 同0
0 0	叮叮 叮叮	叮0 叮叮	叮0 叮0	叮0 叮叮	叮0 叮叮
0咚 0咚	0咚 0咚	0咚 0咚	0咚 0咚	咚咚 咚0	咚咚 咚0
△△ △△	△△ △△	△△ △△	△△ △△	△△ △△	△△ △△

246

当0 0	当0 0	当0 0	当0 0	当0 0	当0 0
0 同0	0 同0	0 同0	0 同0	0 同0	0 同0
叮0 叮0	叮0 叮叮	叮0 叮0	叮0 0叮	叮0 叮0	叮0 0叮
0咚 0咚	0咚 0咚	0咚 0咚	0咚 0咚	咚咚 咚0	0咚 0咚
△△ △△	△△ △△	△△ △△	△△ △^	△△ △△	△△ △△

252

	单Ⅰ(23)				
当0 0	当0 0	当0 0	当0 0	当0 0	当0 0
0 同0	0 同0	0 同0	0 同0	0 同0	0 同0
0叮 0叮	0 0叮	0 0叮	0 0叮	0 0叮	0 0叮
0咚 0咚	0咚 0	0咚 0	0咚 0	0咚 0	0咚 0
△△ △△	△△ △△	△△ △△	△△ △△	△△ △△	△△ △△

258

当0 0	当0 0	当0 0	当0 0	当0 0	当0 0
0 同0	0 同0	0 同0	0 同0	0 同0	0 同0
0 0叮	0 0叮	0 0叮	0 0叮	0 0叮	0 0叮
0咚 0	0咚 0	0咚 0	0咚 0	0咚 0	0咚 0
△△ △△	△△ △△	△△ △△	△△ △△	△△ △△	△△ △△

264

当0 0	当0 0	当0 0	当0 0	当0 0	当0 0
0 同0	0 同0	0 同0	0 同0	0 同0	0 同0
0 0叮	0 0叮	0 0叮	0 0叮	0 0叮	0 0叮
0咚 0	0咚 0	0咚 0	0咚 0	0咚 0	0咚 0
△△ △△	△△ △△	△△ △△	△△ △△	△△ △△	△△ △△

270

当0 0	当0 0	当0 0	当0 0	当0 0	当0 0
0 同0	0 同0	0 同0	0 同0	0 同0	0 同0
0 0叮	0 0叮	0 0叮	0 0叮	0 0叮	0 0叮
0咚 0	0咚 0	0咚 0	0咚 0	0咚 0	0咚 0
△△ △△	△△ △△	△△ △△	△△ △△	△△ △△	△△ △△

276 “花四”Ⅱ—2(30)

当0 当0	当0 当0	当0 当0	当当 当当	当当 当0	当0 当0
0 同0	同0 同0	同0 同0	同0 同同	同同 同同	同0 同0
0 0叮	0叮 0叮	0叮 0叮	0叮 0叮	0叮 0叮	0叮 0叮
0咚 0	0咚 0咚	0咚 0咚	0咚 0咚	0咚 0咚	0咚 0咚
△△ △△	△△ △△	△△ △△	△△ △△	△△ △△	△△ △△

282

当0 当0	当0 当0	当当 当当	当当 当0	当0 当0	当0 当0
同0 同0	同0 同0	同0 同同	同同 同同	同0 同0	同0 同0
叮叮 叮叮	叮叮 0叮	0叮 0叮	0叮 0叮	0叮 0叮	叮叮 叮叮
0咚 咚咚	咚咚 咚咚	0咚 0咚	0咚 0咚	0咚 0咚	0咚 咚咚
△△ △△	△△ △△	△△ △△	△△ △△	△△ △△	△△ △△

288

当0 当0	当0 当当	当当 当当	当0 当0	当0 当0	当0 当0
同0 同0	同0 同0	同同 同同	同同 同0	同0 同0	同0 同0
叮叮 0叮	0叮 0叮	0叮 0叮	0叮 0叮	0叮 叮叮	叮叮 叮叮
咚咚 咚咚	0咚 0咚	0咚 0咚	0咚 0咚	0咚 0咚	咚咚 咚咚
△△ △△	△△ △△	△△ △△	△△ △△	△△ △△	△△ △△

294

当0 当0	当当 当当	当当 当0	当0 当0	当0 当0	当0 当0
同0 同0	同0 同同	同同 同同	同0 同0	同0 同0	同0 同0
0叮 0叮	0叮 0叮	0叮 0叮	0叮 叮叮	叮叮 叮叮	0叮 0叮
咚咚 0咚	0咚 0咚	0咚 0咚	0咚 0咚	咚咚 咚咚	咚咚 0咚
△△ △△	△△ △△	△△ △△	△△ △△	△△ △△	△△ △△

300

当0 当当	当当 当当	当0 当0	当0 当0	当0 当0	当0 当0
同0 同0	同同 同同	同同 同0	同0 同0	同0 同0	同0 同0
0叮 0叮	0叮 0叮	0叮 0叮	0叮 叮叮	叮叮 叮叮	0叮 0叮
0咚 0咚	0咚 0咚	0咚 0咚	0咚 0咚	咚咚 咚咚	咚咚 0咚
△△ △△	△△ △△	△△ △△	△△ △△	△△ △△	△△ △△

306 单Ⅱ(12)

当0 0	当0 0	当0 0	当0 0	当0 0	当0 0
0 同0	0 同0	0 同0	0 同0	0 同0	0 同0
0叮 0	0叮 0	0叮 0	0叮 0	0叮 0	0叮 0
0 0咚	0 0咚	0 0咚	0 0咚	0 0咚	0 0咚
△△ △△	△△ △△	△△ △△	△△ △△	△△ △△	△△ △△

312

当0 0	当0 0	当0 0	当0 0	当0 0	当0 0
0 同0	0 同0	0 同0	0 同0	0 同0	0 同0
0叮 0	0叮 0	0叮 0	0叮 0	0叮 0	0叮 0
0 0咚	0 0咚	0 0咚	0 0咚	0 0咚	0 0咚
△△ △△	△△ △△	△△ △△	△△ △△	△△ △△	△△ △△

318 “花七”Ⅰ—1(10)

当0 当0	当当 0	当当 0	当当 0	当0 当0	当当 0
0 同0	0 同同	0 同同	0 同同	0同 0同	0 同同
0 0叮	0 0叮	0 0叮	0 0叮	0 0叮	0 0叮
0咚 0	0咚 0	0咚 0	0咚 0	0咚 0	0咚 0
△△ △△	△△ △△	△△ △△	△△ △△	△△ △△	△△ △△

324

				单Ⅱ(19)	
当当 0	当0 当0	当当 0	当0 当0	当0 0	当0 0
0 同同	0同 0同	0 同同	0同 0同	0 同0	0 同0
0 0叮	0 0叮	0 0叮	0 0叮	0叮 0	0叮 0
0咚 0	0咚 0	0咚 0	0咚 0	0 0咚	0 0咚
△△ △△	△△ △△	△△ △△	△△ △△	△△ △△	△△ △△

330

当0 0	当0 0	当0 0	当0 0	当0 0	当0 0
0 同0	0 同0	0 同0	0 同0	0 同0	0 同0
0叮 0	0叮 0	0叮 0	0叮 0	0叮 0	0叮 0
0 0咚	0 0咚	0 0咚	0 0咚	0 0咚	0 0咚
△△ △△	△△ △△	△△ △△	△△ △△	△△ △△	△△ △△

336

当0 0	当0 0	当0 0	当0 0	当0 0	当0 0
0 同0	0 同0	0 同0	0 同0	0 同0	0 同0
0叮 0	0叮 0	0叮 0	0叮 0	0叮 0	0叮 0
0 0咚	0 0咚	0 0咚	0 0咚	0 0咚	0 0咚
△△ △△	△△ △△	△△ △△	△△ △△	△△ △△	△△ △△

342 “花四”Ⅰ—4(16)

当0 0	当0 0	当0 0	当0 0	当0 0	当0 0
0 同0	0 同0	0 同0	0 同0	0 同0	0 同0
0叮 0	0叮 0	0叮 0	0叮 0	0叮 0	0叮 0
0 0咚	0 0咚	0 0咚	0 0咚	0 0咚	0 0咚
△△ △△	△△ △△	△△ △△	△△ △△	△△ △△	△△ △△

348

当0 0	当0 0	当0 0	当0 0	当0 0	当0 0
0 同0	0 同0	0 同0	0 同0	0 同0	0 同0
叮叮 叮0	叮叮 叮0	叮0 叮0	叮叮 叮0	叮叮 叮0	叮0 叮0
咚0 咚咚	咚咚 咚0	咚0 0咚	咚0 0	咚0 咚0	咚0 0咚
△△ △△	△△ △△	△△ △△	△△ △△	△△ △△	△△ △△

354

当0 0	当0 0	当0 0	当0 0	当0 0	当0 0
0 同0	0 同0	0 同0	0 同0	0 同0	0 同0
叮叮 叮0	叮0 叮0	0叮 0叮	0叮 0	0叮 0叮	0叮 0
咚0 咚咚	咚0 咚咚	咚0 0咚	咚0 0	咚0 咚0	咚0 0咚
△△ △△	△△ △△	△△ △△	△△ △△	△△ △△	△△ △△

360　　　　单Ⅱ(11)

当0 0	当0 0	当0 0	当0 0	当0 0	当0 0
0 同0	0 同0	0 同0	0 同0	0 同0	0 同0
0叮 0	0叮 0	0叮 0	0叮 0	0叮 0	0叮 0
咚0 0	0咚 0咚	0咚 0咚	0 0咚	0 0咚	0 0咚
△△ △△	△△ △△	△△ △△	△△ △△	△△ △△	△△ △△

366

当0 0	当0 0	当0 0	当0 0	当0 0	当0 0
0 同0	0 同0	0 同0	0 同0	0 同0	0 同0
0叮 0	0叮 0	0叮 0	0叮 0	0叮 0	0叮 0
0 0咚	0 0咚	0 0咚	0 0咚	0 0咚	0 0咚
△△ △△	△△ △△	∧∧ ∧∧	△△ △△	△△ △△	△△ △△

372　　　　"花七"Ⅰ—3(16)

当0 0	当0 0	当0 当0	当当 0	当当 0	当当 0
0 同0	0 同0	0 同0	0 同同	0 同同	0 同同
0叮 0	0叮 0	0叮 0	0叮 0	0叮 0	0叮 0
0 0咚	0 0咚	0 0咚	0 0咚	0 0咚	0 0咚
△△ △△	△△ △△	△△ △△	△△ △△	△△ △△	△△ △△

378

当0 当0	当0 当0	当0 当0	当0 当0	当当 0	当当 0
0同 0同	0同 0同	0同 0同	0同 0同	0 同同	0 同同
0叮 0	0叮 0	0叮 0	0叮 0	0叮 0	0叮 0
0 0咚	0 0咚	0 0咚	0 0咚	0 0咚	0 0咚
△△ △△	△△ △△	△△ △△	△△ △△	△△ △△	△△ △△

384

当0 当0	当0 当0	当0 当0	当0 当0	当当 0	当0 当0
0同 0同	0同 0同	0同 0同	0同 0同	0 同同	0同 0同
0叮 0	0叮 0	0叮 0	0叮 0	0叮 0	0叮 0
0 0咚	0 0咚	0 0咚	0 0咚	0 0咚	0 0咚
△△ △△	△△ △△	△△ △△	△△ △△	△△ △△	△△ △△

390 单Ⅱ(21)

当0 0	当0 0	当0 0	当0 0	当0 0	当0 0
0 同0	0 同0	0 同0	0 同0	0 同0	0 同0
0叮 0	0叮 0	0叮 0	0叮 0	0叮 0	0叮 0
0 0咚	0 0咚	0 0咚	0 0咚	0 0咚	0 0咚
△△ △△	△△ △△	△△ △△	△△ △△	△△ △△	△△ △△

396

当0 0	当0 0	当0 0	当0 0	当0 0	当0 0
0 同0	0 同0	0 同0	0 同0	0 同0	0 同0
0叮 0	0叮 0	0叮 0	0叮 0	0叮 0	0叮 0
0 0咚	0 0咚	0 0咚	0 0咚	0 0咚	0 0咚
△△ △△	△△ △△	△△ △△	△△ △△	△△ △△	△△ △△

402

当0 0	当0 0	当0 0	当0 0	当0 0	当0 0
0 同0	0 同0	0 同0	0 同0	0 同0	0 同0
0叮 0	0叮 0	0叮 0	0叮 0	0叮 0	0叮 0
0 0咚	0 0咚	0 0咚	0 0咚	0 0咚	0 0咚
△△ △△	△△ △△	△△ △△	△△ △△	△△ △△	△△ △△

408 “花四”Ⅰ—5(17)

当0 0	当0 0	当0 0	当0 0	当0 0	当0 0
0 同0	0 同0	0 同0	0 同0	0 同0	0 同0
0叮 0	0叮 0	0叮 0	0 叮叮	叮0 叮叮	叮叮 叮0
0 0咚	0 0咚	0 0咚	0咚 0咚	咚0 咚咚	咚咚 咚0
△△ △△	△△ △△	△△ △△	△△ △△	△△ △△	△△ △△

414

当0 0	当0 0	当0 0	当0 0	当0 0	当0 0
0 同0	0 同0	0 同0	0 同0	0 同0	0 同0
叮叮 叮0	叮0 叮0	0叮 0叮	0叮 0叮	叮0 叮0	叮叮 叮0
咚0 0咚	咚0 0	咚0 咚0	咚0 0咚	咚0 咚咚	咚咚 咚0
△△ △△	△△ △△	△△ △△	△△ △△	△△ △△	△△ △△

420

当0 0	当0 0	当0 0	当0 0	当0 0	当0 0
0 同0	0 同0	0 同0	0 同0	0 同0	0 同0
叮叮 叮0	叮0 叮0	0叮 0叮	0叮 0叮	叮0 叮0	叮叮 叮0
咚0 0咚	咚0 0	咚0 咚0	咚0 0咚	咚0 咚咚	咚0 0咚
△△ △△	△△ △△	△△ △△	△△ △△	△△ △△	△△ △△

426

单Ⅱ(15)

当0 0	当0 0	当0 0	当0 0	当0 0	当0 0
0 同0	0 同0	0 同0	0 同0	0 同0	0 同0
叮0 叮0	0叮 0叮	0叮 0	0叮 0	0叮 0	0叮 0
咚0 咚0	咚0 咚0	0 0咚	0 0咚	0 0咚	0 0咚
△△ △△	△△ △△	△△ △△	△△ △△	△△ △△	△△ △△

432

当0 0	当0 0	当0 0	当0 0	当0 0	当0 0
0 同0	0 同0	0 同0	0 同0	0 同0	0 同0
0叮 0	0叮 0	0叮 0	0叮 0	0叮 0	0叮 0
0 0咚	0 0咚	0 0咚	0 0咚	0 0咚	0 0咚
△△ △△	△△ △△	△△ △△	△△ △△	△△ △△	△△ △△

438

“花四”Ⅱ—3(33)

当0 0	当0 0	当0 0	当0 0	当0 0	当0 当0
0 同0	0 同0	0 同0	0 同0	0 同0	同0 同0
0叮 0	0叮 0	0叮 0	0叮 0	0叮 0	0叮 0叮
0 0咚	0 0咚	0 0咚	0 0咚	0 0咚	0咚 0咚
△△ △△	△△ △△	△△ △△	△△ △△	△△ △△	△△ △△

444

当0 当0	当0 当0	当0 当0	当当 当当	当当 当0	当0 当0
同0 同0	同0 同0	同0 同0	同0 同同	同同 同同	同0 同0
0叮 0叮	0叮 0叮	0叮 0叮	0叮 0叮	0叮 0叮	0叮 0叮
0咚 0咚	0咚 0咚	0咚 0咚	0咚 0咚	0咚 0咚	0咚 0咚
△△ △△	△△ △△	△△ △△	△△ △△	△△ △△	△△ △△

450

当0 当0	当0 当0	当当 当当	当当 当0	当0 当0	当0 当0
同0 同0	同0 同0	同0 同同	同同 同同	同0 同0	同0 同0
叮叮 叮叮	叮叮 0叮	0叮 0叮	0叮 0叮	0叮 0叮	0叮 0叮
0咚 咚咚	咚咚 咚咚	0咚 0咚	0咚 0咚	0咚 0咚	0咚 0咚
△△ △△	△△ △△	△△ △△	△△ △△	△△ △△	△△ △△

456

当0 当0	当0 当0	当0 当0	当0 当0	当当 当当	当当 当0
同0 同0	同0 同0	同0 同0	同0 同0	同0 同同	同同 同同
叮叮 叮叮	叮叮 0叮	0叮 0叮	0叮 0叮	0叮 0叮	0叮 0叮
0咚 咚咚	咚咚 咚咚	0咚 0咚	0咚 0咚	0咚 0咚	0咚 0咚
△△ △△	△△ △△	△△ △△	△△ △△	△△ △△	△△ △△

462

当0 当0	当0 当0	当0 当0	当0 当当	当当 当当	当0 当0
同0 同0	同0 同0	同0 同0	同0 同0	同同 同同	同同 同0
0叮 0叮	叮叮 叮叮	叮叮 0叮	0叮 0叮	0叮 0叮	0叮 0叮
0咚 0咚	0咚 咚咚	咚咚 咚咚	0咚 0咚	0咚 0咚	0咚 0咚
△△ △△	△△ △△	△△ △△	△△ △△	△△ △△	△△ △△

468

当0 当0	当0 当0	当0 当0	当当 当当	当当 当0	当0 当0
同0 同0	同0 同0	同0 同0	同0 同同	同同 同同	同0 同0
0叮 叮叮	叮叮 叮叮	0叮 0叮	0叮 0叮	0叮 0叮	0叮 0叮
0咚 0咚	咚咚 咚咚	咚咚 0咚	0咚 0咚	0咚 0咚	0咚 0咚
△△ △△	△△ △△	△△ △△	△△ △△	△△ △△	△△ △△

474　　　　单Ⅱ(14)

当0 当0	当0 当0	当0 0	当0 0	当0 0	当0 0
同0 同0	同0 同0	0 同0	0 同0	0 同0	0 同0
叮叮 叮叮	叮叮 0叮	0叮 0	0叮 0	0叮 0	0叮 0
0咚 咚咚	咚咚 咚咚	0 0咚	0 0咚	0 0咚	0 0咚
△△ △△	△△ △△	△△ △△	△△ △△	△△ △△	△△ △△

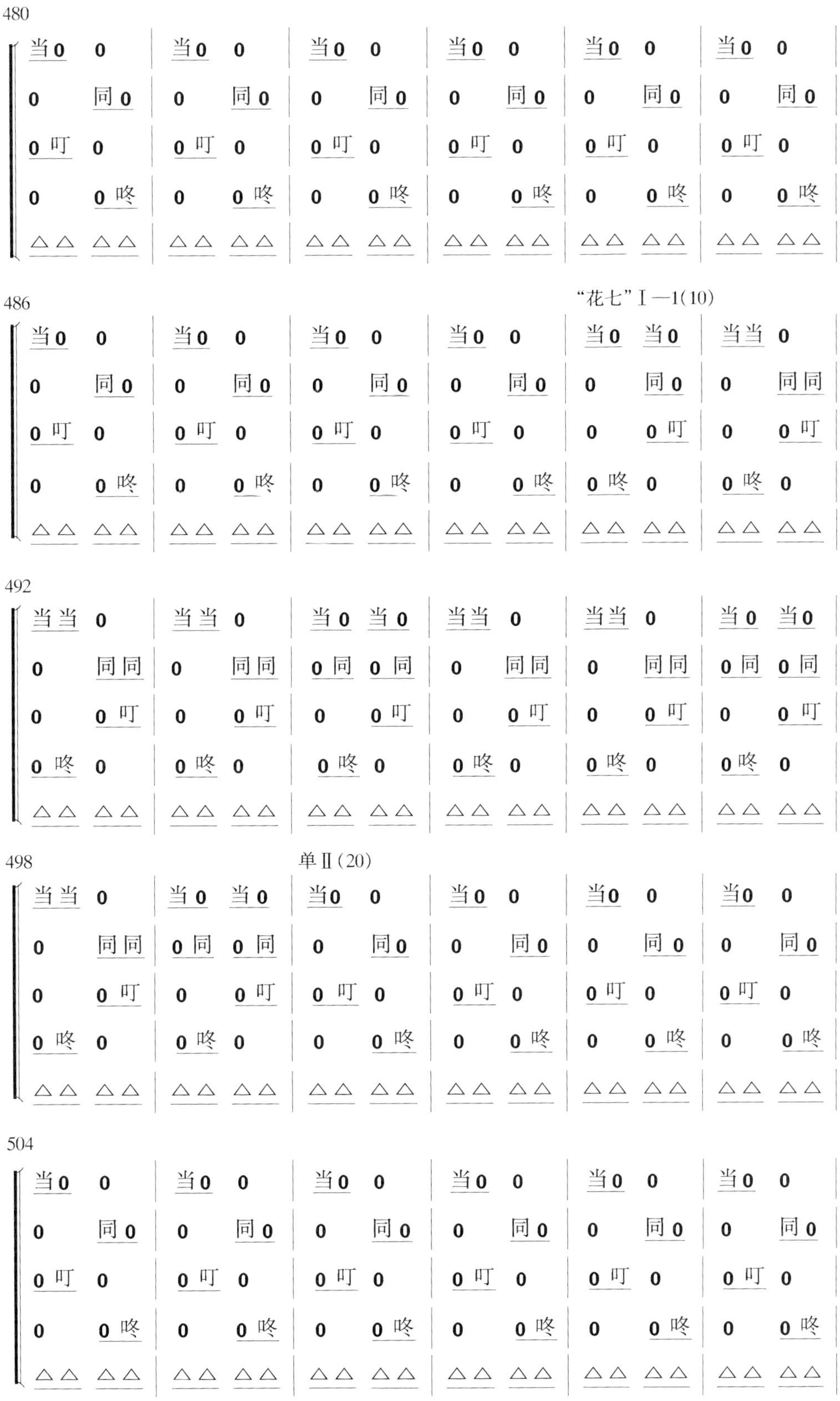
480
486
"花七"Ⅰ—1(10)
492
498
单Ⅱ(20)
504

510

当0 0	当0 0	当0 0	当0 0	当0 0	当0 0
0 同0	0 同0	0 同0	0 同0	0 同0	0 同0
0叮 0	0叮 0	0叮 0	0叮 0	0叮 0	0叮 0
0 0咚	0 0咚	0 0咚	0 0咚	0 0咚	0 0咚
△△ △△	△△ △△	△△ △△	△△ △△	△△ △△	△△ △△

516 “花四”Ⅰ—6(18)

当0 0	当0 0	当0 0	当0 0	当0 0	当0 0
0 同0	0 同0	0 同0	0 同0	0 同0	0 同0
0叮 0	0叮 0	0叮 0	0叮 0	0 0叮	0 0叮
0 0咚	0 0咚	0 0咚	0 0咚	0咚 咚0	咚咚 咚0
△△ △△	△△ △△	△△ △△	△△ △△	△△ △△	△△ △△

522

当0 0	当0 0	当0 0	当0 0	当0 0	当0 0
0 同0	0 同0	0 同0	0 同0	0 同0	0 同0
0 0叮	0 0叮	0 0叮	0 0叮	叮叮 叮0	叮0 叮叮
咚咚 咚0	咚咚 咚0	0咚 0咚	0 0咚	0咚 0咚	0咚 0咚
△△ △△	△△ △△	△△ △△	△△ △△	△△ △△	△△ △△

528

当0 0	当0 0	当0 0	当0 0	当0 0	当0 0
0 同0	0 同0	0 同0	0 同0	0 同0	0 同0
叮0 叮0	叮0 叮叮	叮0 叮叮	叮0 叮0	叮0 叮叮	叮0 叮0
咚0 咚0	咚咚 咚0	0咚 0咚	0 0咚	咚0 咚0	0咚 0咚
△△ △△	△△ △△	△△ △△	△△ △△	△△ △△	△△ △△

534 单Ⅰ(18)

当0 0	当0 0	当0 0	当0 0	当0 0	当0 0
0 同0	0 同0	0 同0	0 同0	0 同0	0 同0
叮0 0叮	0叮 0叮	0叮 0叮	0叮 0叮	0 0叮	0 0叮
0咚 0咚	0咚 0咚	0咚 0咚	0咚 0咚	0咚 0	0咚 0
△△ △△	△△ △△	△△ △△	△△ △△	△△ △△	△△ △△

540

当0 0	当0 0	当0 0	当0 0	当0 0	当0 0
0 同0	0 同0	0 同0	0 同0	0 同0	0 同0
0 0叮	0 0叮	0 0叮	0 0叮	0 0叮	0 0叮
0咚 0	0咚 0	0咚 0	0咚 0	0咚 0	0咚 0
△△ △△	△△ △△	△△ △△	△△ △△	△△ △△	△△ △△

546

当0 0	当0 0	当0 0	当0 0	当0 0	当0 0
0 同0	0 同0	0 同0	0 同0	0 同0	0 同0
0 0叮	0 0叮	0 0叮	0 0叮	0 0叮	0 0叮
0咚 0	0咚 0	0咚 0	0咚 0	0咚 0	0咚 0
△△ △△	△△ △△	△△ △△	△△ △△	△△ △△	△△ △△

552 "花七"Ⅰ—2(16)

当0 0	当0 0	当0 0	当0 0	当0 当0	当当 0
0 同0	0 同0	0 同0	0 同0	0 同0	0 同同
0 0叮	0 0叮	0 0叮	0 0叮	0 0叮	0 0叮
0咚 0	0咚 0	0咚 0	0咚 0	0咚 0	0咚 0
△△ △△	△△ △△	△△ △△	△△ △△	△△ △△	△△ △△

558

当当 0	当当 0	当0 当0	当当 0	当当 0	当0 当0
0 同同	0 同同	0同 0同	0 同同	0 同同	0同 0同
0 0叮	0 0叮	0 0叮	0 0叮	0 0叮	0 0叮
0咚 0	0咚 0	0咚 0	0咚 0	0咚 0	0咚 0
△△ △△	△△ △△	△△ △△	△△ △△	△△ △△	△△ △△

564

当当 0	当当 0	当0 当0	当当 0	当当 0	当0 当0
0 同同	0 同同	0同 0同	0 同同	0 同同	0同 0同
0 0叮	0 0叮	0 0叮	0 0叮	0 0叮	0 0叮
0咚 0	0咚 0	0咚 0	0咚 0	0咚 0	0咚 0
△△ △△	△△ △△	△△ △△	△△ △△	△△ △△	△△ △△

单Ⅰ(55)

570

当当 0	当0 当0	当0 0	当0 0	当0 0	当0 0
0 同同	0同 0同	0 同0	0 同0	0 同0	0 同0
0 0叮	0 0叮	0 0叮	0 0叮	0 0叮	0 0叮
0咚 0	0咚 0	0咚 0	0咚 0	0咚 0	0咚 0
△△ △△	△△ △△	△△ △△	△△ △△	△△ △△	△△ △△

576

当0 0	当0 0	当0 0	当0 0	当0 0	当0 0
0 同0	0 同0	0 同0	0 同0	0 同0	0 同0
0 0叮	0 0叮	0 0叮	0 0叮	0 0叮	0 0叮
0咚 0	0咚 0	0咚 0	0咚 0	0咚 0	0咚 0
△△ △△	△△ △△	△△ △△	△△ △△	△△ △△	△△ △△

582

当0 0	当0 0	当0 0	当0 0	当0 0	当0 0
0 同0	0 同0	0 同0	0 同0	0 同0	0 同0
0 0叮	0 0叮	0 0叮	0 0叮	0 0叮	0 0叮
0咚 0	0咚 0	0咚 0	0咚 0	0咚 0	0咚 0
△△ △△	△△ △△	△△ △△	△△ △△	△△ △△	△△ △△

588

当0 0	当0 0	当0 0	当0 0	当0 0	当0 0
0 同0	0 同0	0 同0	0 同0	0 同0	0 同0
0 0叮	0 0叮	0 0叮	0 0叮	0 0叮	0 0叮
0咚 0	0咚 0	0咚 0	0咚 0	0咚 0	0咚 0
△△ △△	△△ △△	△△ △△	△△ △△	△△ △△	△△ △△

594

当0 0	当0 0	当0 0	当0 0	当0 0	当0 0
0 同0	0 同0	0 同0	0 同0	0 同0	0 同0
0 0叮	0 0叮	0 0叮	0 0叮	0 0叮	0 0叮
0咚 0	0咚 0	0咚 0	0咚 0	0咚 0	0咚 0
△△ △△	△△ △△	△△ △△	△△ △△	△△ △△	△△ △△

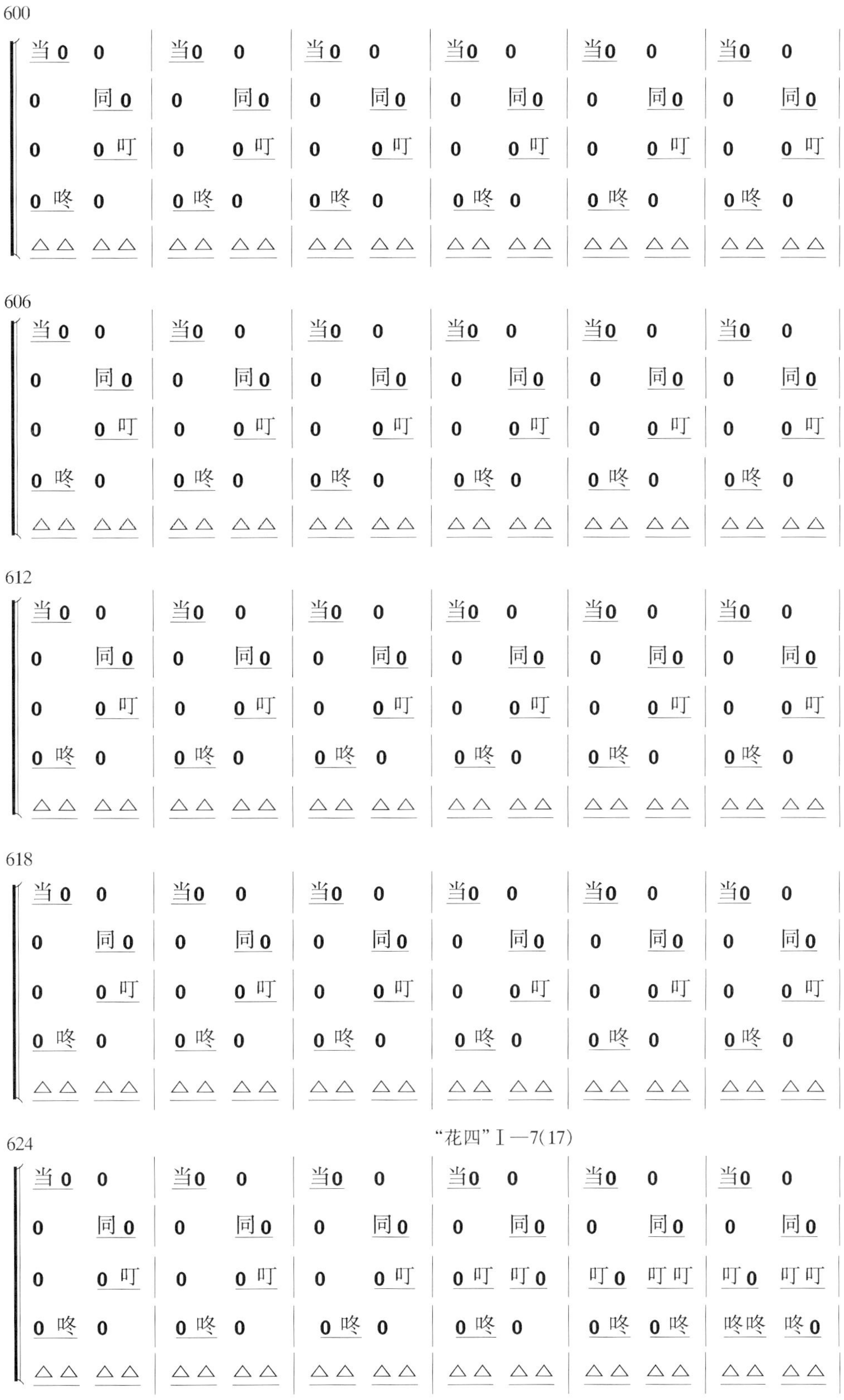
600
606
612
618
624
“花四”Ⅰ—7(17)

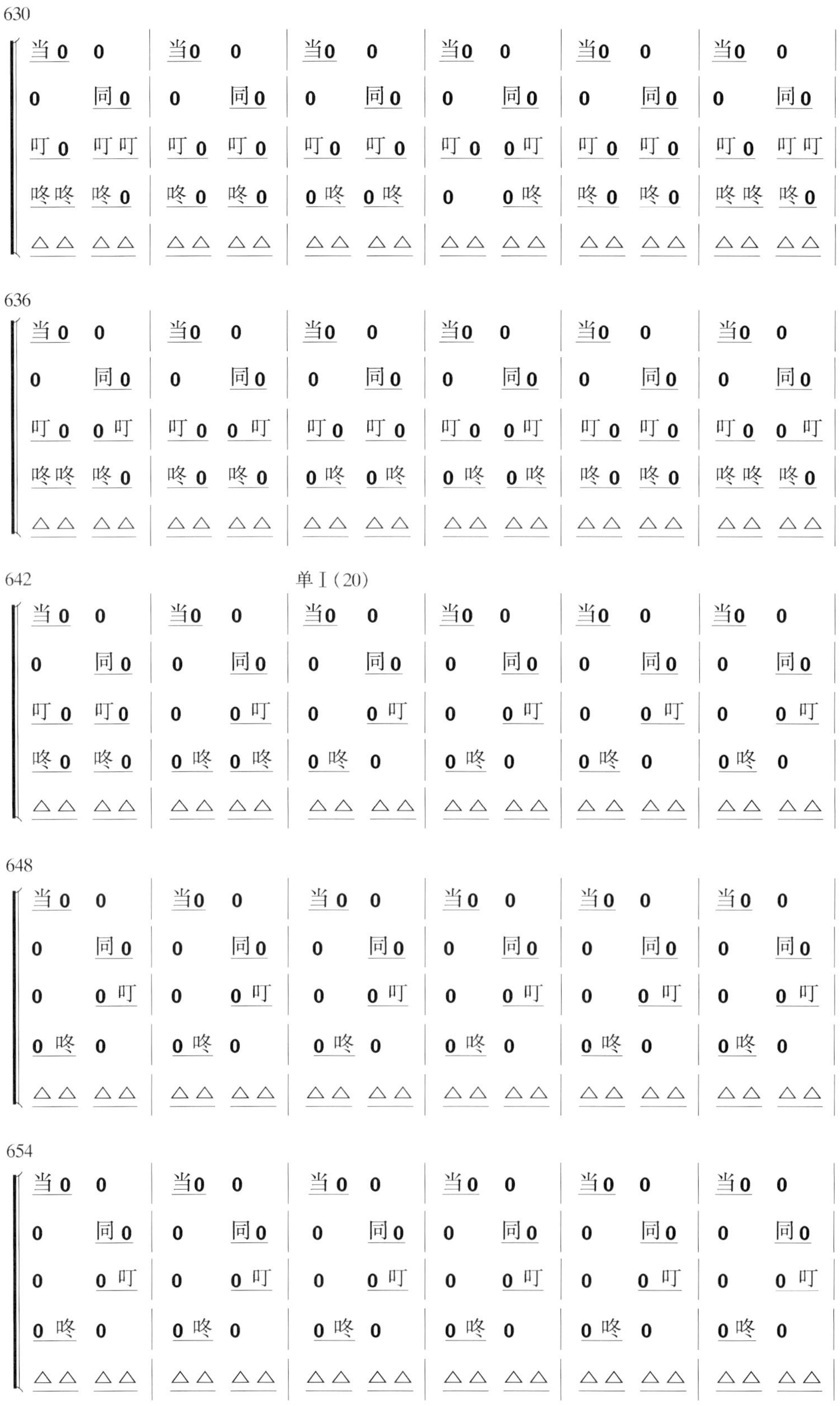
630
636
642
单Ⅰ(20)
648
654

"花四"Ⅱ—4(32)

660

当0 0	当0 0	当0 0	当0 0	当0 当0	当0 当0
0 同0	0 同0	0 同0	0 同0	同0 同0	同0 同0
0 0叮	0 0叮	0 0叮	0 0叮	0叮 0叮	0叮 0叮
0咚 0	0咚 0	0咚 0	0咚 0	0咚 0咚	0咚 0咚
△△ △△	△△ △△	△△ △△	△△ △△	△△ △△	△△ △△

666

当0 当0	当0 当当	当当 当当	当0 当0	当0 当0	当0 当0
同0 同0	同0 同0	同同 同同	同同 同0	同0 同0	同0 同0
0叮 0叮	0叮 0叮	0叮 0叮	0叮 0叮	0叮 叮叮	叮叮 叮叮
0咚 0咚	0咚 0咚	0咚 0咚	0咚 0咚	0咚 0咚	咚咚 咚咚
△△ △△	△△ △△	△△ △△	△△ △△	△△ △△	△△ △△

672

当0 当当	当当 当当	当0 当0	当0 当0	当0 当0	当0 当0
同0 同0	同同 同同	同同 同0	同0 同0	同0 同0	同0 同0
0叮 0叮	0叮 0叮	0叮 0叮	0叮 叮叮	叮叮 叮叮	0叮 0叮
咚咚 0咚	0咚 0咚	0咚 0咚	0咚 0咚	咚咚 咚咚	咚咚 0咚
△△ △△	△△ △△	△△ △△	△△ △△	△△ △△	△△ △△

678

当0 当0	当当 当当	当当 当0	当0 当0	当0 当0	当0 当0
同0 同0	同0 同同	同同 同同	同0 同0	同0 同0	同0 同0
0叮 0叮	0叮 0叮	0叮 0叮	0叮 0叮	叮叮 叮叮	叮叮 0叮
0咚 0咚	0咚 0咚	0咚 0咚	0咚 0咚	0咚 咚咚	咚咚 咚咚
△△ △△	△△ △△	△△ △△	△△ △△	△△ △△	△△ △△

684

当0 当0	当当 当当	当当 当0	当0 当0	当0 当0	当0 当0
同0 同0	同0 同同	同同 同同	同0 同0	同0 同0	同0 同0
0叮 0叮	0叮 0叮	0叮 0叮	0叮 0叮	叮叮 叮叮	叮叮 0叮
0咚 0咚	0咚 0咚	0咚 0咚	0咚 0咚	0咚 咚咚	咚咚 咚咚
△△ △△	△△ △△	△△ △△	△△ △△	△△ △△	△△ △△

690

当0	当0	当当	当当	当当	当0	当0	当0	当0	当0	当0	当0
同0	同0	同0	同同	同同	同同	同0	同0	同0	同0	同0	同0
0叮	0叮	0叮	0叮	0叮	0叮	0叮	0叮	叮叮	叮叮	叮叮	0叮
0咚	0咚	0咚	0咚	0咚	0咚	0咚	0咚	0咚	咚咚	咚咚	咚咚
△△	△△	△△	△△	△△	△△	△△	△△	△△	△△	△△	△△

696 单Ⅰ(9)

当0	0	当0	0	当0	0	当0	0	当0	0	当0	0
0	同0	0	同0	0	同0	0	同0	0	同0	0	同0
0	0叮	0	0叮	0	0叮	0	0叮	0	0叮	0	0叮
0咚	0	0咚	0	0咚	0	0咚	0	0咚	0	0咚	0
△△	△△	△△	△△	△△	△△	△△	△△	△△	△△	△△	△△

702

当0	0	当0	0	当0	0
0	同0	0	同0	0	同0
0	0叮	0	0叮	0	0叮
0咚	0	0咚	0	0咚	0
△△	△△	△△	△△	△△	△△

注：

“当”：表示敲击铜鼓1太阳纹；

“同”：表示敲击铜鼓2太阳纹；

“叮”：表示敲击铜鼓3太阳纹；

“咚”：表示敲击铜鼓4太阳纹；

“△”：表示敲击铜鼓的鼓腰。

（第6小节：狗主题）
当切 当切 | 当切 当切 | 当切 当切 | 当切 当切 | 当切 当 | 当切 当当 |

（第3小节：间节引；第4小节：狗主题）
切 当当 | 切当 当 | 切切 当切 | 切切 当切 | 当当 切 | 当当 切当 |

（第2小节：间节引；第4小节：常路引）
当 | 切切 当切 | 切切 当 | 当切 当切 | 当切 当切 | 当切 当切 |

当切 当切 | 当切 当切 | 当切 当切 | 当切 当切 | 当切 当切 | 当切 当切 |

当切 当切 | 当切 当切 | 当切 当切 | 当切 当切 | 当切 当切 | 当切 当切 |

（第5小节：狗主题）
当切 当切 | 当切 当切 | 当切 当切 | 当切 当 | 当切 当当 | 切 当当 |

（第2小节：间节引；第3小节：狗主题）
切当 当 | 切切 当切 | 切切 当切 | 当当 切 | 当当 切当 当 |

（第1小节：间节引；第2小节：狗主题；第5小节：间节引）
切切 当切 | 切切 当切 | 当当 切 | 当当 切当 当 | 切切 当切 |

（第2小节：常路引）
切切 当 | 当切 当切 | 当切 当切 | 当切 当切 | 当切 当切 | 当切 当切 |

当切 当切 | 当切 当切 | 当切 当切 | 当切 当切 | 当切 当切 | 当切 当切 |

当切 当切 | 当切 当切 | 当切 当切 | 当切 当切 | 当切 当切 | 当切 当切 |

当切 当切 | 当切 当切 | 当切 当切 | 当切 当切 | 当切 当切 | 当切 当切 |

当切 当 |

猪

（第1小节：猪主题）
当切 当当 | 当切 当 当· | 当当 切当 当 | 当当 切当 |

（第4小节：间节引；第6小节：常路引）
切当 当 | 切当 切当 | 当 | 切切 当切 | 切切 当 | 当切 当切 |

当切 当切 | 当切 当切 | 当切 当切 | 当切 当切 | 当切 当切 | 当切 当切 |

当切 当切 | 当切 当切 | 当切 当切 | 当切 当切 | 当切 当切 | 当切 当切 |

（第6小节：猪主题）
当切 当切 | 当切 当切 | 当切 当切 | 当切 当切 | 当切 当 | 当切 当当 |

当切 当 当· | 当当 切当 当 | 当当 切当 | 切当 当 |

间节引　猪主题

切当 切当 | 当 | 切切 当切 | 切切 当切 | 当当 当切 | 当 当· |

当当 切当 当 | 当 当 切当 | 切当 当 | 切当 切当 | 当 |

间节引　常路引

切切 当切 | 切切 当 | 当切 当切 | 当切 当切 | 当切 当切 | 当切 当切 |

当切 当切 | 当切 当切 | 当切 当切 | 当切 当切 | 当切 当切 | 当切 当切 |

当切 当切 | 当切 当切 | 当切 当切 | 当切 当切 | 当切 当切 | 当切 当切 |

当切 当切 | 当切 当切 | 当切 当切 | 当切 当切 | 当切 当切 | 当切 当切 |

当切 当 |

鼠

鼠主题　间节引　常路引

当 切当 当 | 切切 当切 | 切切 当 | 当切 当切 | 当切 当切 |

当切 当切 | 当切 当切 | 当切 当切 | 当切 当切 | 当切 当切 | 当切 当切 |

当切 当切 | 当切 当切 | 当切 当切 | 当切 当切 | 当切 当切 | 当切 当切 |

当切 当切 | 当切 当切 | 当切 当切 | 当切 当切 | 当切 当切 | 当切 当切 |

鼠主题　间节引　鼠主题

当切 当 | 当 切当 当 | 切切 当切 | 切切 当 | 切当 当 |

间节引　常路引

切切 当切 | 切切 当 | 当切 当切 | 当切 当切 | 当切 当切 | 当切 当切 |

当切 当切 | 当切 当切 | 当切 当切 | 当切 当切 | 当切 当切 | 当切 当切 |

当切 当切 | 当切 当切 | 当切 当切 | 当切 当切 | 当切 当切 | 当切 当切 |

鼠主题　间节引　鼠主题

当切 当 | 当 切当 当 | 切切 当切 | 切切 当 | 切当 当 |

间节引　鼠主题　间节引　常路引

切切 当切 | 切切 当 | 切当 当 | 切切 当切 | 切切 当 | 当切 当切 |

当切 当切 | 当切 当切 | 当切 当切 | 当切 当切 | 当切 当切 | 当切 当切 |

当切 当切 | 当切 当切 | 当切 当切 | 当切 当切 | 当切 当切 | 当切 当切 |

当切 当切 | 当切 当切 | 当切 当切 | 当切 当切 | 当切 当切 | 当切 当 |

牛

(牛主题) 当切 当当 | 切当 · | (间节引) 切切 当切 | 切切 当 | (常路引) 当切 当切 | 当切 当切 |

当切 当切 | 当切 当切 | 当切 当切 | 当切 当切 | 当切 当切 | 当切 当切 |

当切 当切 | 当切 当切 | 当切 当切 | 当切 当切 | 当切 当切 | 当切 当切 |

当切 当切 | 当切 当切 | 当切 当切 | 当切 当切 | 当切 当切 | 当切 当切 |

当切 当切 | 当切 当 | (牛主题) 当切 当当 | 切 当 · | (间节引) 切切 当切 | 切切 (牛主题) 当切 |

当当 切 当 · | (间节引) 切切 当切 | 切切 当 | (常路引) 当切 当切 | 当切 当切 |

当切 当切 | 当切 当切 | 当切 当切 | 当切 当切 | 当切 当切 | 当切 当切 |

当切 当切 | 当切 当切 | 当切 当切 | 当切 当切 | 当切 当切 | 当切 当切 |

当切 当切 | 当切 当切 | 当切 当切 | 当切 当 | (牛主题) 当切 当当 | 切 当 · |

(间节引) 切切 当切 | 切切 (牛主题) 当切 | 当当 切 当 · | (间节引) 切切 当切 | 切切 (牛主题) 当切 |

当当 切 当 · | (间节引) 切切 当切 | 切切 当 | (常路引) 当切 当切 | 当切 当切 |

当切 当切 | 当切 当切 | 当切 当切 | 当切 当切 | 当切 当切 | 当切 当切 |

当切 当切 | 当切 当切 | 当切 当切 | 当切 当切 | 当切 当切 | 当切 当切 |

当切 当切 | 当切 当切 | 当切 当 |

结尾

当切 当当 | 切当 当 | 当当 切当 当 | 当当 切当 当 |

当当 切 0 | 当当 切 0 | 切切 当 0 | 当当 切当 切 |

当当 切当 切 | 当当 切当 切 | 当当 切当 | 切当 当 | 切切 切 |

当当 切当 | 切当 当 | 切切 切 | 当当 切当 | 切当 切 | 切切 当切 |

切切 当 | 切切 当切 | 切切 当 | 切切 当切 | 切切 当 | 切切 |

当 同 | 当 切切 | 当 同 | 当 切切 | 当 同 | 当 切切 |

切切 切切 | 切切 切 | 切切 切切 | 切切 当 | 切切 切切 | 切切 切 |

切切 切切 | 切切 当 | 切切 切切 | 切切 切 | 切切 切切 | 切切 当 |

切切 切切 | 切切 切 | 切切 切切 | 切切 当 | 切切 切 | 0 切切 |

当 同 | 当 当 | 切切 切 | 0 切切 | 当 同 | 当 当 |

切切 切 | 0 切切 | 当 同 | 当 当 | 切切 当 | 切切 切 |

切 当 | 切切 切 | 切 当 | 切切 当 | 切切 当 | 切切 当 |

切切 切切 | 当 切 | 当 切切 | 当 切 | 当 切切 | 当切 当当 |

当切 当当 | 当切 当当 | 当 – ‖

注：
“当”：表示右手敲击铜鼓太阳纹中心；
“同”：表示右手敲击铜鼓太阳纹光晕；
“切”：表示左手敲击铜鼓鼓腰。

“怀里式”鼓谱

邢　磊　记谱
陆景刚　陆木亮　黎忠明　演奏

$\frac{2}{4}$ 𝄋（随意反复） （随意反复）

咚 – |: 咚 咚 :|: 打 打 :| 咚 打 | 打 打 | 咚 打 |
0 0 |: 当 嗡 :|: 当 嗡 :| 当 嗡 | 当 嗡 | 当 嗡 |
0 0 |: 0 切 0 切 :|: 0 切 0 切 :| 0 切 0 切 | 0 切 0 切 | 0 切 0 切 |

打 打· | $\frac{3}{4}$ 咚 咚咚 咚 | 咚 咚咚 咚 | $\frac{2}{4}$ 咚 咚· :| 咚 – ‖
当 – | 当· 嗡 嗡 | 当· 嗡 嗡 | 当 嗡· :| 当 – ‖
0 切 0 | 切切 切切 切切 | 切切 切切 切切 | 切 切· :| 0 切 0 ‖

D.S.

“瑶里式”鼓谱

邢 磊 记谱

陆景刚 陆木亮 黎忠明 演奏

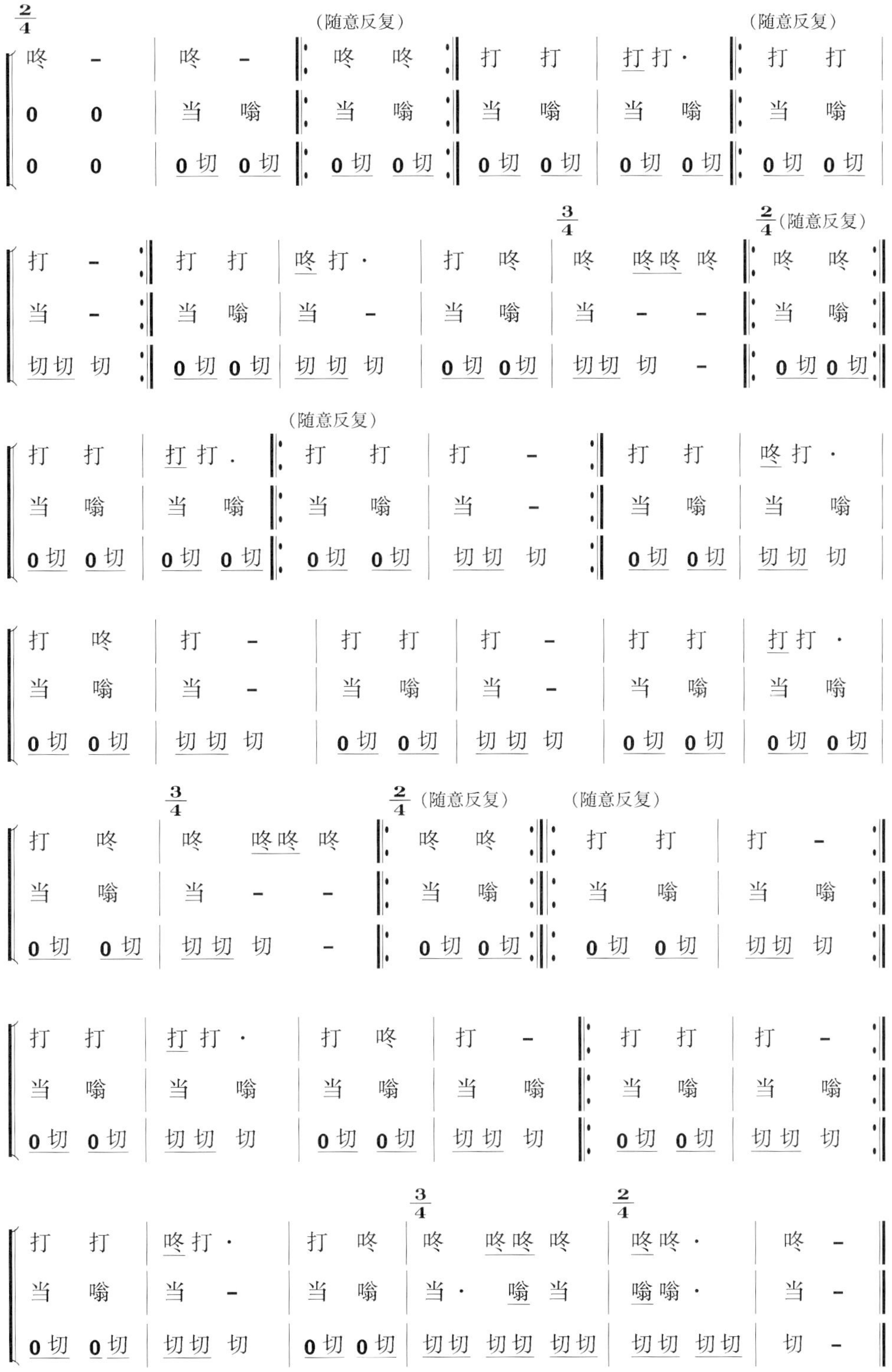

“纪后式”鼓谱

邢　磊　记谱

陆景刚　陆木亮　黎忠明　演奏

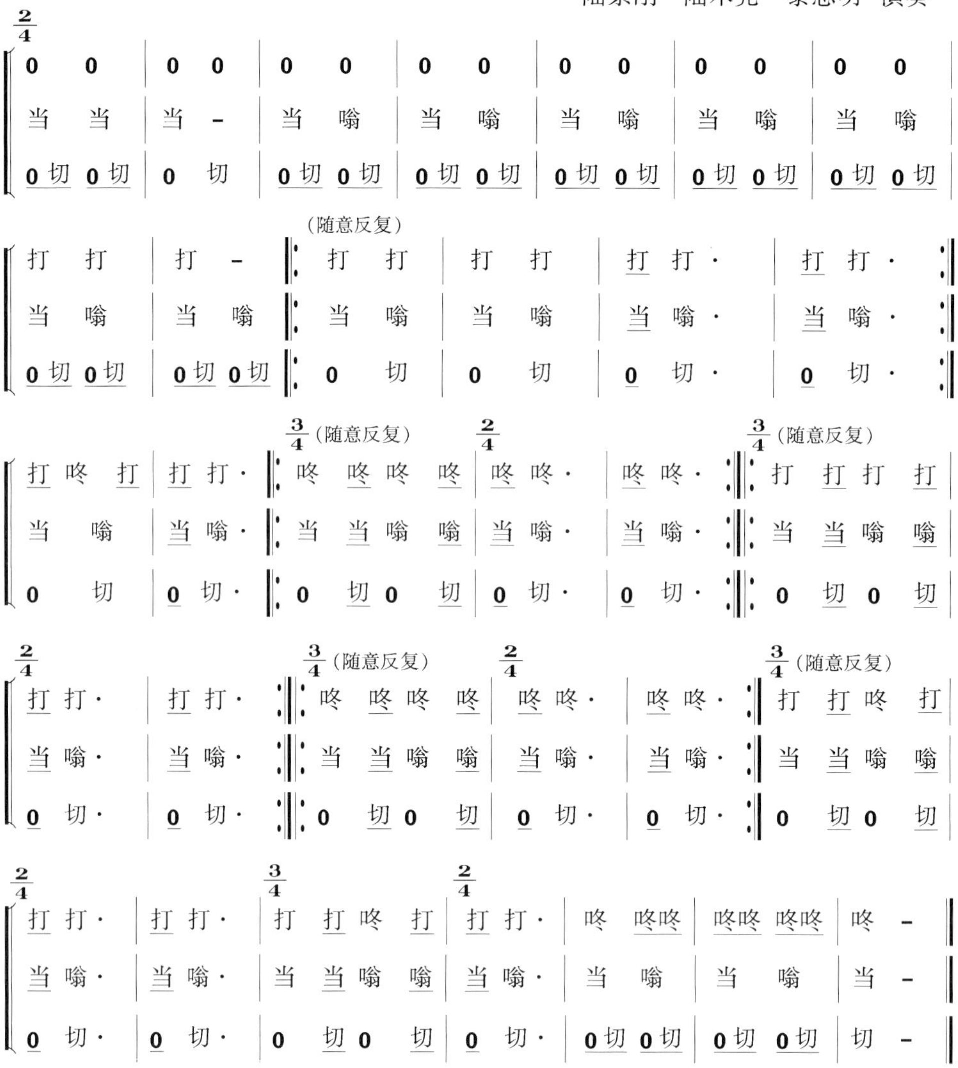

“岜地式”鼓谱

邢　磊　记谱

陆景刚　陆木亮　黎忠明　演奏

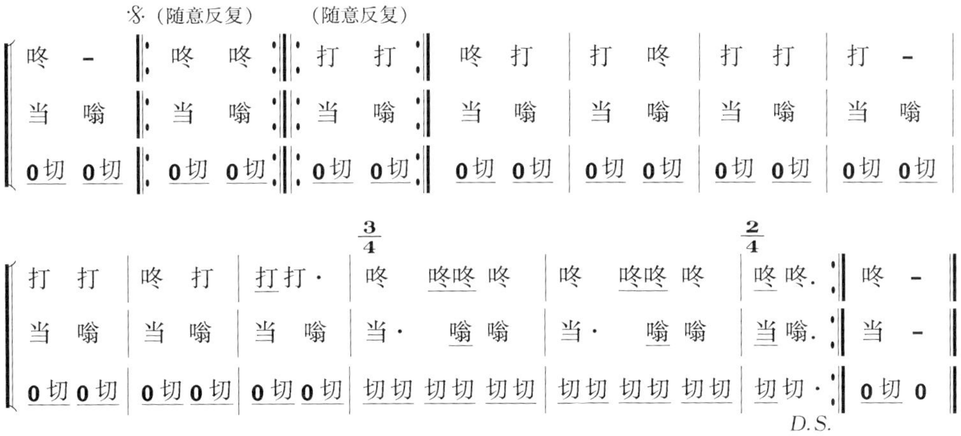

注：
"当"：表示敲击铜鼓太阳纹，并将风筒送入鼓身；
"嗡"：表示敲击铜鼓太阳纹，并将风筒从鼓身中拉出；
"切"：表示使用竹条敲击铜鼓鼓腰。

锣哈面七峒

邢　磊　记谱
蓝玉田等　演奏

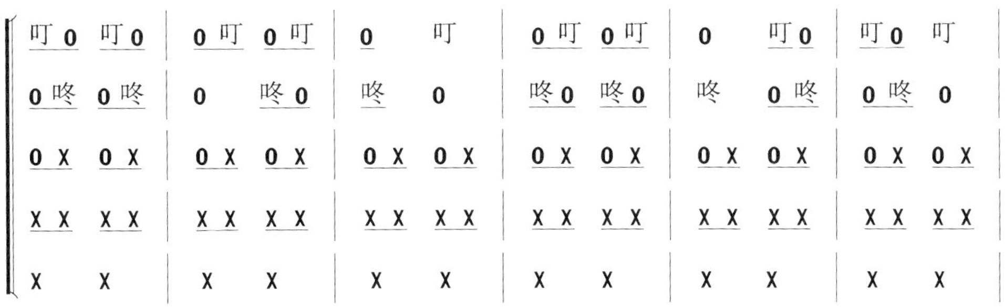

0 叮 0 叮	0 叮	0 叮 0 叮	0 叮 0	叮 0	叮 0
咚 0 咚 0	咚 0	咚 0 咚 0	咚 0 咚	0 咚	0 咚
0 X 0 X	0 X 0 X	0 X 0 X	0 X 0 X	0 X 0 X	0 X 0 X
X X X X	X X X X	X X X X	X X X X	X X X X	X X X X
X X	X X	X X	X X	X X	X X

叮 0 叮	0 叮 0	叮 0	叮 0 叮	0 叮 0	叮 0
0 咚 0	咚 0 咚	0 咚	0 咚 0	咚 0 咚	0 咚
0 X 0 X	0 X 0 X	0 X 0 X	0 X 0 X	0 X 0 X	0 X 0 X
X X X X	X X X X	X X X X	X X X X	X X X X	X X X X
X X	X X	X X	X X	X X	X X

叮 0 叮	0 叮 0 叮	0 叮 0 叮	0 叮 0	叮 0	叮 0 叮 0
0 咚 0	咚 0 咚 0	咚 0 咚 0	咚 0 咚	0 咚	0 咚 0 咚
0 X 0 X	0 X 0 X	0 X 0 X	0 X 0 X	0 X 0 X	0 X 0 X
X X X X	X X X X	X X X X	X X X X	X X X X	X X X X
X X	X X	X X	X X	X X	X X

叮 0 叮	0 叮 0	叮 0 叮 0	叮 0 叮	0 叮 0	叮 0
0 咚 0	咚 0 咚	0 咚 0 咚	0 咚 0	咚 0 咚	0 咚
0 X 0 X	0 X 0 X	0 X 0 X	0 X 0 X	0 X 0 X	0 X 0 X
X X X X	X X X X	X X X X	X X X X	X X X X	X X X X
X X	X X	X X	X X	X X	X X

（反复次数不限）

叮 0 叮	‖: 0 叮 0 叮 :‖
0 咚 0	‖: 咚 0 咚 0 :‖
0 X 0 X	‖: 0 X 0 X :‖
X X X X	‖: X X X X :‖
X X	‖: X X :‖

锣封

邢　磊　记谱
蓝玉田等　演奏

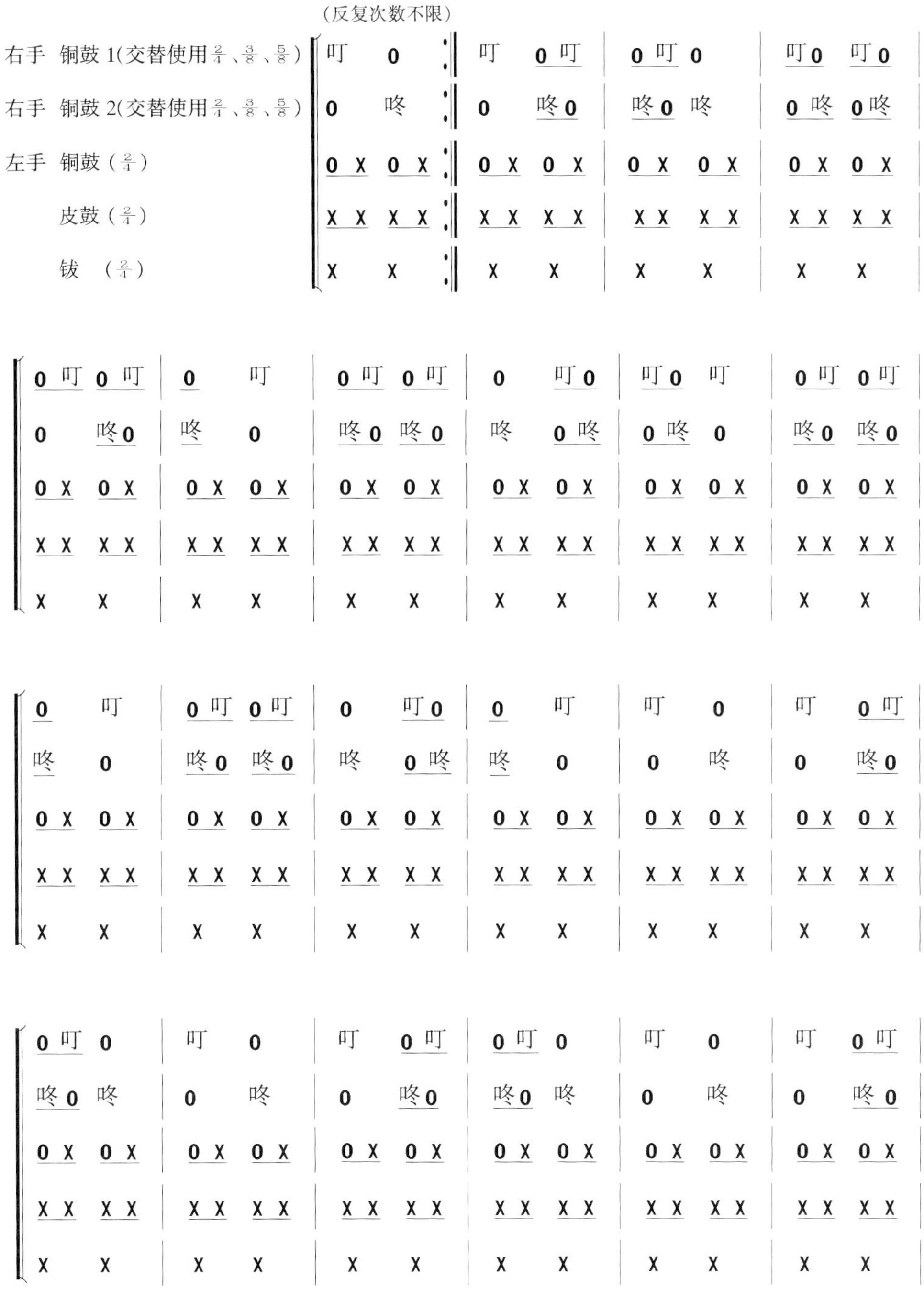

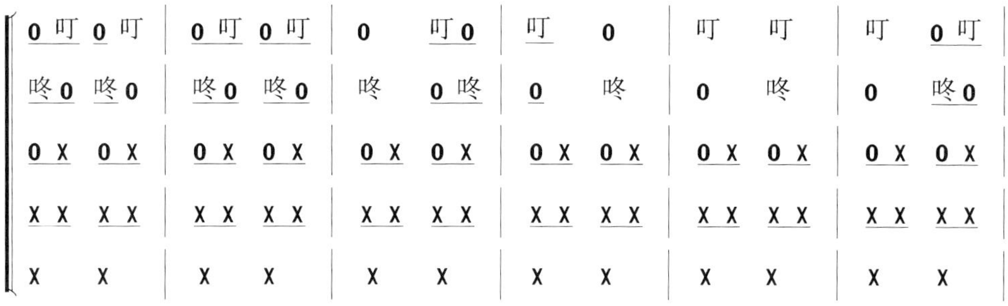

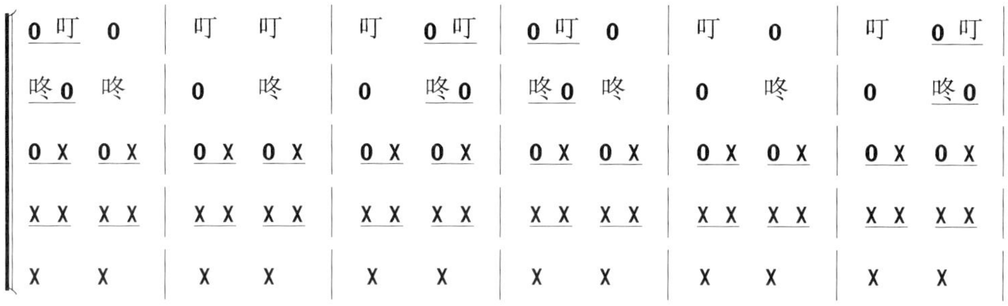

（反复次数不限）

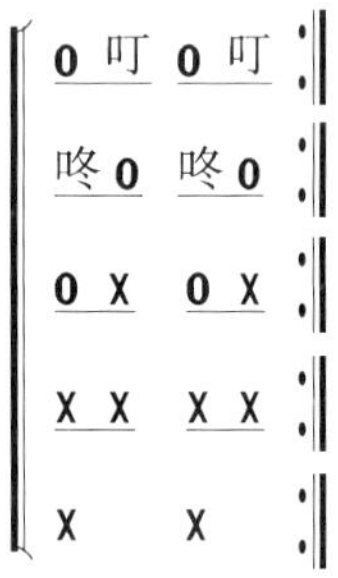

锣几样

邢　磊　记谱
蓝玉田等　演奏

（反复次数不限）

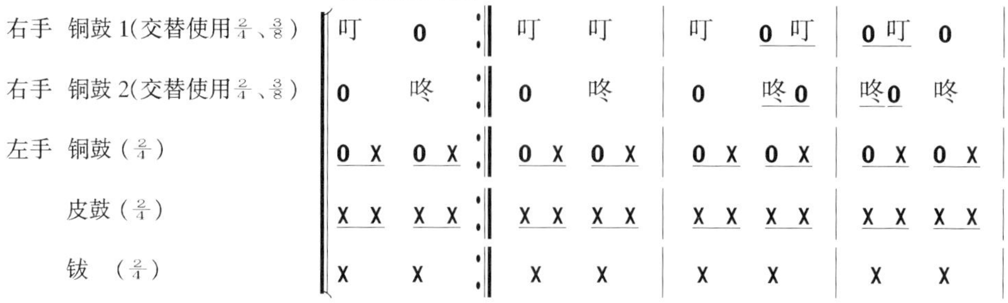

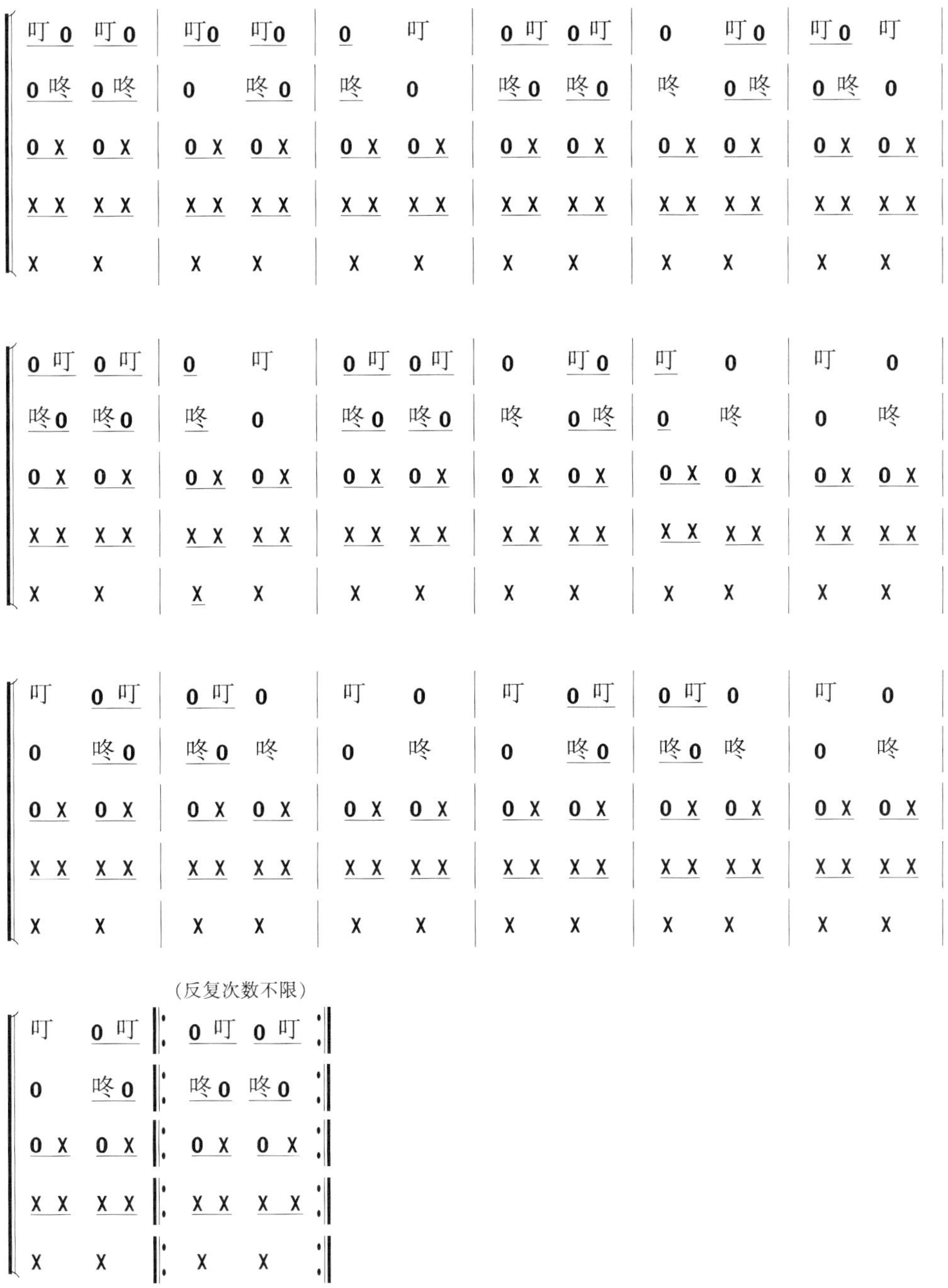
（反复次数不限）

锣去

邢　磊　记谱
蓝玉田等　演奏

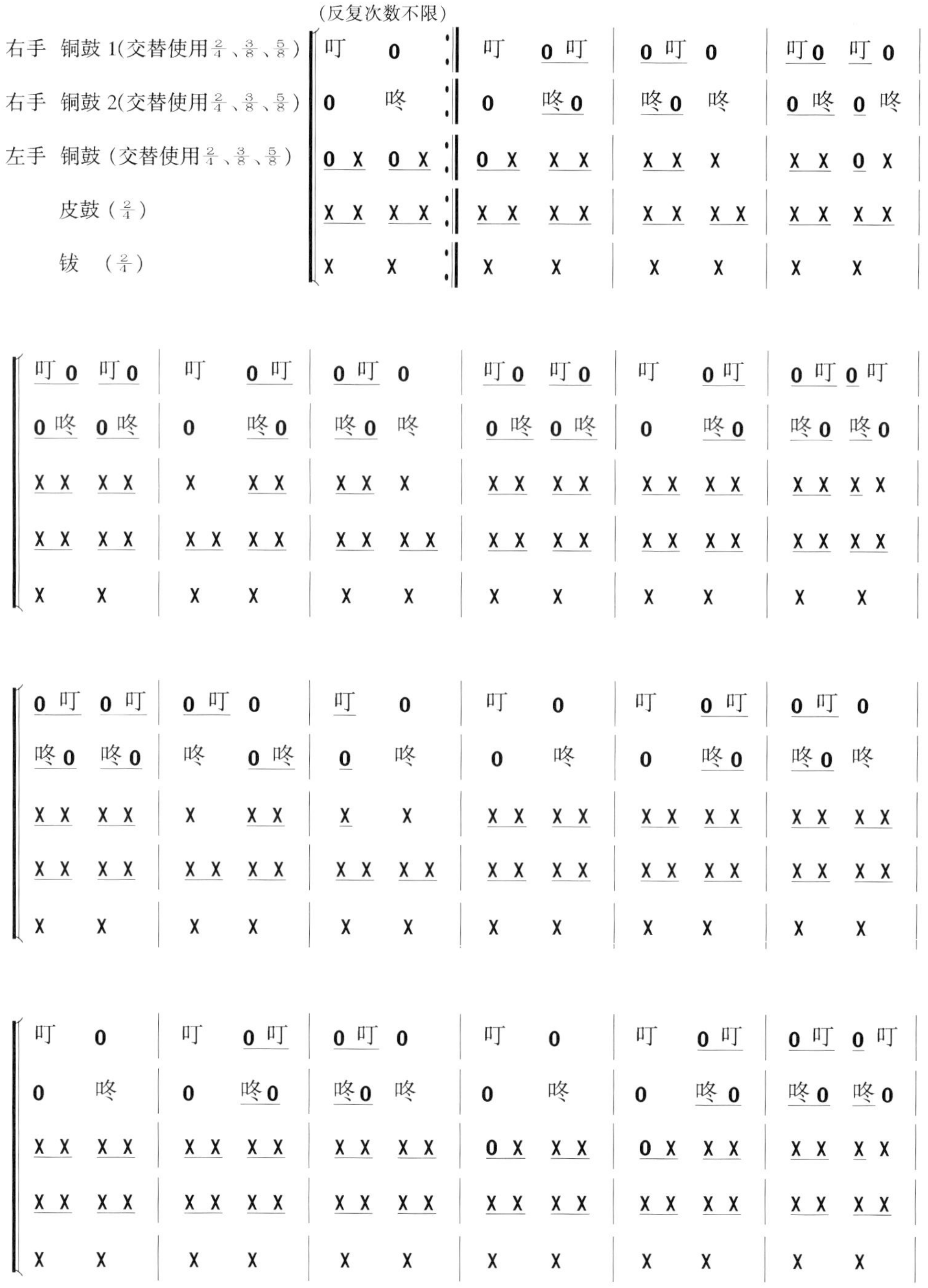

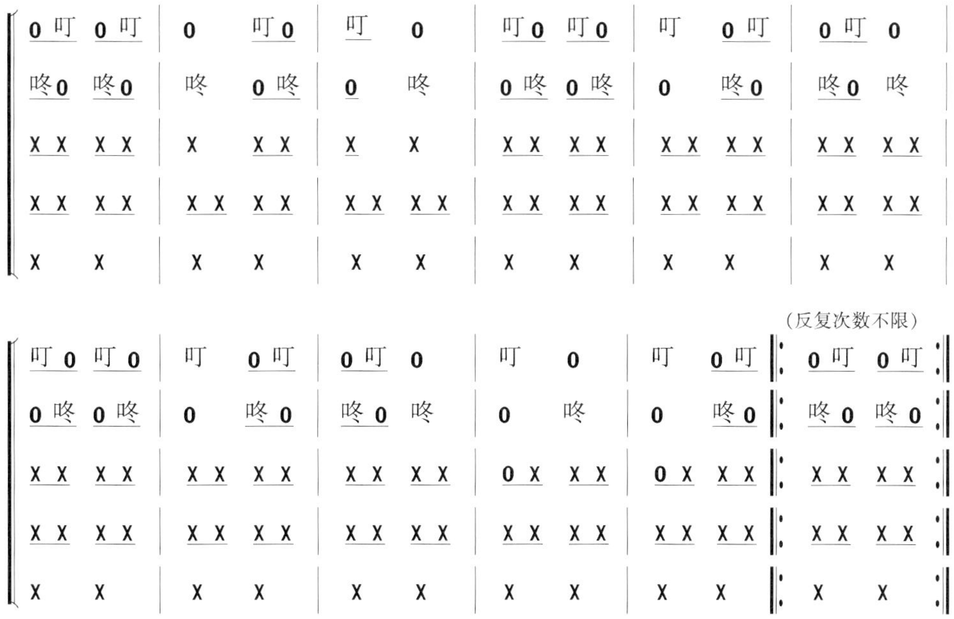

锣去锣来

邢　磊　记谱
蓝玉田等　演奏

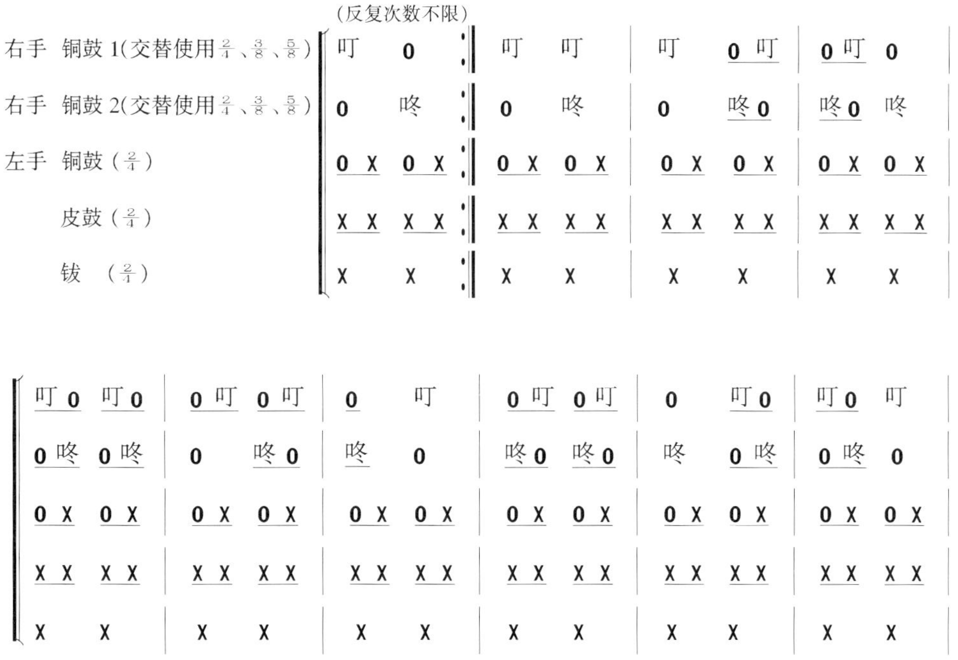

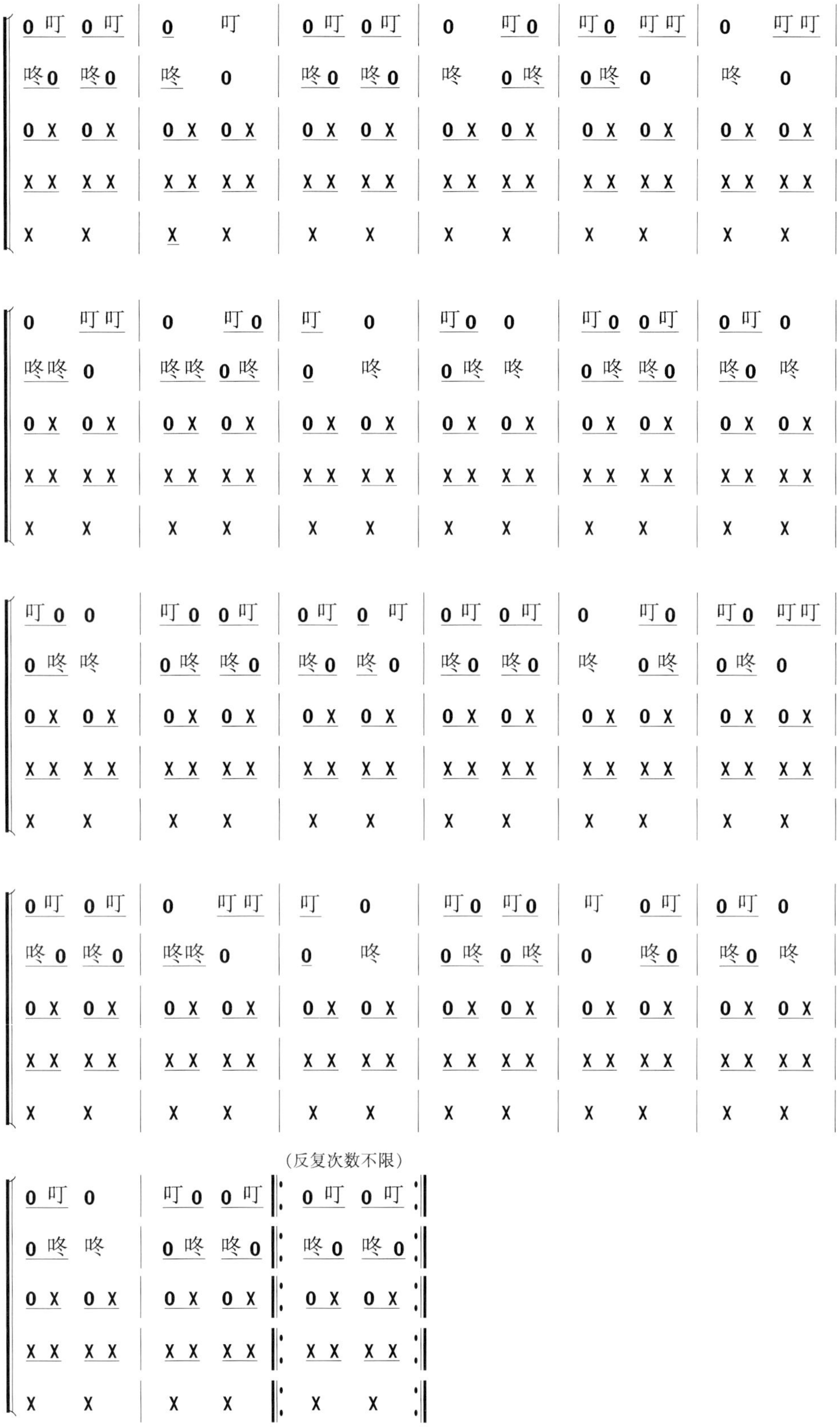

注：

“叮”：表示敲击第一面铜鼓的太阳纹；

“咚”：表示敲击第二面铜鼓的太阳纹。

“中堡式”鼓谱

邢　磊　记谱
岑光忠　余顺洪　演奏

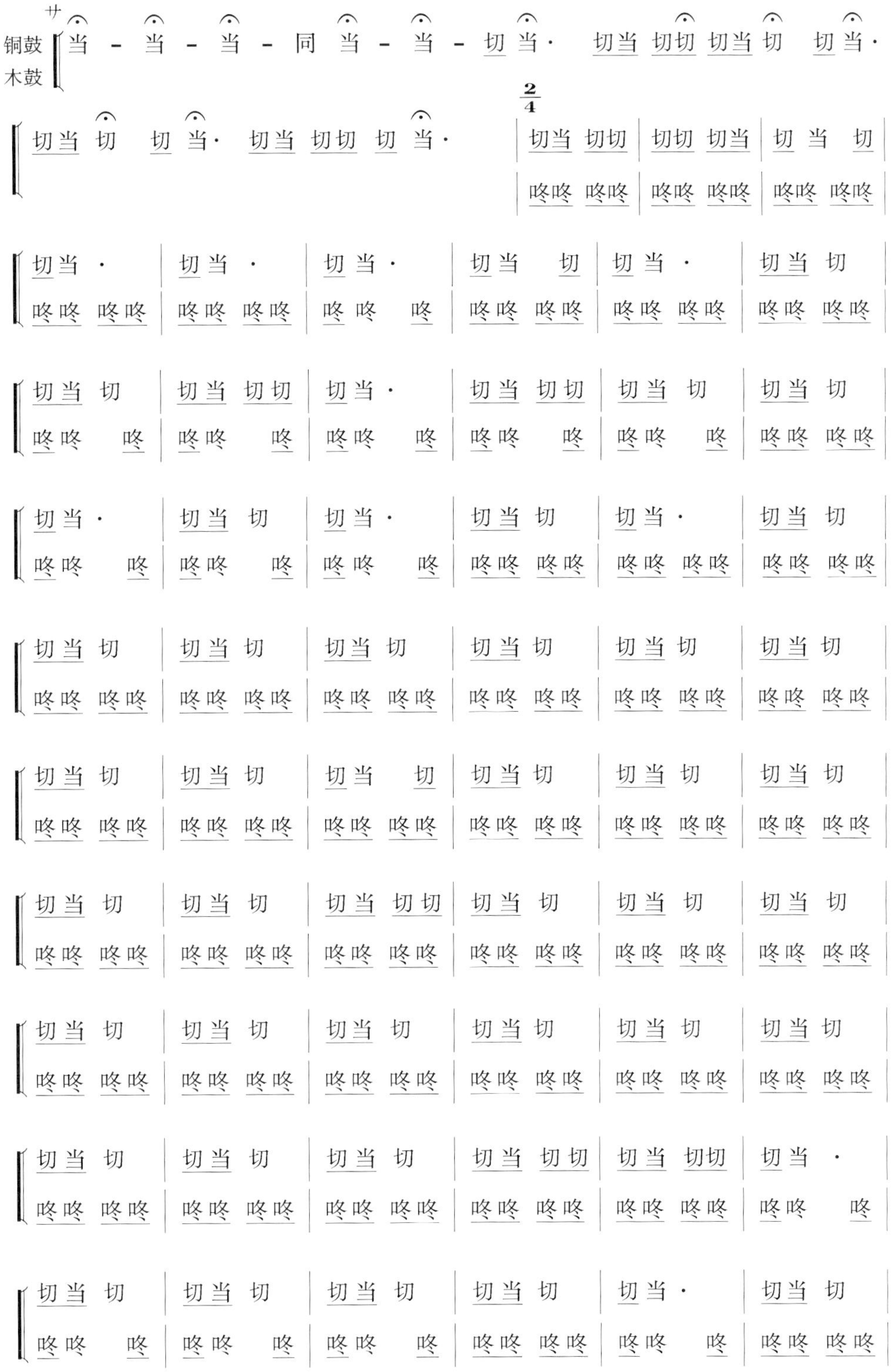

切当 切	切当 切	切当 切	切当 切	切当 切	切当 切
咚咚 咚咚	咚咚 咚咚	咚咚 咚咚	咚咚 咚咚	咚咚 咚咚	咚咚 咚咚

切当 切	切当 切	切当 切	切当 切	切当 切	切当 切
咚咚 咚咚	咚咚 咚咚	咚咚 咚咚	咚咚 咚咚	咚咚 咚咚	咚咚 咚咚

切当 切	切当 切	切当 切	切当 切切	切当 切	切当 ·
咚咚 咚咚	咚咚 咚咚	咚咚 咚咚	咚咚 咚咚	咚咚 咚咚	咚咚 咚咚

切当 切	切当 切	切当 ·	切当 切	切当 切	切当 切
咚咚 咚咚	咚咚 咚咚	咚咚 咚咚	咚咚 咚咚	咚咚 咚咚	咚咚 咚咚

切当 切	切当 切	切当 切	切当 切	切当 切	切当 切
咚咚 咚咚	咚咚 咚咚	咚咚 咚咚	咚咚 咚咚	咚咚 咚咚	咚咚 咚咚

切当 切切	切当 切	切当 切	切当 切	切当 切	切当 切
咚咚 咚咚	咚咚 咚咚	咚咚 咚咚	咚咚 咚咚	咚咚 咚咚	咚咚 咚咚

切当 切	切当 切	切当 切	切当 切	切当 切	切当 切
咚咚 咚咚	咚咚 咚咚	咚咚 咚咚	咚咚 咚咚	咚咚 咚咚	咚咚 咚咚

切当 切	切当 切	切当 切	切当 切	切当 ·	切当 切
咚咚 咚咚	咚咚 咚咚	咚咚 咚	咚咚 咚	咚咚 咚	咚咚 咚咚

切当 切	切当 ·	切当 切	切当 切	切当 切	切当 切
咚咚 咚咚	咚咚 咚	咚咚 咚咚	咚咚 咚	咚咚 咚咚	咚咚 咚

切当 切	切当 切	切当 切	切当 切	切当 切切	切当 ·
咚咚 咚咚	咚咚 咚咚	咚咚 咚咚	咚咚 咚咚	咚咚 咚咚	咚咚 咚咚

切当 切	切当 切	切当 切	切当 切	切当 切	切当 切
咚咚 咚咚	咚咚 咚咚	咚咚 咚咚	咚咚 咚咚	咚咚 咚咚	咚咚 咚咚

切当 切	切当 切	切当 切	切当 切切	切当 切	切当 切
咚咚 咚咚	咚咚 咚咚	咚咚 咚咚	咚咚 咚咚	咚咚 咚咚	咚咚 咚咚

切当 切 | 切当 切 | 切当 切 | 切当 切 | 切当 · | 切当 切 |
咚咚 咚咚 | 咚咚 咚咚 | 咚咚 咚咚 | 咚咚 咚咚 | 咚咚 咚咚 | 咚咚 咚咚 |

切当 切 | 切当 切切 | 切当 · | 切当 切 | 切当 切 | 切当 切 |
咚咚 咚咚 | 咚咚 咚咚 | 咚咚 咚咚 | 咚咚 咚咚 | 咚咚 咚咚 | 咚咚 咚咚 |

切当 切 | 切当 切 | 切当 切 | 切当 切 | 切当 切 | 切当 切 |
咚咚 咚咚 | 咚咚 咚 | 咚咚 咚 | 咚咚 咚 | 咚咚 咚 | 咚咚 咚 |

切当 切 | 切当 · | 切当 切 | 切当 · | 切当 切 | 切当 切 |
咚咚 咚咚 | 咚咚 咚 | 咚咚 咚咚 | 咚咚 咚 | 咚咚 咚咚 | 咚咚 咚 |

切当 切 | 切当 · | 切当 切 | 切当 切 | 切当 · | 切当 切 |
咚咚 咚咚 | 咚咚 咚咚 | 咚咚 咚咚 | 咚咚 咚咚 | 咚咚 咚咚 | 咚咚 咚咚 |

切当 · | 切当 切 | 切当 切切 | 切当 · | 切当 切 | 切当 切 |
咚咚 咚咚 | 咚咚 咚咚 | 咚咚 咚咚 | 咚咚 咚咚 | 咚咚 咚咚 | 咚咚 咚咚 |

切当 切 | 切当 切 | 切当 切 | 切当 · | 切当 切 | 切当 切 |
咚咚 咚咚 | 咚咚 咚咚 | 咚咚 咚咚 | 咚咚 咚咚 | 咚咚 咚咚 | 咚咚 咚咚 |

切当 · | 切当 切 | 切当 切 | 切当 切 | 切当 切 | 切当 切切 |
咚咚 咚咚 | 咚咚 咚咚 | 咚咚 咚咚 | 咚咚 咚咚 | 咚咚 咚咚 | 咚咚 咚咚 |

切当 切 | 切当 切 | 切当 切 | 切当 切 | 切当· | 切当 · |
咚咚 咚 | 咚咚 咚 | 咚咚 咚咚 | 咚咚 咚 | 咚咚 咚咚 | 咚咚 咚 |

切当 切 | 切 当 · | 切当 切 | 切 当 · ‖ サ 切 当 · 切 同 · 切当
咚咚 咚咚 | 咚 咚 咚 | 咚 咚 咚咚 | 咚 0 0 ‖

切切 切 当 · 切 当 · 切当 切切 切 当 · 切当 切 切 当 · | 2/4 切当 切切 |
| 0 0 |

切 当 · | 切 当 切 | 切 当 切 | 切 当 · | 切 当 切 | 切 当 切 |
0 0 咚 | 咚 咚 咚 | 咚 咚 咚 | 咚 咚 · | 0 0 0 咚 | 咚 咚 咚 |

切当·	切当 切	切当·	切当 切	切当 切	切当 切
咚咚·	0 0	0 0咚	咚咚 咚	咚咚 咚	咚咚 咚

切当切	切当·	切当 切	切当·	切当切	切当·
咚咚 咚	咚咚 咚	咚咚 咚咚	打打·	咚咚咚咚	打打·

切当 切切	切当 切	切当 切	切当 切同	切当·	切当·
咚咚 咚咚	打打·	打打 咚	打打 打打	打打 打	打 打打

切当·	切当 切	切当·	切当·	切当·	切当 切
0打 打	打打·	0 0	0 0	0 0	0 0

切当·	切当 切	切当·	切当 切	切当·	切当·
0 0	0 0	0 0咚	咚咚 咚	咚咚 咚	咚咚·

切当·	切当·	切当·	切当 切	切当·	切当 切
0 0	0 0	0 0	0 0	0 0咚	咚咚 咚

切当 切	切当·	切当 切	切当 切	切当·	切当 切
咚咚 咚	咚咚 咚	咚咚 0	0 0咚	咚咚·	咚咚 咚

切当切	切当·	切当 切	切当·	切当·	切当·
咚咚 咚	咚咚 咚	咚咚 咚咚	打打·	咚咚咚咚	打打·

切当 切	切当 切	切当 切	切当 切同	切当·	切当·
咚咚 咚咚	打打 咚	打打 咚	打打 打打	打打 打	打 0

切当·	切当 切	切当·	切当·	切当 切	切当 切
打打·	打打 打	打打·	打打 打	打打 咚	咚咚 咚

切当 切	切当·	切当 切	切当·	切当 切	切当 切
咚咚 咚	咚咚·	0 0	0 0咚	咚咚 咚	咚咚 咚

切当·	切当切	切当 切	切当 切	切当 切	切当·
咚咚·	0 0	0 0咚	咚咚 咚	咚咚 咚	咚咚 咚

切当 切	切当 切	切当 切	切 当·	切当 切切	切 当·
咚咚 咚	咚咚 咚	咚 咚 咚	打 打·	咚咚 咚咚	打 打·

切当 切切	切当 切	切当 切	切当 切同	切当·	切当·
咚咚 咚咚	打打 咚	打打 咚	打打 打打	打打 打	打打·

切当 切	切当 切	切当·	切当 切	切当 切	切当·
打打·	打打 打	打打·	打打 打	打打 0	0 0

切当 切	切当 切	切 当·	切 当·	切当 切	切 当·
0 0	0 0	咚 咚·	咚咚·	咚咚 打	打 咚·

切当 切	切 当·	切 当·	切当 切切	切当 切	切当 切
打 咚 打	打 咚 打	打 咚·	打咚 打打	打咚 打打	打咚 打打

切当·	切当 切同	切当 切切	切 当·	切当 切切	切当 切同
打咚·	咚咚 打咚	打咚 打打	打 咚·	打咚 打打	打咚 打打

切当 切同	切当 切同	切当 切同	切当·	切当·	切 当·
打咚 打打	打咚 打打	打咚 打打	咚咚 打	打 打打	打 打 咚

切当·	切当 ·	切当 切同	切当 切	切同 切当	切当 切切
打打 打	打打 咚	咚咚 咚	打打 打	打咚 打	打打 打打

切同 切当	切当 切切	切同 切当	切当 切	切当 切	切 同 切
咚咚 打	打打 打打	咚咚 打	打打 打	打打 打打	咚 咚·

切当 切同	切当·	切当 切同	切当 切当	切同·	切当 切
0 咚 咚	打打 打	打打 咚	0 咚 咚	0 咚·	打打 打

切当·	切当 切同	切当 切切	切 当·	切当 切切	切当 切同
打咚·	咚咚 打咚	打咚 打打	打 咚·	打咚 打打	打咚 打打

切当 切同 | 切当 切同 | 切当 切同 | 切当· | 切当· | 切当· |
打咚 打打 | 打咚 打打 | 打咚 打打 | 咚咚 打 | 打 打打 | 打打 咚 |

切当· | 切当· | 切当 切同(延长) | 切当 切 | 切同 切当 | 切当 切切 |
打打 打 | 打打 咚 | 咚咚 咚 | 打打 打 | 打咚 打 | 打打 打打 |

切同 切当 | 切当 切切 | 切同 切当 | 切当 切 | 切当 切 | 切 同 切 |
咚咚 打 | 打打 打打 | 咚咚 打 | 打打 打 | 打打 打打 | 咚 咚· |

切当 切同(延长) | 切当· | 切当 切同 | 切当 切当 | 切同· | 切当 切 |
0 咚 咚 | 打打 打 | 打打 咚 | 0 咚 咚 | 0 咚· | 打打 打 |

切当 切同 | 切当 切当 | 切 同· | 切 当· | 切当 切同 | 切当 切 |
打打 咚 | 0 咚 咚 | 0 咚· | 打 打 打 | 0 咚 咚 | 0 咚 打打 |

切同 切当 | 切 同· | 切当 切 | 切同 切当 | 切当 切切 | 切同 切当 |
0 咚 咚 | 0 咚· | 打打 打 | 打咚 打 | 打打 打打 | 咚咚 打 |

切当 切切 | 切同 切切 | 切当 切 | 切当 切 | 切同· | 切当 切同(延长) |
打打 打打 | 咚咚 打 | 打打 打 | 打打 打打 | 咚咚· | 0 咚 咚 |

切当 切 | 切当 切同 | 切当 切当 | 切同· | 切当· | 切当 切同 |
打打 打 | 打打 咚 | 0 咚 咚 | 0 咚· | 打打 打 | 打打 咚 |

切当 切当 | 切 同· | 切当· | 切当 切同 | 切当 切 | 切同 切当 |
0 咚 咚 | 0 咚· | 打打 打 | 打打 咚 | 0 咚 打 | 打打 咚 |

切同 切 | 切当 切同 | 切当 切 | 切当 切同 | 切当· | 切当 切同 |
0 咚 咚 | 咚咚 咚 | 0 咚 咚 | 咚咚 咚 | 0 咚 咚 | 咚咚 咚 |

切当 切 | 切当 切同 | 切当· | 切当 切同 | 切当· | 切当 切同 |
0 咚 咚 | 咚咚 咚 | 0 咚· | 咚咚 咚 | 0 咚· | 0 咚 咚 |

切当· | 切当 切同 | 切当 切 | 切当 切同 | 切当· | 切当 切同 |
0 咚· | 0 咚 咚 | 0 咚· | 0 咚 咚 | 0 咚 咚 | 咚 咚 咚 |

切当 切	切当 切同	切当·	切当 切同	切当·	切当·
0 咚 咚	咚咚 咚	0 咚 咚	咚咚 咚	0 咚·	打 打·

切当·	切当 切	切当·	切当·	切当 切	切当·
打打·	打打 打打	咚咚 打	打打 打	打打 打	咚咚 咚

切当 切同𝄐	切当·	切同 切当	切当 切切	切同 切当	切当 切切
咚咚 咚	打打 打	打咚 打	打打 打打	咚咚 打	打打 打打

切同 切当	切当 切	切当·	切同·	切当 切同	切当𝄐·
咚咚 打	打打 打	打打 打	打咚 打	咚咚 咚	打打 打

切当 切同	切当 切当	切同·	切当·	切当 切同	切当 切当
打打 咚	0 咚 咚	0 咚·	打打 打	打打 咚	0 咚 咚

切同·	切当·	切当 切同	切当·	切同 切当	切同·
0 咚 打	打打 打	打咚 0 咚	0 咚 打	打打 咚	0 咚·

切当 切	切同 切当	切当 切切	切同 切当	切当 切切	切同 切当
打打 打	打咚 打	打打 打打	咚咚 打	打打 打打	咚咚 打

切当 切	切当 切	切同·	切当 切同𝄐	切当·	切当 切同
打打 打	打打 打	打咚 打	咚咚 咚	打打 打	打打 0 咚

切当 切当	切同·	切当·	切当 切同	切当·	切当 切同
0 咚 咚	0 咚·	打打 打	0 咚 咚	0 咚·	0 咚 咚

切当·	切当 切同	切当·	切当 切同	切当 切	切当 切同
0 咚 咚	咚咚 咚	0 咚 咚	咚咚 咚	0 咚 咚	咚咚 咚

切当·	切当 切同	切当·	切当 切同	切当 切	切当 切同
0 咚 咚	咚咚 咚	0 咚 咚	咚咚 咚	0 咚 咚	咚咚 咚

切当 切	切当 切同	切当 切	切当 切同	切当·	切当 切同
0 咚 咚	咚咚 咚	0 咚 咚	咚咚 咚	0 咚 咚	咚咚 咚

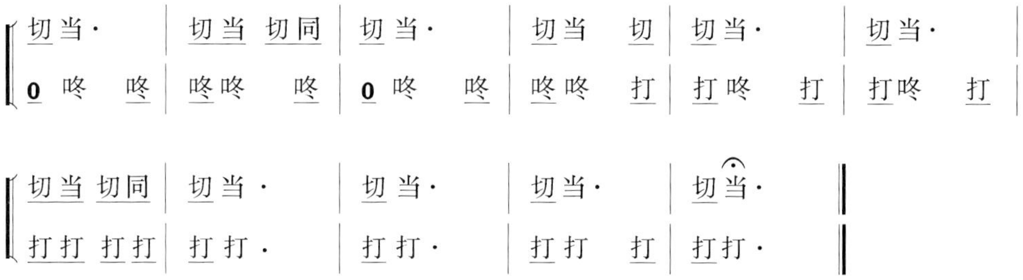

“由照式”鼓谱

邢　磊　记谱
莫仕林　岑家富　演奏

切当 切	切当 切	切当 切	切当 切	切当·	切当 切
咚咚 咚咚	咚咚 咚咚	咚咚 咚咚	咚咚 咚咚	咚咚 咚咚	咚咚 咚咚

切当·	切当 切	切当·	切当 切	切当·	切当 切
咚咚 咚咚	咚咚 咚咚	咚咚 咚咚	咚咚 咚咚	咚咚 咚咚	咚咚 咚咚

切当 切	切当·	切当 切	切当 切同	切当 切	切当 切
咚咚 咚咚	咚咚 咚咚	咚咚 咚咚	咚咚 咚咚	咚咚 咚	咚咚 咚

切当 切	切当 切	切当 切	切当 切	切当 切	切当 切
咚咚 咚	咚0 咚咚	咚咚 咚	咚0 咚咚	咚咚 咚	咚0 咚咚

切当·	切当 切	切当 切	切当·	切当 切	切当·
咚咚 咚咚	咚咚 咚咚	咚咚 咚咚	咚咚 咚咚	咚咚 咚咚	咚咚 咚咚

切当切	切当·	切当 切	切当·	切当 切	切当·
咚咚 咚咚	咚咚 咚咚	咚咚 咚咚	咚咚 咚咚	咚咚 咚咚	咚咚 咚咚

切当 切	切当·	切当 切	切当 切	切当 切	切当 切
咚咚 咚咚	咚咚 咚咚	咚咚 咚咚	咚咚 咚咚	咚咚 咚咚	咚咚 咚咚

切当 切	切当 切	切当 切	切当 切	切当 切	切当 切
咚咚 咚咚	咚咚 咚咚	咚咚 咚咚	咚咚 咚咚	咚咚 咚咚	咚咚 咚咚

切当 切	切当 切	切当 切	切当 切	切当 切	切当 切
咚咚 咚咚	咚咚 咚咚	咚咚 咚咚	咚咚 咚咚	咚咚 咚咚	咚咚 咚咚

切当·	切当 切	切当 切	切当 切	切当 切	切当 切
咚咚 咚咚	咚咚 咚咚	咚咚 咚咚	咚咚 咚咚	咚咚 咚咚	咚咚 咚咚

切当·	切当 切	切当 切	切当 切	切当 切	切当 切
咚咚 咚咚	咚咚 咚	咚 咚 咚	咚 咚 咚	咚0 咚咚	咚咚 咚

| 切当 切 | 切当 切 | 切当 切 | 切当 切 | 切当 切 | 切当 切 |
| 咚0 咚咚 | 咚咚 咚 | 咚0 咚咚 | 咚咚 咚咚 | 咚咚 咚咚 | 咚咚 咚咚 |

| 切当 切 | 切当· | 切当 切 | 切当· | 切当 切 | 切当· |
| 咚咚 咚咚 | 咚咚 咚咚 | 咚咚 咚咚 | 咚咚 咚咚 | 咚咚 咚咚 | 咚咚 咚咚 |

| 切当 切 | 切当· | 切当 切 | 切当· | 切当 切 | 切当· |
| 咚咚 咚咚 | 咚咚 咚咚 | 咚咚 咚咚 | 咚咚 咚咚 | 咚咚 咚咚 | 咚咚 咚咚 |

| 切当 切 | 切当· | 切当 切 | 切当· | 切当 切 | 切当· |
| 咚咚 咚咚 | 咚咚 咚咚 | 咚咚 咚咚 | 咚咚 咚咚 | 咚咚 咚咚 | 咚咚 咚咚 |

| 切当 切 | 切当· | 切当 切 | 切当· | 切当 切 | 切当· |
| 咚咚 咚咚 | 咚咚 咚咚 | 咚咚 咚咚 | 咚咚 咚咚 | 咚咚 咚咚 | 咚咚 咚咚 |

| 切当 切 | 切当· | 切当 切 | 切当· | 切当 切 | 切当· |
| 咚咚 咚咚 | 咚咚 咚咚 | 咚咚 咚咚 | 咚咚 咚咚 | 咚咚 咚咚 | 咚咚 咚咚 |

| 切当 切 | 切当· | 切当 切 | 切当· | 切当 切 | 切当· |
| 咚咚 咚咚 | 咚咚 咚咚 | 咚咚 咚咚 | 咚咚 咚咚 | 咚咚 咚咚 | 咚咚 咚咚 |

| 切当 切 | 切当 切 | 切当 切 | 切当 切 | 切当 切 | 切当 切 |
| 咚咚 咚 | 咚咚 咚 | 咚咚 咚 | 咚0 咚咚 | 咚咚 咚 | 咚0 咚咚 |

| 切当 切 | 切当 切 | 切当· ‖ 廿 切当· 切当· 切同· 切当·
| 咚咚 咚 | 咚0 咚咚 | 0 0 ‖

| 切切 切当 切 切当· | 2/4 切当切 | 切当· | 切当· | 切当· |
| | 0 0 | 0 0咚 | 0咚 咚 | 0咚 咚 |

| 切当· | 切当 切 | 切当· | 切当 切 | 切当· | 切当· |
| 0 咚· | 0 0 | 0 0 | 0 0咚 | 0咚 咚 | 0咚 咚 |

切当·	切当 切	切当·	切当·	切当·	切当·
0 咚·	0 0	0 0	0 咚 咚	0 咚 咚	0 咚·
切当·	切当·	切当·	切当·	切当·	切当·
打打·	打打·	打打 打	打打 打	打打 打	打打 打打
切当 切	切当 切	切当 切	切当 切	切当 切	切当 切
咚咚 打打	打打 打打	打打 打	打打 打	打打 打打	咚咚·
切当 切同𝄐	切当 切	切同 切当	切当·	切同 切当	切当 切
咚咚 咚	打打 打	打咚 打	打打 打打	咚咚 打	打打 打
切同 切当	切当 切	切当 切	切当 切	切当 切同𝄐	切当 切
咚咚 打	打打 打	打打 打	打咚 咚	咚咚 咚	打打 打
切当 切同	切当 切当	切同·	切当·	切当 切同	切当 切当
打打 咚	0 咚 咚	0 咚·	打打 打	打打 咚	0 咚 咚
切同·	切当·	切当 切同	切当·	切当 切同	切当·
0 咚 打	打打 打打	打咚 咚	0 咚 打	打咚 咚	0 咚·
切同 切	切同 切当	切当 切	切同 切当	切当 切	切同 切当
打打 打	打打 打打	咚咚 打	打打 打打	咚咚 打	打打 打
切当切	切当 切	切当 切	切当 切同𝄐	切当 切	切当 切同
打打 打	打打·	0 咚 咚	咚咚 咚	打打 打打	打咚 咚
切当 切当	切同·	切当 切	切当 切同	切当 切当	切同·
0 咚 咚	0 咚·	打打 打打	0 打 咚	0 咚 咚	0 咚·
切当 切	切当 切同	切当·	切同 切当	切同·	切当 切同
打打 打打	打打 0 咚	0 咚 打	打打 咚	0 咚·	咚咚 咚
切当·	切当 切同	切当 切	切当 切同	切当·	切当 切同
0 咚·	咚咚 咚	0 咚·	咚咚 咚	0 咚·	咚咚 咚

切当 切切	切当 切同	切当·	切当 切同	切当·	切当 切同
0 咚·	咚咚 咚	咚咚·	咚咚 咚	0 咚·	咚咚 咚

切当·	切当 切同	切当·	切当 切同	切当·	切当·
0 咚·	咚咚 咚	0 咚·	咚咚 咚	0 咚·	打打·

切当 切	切当 切	切当 切	切当 切	切当 切	切当 切
打打·	打打 打打	咚咚 打	打打 打	打打 打	打打 打

切当 切	切当 切	切当 切同	切当 切	切同 切当	切当 切
打打 打打	咚咚 咚	咚咚 咚	打打 打	打咚 打	打打 打打

切同 切当	切当 切	切同 切当	切当 切	切当 切	切当 切
咚咚 打	打打 打打	咚咚 打	打打 打	打打 打	咚咚 咚

切当 切同	切当 切	切当 切同	切当 切当	切同·	切当 切
咚咚 咚	打打 打打	打打 咚	0 咚 咚	0 咚 打	打打 打打

切当 切同	切当 切当	切同·	切当·	切当 切同	切当·
打打 咚	0 咚 咚	0 咚·	打打 打打	打打 咚咚	0 咚 打

切当 切当	切同·	切当 切同	切当·	切当 切同	切当 切
打打 咚咚	0 咚·	咚咚 咚	0 咚 咚	咚咚 咚	0 咚·

切当 切同	切当·	切当 切同	切当·	切当 切同	切当·
咚咚 咚	0 咚 咚	咚咚 咚	0 咚 咚	0 咚 咚	0 咚 咚

切当 切同	切当·	切当 切同	切当·	切当 切同	切当·
0 咚·	咚咚 咚	0 咚 咚	咚咚 咚	咚咚 咚	0 咚 咚

切当 切同	切当·	切当·	切当 切同	切当 切同	切当 切
咚咚 咚	0 咚 打	咚咚 打	咚咚 打	咚咚 打打	打咚 打打

切当切	切当·	切当·	切当·
打打 打	打打 打	打打·	0 0

“拢结式”鼓谱

邢　磊　记谱
莫仕林　岑家富　演奏

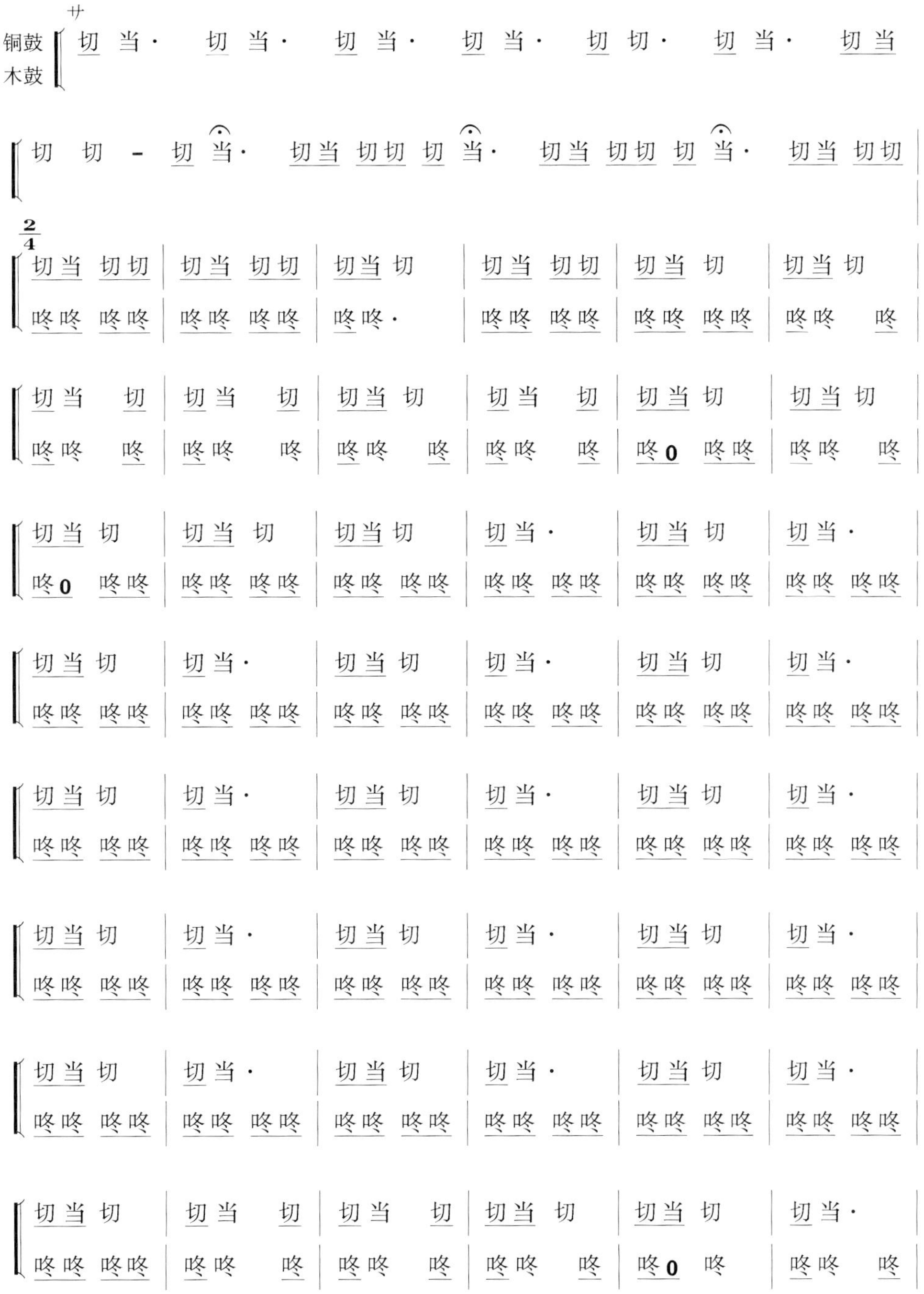

切当 切	切当·	切当 切	切当 切	切当·	切当 切
咚0 咚咚	咚咚 咚	咚0 咚咚	咚咚 咚咚	咚咚 咚咚	咚咚 咚咚

切当·	切当 切	切当·	切当 切	切当·	切当 切
咚咚 咚咚	咚咚 咚咚	咚咚 咚咚	咚咚 咚咚	咚咚 咚咚	咚咚 咚咚

切当·	切当 切	切当·	切当 切	切当·	切当 切
咚咚 咚咚	咚咚 咚咚	咚咚 咚咚	咚咚 咚咚	咚咚 咚咚	咚咚 咚咚

切当·	切当 切	切当·	切当 切	切当·	切当 切
咚咚 咚咚	咚咚 咚咚	咚咚 咚咚	咚咚 咚咚	咚咚 咚咚	咚咚 咚咚

切当·	切当 切	切当·	切当 切	切当·	切当 切
咚咚 咚咚	咚咚 咚咚	咚咚 咚咚	咚咚 咚咚	咚咚 咚咚	咚咚 咚咚

切当·	切当 切	切当·	切当 切	切当 切	切当 切
咚咚 咚咚	咚咚 咚咚	咚咚 咚咚	咚咚 咚咚	咚咚 咚咚	咚咚 咚

切当 切	切当 切	切当 切	切当 切	切当·	切当 切
咚咚 咚	咚咚 咚	咚咚 咚	咚咚 咚	咚咚 咚	咚咚 咚咚

切当·	切当 切	切当·	切当 切	切当·	切同·
咚咚·	0 0	0 0	0 0	0 0	0 0

切当·	切当 切	切当·	切当 切	切当·	切当 切
0 0	0 0	0 0	0 0	0 0	0 0咚

切当 切	切当 切	切当 切	切当 切	切当·	切当 切
咚咚 咚	咚咚 咚	咚咚 咚咚	咚0 咚咚	咚咚 咚	咚0 咚咚

切当·	切当 切	切当 切	切当 切	切当 切	切当·
咚咚 咚	咚0 咚咚	咚咚 咚咚	咚咚 咚咚	咚咚 咚咚	咚咚 咚咚

切当 切	切当·	切当 切	切当·	切当 切	切当·
咚咚 咚咚	咚咚 咚咚	咚咚 咚咚	咚咚 咚咚	咚咚 咚咚	咚咚 咚咚

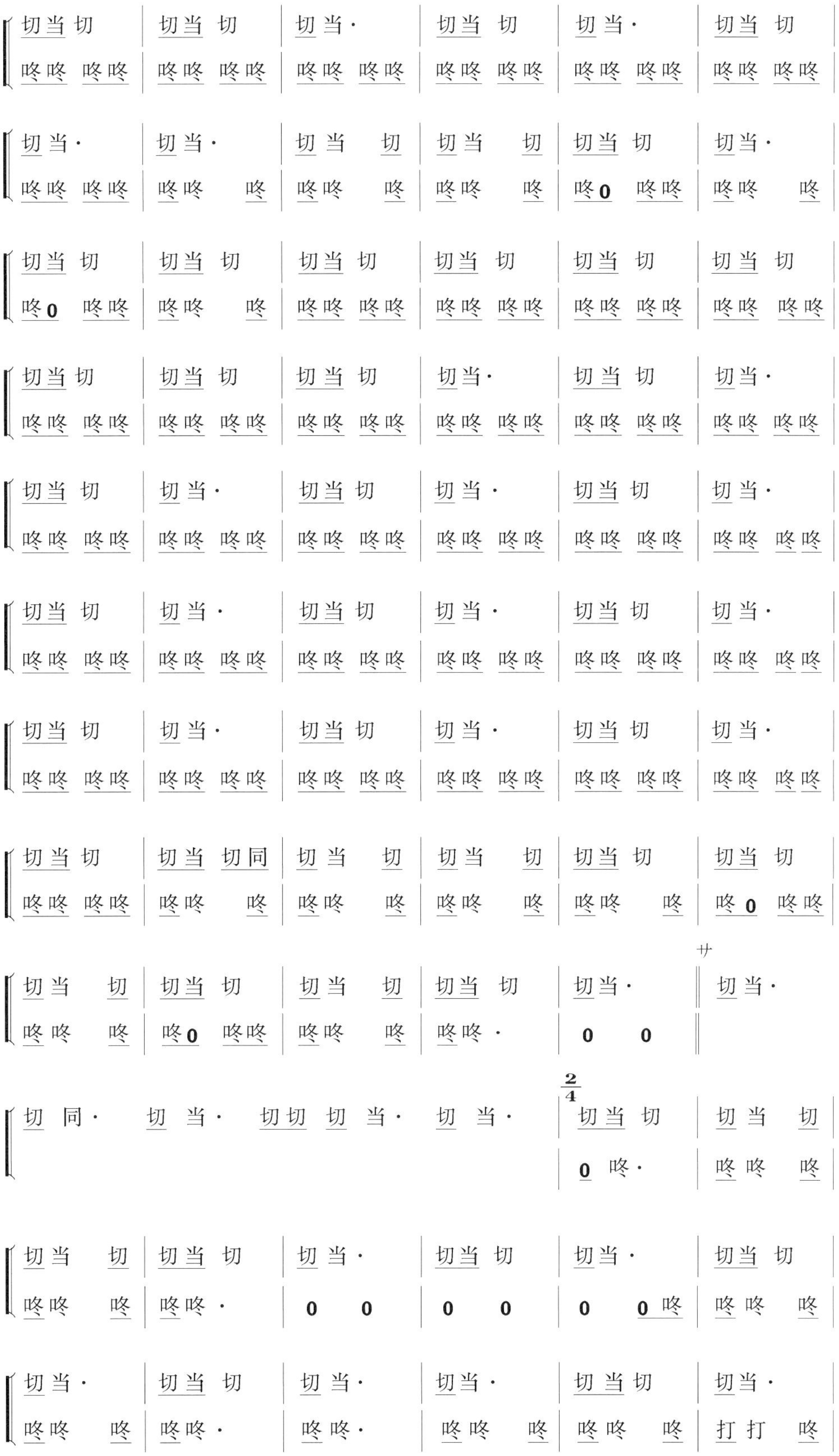

切当切 | 切当 切 | 切当· | 切当 切 | 切当· | 切当 切
咚咚 咚咚 | 咚咚 咚咚 | 咚咚 咚咚 | 咚咚 咚咚 | 咚咚 咚咚 | 咚咚 咚咚
切当· | 切当· | 切当 切 | 切当 切 | 切当 切 | 切当·
咚咚 咚咚 | 咚咚 咚 | 咚咚 咚 | 咚咚 咚 | 咚0 咚咚 | 咚咚 咚
切当 切 | 切当 切 | 切当 切 | 切当 切 | 切当 切 | 切当 切
咚0 咚咚 | 咚咚 咚 | 咚咚 咚咚 | 咚咚 咚咚 | 咚咚 咚咚 | 咚咚 咚咚
切当切 | 切当 切 | 切当 切 | 切当· | 切当 切 | 切当·
咚咚 咚咚 | 咚咚 咚咚 | 咚咚 咚咚 | 咚咚 咚咚 | 咚咚 咚咚 | 咚咚 咚咚
切当 切 | 切当· | 切当 切 | 切当· | 切当 切 | 切当·
咚咚 咚咚 | 咚咚 咚咚 | 咚咚 咚咚 | 咚咚 咚咚 | 咚咚 咚咚 | 咚咚 咚咚
切当 切 | 切当· | 切当 切 | 切当· | 切当 切 | 切当·
咚咚 咚咚 | 咚咚 咚咚 | 咚咚 咚咚 | 咚咚 咚咚 | 咚咚 咚咚 | 咚咚 咚咚
切当 切 | 切当· | 切当 切 | 切当· | 切当 切 | 切当·
咚咚 咚咚 | 咚咚 咚咚 | 咚咚 咚咚 | 咚咚 咚咚 | 咚咚 咚咚 | 咚咚 咚咚
切当切 | 切当 切同 | 切当 切 | 切当 切 | 切当 切 | 切当 切
咚咚 咚咚 | 咚咚 咚 | 咚咚 咚 | 咚咚 咚 | 咚咚 咚 | 咚0 咚咚
切当 切 | 切当 切 | 切当 切 | 切当 切 | 切当· ‖ サ 切当·
咚咚 咚 | 咚0 咚咚 | 咚咚 咚 | 咚咚· | 0 0 ‖
切 同· 切 当· 切切 切 当· 切 当· | 2/4 切当 切 | 切当 切
0 咚· | 咚咚 咚
切当 切 | 切当 切 | 切当· | 切当 切 | 切当· | 切当 切
咚咚 咚 | 咚咚· | 0 0 | 0 0 | 0 0咚 | 咚咚 咚
切当· | 切当 切 | 切当· | 切当· | 切当切 | 切当·
咚咚 咚 | 咚咚· | 咚咚· | 咚咚 咚 | 咚咚 咚 | 打打 咚

切当 切	切当·	切当·	切当·	切当·	切当·
咚咚 咚	咚咚 咚	打打 咚	咚咚 咚	打打 咚	打打 咚
切当 切同	切当·	切当·	切当 切	切当 切	切当 切
打打 打打	打打·	打打·	打打·	打打 打咚	咚咚 咚
切当 切	切当·	切当 切	切当·	切当 切	切当 切
咚咚 咚	咚咚·	0 0	0 0	0 0咚	咚咚 咚
切当 切	切当 切	切当·	切当 切	切当·	切当·
咚咚 咚	咚咚·	咚咚·	咚咚 咚	咚咚 咚	打打·
切当·	切当·	切当·	切当·	切当·	切当·
咚咚 咚	咚咚 咚	打打 咚	咚咚 咚	打打 咚	打打 咚
切当 切同	切当·	切当 切	切当 切	切当 切	切当 切
打打 打打	打打·	打打·	打打 打0	打打 打	打0 咚
切当 切	切当 切同	切当·	切当 切同	切当·	切当 切同
打打 咚	打咚 打	打打·	咚咚 打0	打咚 0	咚咚 打
切当 切	切当·	切当 切切	切当 切同	切当 切同	切当 切
打咚 打	打咚·	打咚 打打	打咚 打打	打咚 打打	咚咚 打打
切当 切同	切当 切	切当 切	切当 切	切同 切	切当·
咚咚 打打	打打 打	打打·	打打·	打打 打	打打 打
切当 切	切同 切	切当·	切当 切	切当 切	切当 切
打打 打打	咚咚 打	打打 打打	咚咚 打	打打 打打	咚咚 咚
切当 切同𝄐	切当 切	切同 切当	切当 切	切同 切当	切当 切
咚咚 咚	打打 打	打咚 打	打打 打打	咚咚 打	打打 打打
切同 切当	切当 切	切当 切	切当 切	切当 切同𝄐	切当 切
咚咚 打	打打 打	打打 打	咚咚 咚	咚咚 咚	打打 打打

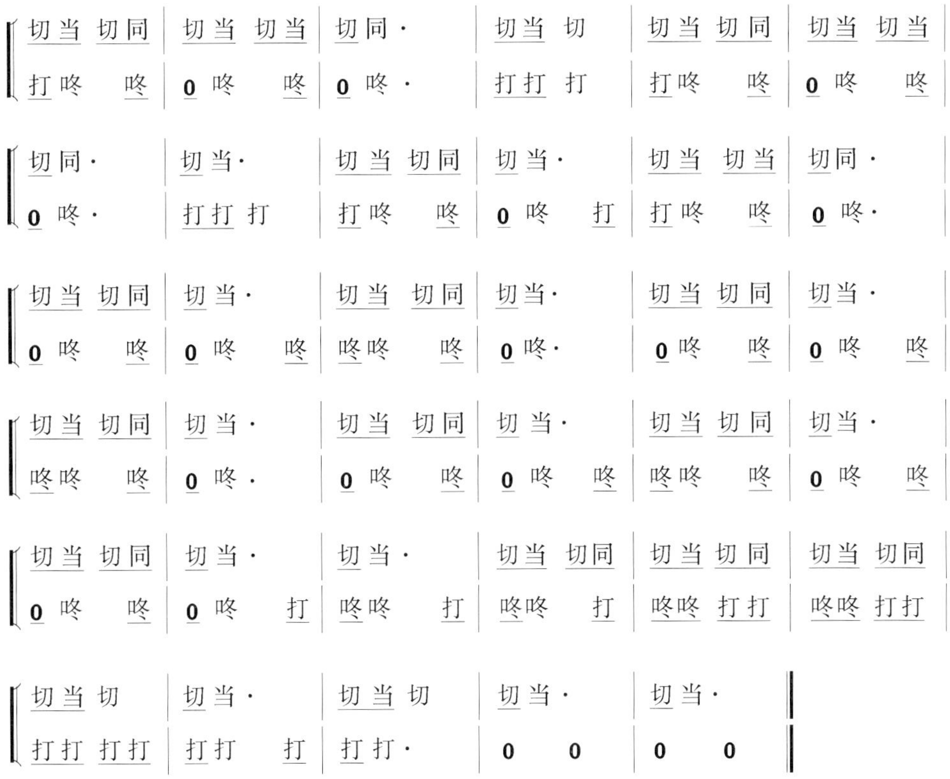

“拉纳式”鼓谱

邢　磊　记谱

岑光忠　余顺洪　演奏

切当 切切	切当 切切	切当 切	切当 切	切当 切切	切当 切切
咚咚 咚咚	咚咚 咚咚	咚咚 ·	0 0	0 0	咚咚 咚咚

切当 切切	切当 切切	切当 切	切当 切	切当 切	切当 切
咚咚 咚咚	咚咚 咚咚	咚咚 咚	咚咚 咚	咚咚 咚	咚咚 咚咚

切当 切	切当 切	切当 ·	切当 切	切当 切	切当 切
咚咚 咚	咚咚 咚咚	咚咚 咚	咚咚 咚咚	咚咚 咚咚	咚咚 咚咚

切当 切	切当 切	切当 切	切当 ·	切当 切	切当 切
咚咚 咚咚	咚咚 咚咚	咚咚 咚咚	咚咚 咚咚	咚咚 咚咚	咚咚 咚咚

切当 切	切当 切	切当 切	切当 ·	切当 切	切当 切
咚咚 咚咚	咚咚 咚咚	咚咚 咚咚	咚咚 咚咚	咚咚 咚咚	咚咚 咚咚

切当 切	切当 切	切当 ·	切当 切	切当 切	切当 切
咚咚 咚咚	咚咚 咚咚	咚咚 咚咚	咚咚 咚咚	咚咚 咚咚	咚咚 咚咚

切当 切	切当 切	切当 ·	切当 切	切当 切	切当 切同
咚咚 咚咚	咚咚 咚咚	咚咚 咚咚	咚咚 咚咚	0 咚 咚	0 咚 咚咚

切当 切	切当 切	切当 切	切当 切	切当 切切	切当 切切
咚咚 咚	咚咚 咚	咚咚 咚	咚咚 咚咚	咚咚 咚	咚咚 咚咚

切当 切	切当 切	切当 切	切当 切	切当 切	切当 ·
咚咚 咚咚	咚咚 咚	咚咚 咚咚	咚咚 咚咚	咚咚 咚咚	咚咚 咚咚

切当 切	切当 切	切当 切	切当 ·	切当 切	切当 切
咚咚 咚咚	咚咚 咚咚	咚咚 咚咚	咚咚 咚咚	咚咚 咚咚	咚咚 咚咚

切当 ·	切当 切切	切当 切	切当 切	切当 ·	切当 切
咚咚 咚	咚咚 咚	咚咚 咚	咚咚 咚	咚咚 咚咚	咚咚 咚咚

切当 切	切当 切	切当 切	切当 切	切当 切	切当 切
咚咚 咚咚	咚咚 咚咚	咚咚 咚咚	咚咚 咚咚	咚咚 咚咚	咚咚 咚咚

切当 切 | 切当 切 | 切当 切 | 切当 切 | 切当· | 切当 切 |
咚咚 咚咚 | 咚咚 咚咚 | 咚咚 咚咚 | 咚咚 咚咚 | 咚咚 咚咚 | 咚咚 咚咚 |

切当 切 | 切当 切 | 切当· | 切当 切 | 切当· | 切当 切 |
咚咚 咚咚 | 咚咚 咚咚 | 咚咚 咚咚 | 咚咚 咚咚 | 咚咚 咚 | 咚咚 咚 |

切当 切 | 切当· | 切当 切 | 切当 切 | 切当· ‖ 艹 切当·
咚咚 咚 | 咚咚 咚咚 | 咚咚 咚 | 咚咚 咚咚 | 咚咚· ‖

切当· 切当· 切当· 切同· 切当· 切切 切当· 切当·

切切 切当· 切切当 – 切当· 切切 当切· | 2/4 切当 切 | 切当· |
| 0 0打 | 打打· |

切当· | 切当· | 切当 切 | 切当 切 | 切当 切 | 切当 切切 |
打打· | 打打· | 打打 打 | 0 0 | 0 0 | 0 0 |

切当 切 | 切当 切 | 切当· | 切当· | 切当 切切 | 切当 切 |
0 0 | 0 0打 | 打打· | 打打 打 | 打打 打打 | 咚咚· |

切当 切 | 切当 切 | 切当 切同 | 切当 切 | 切同 切当 | 切当 切 |
打打 打打 | 咚咚 咚 | 咚咚 咚 | 打打 打 | 打咚 打 | 打打 打打 |

切同 切当 | 切当 切 | 切同 切当 | 切当 切 | 切当 切 | 切当 切 |
咚咚 打 | 打打 打打 | 咚咚 打 | 打打· | 打打 打打 | 咚咚· |

切当 切同 | 切当 切 | 切同 切当 | 切当 切 | 切同 切当 | 切当 切 |
咚咚 咚 | 打打 打 | 打打 打 | 打打 打打 | 咚咚 打 | 打打 打打 |

切同 切当 | 切当 切 | 切当 切 | 切当 切 | 切当 切同 | 切当 切 |
咚咚 打 | 打打 打 | 打打 打打 | 咚咚 咚 | 咚咚 咚 | 打打 打 |

切当 切同 | 切当 切当 | 切同· | 切当 切 | 切当 切同 | 切当 切当 |
打咚 咚 | 0 咚 咚 | 0 咚· | 打打 打 | 打咚 咚 | 0 咚 咚 |

切同 切	切当 切	切当 切同	切当 切	切同 切当	切同 ·
0 咚 ·	打打 打	打咚 咚	0 咚 打	打咚 咚	0 咚 ·

切当 切	切同 切当	切当 切	切同 切当	切当 切	切同 切当
打打 打	打打 打打	咚咚 咚	咚咚 咚	0 咚 咚	打打 打

切当 切	切当 切	切当 切	切当 切同	切当 切	切当 切同
打打 打打	咚咚 咚	咚咚 咚	0 咚 咚	打打 打	打咚 咚

切当 切当	切同 ·	切当 切	切当 切同	切当 切当	切同 切
0 咚 咚	0 咚 ·	打打 打	打咚 咚	0 咚 咚	0 咚 ·

切当 切	切当 切同	切当 切	切同 切当	切同 切	切当 切同
打打 打	打咚 咚	0 咚 打	打咚 咚	0 咚 咚	咚咚 咚

切当 切	切当 切同	切当 切切	切当 切同	切当 切切	切当 切
0 咚 咚	咚咚 咚	0 咚 咚	咚咚 咚	0 咚 打	打咚 打

切当 切	切当 切	切当 切	切当 切	切当 切切	切当 ·
打咚 打打	打咚 打打	打打 ·	打 打 ·	打打 打打	打咚 ·

切当 切	切当 ·	切当 切同	切当 切	切同 切当	切当 切
打打 打打	咚咚 咚	咚咚 咚	打打 打	打咚 咚	打打 打打

切同 切当	切当 切	切同 切当	切当 切	切当 切	切当 切
咚咚 打	打打 打打	咚咚 打	打打 打	打打 打打	咚咚 打

切当 切同	切当 切	切当 切同	切当 切当	切同 ·	切当 切
打咚 咚	打打 打	打咚 咚	0 咚 咚	0 咚 ·	打打 打

切当 切同	切当 切当	切同 ·	切当 切	切当 切同	切当 切
打咚 咚	0 咚 咚	0 咚 ·	打打 打打	打咚 咚	0 咚 打

切同 切当	切同 切	切当 切同	切当 切切	切当 切同	切当 切
打咚 咚	0 咚 咚	咚咚 咚	0 咚 咚	咚咚 咚	0 咚 咚

“九立式”鼓谱

邢　磊　记谱

莫仕林　岑家富　演奏

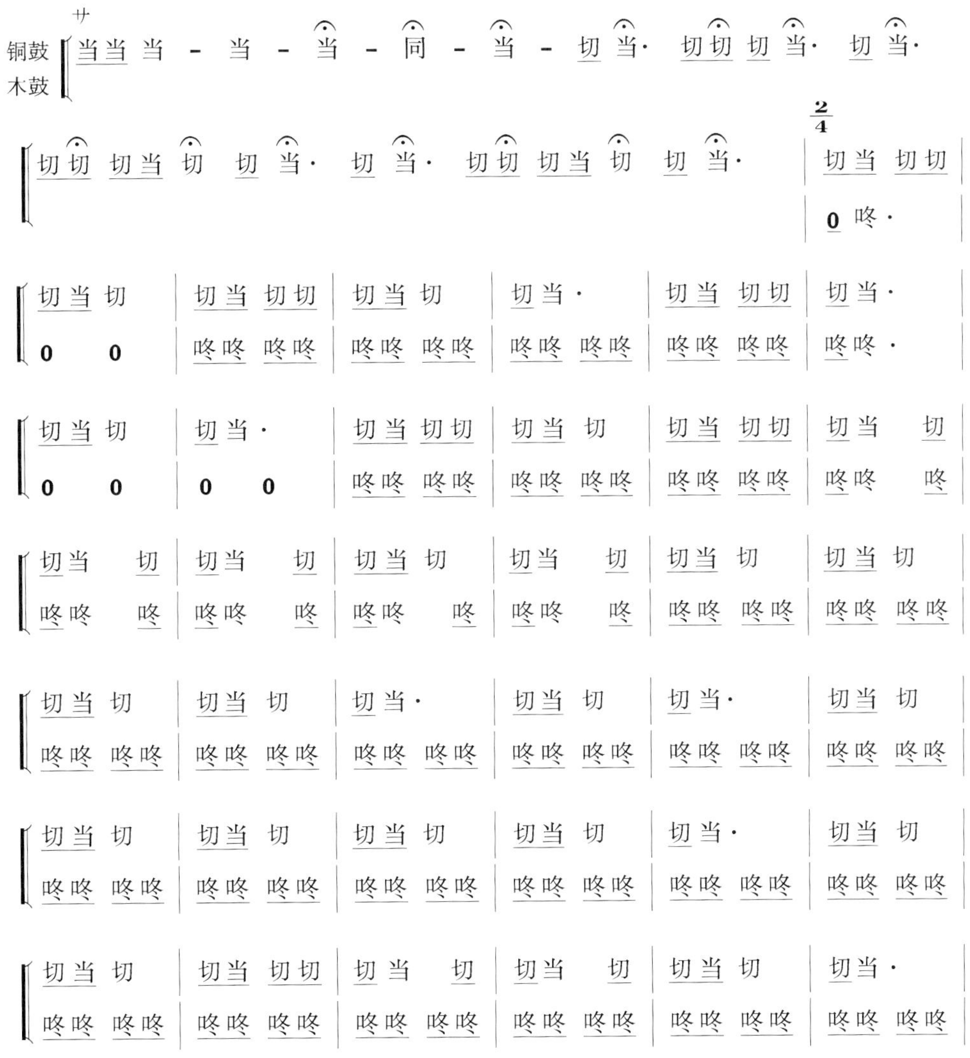

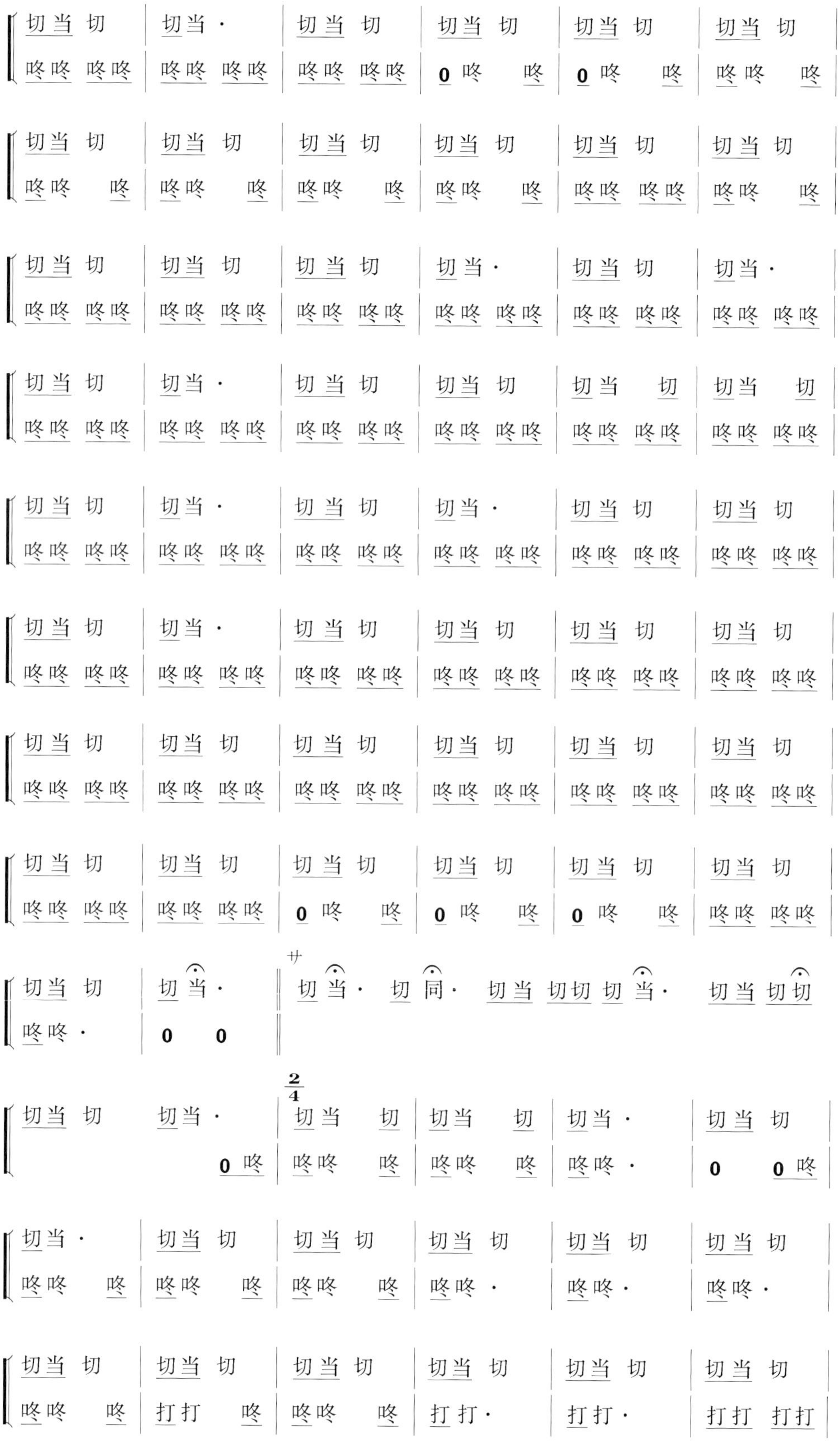
切当 切 | 切当· | 切当 切 | 切当 切 | 切当 切 | 切当 切 |
咚咚 咚咚 | 咚咚 咚咚 | 咚咚 咚咚 | 0 咚 咚 | 0 咚 咚 | 咚咚 咚 |
切当 切 | 切当 切 | 切当 切 | 切当 切 | 切当 切 | 切当 切 |
咚咚 咚 | 咚咚 咚 | 咚咚 咚 | 咚咚 咚 | 咚咚 咚咚 | 咚咚 咚 |
切当 切 | 切当 切 | 切当 切 | 切当· | 切当 切 | 切当· |
咚咚 咚咚 | 咚咚 咚咚 | 咚咚 咚咚 | 咚咚 咚咚 | 咚咚 咚咚 | 咚咚 咚咚 |
切当 切 | 切当· | 切当 切 | 切当 切 | 切当 切 | 切当 切 |
咚咚 咚咚 | 咚咚 咚咚 | 咚咚 咚咚 | 咚咚 咚咚 | 咚咚 咚咚 | 咚咚 咚咚 |
切当 切 | 切当· | 切当 切 | 切当· | 切当 切 | 切当 切 |
咚咚 咚咚 | 咚咚 咚咚 | 咚咚 咚咚 | 咚咚 咚咚 | 咚咚 咚咚 | 咚咚 咚咚 |
切当 切 | 切当· | 切当 切 | 切当 切 | 切当 切 | 切当 切 |
咚咚 咚咚 | 咚咚 咚咚 | 咚咚 咚咚 | 咚咚 咚咚 | 咚咚 咚咚 | 咚咚 咚咚 |
切当 切 | 切当 切 | 切当 切 | 切当 切 | 切当 切 | 切当 切 |
咚咚 咚咚 | 咚咚 咚咚 | 咚咚 咚咚 | 咚咚 咚咚 | 咚咚 咚咚 | 咚咚 咚咚 |
切当 切 | 切当 切 | 切当 切 | 切当 切 | 切当 切 | 切当 切 |
咚咚 咚咚 | 咚咚 咚咚 | 0 咚 咚 | 0 咚 咚 | 0 咚 咚 | 咚咚 咚咚 |
切当 切 | 切 当· ‖ 艹 切 当· 切 同· 切当 切切 切 当· 切当 切切
咚咚· | 0 0 ‖
切当 切 切当· | 2/4 切当 切 | 切当 切 | 切当· | 切当 切 |
0 咚 | 咚咚 咚 | 咚咚 咚 | 咚咚· | 0 0 咚 |
切当· | 切当 切 | 切当 切 | 切当 切 | 切当 切 | 切当 切 |
咚咚 咚 | 咚咚 咚 | 咚咚 咚 | 咚咚· | 咚咚· | 咚咚· |
切当 切 | 切当 切 | 切当 切 | 切当 切 | 切当 切 | 切当 切 |
咚咚 咚 | 打打 咚 | 咚咚 咚 | 打打· | 打打· | 打打 打打 |

切当 切	切当·	切当 切	切当 切	切当 切	切当 切
打打 打	打打·	打打·	打打·	打打 打	打打·

切当·	切当 切	切当·	切当 切	切当 切	切当·
0 0	0 0	0 0咚	咚咚 咚	咚咚 咚	咚咚 咚

切当 切	切当·	切当 切	切当·	切当 切	切当 切
咚咚·	0 0	0 0	0 0咚	咚咚 咚	咚咚 咚

切当·	切当 切	切当·	切当 切	切当 切	切当 切
咚咚 咚	咚咚·	0 0	0 0咚	咚咚 咚	咚咚 咚

切当 切	切当 切	切当 切	切当 切	切当 切	切当 切
咚咚 咚	咚咚 打	打打 咚	打打 咚	打打 打	打打 打

切当 切	切当 切	切当·	切当 切	切当 切	切当 切
打打 打	打打·	打打 0	打打·	打打·	打打 打

切当 切	切当·	切当 切	切当·	切当 切	切当 切
打打·	0 0	0 0	0 0咚	咚咚 咚	咚咚 咚

切当·	切当 切	切当·	切当 切	切当·	切当 切
咚咚 咚	咚咚·	0 0	0 0	0 0咚	咚咚 咚

切当 切	切当·	切当 切	切当·	切当 切	切当 切
咚咚 咚	0 0	0 0	0 0咚	咚咚 咚	咚咚 咚

切当 切	切当 切	切当 切	切当 切	切当 切	切当 切
咚咚 咚	咚咚 咚	咚咚 咚	打打 咚	咚咚 咚	打打·

切当 切	切当 切同	切当 切	切当·	切当·	切当 切
打打·	打打 打打	打打 打	打打·	打打·	打打 打

切当 切	切当 切	切当 切	切当 切	切当 切同	切当·
咚打·	咚打 打	打咚 打打	打咚 打打	打咚 打打	打咚·
切当 切同	切当 切切	切当·	切当 切切	切当 切同	切当 切同
打咚 打打	打咚 打打	打咚·	打咚 打打	打咚 打打	打咚 打打
切当 切同	切当 切	切当 切	切当 切	切当·	切当 切
打咚 打打	打咚 打打	打打 打	打打 打	打打 打	打打 打
切当 切	切当 切	切当 切	切当 切同	切当 切	切当 切同
打打 打	打打·	打咚 打	打咚 打打	打咚 打打	打咚 打打
切当 切切	切当·	切当 切同	切当 切同	切当 切	切当 切
打咚 打打	打打·	打咚 打打	打咚 打打	打咚 打打	打打 打
切当 切	切当 切	切当 切	切当 切	切当 切	切当 切
打打 打	打打 打	打打 打	打打 打	打打 打	打咚 打
切当 切	切当 切	切当 切同	切当·	切当 切同	切当·
打咚 打打	打咚 打	打咚 打打	打咚 打	打咚 打打	打咚 打打
切当 切	切当 切	切当 切	切当 切	切当·	切当 切
打咚 打打	打咚 打打	打打 打打	打打 打	打打 打	打打 打
切当 切	切当·	切当 切	切当 切	切当 切	切当 切同
打打 打打	咚咚 打	打打 打	打打 打打	咚咚·	咚咚 咚
切当 切	切同 切当	切当 切	切同 切当	切当 切	切同 切当
打打 打	打咚 打	打打 打打	咚咚 打	打打 打打	咚咚 打
切当 切	切当 切	切当 切	切当 切同	切当 切	切当 切同
打打 打	打打 打打	咚咚 咚	咚咚 咚	打打 打	0 咚 咚

切当 切当	切同 切	切当 切	切当 切同	切当 切当	切同 切
0 咚 咚	0 咚 ·	打打 打	0 咚 咚	0 咚 咚	0 咚 ·

切当 切	切当 切同	切当 切	切同 切当	切 同 切	切当 切
打打 打	0 打 0 打	0 打 0 打	打咚 咚	0 咚 0 打	打打 打

切同 切当	切同 切	切同 切当	切同 切	切同 切当	切同 切
打咚 打	0 打 打打	咚咚 打	0 打 打打	咚咚 打	打打 打

切当 切	切当 切	切当 切同	切当 切	切当 切同	切当 切当
打打 咚	咚咚 咚	0 咚 咚	打打 打	打咚 咚	0 咚 咚

切同 ·	切当 切	切当 切同	切当 切当	切同 切	切当 切
0 咚 ·	打打 打	0 咚 咚	0 咚 咚	0 咚 ·	打打 打

切当 切同	切当 切	切同 切当	切同 切	切当 切同	切当 切
打咚 咚	0 咚 咚	咚咚 咚	0 咚 0 咚	咚咚 咚	0 咚 咚

切当 切同	切当 切	切当 切同	切当 切	切当 切同	切当 切
咚咚 咚	0 咚 咚	咚咚 咚	0 咚 咚	咚咚 咚	0 咚 咚

切当 切同	切当 切	切当 切同	切当 切	切当 切同	切当 切
咚咚 咚	0 咚 咚	咚咚 咚	0 咚 咚	咚咚 咚	0 咚 0 咚

切当 切同	切当 切	切当 切同	切当 切	切当 切	切当 切
咚咚 咚	0 咚 咚	咚咚 咚	0 咚 ·	打打 ·	打打 打

切当 切	切当 切	切当 切	切当 切	切当 切同	切当 切
打打 打打	咚咚 打	打打 打打	咚咚 咚	咚咚 咚	打打 打

切同 切当	切当 切	切同 切当	切当 切	切同 切当	切当 切
打咚 打	打打 打打	咚咚 打	打打 打打	咚咚 打	打打 打

切当 ·	切当 ·	切当 ·	切当 ·	切当 切	切当 ·
咚咚 咚咚	咚咚 咚咚	咚咚 咚咚	咚咚 咚咚	咚咚 咚咚	咚咚 咚咚
切当 ·	切当 ·	切当 ·	切当 切	切当 ·	切当 切
咚咚 咚咚	咚咚 咚咚	咚咚 咚咚	咚咚 咚咚	咚咚 咚咚	咚咚 咚咚
切当 ·	切当 切	切当 ·	切当 切切	切当 ·	切当 切
咚咚 咚咚	咚咚 咚咚	咚咚 咚咚	咚咚 咚咚	咚咚 咚咚	咚咚 咚咚
切当 切	切当 ·	切当 切	切当 ·	切当 ·	切当 切
咚咚 咚咚	咚咚 咚咚	咚咚 咚咚	咚咚 咚咚	咚咚 咚咚	咚咚 咚咚
切当 ·	切当 切	切当 ·	切当 切	切当 ·	切当 ·
咚咚 咚咚	咚咚 咚咚	咚咚 咚咚	咚咚 咚咚	咚咚 咚咚	咚咚 咚咚
切当 切	切当 ·	切当 ·	切当 ·	切当 ·	切当 ·
咚咚 咚咚	咚咚 咚咚	咚咚 咚咚	咚咚 咚咚	咚咚 咚咚	咚咚 咚咚
切当 ·	切当 ·	切当 ·	切当 ·	切当 ·	切当 ·
咚咚 咚咚	咚咚 咚咚	咚咚 咚咚	咚咚 咚咚	咚咚 咚咚	咚咚 咚咚
切当 ·	切当 ·	切当 ·	切当 切	切当 ·	切当 切
咚咚 咚咚	咚咚 咚咚	咚咚 咚咚	咚咚 咚咚	咚咚 咚咚	咚咚 咚咚
切当 ·	切当 切	切当 ·	切当 切切	切当 切	切当 ·
咚咚 咚咚	咚咚 咚咚	咚咚 咚咚	咚咚 咚咚	咚咚 咚咚	咚咚 咚咚
切当 切	切当 切	切当 切	切当 ·	切当 切	切当 切
咚咚 咚咚	咚咚 咚咚	咚咚 咚咚	咚咚 咚咚	咚咚 咚咚	咚咚 咚咚
切当 ·	切当 切	切当 切	切当 切	切当 ·	切当 切
咚咚 咚咚	咚咚 咚咚	咚咚 咚咚	咚咚 咚咚	咚咚 咚咚	咚咚 咚咚
切当 ·	切当 ·	切当 切	切当 ·	切当 ·	切当 ·
咚咚 咚咚	咚咚 咚咚	咚咚 咚咚	咚咚 咚咚	咚咚 咚咚	咚咚 咚咚

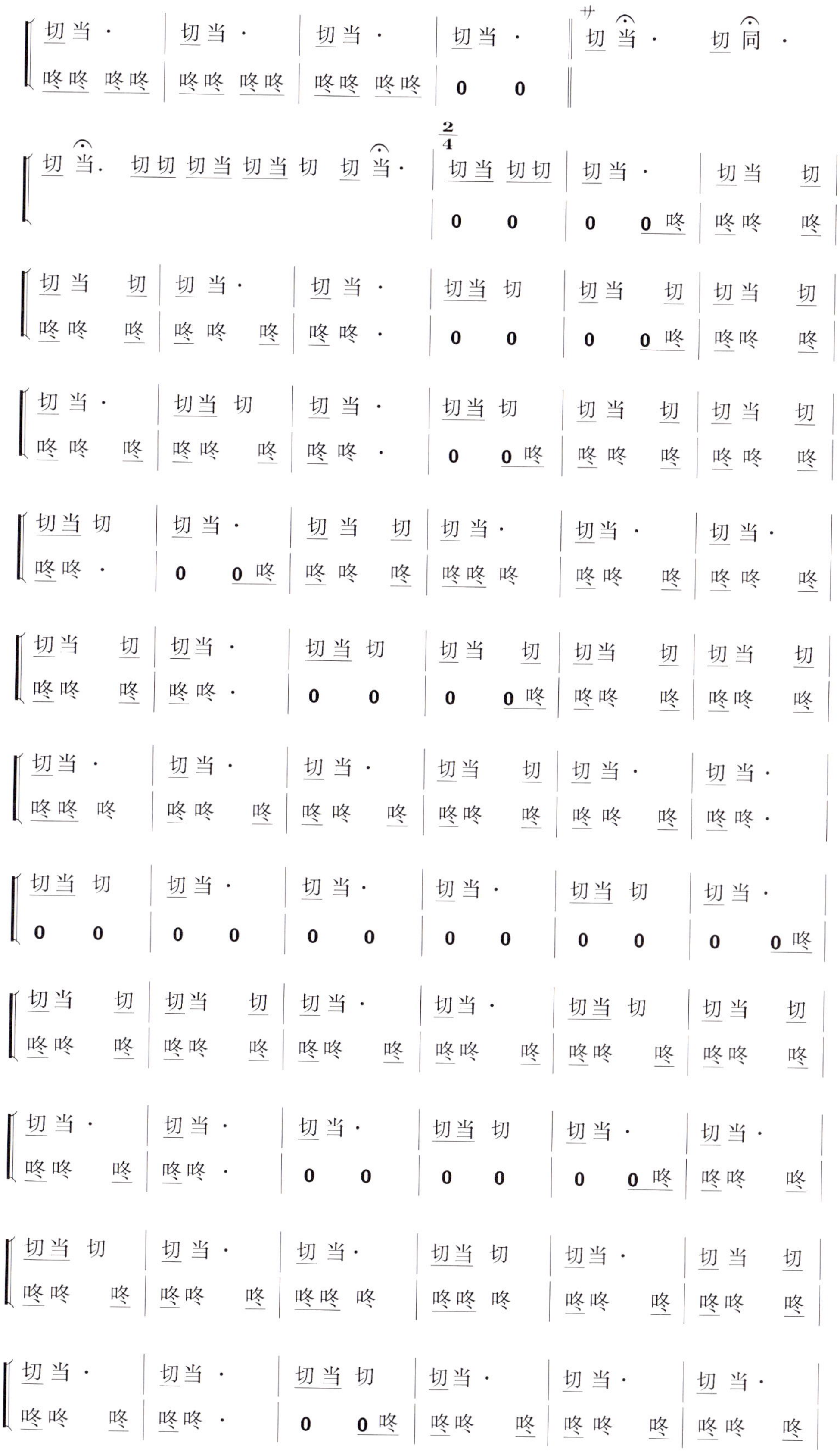
切当· | 切当· | 切当· | 切当· ‖ 卄 切当· 切同·
咚咚 咚咚 | 咚咚 咚咚 | 咚咚 咚咚 | 0 0 ‖
切当. 切切 切当 切当 切 切当· | 2/4 切当 切切 | 切当· | 切当 切 |
0 0 | 0 0咚 | 咚咚 咚 |
切当 切 | 切当· | 切当· | 切当 切 | 切当 切 | 切当 切 |
咚咚 咚 | 咚咚 咚 | 咚咚 · | 0 0 | 0 0咚 | 咚咚 咚 |
切当· | 切当 切 | 切当· | 切当 切 | 切当 切 | 切当 切 |
咚咚 咚 | 咚咚 咚 | 咚咚 · | 0 0咚 | 咚咚 咚 | 咚咚 咚 |
切当 切 | 切当· | 切当 切 | 切当· | 切当· | 切当· |
咚咚 · | 0 0咚 | 咚咚 咚 | 咚咚 咚 | 咚咚 咚 | 咚咚 咚 |
切当 切 | 切当· | 切当 切 | 切当 切 | 切当 切 | 切当 切 |
咚咚 咚 | 咚咚 · | 0 0 | 0 0咚 | 咚咚 咚 | 咚咚 咚 |
切当· | 切当· | 切当· | 切当 切 | 切当· | 切当· |
咚咚 咚 | 咚咚 咚 | 咚咚 咚 | 咚咚 咚 | 咚咚 咚 | 咚咚 · |
切当 切 | 切当· | 切当· | 切当· | 切当 切 | 切当· |
0 0 | 0 0 | 0 0 | 0 0 | 0 0 | 0 0咚 |
切当 切 | 切当 切 | 切当· | 切当· | 切当 切 | 切当 切 |
咚咚 咚 | 咚咚 咚 | 咚咚 咚 | 咚咚 咚 | 咚咚 咚 | 咚咚 咚 |
切当· | 切当· | 切当· | 切当 切 | 切当· | 切当· |
咚咚 咚 | 咚咚 · | 0 0 | 0 0 | 0 0咚 | 咚咚 咚 |
切当 切 | 切当· | 切当· | 切当 切 | 切当· | 切当 切 |
咚咚 咚 | 咚咚 咚 | 咚咚 咚 | 咚咚 咚 | 咚咚 咚 | 咚咚 咚 |
切当· | 切当· | 切当 切 | 切当· | 切当· | 切当· |
咚咚 咚 | 咚咚 · | 0 0咚 | 咚咚 咚 | 咚咚 咚 | 咚咚 咚 |

切当 切	切当 切切	切当 切	切当 ·	切当 切	切当 切切
咚咚 咚咚	咚咚 咚咚	咚咚 咚咚	咚咚 咚咚	咚咚 咚咚	咚咚 咚咚
切当 切	切当 ·	切当 切	切当 ·	切当 切	切当 切
咚咚 咚咚	咚咚 咚咚	咚咚 咚咚	咚咚 咚咚	咚咚 咚咚	咚咚 咚咚
切当 ·	切当 切切	切当 切	切当 ·	切当 切	切当 切
咚咚 咚咚	咚咚 咚咚	咚咚 咚咚	咚咚 咚咚	咚咚 咚咚	咚咚 咚咚
切当 ·	切当 切	切当 ·	切当 切	切当 切	切当 ·
咚咚 咚咚	咚咚 咚咚	咚咚 咚咚	咚咚 咚咚	咚咚 咚咚	咚咚 咚咚
切当 ·	切当 切	切当 ·	切当 切切	切当 切	切当 切
咚咚 咚咚	咚咚 咚咚	咚咚 咚咚	咚咚 咚咚	咚咚 咚咚	咚咚 咚咚
切当 切	切当 切	切当 切	切当 ·	切当 切切	切当 切
咚咚 咚咚	咚咚 咚咚	咚咚 咚咚	咚咚 咚咚	咚咚 咚咚	咚咚 咚咚
切当 ·	切当 切	切当 切	切当 ·	切当 切	切当 ·
咚咚 咚咚	咚咚 咚咚	咚咚 咚咚	咚咚 咚咚	咚咚 咚咚	咚咚 咚咚
切当 ·	切当 切	切当 ·	切当 切	切当 ·	切当 切
咚咚 咚咚	咚咚 咚咚	咚咚 咚咚	咚咚 咚咚	咚咚 咚咚	咚咚 咚咚
切当 切	切当 ·	切当 切	切当 切	切当 切	切当 切切
咚咚 咚咚	咚咚 咚咚	咚咚 咚咚	咚咚 咚咚	咚咚 咚咚	咚咚 咚咚
切当 切	切当 切	切当 ·	切当 切	切当 切	切当 切
咚咚 咚咚	咚咚 咚咚	咚咚 咚咚	咚咚 咚咚	咚咚 咚咚	咚咚 咚咚
切当 ·	切当 切	切当 ·	切当 切切	切当 切	切当 ·
咚咚 咚咚	咚咚 咚咚	咚咚 咚咚	咚咚 咚咚	咚咚 咚咚	咚咚 咚咚
切当 ·	切当 切	切当 切	切当 切	切当 ·	切当 切
咚咚 咚咚	咚咚 咚咚	咚咚 咚咚	咚咚 咚咚	咚咚 咚咚	咚咚 咚咚

| 切当· | 切当 切 | 切当· | 切当 切切 | 切当 切 | 切当· |
| 咚咚 咚咚 | 咚咚 咚咚 | 咚咚 咚咚 | 咚咚 咚咚 | 咚咚 咚咚 | 咚咚 咚咚 |

| 切当· | 切当 切 | 切当· | 切当 切切 | 切当· | 切当 切 |
| 咚咚 咚咚 | 咚咚 咚咚 | 咚咚 咚咚 | 咚咚 咚咚 | 咚咚 咚咚 | 咚咚 咚咚 |

| 切当 切 | 切当 切 | 切当· | 切当 切 | 切当 切 | 切当 切 |
| 咚咚 咚咚 | 咚咚 咚咚 | 咚咚 咚咚 | 咚咚 咚咚 | 咚咚 咚咚 | 咚咚 咚咚 |

| 切当 切 | 切当 切 | 切当· | 切当 切 | 切当 切 | 切当 切切 |
| 咚咚 咚咚 | 咚咚 咚咚 | 咚咚 咚咚 | 咚咚 咚咚 | 咚咚 咚咚 | 咚咚 咚咚 |

| 切当· | 切当 切 | 切当 切 | 切当· | 切当· | 切当 切 |
| 咚咚 咚咚 | 咚咚 咚咚 | 咚咚 咚咚 | 咚咚 咚咚 | 咚咚 咚咚 | 咚咚 咚咚 |

| 切当· | 切当 切 | 切当· ‖ ++ 切 当· 切 当· 切 同· 切当
| 咚咚 咚咚 | 咚咚 咚咚 | 咚咚· ‖

切切 切 当· 切当 切 切当· 切当 切切 切 当· 切当 切 切 当·

切当 切切 切当 切 切 当· 切当 切 切当· | $\frac{2}{4}$ 切当 切 | 切 当· |
| 0 0 | 0 0咚 |

| 切当 切 | 切当 切 | 切当 切 | 切当· | 切当 切切 | 切当· |
| 咚咚 咚 | 咚咚 咚 | 咚0 咚咚 | 咚咚 咚 | 咚咚 咚 | 咚咚· |

| 切当 切 | 切当· | 切当 切 | 切当 切 | 切当 切 | 切当· |
| 0 0 | 0咚· | 咚咚 咚 | 咚咚 咚 | 咚0 咚咚 | 咚咚 咚 |

| 切当 切 | 切当· | 切当 切 | 切当· | 切当 切 | 切当 切 |
| 咚咚 咚 | 咚0 · | 0 0 | 0咚· | 咚咚 咚 | 咚咚 咚 |

| 切当 切 | 切当 切 | 切当 切 | 切当· | 切当 切 | 切当 切 |
| 咚0 咚咚 | 咚咚 咚 | 咚咚 咚 | 打打· | 咚咚 咚 | 咚咚 咚 |

切当 ·	切当 切	切当 切	切当 ·	切当 切	切当 切
打打 ·	咚咚 咚	咚咚 咚	打打 ·	咚咚 咚	咚咚 咚

切当 ·	切当 ·	切当 切同	切当 ·	切当 ·	切当 ·
打打 咚	打打 咚	打打 打	打打 打	打打 打	打打 打

切当 切	切当 切	切当 ·	切当 切	切当 ·	切当 切
打打 ·	打打 打	打打 ·	0 0	0 咚 ·	咚咚 咚

切当 切	切当 ·	切当 ·	切当 ·	切当 ·	切当 切
咚0 咚咚	咚咚 咚	咚0 咚咚	咚咚 咚	打打 ·	咚咚 咚

切当 ·	切当 ·	切当 切	切当 切	切当 ·	切当 ·
咚咚 咚	打打 ·	咚咚 咚	咚咚 咚	打打 咚	打打 咚

切当 切同	切当 ·	切当 ·	切当 ·	切当 ·	切当 ·
打打 打	打打 ·	打打 ·	打打 打	打打 咚	咚咚 咚

切当 切	切当 ·	切当 切	切当 ·	切当 切	切当 切
咚咚 咚	咚咚 ·	0 0	0 0咚	咚咚 咚	咚咚 咚

切当 ·	切当 切	切当 切	切当 ·	切当 切	切当 切
打打 ·	0 咚 咚	咚咚 咚	打打 ·	咚咚 咚	咚咚 咚

切当 ·	切当 切	切当 切	切当 ·	切当 切	切当 切同
打打 ·	咚咚 咚	咚咚 咚	打打 咚	打打 咚	打打 打打

切当 ·	切当 ·	切当 ·	切当 ·	切当 ·	切当 ·
打打 ·	打打 ·	打打 打	打打 ·	打打 打	打打 ·

切当 ·	切当 ·	切当 ·	切当 ·	切当 ·	切当 ·
打打 ·	打打 打打	咚咚 咚	打打 ·	打打 打打	咚咚 咚

切当 切同	切当 切	切同 切当	切当 切	切同 切当	切当 切切
咚咚 咚	打打 打	打咚 打	打打 打打	咚咚 打	打打 打打

切同 切当	切当 ·	切当 切	切同 ·	切当 切同𝄐	切当 ·
咚咚 打	打打 打	打打 打打	咚咚 咚	咚咚 咚	打打 打
切当 切同	切当 切当	切同 ·	切当 切	切当 切同	切当 切当
打打 咚	0 咚 咚	0 咚 打	打打 打	打打 咚	0 咚 咚
切同 ·	切当 ·	切当 切同	切当 ·	切同 切当	切同 ·
0 咚 ·	打打 打	咚打 咚	0 咚 打	打打 咚	0 咚 ·
切当 切	切同 切当	切当 切切	切同 切当	切当 切切	切同 切切
打打 打	打咚 打	打打 打打	咚咚 打	打打 打打	咚咚 打
切同 切	切当 切同𝄐	切当 切	切当 切同	切当 切当	切同 ·
打打 ·	0 咚 咚	打打 打	打打 咚	0 咚 咚	0 咚 打
切当 切	切当 切同	切当 ·	切同 切当	切同 ·	切当 切同
打打 打	打咚 咚	0 咚 打	打打 咚	0 咚 咚	0 咚 打
切当 切	切当 切同	切当 切	切当 ·	切当 切同	切当 切
0 咚 咚	咚咚 咚	0 咚 打	咚咚 咚	咚咚 咚	0 咚 ·
切当 切同	切当 ·	切当 ·	切当 切同	切当 ·	切当 切同
咚打 咚	0 咚 咚	咚咚 咚	咚咚 咚	咚咚 咚	咚咚 咚
切当 ·	切当 ·	切当 切同	切当 ·	切当 ·	切当 切
咚咚 打	咚咚 咚	咚咚 咚	打打 ·	打打 ·	打打 打
切当 ·	切当 切	切当 ·	切当 切同𝄐	切当 切当	切同 切当
咚咚 ·	打打 打打	咚咚 咚	咚咚 咚	打打 打	打打 打
切当 切	切同 切当	切当 切	切同 切当	切当 切	切当 切切
打打 打打	咚咚 打	打打 打打	咚咚 打	打打 打	打打 打打
切同 切	切当 切同𝄐	切当 切	切当 切同	切当 切当	切同 ·
咚咚 咚	咚咚 咚	打打 打	打咚 咚	0 咚 咚	0 咚 打

切当 ·	切当 切同	切当 切当	切同 ·	切当 ·	切当 切同
打打 打	打咚 咚	0 咚 咚	0 咚 打	打打 打	打咚 咚

切当 ·	切同 切当	切同 ·	切当 切同	切当 切	切当 切同
0 咚 打	打咚 咚	0 咚 咚	咚咚 咚	0 咚 咚	咚咚 咚

切当 切	切当 切同	切当 ·	切当 切同	切当 ·	切当 切同
0 咚 咚	咚咚 咚	0 咚 咚	咚咚 咚	0 咚 咚	咚咚 咚

切当 切同	切当 ·	切当 切同	切当 ·	切当 ·	切当 ·	切当 · ‖
0 咚 咚	0 咚 打打	打咚 打打	打打 打	打打 ·	打打 打	打打 · ‖

注：
“当”：表示右手敲击铜鼓太阳纹中心；
“同”：表示右手敲击铜鼓太阳纹光晕；
“切”：表示左手敲击铜鼓鼓腰；
“咚”：表示敲击木鼓鼓面；
“打”：表示敲击木鼓鼓沿。

三都水族铜鼓谱

邢　磊　记谱

右手　铜鼓	当　0	0　0	当　同当	当　同当	当　同当
左手　铜鼓	切切　切切	切切　切切	切切　切切	切切　切切	切切　切切
木桶	当　嗡	当　嗡	当　嗡	当　嗡	当　嗡
皮鼓	咚咚　咚咚	咚打打　咚咚	咚咚　咚咚	咚打打　咚咚	咚打打　咚咚

当　同当	当　同当	当　同当	当　同当	当当　同当	当当　同当
切切　切切	切切　切切	切切　切切	切切　切切	切切　切切	切切　切切
当　嗡	当　嗡	当　嗡	当　嗡	当　嗡	当　嗡
咚咚　咚咚	咚咚　咚咚	咚咚　咚咚	咚打打　咚咚	咚咚　咚咚	咚打打　咚咚

当　同当	当当　同当	当　同当	当　同当	当当　同当	当　同当
切切　切切	切切　切切	切切　切切	切切　切切	切切　切切	切切　切切
当　嗡	当　嗡	当　嗡	当　嗡	当　嗡	当　嗡
咚咚　咚咚	咚打打　咚咚	咚咚　咚咚	咚打打　咚咚	咚咚　咚咚	咚打打　咚咚

当　同当	当当　同当	当当　同当	当当　同当	当当　同当	当当　同当
切切　切切	切切　切切	切切　切切	切切　切切	切切　切切	切切　切切
当　嗡	当　嗡	当　嗡	当　嗡	当　嗡	当　嗡
咚咚　咚咚	咚打打　咚咚	咚咚　咚咚	咚打打　咚咚	咚咚　咚咚	咚打打　咚咚

当当　同当	当当　同当	当当　同当	当当　同当	当当　同当	当当　同当
切切　切切	切切　切切	切切　切切	切切　切切	切切　切切	切切　切切
当　嗡	当　嗡	当　嗡	当　嗡	当　嗡	当　嗡
咚咚　咚咚	咚打打　咚咚	咚咚　咚咚	咚打打　咚咚	咚咚　咚咚	咚打打　咚咚

当· 当	当 同	当当 同当	当 同当	当 0	0 0
切切 切切	切切 切切	切切 切切	切切 切切	切切 切切	切切 切切
当 嗡	当 嗡	当 嗡	当 嗡	当 嗡	当 嗡
咚咚 咚咚	咚打打 咚咚	咚咚 咚咚	咚打打 咚咚	咚咚 咚咚	咚咚 咚咚

注：
“当”：表示右手敲击铜鼓太阳纹中心；
“同”：表示右手敲击铜鼓太阳纹光晕；
“切”：表示左手敲击铜鼓鼓腰；
“咚”：表示敲击皮鼓鼓面；
“打”：表示敲击皮鼓鼓沿；
“当”：表示将木桶放入铜鼓鼓腔；
“嗡”：表示将木桶从铜鼓鼓腔中拿出来。

布依族铜鼓十二调

邢 磊 记谱

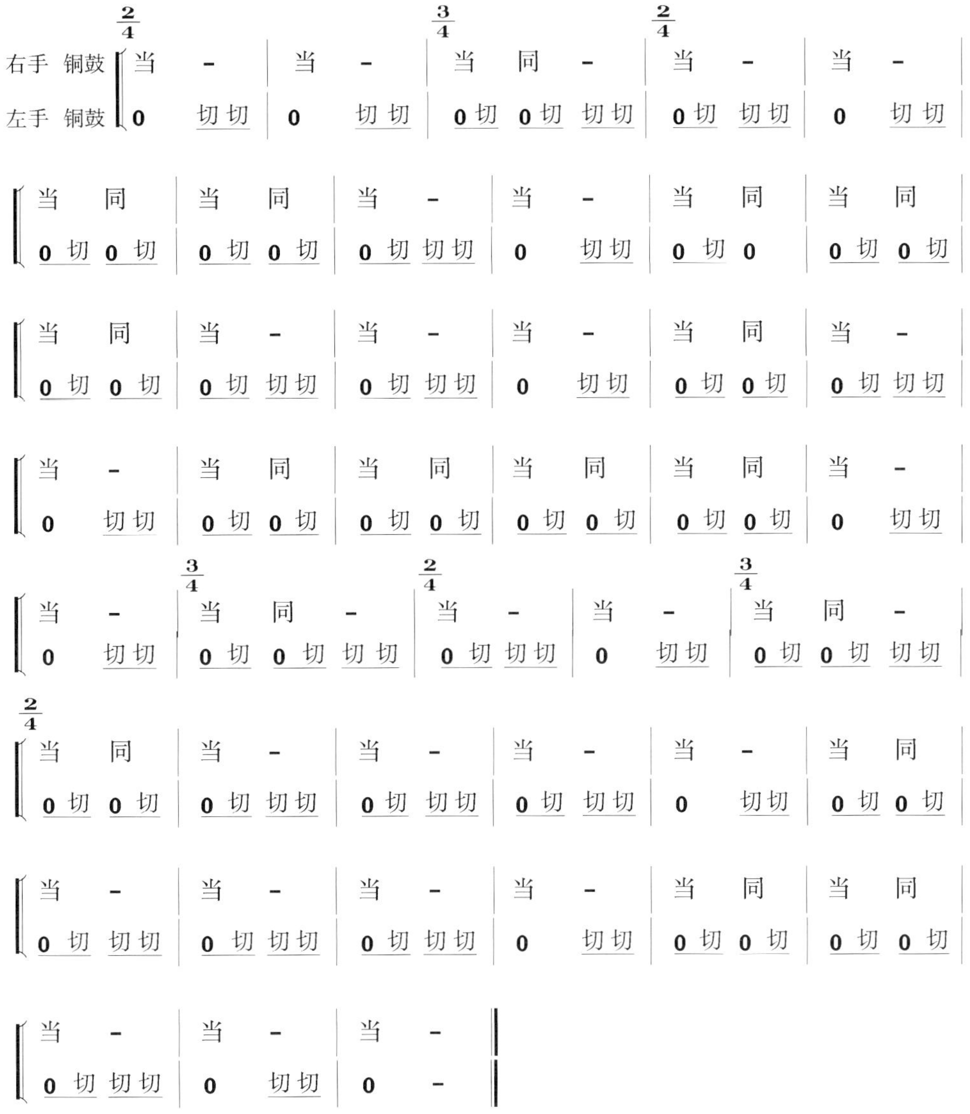

注：

“当”：表示右手敲击铜鼓太阳纹中心；

“同”：表示右手敲击铜鼓太阳纹光晕；

“切”：表示左手敲击铜鼓鼓腰。

附录二：个案调查

东兰兰阳壮族贺新房仪式铜鼓音乐调查

考察时间：2010 年 2 月 5 日 9:00—15:00

地点：东兰县长江乡兰阳村韦万义家

背景调查：笔者于 2009 年 11 月接到韦万义老人邀请，定于 2010 年 2 月 5 日赴兰阳。笔者于 2 月 5 日上午 7 点从东兰县城出发，9 点到达韦万义家。2 月 5 日早上，主家已经准备好各项事宜。铜鼓共 4 组 16 面，均为韦万义个人所有。其中 2 面为祖传铜鼓，其余为购买的铜鼓。

（一）仪式概述

1. 仪式时间与场地

兰阳壮族人贺新房的时间由宾客到来的时间而定，一般从上午 10 点到下午 4 点。地点就在新房门前的空地上。宾客来到主家，先祝贺一番，送上礼金，然后燃放自带的爆竹。宾客是陆陆续续到达的。主家热情招待宾客就座，因主家操办的是流水席，宾客一到即可用餐。在宾客用餐的同时，主家则在自家新房的前院敲打铜鼓助兴。此时，铜鼓声、爆竹声，以及宾客与主人间的欢声笑语交织在一起。此外，宾客还可以即兴敲打铜鼓，增添欢乐。

2. 仪式中的乐器

兰阳壮族人贺新房使用的乐器是铜鼓。如本家没有铜鼓，则不能使用。当地人认为，借别人家的铜鼓为自己的新居庆贺，会遭人耻笑。兰阳壮族现存麻江型铜鼓 13 面，均为私人所有。此次贺新房使用铜鼓的情况为：铜鼓Ⅰ面径 49cm，足径 47cm，胸径 44cm，高 25.5cm，上有动物纹；铜鼓Ⅱ面径 50cm，足径 50cm，胸径 43cm，高 29cm，上有动物纹，在鼓身开有 7 个形状不规则的调音孔（不规则分布于鼓身）；铜鼓Ⅲ面径 46cm，足径 46cm，胸径 39cm，高 27cm，上有人纹、鱼纹；铜鼓Ⅳ面径 47cm，足径 48cm，胸径 42cm，高 26.5cm，上有人纹。

3. 仪式中的活动主体

（1）主家及同宗兄弟

主家早在 3 个月之前即选择吉日，告知同宗族人员贺新房的农历时间，开始准备活动所需之物。在活动前一天，组织人员在新房前院摆放自家铜鼓，并试演奏铜鼓音乐。活动当天，同宗族的兄弟都会在现场帮忙准备食物、应酬宾客、收拾残席。酒席均采用流水席形式，席上通常设置一个白水火锅，并配以白切的肉、烧卤、青菜、粉丝等菜品。无论宾客何时来，都可以保证饭菜质量。

（2）亲朋及同村村民

贺新房的参与人员多是主家的亲朋及同村村民。参加贺新房的活动是客人与主家联络感情的方式。不管礼金多少，只要到活动现场中来，主家就会热情招待。即使住得很远，亲朋也会前来祝贺。

（3）鼓手

鼓手多为本村村民。在活动开始时演奏的人员是主家聘请的，待现场的活动气氛热烈时，无论是谁都可以一试身手。小鼓手混于成年人之中练习演奏，有利于他们熟悉成年人的鼓式。

（二）仪式实录

1. 祭拜祖先（9:00—9:30）

厅堂正中立着一个高约 1.5 米的长条形神台，神台下为八仙桌，是摆放祭祖供品的地方。神台往上是神龛，上面书写“韦氏门堂历代宗亲考妣之神位座”，两旁有对联：“老少平安凭祖德，子孙显贵赖宗功”。壮族人认为，祖先的亡灵具有超自然的力量，可以护佑后辈，因此形成了祖先崇拜。

2. 敲击铜鼓、点燃鞭炮（9:30）

主家在祭拜完祖先后，先敲打一轮铜鼓，然后燃放鞭炮，以此通知村里的朋友和邻居们，贺新房仪式已经开始了。

3. 宾客贺喜（10:00—15:00）

这是贺新房的主要环节。宾客陆续到来，送上礼金，燃放自带鞭炮。主家宴请宾客，在宴会之间铜鼓可以任意敲打。最后，宾客尽兴离去。

天峨都隆壮族蚂蜴节铜鼓音乐调查

（一）仪式概述

1. 仪式时间与场地

都隆壮族蚂蜴节在农历正月初一开始找蚂蜴，找到后选择子日（农历中属鼠的那一天）为葬蚂蜴的日子。在葬蚂蜴之前的这段时间，均为孝蚂蜴的时间，由村中各家自发到蚂蜴亭中上香烧纸祭祀。蚂蜴节的活动场地主要在空旷的田地及蚂蜴亭周围。

2. 仪式中的乐器

在活动中主要使用铜鼓与皮鼓。都隆村都隆屯共有铜鼓 2 面。铜鼓Ⅰ为集体共有，负责人为宁荣轩（壮族），其面径 50.8cm，足径 48.6cm，高 28cm，上有十二芒太阳纹、乳钉纹、游旗纹、十二生肖纹；铜鼓Ⅱ为集体所有，负责人为宁昌胜（壮族），其面径 47.5cm，足径 46cm，高 27cm，上有水波纹、叶脉纹、角形纹、十二生肖纹。皮鼓直径 40cm、高 20cm，使用铁钉将猪皮固定在鼓框上。

3. 仪式中的活动主体

（1）麽公、亭长

每次过蚂蜴节都由麽公、亭长商议决定活动的时间以及其他活动安排。蚂蜴亭是祭祀蚂蜴的场所，每一亭设一位亭长，负责蚂蜴节总体事务。都隆村只有都隆、坡高两屯有举行蚂蜴节活动的习惯。麽公负责的是蚂蜴节活动中的祭祀部分。

（2）村民

村民是活动的人力、物力来源，也是蚂蜴节活动的主要支持者与受益者。

（3）蚂蚜郎

在找蚂蚜过程中，第一个找到蚂蚜的被称为“蚂蚜郎”。蚂蚜节需要找同穴的两只青蛙，一公一母，找到后置于蚂蚜棺内。蚂蚜郎要参与蚂蚜节的部分活动。

（4）演员

表演夜牛舞的演员共 10 人，有角色扮演环节。其中，扮演驱邪大元帅的有 2 人，身穿长衫，背上扎 2 条用稻草编织的草带；唱歌女子 2 人，扮演驱邪大元帅的妻子；挑担者 1 人，负责挑走打死的妖魔鬼怪；纺织女子 1 人，扮演挑担者的妻子，负责教人们纺织；由 3 个人扮演 1 头牛；由 1 人扮演 1 只羊。

（二）仪式实录

1. 找蚂蚜

大年初一清晨，都隆壮族各家各户守岁的未婚男女争着去喝“仙水”、挑“仙水”。到平时取水处先烧香，插香的方向是麽公提前推算出来的当年吉利的方向。喝水后，在水边捡一些石头给家畜。之后即挑水回家，将“仙水”带给家里其他人喝。当天上午，亭长指挥大家去田里找蚂蚜。先由麽公推算出当年吉利的方位，告知亭长。如果找到的蚂蚜头部朝向与吉利的方向一致，则可以使用；反之，要继续寻找。蚂蚜要为同穴的一公一母。找到蚂蚜后，用蚂蚜棺将蚂蚜送至蚂蚜亭中。麽公将蚂蚜取出置于皮鼓面上，用桃树枝将蚂蚜打死，再重新置于棺内。当天下午，亭长带领大家去蚂蚜亭边立幡。幡杆由竹竿制成，顶部留有一些竹叶。幡为长方形的布条。竹竿立稳后，亭长随即将幡抛向空中。

2. 孝蚂蚜

立幡以后、葬蚂蚜之前的时间均为孝蚂蚜的时间。亭长每三天就召集人们一次，带领人们在蚂蚜亭敲铜鼓、唱蚂蚜歌，指挥人们围绕蚂蚜亭走三圈。各家各户在此期间均可以自由来蚂蚜亭用肉、米祭祀蚂蚜，为蚂蚜“守灵”。自祭祀蚂蚜开始，亭长与麽公就商议葬蚂蚜的时间。孝蚂蚜的这段时间也是集资、筹粮、备火把的时间。集资、筹粮是要各家捐一些钱、粮用以购买活动所需要的物品以及招待主要活动者。

3. 葬蚂蚜

葬蚂蚜的时间一般为子日。葬蚂蚜的前一夜，亭长在村里组织村民表演夜牛舞。扮演者事先被带到没有人的地方进行化装，头、脸均以破布包裹，仅露两眼，为的就是不被别人看出是谁扮演的。表演只是在场中行走，别无其他动作，主要表演为铜鼓音乐。演出结束后，要将破布等舞蹈道具付之一炬，所有演员要从火上跨过，然后悄悄回家。在葬蚂蚜的当天下午，葬蚂蚜的队伍由蚂蚜郎领头，后面跟着蚂蚜棺。葬蚂蚜的队伍来到蚂蚜墓地后，亭长与麽公焚香祭拜，然后取出前年所葬的蚂蚜骨头，观其颜色，预测当年的年景。后清理蚂蚜墓穴，把当年的蚂蚜棺放入墓中，封好墓口，烧香叩拜，随即回村。都隆当地称蚂蚜墓为“蚂蚜田”，蚂蚜田的选择标准为田中有树木生长的小土包。

南丹里湖白裤瑶丧葬仪式铜鼓音乐调查

（一）仪式概述

1. 仪式时间与场地

里湖白裤瑶丧葬仪式分为3种：一是不打铜鼓，只择日出殡。二是打铜鼓，不砍牛。人死后即择日出殡，在出殡的前一晚通宵敲打铜鼓。三是打铜鼓，并且砍牛。主家找到麽公推算出下葬的日子，并通知舅家及亲朋好友。准备时间一般为六七天。场地选在田间等空旷的地方。

2. 仪式中的乐器

丧葬仪式中的乐器主要是铜鼓与木鼓。铜鼓形制为麻江型，一般纹饰为十二芒太阳纹、水波纹、兽面云纹、游旗纹、回纹、复线角形纹、栉纹，面径为45.6—52cm，足径为45.8—53.3cm，高26—28.9cm。铜鼓为宗族共有或个人私有，以宗族共有数量最多。皮鼓高1米，中空无底，一面蒙皮，使用若干竹钉将牛皮固定在枫木树干上。

3. 仪式中的活动主体

（1）主家及同宗兄弟

在丧葬仪式中，主家聘请两个对葬礼及使用铜鼓仪式熟悉的人分别担任整个活动的内外指挥。两个指挥负责统筹一切事务，如安排仪式进程与其他各项程序，派人通知舅家及亲朋，准备好仪式所需的物品。

（2）舅家

在丧葬仪式中，首先要到舅家去报丧，告知砍牛出殡的时间与具体事情的安排，母舅随即前往主家。在砍牛当天，只能由舅家人砍牛，主家在恭送舅家时要分出一条牛腿作为谢礼。

（3）麽公

麽公是整个丧葬仪式的主持者，负责葬礼中的各种祭祀活动等。

（4）亲朋及村民

得知举办葬礼的消息后，亲朋及村民开始陆续去主家进行慰问。在打铜鼓时，任何男性都可以在铜鼓场上一显身手。

（二）仪式实录

1. 报丧

报丧主要是请麽公到家里来推算出殡的日子，在确定时间后，告知舅家。麽公则为亡者净身，用白色布条将亡者的手、腰、脚捆扎起来，意为防止亡者灵魂被野鬼带走。麽公捅开西边的屋角，意为向逝去的祖先通报，亡者的灵魂即将前往。当母舅得知消息后，随即来到主家参与丧葬事务。一切准备得当后即通知该“油锅”的兄弟及村民。

2. 砍牛

把亡者放入棺椁或起棺的那天称为“开路”，一般为砍牛的前六天，铜鼓也一起取出。开路当天要在铜鼓场立鼓架、立牛桩、祭铜鼓。祭铜鼓只用清水，口念祭词，后试打几轮铜鼓。白天一般不能打鼓，晚上守灵时则可以通宵达旦地敲打铜鼓。砍牛在下葬的前一天举行。砍牛活动中，只要和主家及舅家有一点关系的，都可以带铜鼓来敲打。舅家的铜鼓挂在正对木鼓的位置，主家的铜鼓则挂在鼓架的两边。砍牛当天带来的铜鼓要重新击鼓才能使用，有时鼓太多，开路时搭的鼓架不够，则需要再添加鼓架。从早上到砍牛之前，所有的鼓式均可以演奏，砍牛前后必须敲打亡者出生地的鼓点（当地称为“正式鼓点”）。如亡者生前住在怀里村，但其出生地是在纪后村，那么在打正式鼓点时，只能演奏“纪后式”。打正式鼓点时，只能由鼓主本人演奏，别人不能代劳。每打一轮鼓，主家即为每一位鼓手献一杯酒。砍牛只能由舅家的人动手，以砍断牛头为最佳。牛角在第二天钉在亡者墓前的木桩上。打铜鼓最激烈的时间为砍牛的当夜，意为将牛送往阴间亡者处。

3. 上山

砍牛的第二天是上山出殡的日子。在出殡前，须一直敲打铜鼓。打完最后一遍正式鼓点，木鼓手将木鼓推翻，铜鼓手快速地取下铜鼓，其他人一拥而上，将鼓架推翻，然后送葬队伍开始上山。铜鼓集中于主家，由麽公再次祭鼓。这次祭鼓要将酒、肉、饭放于铜鼓鼓面，由麽公对每一面铜鼓逐一进行祭祀。祭毕，鼓主推却一番后才将祭品吃掉，带鼓回家。主家还要将一团糯米饭、一些牛肉送与鼓主，鼓主回家再次祭鼓后才将铜鼓收藏起来。如果铜鼓是宗族共有，那么回家后的祭品需要与所有鼓主一起分享。白裤瑶整个家族共用一座坟山，一般位于村寨后山。在墓前立牛角柱，意为让牛的灵魂永远陪伴亡者。牛角柱由杉木制成，柱身刻有线圈，单数为男性，双数为女性。埋葬完亡者后，麽公即在村口“断魂”，意为防止亡者灵魂进村，让他安心在阴间生活。一切活动结束后，所有参与人员在铜鼓场举行露天长席宴。最后母舅辞行，主家送一条牛腿表示感谢。

巴马东山布努瑶祝著节铜鼓音乐调查

东山布努瑶祝著节时间为每年的农历五月二十九，地点在屋前空旷的地方。主要的庆祝活动就是打铜鼓。使用乐器包括铜鼓、皮鼓、钹。铜鼓Ⅰ面径 49.5cm，足径 49cm，高 27.5cm，上有十二芒太阳纹、乳钉纹、符箓纹、栉纹、游旗纹、复线角形纹等。铜鼓Ⅰ鼓身有铸鼓时铜液流通不均的情况，开有 2 个调音孔，持有者为卡桥村巴根屯的蓝有坤；铜鼓Ⅱ面径 49.5cm，足径 48.5cm，高 26m，上有十二芒太阳纹、酉字纹、乳钉纹、双龙献瑞纹、游旗纹、云纹、复线角形纹等。铜鼓Ⅱ鼓身有铸鼓时铜液流通不均的情况，开有 3 个调音孔，持有者为卡桥村巴根屯的蓝有坤。皮鼓鼓径 30cm，高 18cm，使用铁钉将猪皮固定在鼓框上。整个祝著节仪式只有祭祖一项，在祭祖完毕后，即可随意演奏铜鼓音乐进行娱乐。东山布努瑶家家户户都有祖宗台位，祝著节这天早晨都要上香烧纸、摆上供品，后起鼓祭祀。麽公则带上各家的祭品集中到一家，集体祭祀九位大神，头四天被称为“禁忌日”。随后，全村老少到铜鼓场打铜鼓、赛陀螺、喝欢笑酒。铜鼓先由年长者敲打，之后他人可随意演奏。年轻人在这一天举行赛铜鼓活动，鼓敲得快、敲得整齐者即为获胜者。

二、红水河流域少数民族铜鼓舞蹈

（一）红水河流域少数民族仪式性铜鼓舞蹈

1. 崖壁画中的铜鼓乐舞图像

广西花山崖壁画位于左江流域两岸的山崖峭壁上，延绵200多公里，有89个岩画点，其中画幅最大、图像最多最密集、规模最壮观的一处崖壁画点的画面高约40米，长约221米，有清晰可辨认的图像1951个。这些图像是战国至东汉时期生活在此地的先民用赭红色矿物颜料绘制的，通过各种人物、动物形象，以及铜鼓、铜钟、刀、短剑等图像，反映古代先民的社会活动、信仰观念，是重要的文化艺术遗产。花山崖壁画具有很强的舞蹈造型特点，如画中有很多双臂屈肘上举、两腿屈膝半蹲的蛙形动作和群体的铜鼓舞蹈场面，因此下文从舞蹈形态和舞蹈动作的角度来展现花山崖壁画中的铜鼓乐舞。

图三二三　左江花山（王梦祥　摄）

广西花山崖壁画中出现的铜鼓，有中心“光体”，有“芒”；有的被悬挂，有的被放置在地上，还有的被挎于人的身上。画中人物击鼓起舞，排列井然有序，因此根据画中人物舞蹈动作的特点可以把花山崖壁画上的铜鼓舞分为跳鼓舞和徒手舞。

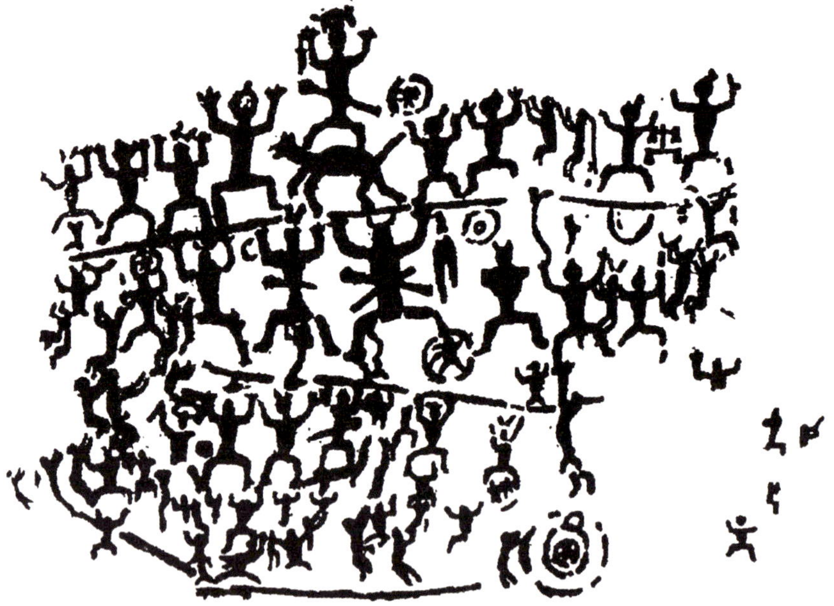

图三二四　宁明县花山崖壁画（方钰婷　供图）

（1）舞姿造型

①正面舞姿

如图三二五所示，这一组崖壁画上的舞人多数呈现正面舞姿：双臂屈肘上举，两腿打开，屈膝半蹲，双手的手指完全撑开，整个舞姿呈青蛙造型。有的双脚踏地，上身直立，重心垂直；有的右脚踏地，左脚抬起；有的身体向左倾，重心左移。

图三二五　龙州县沉香角崖壁画（方钰婷　供图）

②侧身舞姿

如图三二六所示，这一组崖壁画上的舞人呈现侧身舞姿：双臂向上斜举前伸，右高左低，双手的手指也是完全打开，身体略微向后倾斜，头部略微向上抬起，重心靠后，两腿打开，右脚在前，左脚在后，屈膝踏地。

图三二六　宁明县花山崖壁画（方钰婷　供图）

（2）舞蹈队形

①横排队形

在花山崖壁画中，舞人排成横排队形的集体舞图像是最多的，舞者人数不限，有多有少，多至数十人，少则二三人。横排队形以正面舞姿造型为主，动作简洁，整齐划一。整体队形平稳、协调，展现出单纯、整齐的美感，给人一种有秩序的节奏感，呈现出宏伟壮观的场面。

图三二七　横排队形（方钰婷　供图）

②纵排队形

在花山崖壁画中，舞人排成纵排队形的集体舞图像是比较少的，目前只发现了两处，一处为3个舞人排成一个纵列，另一处是5个舞人排成两个纵列。纵排队形以正面舞姿造型为主，动作整齐划一，和谐统一，展现出重复、一致的美感。整个队形突出，呈现出一种强劲有力的动势。

图三二八　纵排队形（方钰婷　供图）

③斜排队形

在花山崖壁画中，舞人排成斜排队形的集体舞图像也是较少见的，基本上规模较小，一般为一个斜排或两个斜排。两个斜排的图像呈“人”字形。斜排队形以侧身舞姿造型为主，动作特点鲜明，展现出活跃、协调的美感。整个队形平衡、活泼、和谐，呈现出一种既多样又统一的场面。

图三二九　斜排队形（方钰婷　供图）

④圆圈队形

在花山崖壁画中，舞人围成圆圈队形的集体舞图像也是有的，舞者人数不限。圆圈队形包括正面舞姿造型和侧面舞姿造型，动作活泼而有秩序，展现出流畅、柔和的美感。整个队形圆润、流动，给人一种圆满、积极的审美感受。

图三三〇　圆圈队形（方钰婷　供图）

（3）舞蹈动作

①头部动作

在花山崖壁画中，我们可以根据舞人头部的发髻和羽饰的方向来判断舞者的头部动作。下面把几个典型舞人图像依次排开，进行两组头部动作路线分析。

第一组动作路线：

图三三一　舞人正面头部动作路线（方钰婷　供图）

第一个舞人在做正面舞姿造型时，头部正置，眼睛直视前方，头上的发髻和羽饰竖直，没有向任何方向偏斜，整个上身处于直立状态，重心垂直于两腿中间。第二个舞人在做正面舞姿造型时，头部向右扭转，发髻、羽饰向左倾斜，眼睛看向右边，上身直立，重心垂直。第三个舞人在做正面舞姿造型时，头部向左扭转，发髻、羽饰向右倾斜，眼睛看向左边，上身直立，重心垂直。从这三个舞人的头部动作路线来看，可以得知这是一个在正面舞姿造型上的左右摇头动作。

第二组动作路线：

图三三二　舞人侧面头部动作路线（方钰婷　供图）

第一个舞人在做侧面舞姿造型时，头部正置，眼睛直视前方，头上的发髻和羽饰向下垂落，上身直立，重心略微靠后。第二个舞人在做侧面舞姿造型时，头部上扬，双臂屈肘上举，发髻或发辫向下垂落，呈抬头趋势，眼睛看向头部正上方，上身略微往后倒，重心靠后。第三个舞人在做侧面舞姿造型时，头部向下，双臂向下垂落，呈低头状态，眼睛看向地面正下方，上身略微向前倾，重心靠前。从这三个舞人的头部动作路线来看，可以得知这是一个在侧面舞姿造型上的抬头、低头的动作。

②腰部动作

在花山崖壁画中，我们根据舞人腰部动作的幅度来判断舞者的腰部动作。下面把几个典型舞人图像依次排开，进行三组腰部动作的分析。

第一组动作路线：

图三三三　舞人侧面腰部动作路线一（方钰婷　供图）

第一个舞人在做侧面舞姿造型时，双手手臂屈肘向上高举扬起，身体直立，头部略微向上抬起，眼睛随头部平视前方，重心基本垂直。第二个舞人在做侧面舞姿造型时，双手手臂屈肘向上高举扬起，身体向后倾斜仰身，双腿屈膝半蹲，抬头，眼睛随头部仰视，重心靠后。第三个舞人在做侧面舞姿造型时，双手手臂向前抬起，身体向前倾斜俯身，低头，眼睛随头部俯视，重心向前。从这三个舞人的腰部动作路线来看，可以得知这是一个在侧面舞姿造型上的前后折腰的动作。

第二组动作路线：

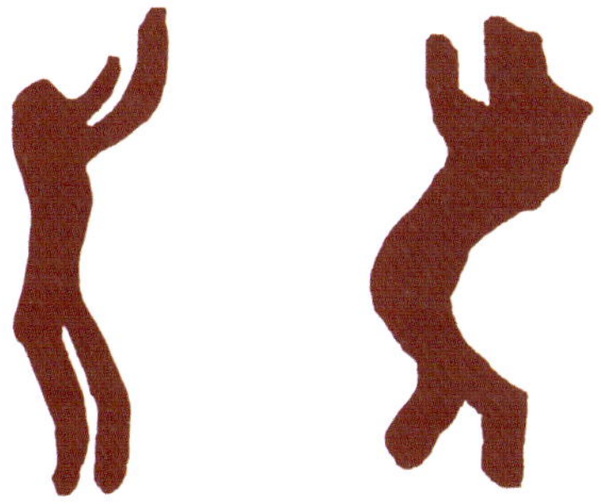

图三三四　舞人侧面腰部动作路线二（方钰婷　供图）

第一个舞人在做侧面舞姿造型时，双手手臂屈肘向上举起，身体直立，胸部挺起，头部略微向上抬起，眼睛随头部平视前方，腹部内收，重心略微靠后。第二个舞人在做侧面舞姿造型时，双手手臂屈肘向头部后上方扬起，头部正置，眼睛平视前方，身体前俯，胸部向内含收，臀部翘起，双腿前后交替屈膝半蹲，重心在两腿中间。从这两个舞人的腰部动作路线来看，可以得知这是一个在侧面舞姿造型上的抬头、挺胸、收腹、折腰的三道弯动作。

第三组动作路线：

第一个舞人在做正面舞姿造型时，双手手臂屈肘向上高举，上身直立，头部正置，眼睛直视前方，挺胸，收腹，重心垂直于两腿中间，双腿屈膝半蹲打开，左腿有略微向右的动作起势。第二个舞人在做侧面舞姿造型时，双手手臂屈肘高举至头部上方扬起，上身向右扭转，头部也转向右侧，眼睛看向右旁，双腿屈膝半蹲，收腹，重心垂直于两腿中间。第三个舞人在做侧面舞姿造型时，双手手臂屈肘高举至头部上方扬起，上身向左扭转，头部也转向左侧，眼睛看向左旁，双腿屈膝半蹲，收腹，重心垂直于两腿中间。从这三个舞人的腰部动作路线来看，可以得知这是一个在正、侧面舞姿造型交替上的转身拧腰动作。

图三三五　舞人正面腰部动作路线三（方钰婷　供图）

③手臂动作

在花山崖壁画中，舞人的手臂动作主要是双臂在旁平位的位置上做屈肘向上、向下、伸直向旁的动作。下面把几个典型舞人图像依次排开，进行两组手臂动作的分析。

第一组动作路线：

图三三六　舞人正面手臂动作路线一（方钰婷　供图）

第一个舞人在做正面舞姿造型时，头部正置，眼睛直视前方，整个上身处于直立状态，两腿屈膝半蹲，重心垂直于两腿中间，双手手臂在旁平位的位置上屈肘上举，手掌、手指完全打开。第二个舞人在做正面舞姿造型时，低头，眼睛看向地面，上身直立，胸部略微内含，两腿屈膝半蹲，重心垂直于两腿中间，双手手臂在旁平位的位置上屈肘向下，手掌、手指完全打开。从这两个舞人的手臂动作路线来看，可以得知这是一个在正面舞姿造型上的手臂屈肘上下摆动的动作。

第二组动作路线：

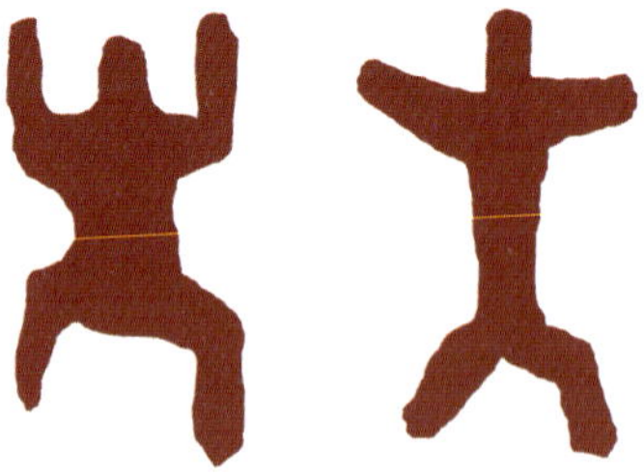

图三三七　舞人正面手臂动作路线二（方钰婷　供图）

第一个舞人在做正面舞姿造型时，头部正置，眼睛直视前方，整个上身处于直立状态，两腿屈膝半蹲，重心垂直于两腿中间，双手手臂在旁平位的位置上屈肘上举，手掌、手指完全打开。第二个舞人在做正面舞姿造型时，头部正置，眼睛直视前方，整个上身处于直立状态，两腿屈膝半蹲，重心垂直于两腿中间，双手手臂在旁平位的位置上伸直，手心对外，手掌、手指完全打开。从这两个舞人的手臂动作路线来看，可以得知这是一个在正面舞姿造型上的手臂从屈肘上举到手臂向旁伸直的摆动动作。

④腿脚动作

在花山崖壁画中，舞人的腿脚动作都是在双腿屈膝半蹲的基础上做左右脚交替踏地的动作。下面把两个典型舞人图像依次排开，进行一组腿脚动作的分析。

动作路线：

图三三八　舞人正面腿脚动作路线（方钰婷　供图）

第一个舞人在做正面舞姿造型时，头部正置，眼睛直视前方，双手手臂屈肘上举，整个上身处于直立状态，两腿屈膝半蹲，右脚踏地，左脚抬起，重心偏右。第二个舞人在做正面舞姿造型时，头部正置，眼睛直视前方，双手手臂屈肘上举，整个上身处于直立状态，两腿屈膝半蹲，左脚踏地，右脚抬起，重心偏左。从这两个舞人的腿脚动作路线来看，可以得知这是一个在正面舞姿造型上的左右脚交替踏地的动作。

综上所述，花山崖壁画上的铜鼓乐舞图像通过舞姿造型、舞蹈队形、舞蹈动作这三个方面很好地诠释了古代铜鼓乐舞的动态感和节奏感。从简单的手臂摆动动作，到双腿有力的屈伸，再到多变的拧腰转身，以及双脚有节奏的踩踏，无不展现出一种古朴、沉稳、粗犷、健壮的美感。而这些类似于青蛙的舞姿造型和舞蹈动作，都说明了当时的骆越先民对蛙神的信仰和崇拜。这种原始的铜鼓祭祀舞蹈，有力地说明在原始社会时期，舞蹈是宗教祭典中的一个重要仪式。先民们伴随着铜鼓的节奏，怀着虔诚的心情用自己的肢体语言向神表达尊崇和信奉。

2. 铜鼓纹饰上的铜鼓乐舞图像

从已经出土的铜鼓中我们发现，铜鼓的鼓面和鼓身都有一些精美、形象的舞蹈图案。根据其舞蹈动作和特点大概可以分为 5 种类型：羽人舞、盾牌舞、仿生物舞、葫芦笙舞、徒手舞。

（1）羽人舞

①舞蹈图像

云南开化铜鼓上的乐舞图像是在铜鼓鼓面第六道晕圈内，全图共有 16 个舞人，每 4 个舞人为一组。晕圈内有两架排铓，每架上挂有约 15 只铓锣。每两组舞人之间有两面并列排开的铜鼓和一个船形屋。铜鼓上的横木架上坐着 2 个人，手执鼓槌敲击铜鼓。16 个舞人均头戴羽毛或羽冠，其中有

图三三九　云南开化铜鼓鼓面第六道晕圈图案（方钰婷　供图）

15 个舞人左手执弓形棍，向前直举，右手向后翘掌斜伸，另有 1 个舞人则双手捧着葫芦笙吹奏。

广西贵港罗泊湾 10 号鼓上的乐舞图像是在铜鼓的鼓腰上，全图共有舞人 20 个，分为 8 组，每组 2 ～ 3 人。舞人头戴羽冠，腰部以下以羽衣蔽体，羽衣前幅长略过膝，后幅拖曳着地。舞人双臂挥舞，左腿向前踏地，右腿向后半蹲，上身后仰，重心靠后，头部抬起上扬。舞人的头顶上方还有口中衔鱼的翔鹭飞过。

图三四〇　广西贵港罗泊湾 10 号鼓鼓腰上的局部图案（王梦祥　供图）

广西西林普驮 280 号鼓上的乐舞图像也是在铜鼓的鼓腰上，全图共有 24 个舞人，分为 12 组，每组 2 个舞人。舞人的装扮、造型、动作都与广西贵港罗泊湾 10 号鼓相同。

图三四一　广西西林普驮 280 号鼓鼓腰上的局部图案（王梦祥　供图）

②动作说明

我们从上述三个铜鼓上的舞蹈图像中选取几个典型的舞姿，进行两组动作的分析。

第一组动作：

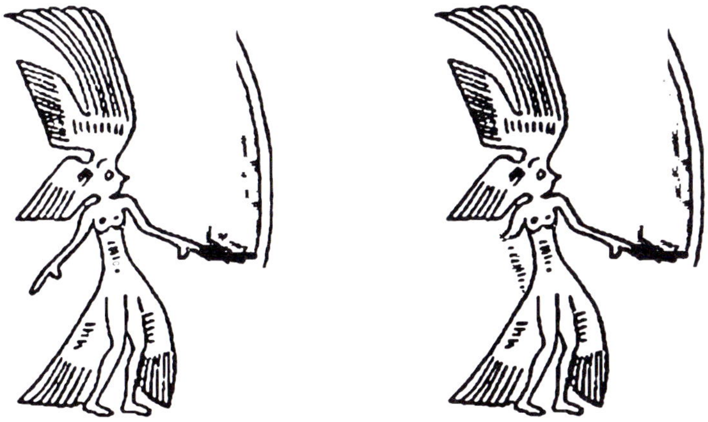

图三四二　羽人执弓舞姿（方钰婷　供图）

第一个舞人双臂向下打开，两手置于胯旁，左手执一根弓形棍向前直举，头部向左，眼睛平视左前方，左腿向前踏地，右腿向后半蹲，上身直立，重心向后。这是一个典型的拉开弓之后放开的动作。从这个动作上可以衍生出第二个舞人的动作应该是个拉弓的动作。第二个舞人同样头部向左，眼睛平视左前方，左腿向前踏地，右腿向后半蹲，上身直立，重心向后，左手执一根弓形棍向前直举，右手上至左前弓形棍处拉弓。从这两个舞人的动作路线来看，可以得知这是一个拉弓射箭的舞蹈动作。

第二组动作：

图三四三　羽人展翅舞姿（方钰婷　供图）

第一个舞人双臂向下打开，两手置于胯旁，上臂、前臂、手腕、手背略呈弧线，头部向左，眼睛平视左前方，左腿向前踏地，右腿向后半蹲，上身直立，重心垂直。第二个舞人手臂呈双山膀姿势，左腿向前踏地，右腿向后半蹲，上身后仰，重心靠后，头部略抬起。第三个舞人双手收至腰后，挺胸，收腹，抬头。从这三个舞人的动作路线来看，可以得知这是一个表现鸟类展翅飞翔的展臂、落臂的舞蹈动作。

这种头戴羽毛或羽冠、身着羽衣、手舞足蹈的人物形象，我们称之为“羽人”，而以羽人为主要原型的舞蹈我们称为“羽人舞”。在古代南方，以羽毛为饰，是原始观念形态的反映，是图腾崇拜的表现。古代南方先民认为鸟是神力的象征，它能知晓天象，提醒人们进行农作耕种，捕食害虫，降福于人类，于是先民们装扮成神鸟的形象，模仿鸟的动态。因此从这个意义上来说，羽人舞也可以称为仿生物舞中的鸟舞。

(2) 盾牌舞

①舞蹈图像

云南石寨山 M14:1 号铜鼓上的乐舞图像是在铜鼓的腰部上，全图共有舞人 8 个，舞人头戴羽冠，腰部以下以前短后长的羽衣蔽体。舞人一手执盾，一手持斧，如同武士形象，双腿弯曲，疑似上步以防卫或攻击。

图三四四　云南石寨山 M14:1 号铜鼓鼓腰上的局部图案（方钰婷　供图）

云南开化铜鼓鼓腰上也有一组执盾持斧的舞人图像，穿戴及动作与云南石寨山 M14:1 号铜鼓上的舞人大致相同。

图三四五　云南开化铜鼓鼓腰上的舞人图像（方钰婷　供图）

②动作说明

我们从上述两个铜鼓上的舞蹈图像中选取了几个典型的舞姿，进行一组动作的分析。

第一个舞人一手执盾，一手持斧，双腿弯曲，平步上前或后退，好似与敌人相遇。第二个舞人同样一手执盾，一手持斧，双腿弯曲，平步后退或上前，与第一个舞人相对。两个舞人或上前，或后退，或防范，或攻击。从这两个舞人的动作路线来看，可以得知这是一个古代武士对峙、相互攻击的舞蹈动作。

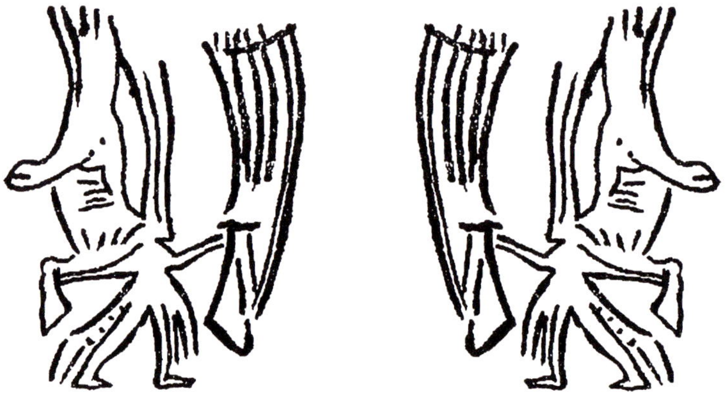

图三四六　盾牌舞姿（方钰婷　供图）

战争是原始社会中一项很重要的内容，我们把这种模拟与反映战争的舞蹈称为“盾牌舞”。它在很大程度上反映了原始人类的生存情感和族群价值。舞人手持武器和盾牌，动作张扬有力，展现强健的体魄，在进退间表现战斗精神，为自己战，为家人战，为族群战。简单直接的舞蹈动作，最大限度地体现了原始真实的生活形式。

（3）仿生物舞

①舞蹈图像

云南广南铜鼓的鼓腰上有一套14组的剽牛舞图像，全图共有舞人26个，分为两队，一队8组14人，另一队6组12人。各队有一根神柱，神柱的下部拴着一头牛，牛的前面（或后面）有一人手执靴形钺，呈剽牛状，其余的舞人或执靴形钺，或徒手，全部面向神柱而舞。所有舞人均头戴高高的羽冠，腰系三叉形吊幅。

图三四七　广南铜鼓鼓腰上的剽牛舞图像（王梦祥　供图）

云南晋宁石寨山M12:205号铜鼓的鼓面上有一幅舞蹈图像。其中有一人站在铜鼓旁边，用手敲击铜鼓；有一人身体向前，用手拍打扁鼓；另有两人蹲在铜鼓另一边的地上，呈正旁屈肘双翘掌舞姿。

图三四八　云南晋宁石寨山M12:205号铜鼓鼓面上的舞蹈图像（方钰婷　供图）

②动作说明

我们从上述两个铜鼓上的舞蹈图像中选取了两个典型的舞姿，进行两组动作的分析。

第一组动作：

图三四九　剽牛舞姿（王梦祥　供图）

舞人双手执靴形钺向前，身体向后微弯；双腿弯曲，一腿屈膝上步，做跨步状上前，另一腿屈膝跟上。从这个舞人的动作来看，可以得知这是一个双屈腿跨步上前剽牛的舞蹈动作。

第二组动作：

图三五〇　蛙状舞姿（方钰婷　供图）

舞人双臂屈肘高举，两腿大八字步开胯，呈半蹲姿势，双手手指打开，呈蛙形状。从这个舞人的动作来看，可以得知这是一个在蹲裆步上模仿青蛙的舞蹈动作。

另外还有一些舞蹈图像，如广西贵港罗泊湾10号鼓鼓腰上的鹭舞图像、广西西林1号铜鼓鼓腰上的鹿舞图像、《云南省博物馆铜鼓目录》铜鼓二七的侧面上的鱼舞图像、《古铜鼓图录》铜鼓二一、二二底部上的马舞图像等，这些都是仿生物舞图像。狩猎是原始社会的主要内容，因此原始人类喜欢和善于模拟一些动物的形态和动作，以展现狩猎场面的激烈场景，并表达对生活的热爱。而对于那些自己族群崇拜和敬畏的动物，他们又以尊崇的方式去模拟和喜爱，从而表达对“神物”的膜拜。

(4) 葫芦笙舞

①舞蹈图像

云南石寨山 M13:3 号铜鼓的鼓身上有一幅舞蹈图像。图中的一条小船上，一人手抱弯管葫芦笙吹奏，另有三人站立于吹奏葫芦笙舞人的对面，双手呈托掌舞姿，还有一人坐于船上，手持酒器，且歌且饮，好不惬意。

图三五一　云南石寨山 M13:3 号铜鼓鼓身上的舞蹈图像（方钰婷　供图）

云南开化铜鼓上的乐舞图像是在铜鼓鼓面上的第六道晕圈内，图中也有一个吹奏葫芦笙的舞人，在 4 组舞人队列中只有这一个吹奏者，而且他的头饰比其他舞人要复杂一些，因此推测他是一位领舞者或领队指挥者，他除了双手抱着葫芦笙，脚上动作与其他舞人无异。

②动作说明

我们从上述两个铜鼓上的舞蹈图像中选取了两个典型的舞姿，进行两组动作的分析。

第一组动作：

图三五二　屈肘斜托掌舞姿（方钰婷　供图）

舞人伸出手臂，大臂向内微夹，手臂一只略高，一只略低，双手掌心朝上，呈斜托掌形。从这个舞人的手臂动作来看，可以得知这是一个屈肘斜托掌的上肢舞蹈动作。

第二组动作：

图三五三　自然平步舞姿（方钰婷　供图）

舞人一脚向前微曲踏地，另一脚在后微曲跟上，形成自然平步的步伐。从这个舞人的腿脚动作来看，可以得知这是一个在自然平步基础上的舞蹈步伐。

这种手抱葫芦笙边吹奏边舞动的舞蹈，我们称之为“葫芦笙舞”。古代先民跳葫芦笙舞多是在祭祀仪式和丧礼仪式上。在这些仪式中，鼓象征着母体，而最原始的铜鼓，其造型均脱胎于葫芦。在一些民族的神话传说中，葫芦还与生命的繁衍息息相关，因此，葫芦笙舞表现了古代先民对生命的歌赞、对祖先的敬仰和对生活的热爱。

(5) 徒手舞

①舞蹈图像

云南石寨山 M12:2 号铜鼓形铜贮贝器盖刻有一幅舞蹈图像。全图共有 24 个舞人，分内外两圈：内圈有 9 个舞人，他们姿态各异，像一个小型乐队在中间伴奏；外圈有 15 个舞人，手臂打开或置于胸前，身体和头部都朝向左边，呈徒手舞姿态，动作简单，舞态优美。

图三五四　云南石寨山 M12:2 号铜鼓形铜贮贝器盖上的舞蹈图像（方钰婷　供图）

②动作说明

我们从上述铜鼓上的舞蹈图像中选取了两个典型的舞姿和造型，进行两个动作的分析。

第一个动作：

图三五五　两旁屈肘双翘掌舞姿（方钰婷　供图）

舞人身体直立，双臂伸向旁平位，两肘微弯，呈双山膀姿势，虎口打开，手掌四指指尖向上，拇指向前，呈翘掌状，身体和头部都朝向左边。从这个舞人的动作来看，可以得知这是一个两旁屈肘双翘掌的上肢舞蹈动作。

第二个动作：

图三五六　正旁屈肘双翘掌舞姿（方钰婷　供图）

舞人身体直立，左臂伸向身体的旁平位，胳膊肘微弯，呈单山膀姿势，虎口打开，手掌四指指尖向上，拇指向前，呈翘掌状，右臂微弯，手掌置于胸前位翘掌，身体和头部都朝向左边。从这个舞人的动作来看，可以得知这是一个正旁屈肘双翘掌的上肢舞蹈动作。

这种踏着铜鼓鼓点屈肘、张臂、翘掌的舞蹈，我们称之为“徒手舞”。内圈奏乐，外圈舞蹈，从表现形式和场面上来看，这应该是一个与祭祀有关的舞蹈，是远古先民在祈求天神和祖先的时候，为了敬神、娱神而跳的。先民们用鼓声和舞蹈纪念自己的祖先，歌颂自己的信仰，表达自己内心最质朴的渴望。

（二）红水河流域少数民族民俗性铜鼓舞蹈

1. 节庆仪式中的铜鼓舞蹈

红水河流域各少数民族的节日文化历史悠久，形式丰富，大多都有歌舞活动相伴。由于铜鼓是红水河流域各民族文化中的一个重要组成部分，并带有浓厚的神秘色彩，因此，铜鼓舞蹈也被赋予祈求神灵庇佑、祈祷幸福的寓意，频频出现在各种民间节庆仪式中。

（1）壮族蚂蜗节中的铜鼓舞蹈

蚂蜗节是广西壮族最隆重的传统节日之一，广泛流传于河池地区的天峨、南丹、东兰、凤山等县。青蛙，壮语称为“蚂蜗”，蚂蜗节又称为“青蛙节”“蛙婆节”。关于蚂蜗节的来历有这样一个古老的传说：相传古时候，有一人在睡觉的时候嫌田里的青蛙叫声太吵了，于是就把一锅滚烫的热水倒入了有青蛙叫声的田里。只见青蛙被开水烫得死的死，跑的跑。从此，田里再也没有看到青蛙的踪迹和听到青蛙的叫声，人间年年大旱，粮食颗粒无收。人们十分惊恐，急忙找到布洛陀问明缘由。布洛陀说，青蛙本来是雷神的女儿，是雷神派到人间来帮助人们的，可是人们却不知好歹，烫死了青蛙，惹怒了雷神。雷神为了惩罚人们，就不再给人间降雨了。如果要想得到雷神的宽恕，必须把青蛙的尸骸捡回来分发给每个部落和村寨，让所有的人都来隆重地祭祀和安葬这些青蛙。可是怎样才能使天上的雷神知道人们对青蛙的忏悔呢？布洛陀又说，祭祀和安葬青蛙的时候要敲打铜鼓，只有铜鼓的声音才可以把人们所做的一切传到天上的雷神那里。于是人们就在祭祀和安葬青

图三五七　蚂蜗节闹亭唱歌（廖明君　摄）

蛙时敲起了铜鼓，让雷神知道他们对青蛙的歉意和怀念，祈求雷神能够原谅他们，再降雨水给人间。从此以后，人们每年都会在春节期间举行祭祀活动，戴面具，跳蚂蜗舞，表演一系列古朴、粗犷的民间祭祀舞蹈来祭奠蚂蜗，祈求风调雨顺、五谷丰登，这样代代相传便形成现在的蚂蜗节。

民间的蚂蜗节于每年的农历正月初一开始，持续到月底（有的到农历二月初二）才结束。蚂蜗节的主要仪式分为三个阶段：第一个阶段找蚂蜗，第二个阶段孝蚂蜗，第三个阶段葬蚂蜗。其中还穿插闹亭唱歌、游田垌、跳蚂蜗舞、驱瘟四项活动仪式，所有这些仪式都由族内有声望的长者“蚂蜗头”或“蚂蜗父”筹备。第三个阶段葬蚂蜗仪式结束之后会举行热烈隆重的歌会，即蚂蜗歌圩，蚂蜗舞就是在蚂蜗歌圩中进行表演的。表演场地的布置有严格的要求，蚂蜗轿必须放置在东边地势比较高的田埂上，轿子的两旁插着四面分别绘有龙、凤、虎、蚂蜗图案的三角彩旗，蚂蜗轿前方的铜鼓架上面悬挂着四面大铜鼓，铜鼓的两旁分别排列着锣鼓和唢呐队，在铜鼓前面 10 多米处还放置有两面牛皮大鼓，舞者就在铜鼓与皮鼓之间的空地上表演。

蚂蜗舞是由 12 个小舞段组成的一个程式化的舞蹈，其主要内容是祭祀蚂蜗神和敬拜铜鼓，歌颂蚂蜗神的丰功伟绩，以及祈求风调雨顺、五谷丰登。该舞蹈是由戴山神、水神面具的男青年来表演的，击鼓者也是由两个戴姑娘面具的男青年来扮演，保留着一些母系社会的痕迹。蚂蜗舞一共有 12 个舞段，依次为皮鼓舞、蚂蜗出世舞、敬蚂蜗舞、拜铜鼓舞、征战舞、耙田舞、插秧舞、薅秧舞、打鱼捞虾舞、纺纱织布舞、谈情说爱舞、庆丰收舞。这些舞蹈都是在铜鼓声的引领下进行表演的。

蚂蜗节中，还有一种独立于蚂蜗舞的铜鼓舞，它不属于蚂蜗舞的 12 个舞段之一，但它也是蚂蜗节中不可缺少的一个重要组成部分。表演这种铜鼓舞时，把木架放置于舞场的后方，两面公铜鼓和两面母铜鼓分别悬挂于木架上，一面皮鼓则放置于舞场的正中央。表演时，由四人敲击铜鼓，一人敲击皮鼓，两人随着鼓声起舞。敲鼓者可以同时边敲鼓边跳

图三五八　蛙神铜鼓舞（温远涛　摄）

舞。伴舞者中，一人手执米筛子，为舞筛人；另一人肩扛竹梆，为打梆人。舞蹈自始至终由铜鼓和皮鼓伴奏，动作豪迈奔放，情绪热烈欢腾。

我们把花山崖壁画上的铜鼓舞蹈图像与蚂蜗节中的舞蹈进行比较，可以发现：首先，蚂蜗节中，舞者双腿屈膝深蹲的基本舞姿与花山崖壁画上舞人的正面舞姿造型的腿部动作是相同的，两者都是模仿蚂蜗的形态。其次，花山崖壁画上的铜鼓舞蹈图像大多呈现出很多较小的舞人围绕着较大的舞人和铜鼓跳舞的场景，并且还有一些铜鼓是散落放置在舞人的各种队形中。这些都说明舞人自始至终都是环绕着铜鼓，在铜鼓声的引领下跳舞，这与蚂蜗节中的舞蹈表演形式相似，都体现了壮族先民对铜鼓的崇敬和膜拜。

（2）瑶族祝著节中的铜鼓舞蹈

祝著节是布努瑶敬奉始祖密洛陀的盛大节日，广泛流传于广西都安瑶族自治县、巴马瑶族自治县和隆林各族自治县的布努瑶地区。祝著节的由来有一个古老的传说：相传古时候，在千山万岭中，有两座同样高大的宝山，左边的叫布洛西山，威武雄壮似勇士挺立，右边的叫密洛陀山，像个拖着长裙的姑娘。两座山每年的距离都会缩短，经过九百九十五年终于见面了。在农历五月二十九那天，忽然一声巨响，霹雳把两座山分别劈出了两道裂缝，布洛西和密洛陀分别从两座山的裂缝中走了出来并结为夫妻，婚后生活幸福美满，还生有三个儿子。然而有一天，布洛西告诉密洛陀自己要离开，要去安排天下的山山水水，并叮嘱密洛陀把三个孩子抚养长大后让他们自己去谋生。随着时间流逝，三个儿子都长大了，头发花白的密洛陀遵从丈夫的叮嘱，让三个儿子各自去谋生。于是大儿子拿着扁担、箩筐和一杆秤到坎者、坎苏做生意去了，在外生儿育女，繁衍成汉族。二儿子扛着犁耙到平坝去犁地耙田过日子，其子孙繁衍成壮族。三儿子拿着小米、锄头到山里开荒种地，通过辛勤劳动，庄稼获得大丰收。谁知丰收的庄稼被闻讯而来的鸟兽、老鼠偷吃糟蹋，三儿子心急如焚。这时密洛陀鼓励他不要被生活中的挫折和困难所打倒，只要勤劳勇敢，生活

图三五九　巴马瑶族自治县东山乡布努瑶铜鼓舞（张小宁　摄）

就一定会幸福美好。随后密洛陀又给了他一面铜鼓和一只猫，告诉他铜鼓和猫的用处。于是三儿子咚咚地敲响了母亲给的铜鼓，赶走了鸟兽，放出猫吃光了老鼠，保住了农田的丰收。从此，三儿子在深山里过着幸福美满的生活，成为瑶族的祖先，因此铜鼓也就成了瑶族的宝贝。为了报答母亲密洛陀的养育之恩，三儿子每年都会在农历五月二十九母亲生日那天，带着祝福的礼物为母亲贺寿，并庆祝丰收。随着时间的推移，密洛陀的后裔世代繁衍，代代相传，每年农历五月二十九就成为布努瑶的年节——祝著节。

祝著节最重要的活动就是跳铜鼓舞蹈。铜鼓是布努瑶的传家宝，每一个宗族都有一对铜鼓，一大一小，大的是母鼓，小的是公鼓，公鼓声音尖细，母鼓声音粗重。布努瑶的铜鼓除了在祝著节和其他喜庆的日子可动用外，平时是不能随便动用的。跳铜鼓舞蹈时，除了两面铜鼓，还有一面皮鼓伴奏。在祝著节那天，青年男女通过跳铜鼓舞蹈来寻觅意中人，哪位小伙子的舞技高超，女孩便倾心于他，所以小伙子都争相在表演中大显身手，以博得女孩子的芳心。

（3）彝族跳弓节中的铜鼓舞蹈

跳弓节，彝语称为“孔稿”，意为欢庆、祝愿，是彝族人于每年农历四月上旬共同庆祝的传统节日。它广泛流传于广西那坡县和云南富宁县的彝族聚居地。节日持续三天，期间，人们举行盛大的族祭仪式，载歌载舞，共庆这一传统佳节。传说在一次彝族人保卫自己家园的战斗中，出征的彝族勇士们不幸中了敌人的埋伏，被敌人包围在深山的竹林中，情况十分险急。但是他们没有害怕，而是依靠智慧，砍下竹子削成弩作为武器，偷袭反抗，奋起反击，终于获得了胜利，保住了自己的家园。当征战的勇士们凯旋时，全族人民举行热烈盛大的迎接仪式，庆祝勇士们取得的功绩。于是每年的农历四月上旬人们都会敲起铜鼓，围绕着有功的金竹，欢歌起舞。这个活动世代相传，也就沿袭成为现在的跳弓节。

图三六〇　跳弓节上，彝族群众翩翩起舞（王梦祥　摄）

跳弓节堪称彝族舞蹈的盛会。节日期间所展示的舞蹈统称“跳弓舞”，包括五笙舞、铜鼓舞、木鼓舞、铜铣舞、盾牌舞、扇子舞、二胡舞。其中铜鼓舞是跳弓舞中最常见的、群众参与程度最高的一种舞蹈。铜鼓舞以铜鼓伴奏而得名，演奏时，将公母两鼓组成一对，吊在木架的横杆上，每面铜鼓由一人敲击，击鼓者左手执竹片敲击鼓边，右手执鼓槌敲击鼓心。母鼓的鼓声浑厚、洪亮，公鼓的鼓声尖细、高亢，两鼓配合击奏，有一定的旋律感，也可以另加一个人双手执木桶站于铜鼓后，按节拍将木桶推进铜鼓腔内，以增强共鸣，使鼓声更加抑扬顿挫，独特动听。所有舞者在铜鼓的伴奏下，中指相勾围成圆圈沿逆时针方向行进舞蹈。由于是勾指围圈而舞，因此手的动作较少，脚上的动作相对丰富，有横迈步、一步抬、三步抬和五步抬等动作。每个步伐都要踏在鼓点上，每踏一步双腿随之屈伸一次，舞者随着鼓点的变化而变化舞步，双腿的屈伸动作均匀且柔和，舞步轻盈灵活，手臂随着腿部动作自然甩动。

云南富宁彝族跳宫节中的铜鼓舞蹈，也是从敲击铜鼓开始。击鼓者右手执木槌敲击铜鼓的鼓面中心，左手执竹片敲击铜鼓的鼓胸，另一个人双手捧着木桶，按节拍将木桶推进铜鼓腔内，然后抽出，以产生共鸣，增强乐音效果。宫头按照传统礼仪，随着鼓声，以扇子和手巾作为道具，开始入场起舞。四个宫头每跳完一遍就坐下来休息一会，喝酒吃菜。几轮过后，年老的妇女加入舞蹈队伍，排成“一”字形队列，跟着宫头的步伐舞蹈。此时场上的气氛庄严肃穆。待到傍晚，青年男子、姑娘和小孩一起加入舞蹈队伍，场上的气氛转为热烈轻松，队列也由“一”字形变成手拉手的圆圈，围着宫坪中央的铜鼓，一圈套一圈。在跳至高潮的时候，整个队伍里三圈外三圈，像风车一样旋转，鼓的节奏也由弱而强，由慢而快，人们发出“啊——啊——”的欢呼声，气氛热烈。

（4）彝族补年节中的铜鼓舞蹈

广西那坡县彝族有个补年节，节期是在农历二月初十、十一。相传彝族部落定居不久，男人们都上前线打仗去了，春节期间不能赶回家中与亲人团聚，等打完胜仗的时候已经是二月初了，春节已经过完。为了慰劳打仗归来的勇士，全族人在农历二月十一这天，全部集齐在跳弓场上，由两位麻公率领，按照腊摩和萨喃划定的路线，一起欢跳铜鼓舞。

（5）苗族芦笙节中的铜鼓舞蹈

芦笙节是苗族人民的传统节日，每年都在农历九月二十七举行，活动持续大概一个星期。芦笙管又叫“孔明管”，据说是三国时期诸葛亮发明的，因此而得名。根据历史文献记载，西南少数民族地区从唐朝开始流行吹芦笙，过芦笙节。在芦笙节期间，男子们穿着盛装，带上芦笙、唢呐、铜鼓等乐器，纷纷涌向舞场；姑娘们则穿着自己最漂亮的衣服，佩戴银饰，边说边笑地结伴来到舞场。英俊的小伙子们和美丽的姑娘们一起在铜鼓和芦笙的音乐中欢乐起舞。铜鼓舞表演就是在一年一度的芦笙节中举行的。苗族铜鼓舞蹈表演者随着芦笙吹奏声和铜鼓敲击声翩翩起舞，舞姿优雅，步伐轻缓，场面壮观。苗族铜鼓舞蹈表演时，铜鼓放置在舞场中央的木架上，由一名鼓手敲击。敲铜鼓的人，右手执木槌敲击鼓面，左手执小竹片敲击鼓身。助音的人手捧助音木桶，按节拍将木桶推进铜鼓腔内，然后抽出（这个动作称为“接音”，用以增强乐音效果）。与此同时，芦笙汇成多声部的合奏，为铜鼓舞伴奏。舞者遍身用野鸡毛加以装饰，人数不限，围成几个大圆圈，和着铜鼓的敲击声边歌边舞。铜鼓舞的动作和芦笙舞的动作一致，都是男女青年绕着铜鼓围成一圆圈，双脚向前徐徐移步，双手前后慢慢摆动，节奏沉着而缓慢。舞蹈动作以模仿日常劳动生活内容为主，如“赶斑鸠”，该舞蹈表现的内容就是一群斑鸠飞到田里偷食黄豆种，农人得知后，立刻骑马来到田间，驱赶正在偷食黄豆种的斑鸠。整个舞蹈表演主要由农人“抬腿赶斑鸠”“骑马赶斑鸠”“拍掌转身赶斑鸠”“下蹲甩腰赶斑鸠”这 4 个动作来表现赶斑鸠的情景。此外还有表现“小孩戏鸭”“下水捞虾”“手捉螃蟹”“狩猎归来”等动作。

2. 其他喜庆活动中的自娱性铜鼓舞蹈

壮族铜鼓舞蹈流传于云南文山州壮族聚居地和广西东兰、凤山、巴马一带的壮族村寨，是壮族传统自娱性铜鼓舞蹈，并广泛用于婚丧节庆和自娱的场合。丧事只舞不歌，节庆则载歌载舞。相传铜鼓是壮家的法宝，能够降妖除魔。有一天一个老人的儿子和鸭子被妖怪抓走了，于是老人找到妖怪的巢穴，遇到了小妖，并找到了自己的儿子和鸭子。老人一怒之下，杀了小妖，放火烧了妖怪的巢穴。大火烧了七天七夜，老妖回来看见后就找老人拼命。老妖战不过老人，就从地下钻到老人住的床底下，想挖个洞引水进来把老人淹死。谁知老人的床底下正好有一口铜锅，铜锅掉下去就把老妖罩住了。从此，妖怪再也不敢来了。老人发现铜锅可以降妖，就打了很多个铜锅吊着。铜锅敲起来发出“咚咚”的声音，就成了铜鼓。后来妖怪又跑到水田里作怪，放水淹没庄稼，铜鼓就立刻飞到水田把妖怪打死，阻止了洪水的蔓延，壮家人从此年年获得丰收。壮族人民为了纪念铜鼓，便给这块田取名为“铜鼓田”。每逢丰收季节，人们就会聚集到“铜鼓田”，敲响铜鼓，跳舞欢庆。

云南文山州壮族聚居地的铜鼓舞，舞队规模灵活，通常由一个击鼓手、一个扑鼓手和若干伴舞者组成。击鼓手为男性，面对铜鼓鼓面站立，双手执鼓槌；扑鼓手为女性，面对铜鼓鼓腔站立，双手拿一面铜盆。在舞蹈的第三拍或第四拍时，扑鼓手将铜盆塞进铜鼓鼓腔再抽出，让声音传得更远。该动作四拍为一组，如此反复。余下的伴舞者双手各执一条毛巾，在铜鼓的两侧站成“八”字形，或围着铜鼓形成圆圈，踏着铜鼓的节奏起舞。伴舞者的主要动作有吸腿跳甩巾、双手甩巾、泼水步甩巾、交叉步甩巾等。伴舞者的毛巾甩到哪个观众，那个观众就得跟着进来跳，现场气氛非常热烈。

在广西东兰、凤山、巴马一带壮族村寨里，壮族人民在节庆自娱中也流行跳铜鼓舞蹈。每逢新春佳节，人们就把村寨里所有的铜鼓都拿出来，集中放置在一个平坦空旷的场地上，并按照一定的音阶顺序将铜鼓依次排列，然后由一个铜锣手敲着锣指挥。这个铜锣手不是普通的指挥者，他必须精通音律，这样鼓手们才能在他的指挥下，一人一个铜鼓，敲出自己的鼓点，形成有节奏和音调的旋律。铜鼓舞蹈主要表现一年四季生活和劳作的场面，鼓手们听从铜锣手的指挥，敲击出疏密缓急的鼓点，舞者们随着鼓点的节奏，跳出各种优美轻盈的动作，把春耕、夏种、秋收、冬藏等农业生产过程用舞蹈动作表现出来，给人以无限生机的感觉。

在云南泸西县和师宗县的壮族村寨中流行的铜木神鼓舞，除在丧葬出殡的时候跳，也可在庆祝丰年的时候跳，一般从正月初一跳至正月十六才收场。一是求保佑来年五谷丰登，二是求保佑消灾解难。

水族铜鼓舞蹈是水族民间最原始、最古老的民间舞蹈，水语称为“丢压”，最早起源于原始宗教祭典活动，后来逐渐从宗教祭祀舞蹈演变为民间的节庆民俗舞蹈，流传至今也有几百年了。现在，水族在节庆丰收、婚嫁丧葬期间，都要跳铜鼓舞蹈来表达和释放自己内心的情感。水族铜鼓舞蹈有两种表演形式：第一种是带有一定竞技性质的，由击铜鼓者独舞，击铜鼓者一边敲击铜鼓，一边做出各种翻转、跳跃等复杂的舞蹈动作。第二种是在铜鼓的伴奏下，由敲击皮鼓者在敲击皮鼓不同部位时，连续表演各种粗犷、古朴的舞蹈动作来展现击鼓技巧与舞蹈水平。表演时，一个人敲击铜鼓，另一个人双手执扯风筒站于铜鼓后，按节拍将扯风筒推进铜鼓腔内，然后来回抽动接音，形成声调高低、强弱有别的鸣响，富有节奏感。舞者头裹红巾，上插雉翎，腰间系坠羽绒彩带，站在木腔皮鼓的旁边，双手执鼓棒，随着铜鼓的节奏敲击皮鼓的鼓面及鼓边，踏着轻盈的步伐，点地起舞，鼓点由缓至急，鼓声从低沉到高昂，舞蹈动作时而双棒齐下，时而单手交替，身体跟随节奏扭动跳跃，表演撒秧、栽秧、薅秧、打谷等表现水田耕作的舞蹈动作，直到鼓声停止，舞步也跟着停下。整个舞蹈过程给舞者和观者双方带来酣畅和愉悦的身心享受。

3. 丧葬祭祀仪式中的铜鼓舞蹈

丧葬祭祀仪式舞蹈是人们在特定的宗教信仰活动和丧葬祭祀活动中所跳的舞蹈。丧葬祭祀仪式舞蹈以舞蹈祭祀神灵，又以舞蹈为亡者超度。由于人们对生命的强烈渴望和对神灵的崇拜敬仰，因此，丧葬祭祀仪式舞蹈成为西南少数民族舞蹈中重要的组成部分。

（1）南丹白裤瑶丧葬祭祀仪式中的“勤泽格拉”

“勤泽格拉”是瑶语音译，意为打老猴，因为是用铜鼓伴奏，所以也称之为“铜鼓舞”，是南丹县白裤瑶在丧葬祭祀仪式中所跳的舞蹈。传说很久以前，居住在大山深处的蓝老宠去地里收黄豆的时候躺在黄豆秆堆里睡着了，正好有一只母猴子带着一群小猴子来地里偷黄豆，看见蓝老宠睡在黄豆秆堆里，以为是它们的祖先死了。于是，母猴和小猴子们便抬出铜鼓，敲打铜鼓向祖先致哀，并且围着铜鼓和蓝老宠跳舞、哀叫。蓝老宠被铜鼓

图三六一　南丹县白裤瑶群众表演铜鼓舞（王时阶　摄）

声和猴子的叫声惊醒，看见这么多猴子敲铜鼓跳舞，觉得很有意思，但是他又不敢起来。他暗地里把猴子们跳的舞蹈记熟了，然后猛地从黄豆秆堆中一跃而起，大吼一声。猴子们听到吼声，一片惊慌，连忙逃回山洞，把铜鼓落下了。于是，蓝老宠便把铜鼓带回自己家中，向族人们讲述了当天发生的事情，并且模仿猴子敲铜鼓跳舞，大家看了也跟着一起学。后来白裤瑶在举行葬礼时就模仿猴子跳“勤泽格拉”。

跳“勤泽格拉”前，要先祭铜鼓，由“鬼师”用一根谷穗沾酒在鼓面上洒三次，或以嘴含酒向鼓面喷洒三次。祭完鼓，待鼓手喝完一次酒后，便开始敲打铜鼓跳舞了。跳“勤泽格拉”时，舞者绕大皮鼓跳三至四圈为一轮，跳完三轮后，人们就可以自由轮换着敲打铜鼓跳“勤泽格拉”了。但送葬之前的那一阵铜鼓，必须由“鬼师”亲自指挥和跳“勤泽格拉”，并且打多少轮铜鼓，视亡者的年龄而定，七十岁以上的打十一轮鼓，四十至六十岁的打七至九轮鼓，男的打单数，女的打双数。

（2）云南文山彝族铜鼓舞蹈

彝族铜鼓舞蹈主要流传于云南文山州的麻栗坡、广南、富宁等县的彝族村寨中。传说有一年不下雨，天下大旱，土地干裂，没有办法栽种庄稼。有一天，有一个美丽的姑娘发现一个年轻的小伙子只要从田边走过，清汪汪的水就会从田里流出来，灌满农田。后来这个美丽的姑娘爱上了这个年轻的小伙子，两人结为夫妻。婚后姑娘才知道自己的丈夫是龙王的儿子。过了数年，姑娘的父母死了，龙王送来一对铜鼓，姑娘敲起铜鼓教村里的人跳舞。龙王来送葬，彝家姑娘们就跳起铜鼓舞蹈来迎接龙王。从那时起，彝族就有了铜鼓和铜鼓舞蹈。

麻栗坡县彝族一般在丧葬仪式中跳铜鼓舞蹈。彝族人去世后，其家人就会把一公一母两面铜鼓置于舞场中央，并敲响铜鼓。仪式开始时，两名负责超度亡者灵魂的男职司头戴草帽，身穿红、绿短衣，左手执竹片，右手执手巾，边跳边唱。接着，亡者家族的女性晚辈身穿孝服跟随男职司跳舞。宰牛之后，由一名男青年举着假人舞蹈，前来吊唁的客人也纷纷加入舞圈，男性在前、女性在后，众人围着假人，伴着铜鼓节奏沿逆时针方向绕圈起舞，并在舞蹈中不时插入“丧歌”唱段，整个仪式呈现出庄严肃穆的氛围。舞者在沉闷的铜鼓声中缓缓移步，舞蹈动作有摆步和勾脚步等。摆步以左脚开始，经双屈膝进一步，同时双臂下垂后摆，右脚同前，于右后侧点地，同时左臂上摆，右臂下侧后摆，手半握拳，胯部随之前后摆动，如此反复交替。勾脚步以左脚开始，按左脚、右脚、左脚的顺序进三步，同时按左臂、右臂、左臂的顺序向前扣摆手臂，第四拍为左脚勾脚前提，同时左臂上摆，右臂斜下侧摆，如此反复。

广南县彝族铜鼓舞蹈是在春节祭祖时和老人过世时跳的。广南县彝族跳铜鼓舞蹈时，男舞者按年龄大小排序，年龄大的排在前面，随后女舞者也按照年龄的大小顺序排列在男舞者的后面。他们围成圆圈，或者围成双层圆圈，男的在内圈，女的在外圈，仍然按照年龄的大小顺序排列。他们边舞边沿逆时针方向行进。舞者人人都要喝酒，起舞前先向铜鼓敬一杯，每跳完一调要长呼一声。铜鼓舞蹈以铜鼓为伴奏乐器，铜鼓有公鼓和母鼓之分，公鼓代表的是太阳，铜鼓鼓面上的日芒图案就是代表一年的十二个月，而母鼓则代表月亮。敲铜鼓时，公鼓悬离地面，母鼓横置地面与公鼓相对。击鼓者右手执鼓槌交替敲击两个鼓面，左手执一小棍敲击公鼓的腰部，能奏出十二种不同节奏的音响组合（称为“十二调”）。舞蹈中的每一调代表一个月，演奏一调舞三圈，表示三十天，一个乐句跳一个动作，一个乐句为一调。广南县彝族铜鼓舞蹈一共有三十多个小套路，动作套路随着铜鼓点变化而变换，一般一个动作要反复数次。舞蹈动作为起左脚抬左手，起右脚抬右手，头部随身摆动，动作连贯流畅。

（3）云南壮族出殡时跳的铜木神鼓舞

铜木神鼓舞主要流传于云南泸西县和师宗县的壮族村寨。相传，很久很久以前，壮家有个铜鼓神，是由一个性格活泼的英俊小伙子变的，但他经常偷偷溜出去找龙王的女儿谈情说爱。为此，壮家人就在铜鼓边划破一道口子，表示毁了容，打上了印记，不让女性上当受骗，并且只要背着它外出，就会用红布把它包起来，不让它见天日。背铜鼓出门时若遇上江河湖潭，就会用草绳拴住它的耳朵，表示不让它飞走。铜木神鼓舞一般是在亡者出殡时跳，并且只能是大姑爷和二姑爷跳，也可在庆祝丰年的时候跳。铜木神鼓在收藏时都不能随意摆放，必须严加保管。

（4）贵州布依族丧葬仪式中的铜鼓舞蹈

贵州布依族铜鼓舞蹈经常在丧葬仪式中进行表演。整个丧葬仪式的过程中会有两名舞者随着铜鼓和皮鼓的鼓声缓慢而悲痛地起舞，借此哀悼死去的老人。铜鼓作为舞蹈的伴奏乐器，声音粗犷，人们踏着鼓点起舞。贵州独山、荔波、三都等地布依族聚居地区流行铜鼓刷把舞。舞时把铜鼓悬挂起来，由一个人手执木槌敲击铜鼓，其他舞者手执一根竹竿（刷把）翩翩起舞。据传，从前有一位布依族老人，虽然家境贫寒，但乐善好施、德高望重。他去世后，众人舂米粑为其送葬，此后连年风调雨顺、五谷丰登。为纪念这位老人，当地便形成每年跳此舞蹈的习俗。

（5）贵州雷山苗族祭祀先祖的铜鼓舞蹈

贵州雷山苗族铜鼓舞是击铜鼓而跳的祭祀舞蹈，主要流传于贵州雷公山区的掌坳、高岩等村。相传当年贵州巡抚张广泗的属下来到掌坳巡视时，忽然听到有苗族人敲击木鼓，以为是苗族人要滋事作乱，便点火烧了这面木鼓。但是，苗族人对自己祖先的崇拜之情没有因木鼓被烧毁而减弱，于是出资购置了铜鼓，有鼓就有凝聚力，鼓声响起，雷山四周的苗族同胞听到鼓声，纷纷涌来，日日夜夜围鼓而舞，祭祀先祖。

贵州雷山苗族在跳铜鼓舞的时候，先要把木架放置于舞场，然后把铜鼓悬挂于木架上，击鼓人一手执木槌敲击铜鼓的鼓腰，另一手执皮头槌敲击铜鼓的鼓心；另一个人双手执木桶站于铜鼓后，按节拍将木桶推进铜鼓腔内，然后抽出产生共鸣，来回接音、送音，使鼓声更加深沉浑厚，声音传得更加远。舞者们则围成圆圈队形，随着铜鼓的鼓点扭动着胯部和摆动双手，每一种舞步都会有相应的鼓点来对应。舞蹈动作都是模仿日常生活中的狩猎、耕种等动作，如骑马、捕鱼、捞虾、斗鸡等，动作激烈奔放，跳至高潮时，还会喊出“嗨嗨嗨”的欢呼声，气氛热闹。最后结束的时候，还要跳送鼓舞，将铜鼓恭敬地送回并收藏好。

（三）红水河流域少数民族代表性铜鼓舞蹈

1. 红水河流域壮族铜鼓舞蹈

壮族源于我国南方古代百越族群的西瓯、骆越部族，现主要分布在广西、云南、广东、贵州、湖南等地。壮族历史悠久，艺术文化源远流长，壮族舞蹈也丰富多彩，有古拙粗犷的祭祖、丧葬舞蹈，有深沉神秘的宗教祭祀舞蹈，也有热烈欢快的民俗节庆舞蹈，而其中所包含的壮族铜鼓舞蹈则是壮族古代文化的一个重要组成部分。壮族铜鼓舞蹈具有古老的历史，是民间祭祀和民俗节庆活动中不可缺少的重要环节，铜鼓与舞蹈有着密切的联系，“铜鼓不响不开舞，鼓声一停舞即停”是壮族铜鼓舞蹈最主要的特点。云南马关县壮族传说远古时期洪水泛滥，群妖作怪，民不聊生。后来，出现了一个两侧生翼、能转会飞的铜鼓，它将妖魔鬼怪一一杀死，百姓才得以生存。从此，人们就视铜鼓为降妖除魔的神器，并跳起铜鼓舞蹈，以感激铜鼓的救世之恩。由于铜鼓带有浓厚的神秘色彩，因此铜鼓舞蹈也被赋予祭神拜祖、祈祷幸福的寓意。此后，铜鼓舞蹈被广泛用于各种祭祀礼仪、婚丧节庆和自娱的场合，代代相传，经久不衰。

壮族铜鼓舞蹈现在保存下来的主要有广西东兰壮族铜鼓舞、云南马关壮族铜鼓舞、云南泸西壮族铜木神鼓舞。壮族铜鼓舞有两种表演形式：第一种是以自娱性为主的群众集体性舞蹈，动作简单质朴。第二种是以表演性为主的仪式性舞蹈，具有一定的表演程式。自娱性的铜鼓舞蹈主要流行于民间的节庆娱乐中，具有浓厚的自娱自乐的生活气息。而表演性的铜鼓舞蹈是祭神的舞蹈，人们认为它是跳给神看的，因此用各种舞蹈动作来满足神的愿望，以祈求神的保佑。

（1）广西东兰壮族铜鼓舞

①概况

广西东兰壮族铜鼓舞有自娱和表演两种。每逢重大节庆，人们就把铜鼓集中到一个平坦的场地，按照铜鼓的大小次序，排列出一定的音阶，再由一个熟知音律的铜锣手敲着铜锣指挥，鼓手们每个人负责一个铜鼓，按照铜锣手的统一指挥，敲出不一样的音调，并与其他的铜鼓配合，形成有层次感的节奏。同时，舞者闻声踏地起舞。舞蹈内容有“开场”“春耕”“夏种”“秋收”“冬藏”“迎春”六个部分，鼓手们听从指挥，按照一定的节拍敲出疏密缓急、轻重高低的鼓点，舞者随着鼓声表演各种舞蹈动作，再现各种农事情景。整个舞场灯火通明，铜鼓齐鸣，人声鼎沸，很是壮观。

东兰壮族铜鼓舞主要是在蚂蜗节中表演，由七人来完成整个舞蹈，其中铜鼓手四人，皮鼓手一人，伴舞者两人。东兰壮族铜鼓舞表演时，在舞场的后方两边竖立长长的竹竿，在两条竹竿之间再横架一条长竹木搭成一个木架，然后用绳子将铜鼓依次悬挂在木架上，木架上有铜鼓四面，分别为两面公铜鼓和两面母铜鼓，铜鼓相间交错悬挂排列，铜鼓的鼓面面对观众，两面铜鼓之间的距离相隔约 1 米，皮鼓摆在铜鼓的正前方，距离铜鼓约 3 米。然后四名铜鼓手各自侧身站在铜鼓的左边，右手执鼓槌敲击铜鼓的鼓面，左手执小棍敲击铜鼓的鼓边。先敲击公铜鼓，再敲击母铜鼓，形成交错鼓点。反复数遍后，再开始加花变奏，热烈闹场一阵后把气氛推向高潮。然后，皮鼓手上场，一边敲打皮鼓，一边舞蹈。在表演中，皮鼓手是东兰壮族铜鼓舞的中心人物，配合铜鼓变奏的节拍敲打皮鼓。皮鼓手时而打鼓心，时而打鼓边，时而两根鼓棍相互击打，并且把打鼓和舞蹈动作结合起来，动作变换紧凑有力，如正面打、侧身打、抬腿打、翻身打、转身打等。接着伴舞者上场，一人手执米筛子，一人肩扛竹梆。手执米筛子的舞者，或给皮鼓手扇风，或表演播种、插秧等动作，动作形象有趣；肩扛竹梆的舞者，右手执梆棍不停地敲击左肩竹梆，在敲打中身体时而蹲下，时而跃起，表演追赶鸟兽、保卫庄稼的动作。随后，表演者一起围成圆圈起舞，同时鼓点越敲越急，舞蹈越跳越快，气氛也越来越热烈，最后在高潮中结束。

②音乐

东兰壮族铜鼓舞的伴奏乐器为四面铜鼓和一面皮鼓。铜鼓有公母之分，鼓腰稍细、音色高亢者为公铜鼓，腰身稍粗、音色低沉者为母铜鼓。曲谱中的公铜鼓比母铜鼓的音调高。演奏时，铜鼓悬挂在木架上，击鼓者右手执鼓槌敲击鼓面，左手执小棍敲击鼓边，边击边跳。铜鼓声与皮鼓声交替混合，此起彼伏，可产生具有一定旋律性的音响效果。铜鼓曲谱为四二拍记谱，全曲 38 个小节。铜鼓曲谱如下：

都　咚 | 都　咚 | 都当　咚达 | 都当　咚达 | 都当　咚达 | 都当　咚达 |
都当　同同 | 都都　同同 | 当都　同同 | 都当　同同 | 都都　同同 | 当都　同同 |
都当　同同 | 都当　咚达 | 都当　咚达 | 都当　咚达 | 都当　咚达 | 都当　咚达 |
同同　咚达 | 同同　达咚 | 同同　达达 | 同同　咚达 | 同同　达咚 | 同同　达达 |
同同　达咚 | 都当　咚达 | 都当　咚达 | 都当　咚达 | 都当　咚达 | 都当　咚达 |
都当　咚达 | 都当　咚达 | 都当　咚达 | 都当　咚达 | 都当　咚达 | 都当　咚达 |
都当　咚达 | 呜　嗨（欢呼声） ‖

（注：“都”表示敲击公铜鼓 1，“咚”表示敲击公铜鼓 2，“当”表示敲击母铜鼓 1，“达”表示敲击母铜鼓 2，“同”表示多鼓同击。）

③服饰、道具

击皮鼓者和伴舞者均穿蓝靛色土布对襟上衣和蓝靛色中式长裤，系红色布腰带，穿黑色布鞋。

东兰壮族铜鼓舞的道具包括铜鼓、皮鼓、竹梆、梆棍、米筛子、鼓槌等。

④舞蹈路线及基本动作

东兰壮族铜鼓舞表演：第 1 至第 3 小节，击铜鼓者开始击鼓，余下舞者候场。第 4 至第 6 小节，击皮鼓者从舞场左后方通过 3 次垫步吸腿跳动作上场，跳至舞场中间的皮鼓后面。第 7 至第 8 小节，击皮鼓者侧身击鼓，同时舞筛者从舞场左后方上场，舞梆者从舞场右后方上场，两人快步行至皮鼓两旁。第 9 至第 14 小节，皮鼓手反复弧形击鼓，舞筛者做扭筛动作 2 次，接着做筛子围腰动作，舞梆者做垫步吸腿跳动作，同时舞筛者和舞梆者两人交换位置。第 15 至第 17 小节，皮鼓手做抬腿步动作，舞筛者做扭筛动作，舞梆者继续做垫步吸腿跳动作，两人跳至皮鼓者身旁。第18至第19小节，皮鼓手弧形击鼓，舞梆者右手执梆扛在肩上，左手自然垂于体旁，舞筛者双手执筛于腹前，舞梆者和舞筛者两人双腿半蹲并快速走到舞场的斜前方。第20至第25小节，皮鼓手反复拧腰击鼓，接着又弧形击鼓，舞筛者表演播种动作，舞梆者做扛梆跳步动作，舞筛者和舞梆者走横“8”字路线回原位置。第26至第29小节，皮鼓手做垫步吸腿跳动作向后退，第二拍时左腿前抬90度，同时舞筛者表演穿山洞动作从皮鼓手的左腿下钻过，接着表演打猎动作并与舞梆者交换位置。第30至第33小节，皮鼓手走至皮鼓前打鼓，舞筛者和舞梆者表演打猎动作并相互交换位置走至斜前方。第34至第37小节，皮鼓手继续打鼓，舞筛者做筛子围腰动作，舞梆者做扛梆跳步动作。第38小节，舞者及众人同时高喊“呜嗨”，结束全舞。

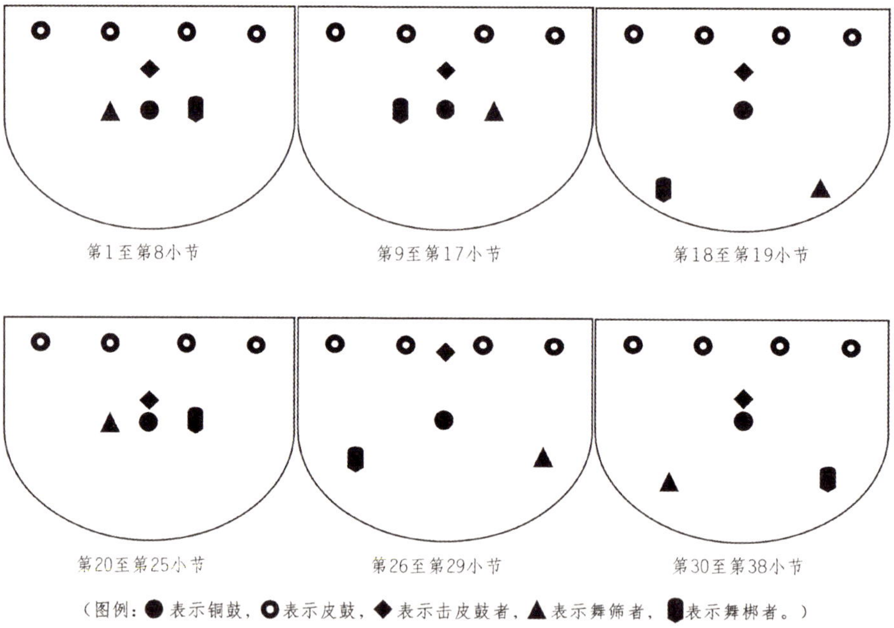

图三六二　东兰壮族铜鼓舞场记图（方钰婷　供图）

（2）云南马关壮族铜鼓舞

①概况

云南马关壮族铜鼓舞，壮语称“弄尼咚”，流传于马关县马夹冲一带，属于民间自娱性集体舞蹈，舞蹈人数不限。表演时，在舞场的后方放置一个木架，把铜鼓放在木架上，由一名鼓手有节奏地敲击铜鼓的鼓面，另一人手执铜盆在铜鼓的鼓腔后面接音。舞蹈表现形式多样，可以男女混合起舞，也可以男女各自起舞。舞者或围成圆圈跟着鼓点踏地起舞，或站成“八”字形往返穿行起舞。但无论哪种表现形式，他们的双手都各执一条毛巾，并随着鼓点的节奏甩动毛巾。马关壮族铜鼓舞的基本步法有活跃步、踮步和走路步等，手的动作主要有甩手、跳步甩巾、双手甩巾等。舞者手部动作丰富，他们手上的手巾甩着哪个客人，那个客人就得跟着一起跳起来，气氛非常热烈。舞蹈队形多为圆圈形、“八”字形。

②音乐

马关壮族铜鼓舞的伴奏乐器为一面铜鼓和一个铜盆。男舞者手执鼓槌敲击铜鼓鼓面，女舞者手执铜盆，盆口朝外，在每小节的第三拍或第四拍时将铜盆推向距铜鼓鼓口约10厘米处，使铜鼓产生浑厚的声响。马关壮族铜鼓舞一共有2套铜鼓曲谱，均为四四拍记谱。

曲谱一

咚　咚　咚　扑｜咚　咚　咚　扑‖

曲谱二

咚　咚　扑　－｜咚　咚　扑　－‖

（注：“咚”表示敲击铜鼓，“扑”表示敲击铜鼓并将铜盆推进铜鼓腔内。）

③服饰、道具

男舞者上身穿对襟上衣，外套背心，下身穿扭裆裤，脚穿布鞋，头缠头帕，右边系结。女舞者上身穿对襟翘摆紧身上衣，下身穿百褶长裙，脚穿尖头船鞋，头缠黑包布。

马关壮族铜鼓舞的道具包括铜鼓、鼓槌、铜盆和毛巾。

④舞蹈路线及基本动作

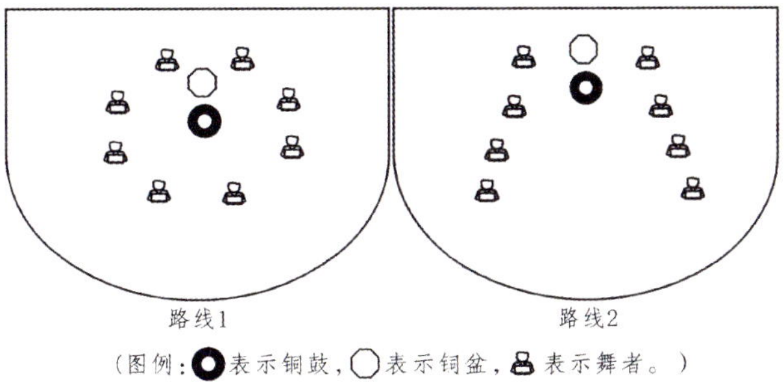

图三六三　马关壮族铜鼓舞场记图（方钰婷　供图）

马关壮族铜鼓舞表演：将铜鼓用木架垫高，放在舞场中间稍后的位置，男舞者双手执鼓槌面对铜鼓鼓面站立，女舞者双手执铜盆面对铜鼓鼓口站立，反复交替做打扑鼓和换位打扑鼓动作。其余男女舞者则双手各执毛巾围在铜鼓的周围，形成一个大圆圈或者站成“八”字形，跟着铜鼓的节拍起舞，依次跳踮步、泼水、甩手、跳步甩巾、点步打肩、双手甩巾等动作，也可以将这些动作任意组合，每个动作反复多遍，动作的变换随领舞者而变。围成圆圈起舞时，舞者们沿逆时针方向舞动，站成“八”字形时则原地起舞。

（3）云南泸西壮族铜木神鼓舞

①概况

云南泸西壮族铜木神鼓舞主要流传于泸西县永宁乡法衣村等地，属于表演性舞蹈。铜木神鼓舞一般是在亡者出殡时跳，并且只能是大姑爷和二姑爷跳。他们从出殡前一天晚上开始，一直跳到第二天天亮，并持续跳至墓地。铜木神鼓舞也可在庆祝丰年的时候跳，一般从正月初一一直跳到正月十六，届时把铜木神鼓挂在堂屋楼上，任何人都可以去敲鼓和跳舞，以此祈求五谷丰登、消灾免难。在跳铜木神鼓舞时，先要把铜鼓悬挂于木架上。然后一人左手执木棒，右手执木槌，左右手交替敲击铜鼓；另一人双手执木桶状扯风筒，配合着铜鼓的节奏起舞。当击鼓者把铜鼓敲响后，执扯风筒者迅速将扯风筒塞入铜鼓腔内，然后再迅速抽出，接着顺势转身，把扯风筒高高地举起。整套动作每四拍完成一次，通过有节奏地改变铜鼓鼓腔内的气压，使鼓声共鸣增强，传至十里以外。整个舞蹈仅由两个人来完成，舞蹈动作有高举、高跪、旋转等，动作简单流畅、粗犷豪放，气氛庄严肃穆。

图三六四　神木铜鼓舞表演场景一（石裕祖　摄）

图三六五　神木铜鼓舞表演场景二（石裕祖　摄）

②音乐

铜木神鼓舞的伴奏乐器为一面铜鼓和一个扯风筒。一名舞者左手执木棒，右手执木槌；另一名舞者双手执扯风筒于腹前，筒口朝外。击鼓者把铜鼓敲响后，执扯风筒者迅速把扯风筒塞入铜鼓鼓腔内再迅速抽出，接着顺势转身，将扯风筒向上举起。桐木神鼓舞的铜鼓曲谱为四四拍记谱，全曲共5个小节。铜鼓曲谱如下：

叮　叮　当　当｜叮　叮　当　当｜叮　叮　当　当｜

叮　叮　当　当｜叮　叮　当　当‖

（注：“叮”表示敲击鼓边，“当”表示敲击鼓面。）

③服饰、道具

两名男舞者均穿黑色翻领对襟上衣、黑色坎肩、黑色中式长裤、黑色尖口布鞋，头缠黑布包巾。

桐木神鼓舞的道具包括铜鼓、扯风筒、木棒和木槌。

④舞蹈路线及基本动作

铜木神鼓舞表演：第1小节，击鼓者左手用木棒敲击铜鼓鼓边两下，右手高举木槌于右上方，执扯风筒者左腿屈膝抬起，右脚原地踮跳一下，同时双手高举扯风筒于头的右前上方。接着，击鼓者右手用木槌敲击铜鼓鼓面两下，左手高举木棒于左上方，执扯风筒者左腿落地，双膝微颤一下，同时双手执扯风筒于腹前。第2小节，击鼓者左手用木棒敲击铜鼓鼓边两下，右手高举木槌于右上方，执扯风筒者左腿屈膝抬起，右脚原地踮跳一下，同时双手高举扯风筒于头的右前上方。接着，击鼓者右手用木槌敲击铜鼓鼓面两下，左手高举木棒于左上方，执扯风筒者左脚上前形成左前弓步，同时迅速将扯风筒塞进铜鼓鼓腔再迅速拔出并高举至头的右前上方，左脚收回，自然站立。第3小节，击鼓者左手用木棒敲击铜鼓鼓边两下，右手高举木槌于右上方，执扯风筒者高举扯风筒于头前正上方，同时左吸腿，上身右拧，顺势左脚落地接着双脚左转一圈。接着，击鼓者右手用木槌敲击铜鼓鼓面两下，左手高举木棒于左上方，执扯风筒者左脚上前形成左前弓步，同时迅速将扯风筒塞进铜鼓鼓腔再迅速拔出并高举至头的右前上方，左脚收回，自然站立。第 4 小节，击鼓者左手用木棒敲击铜鼓鼓边两下，右手高举木槌于右上方，执扯风筒者双手高举扯风筒于头前正上方，同时八字步全蹲，双脚先左后右交替横跳一下。接着，击鼓者右手用木槌敲击铜鼓鼓面两下，左手高举木棒于左上方，执扯风筒者全蹲起身后，左脚上前形成左前弓步，同时迅速将扯风筒塞进铜鼓鼓腔再迅速拔出并高举至头的右前上方，左脚收回，自然站立。第 5 小节，击鼓者左手用木棒敲击铜鼓鼓边两下，右手高举木槌于右上方，执扯风筒者双手高举扯风筒于头前正上方，同时右腿跪地，上身微左拧。接着，击鼓者右手用木槌敲击铜鼓鼓面两下，左手高举木棒于左上方，执扯风筒者双手高举扯风筒于头前正上方，同时左腿跪地，上身微右拧。

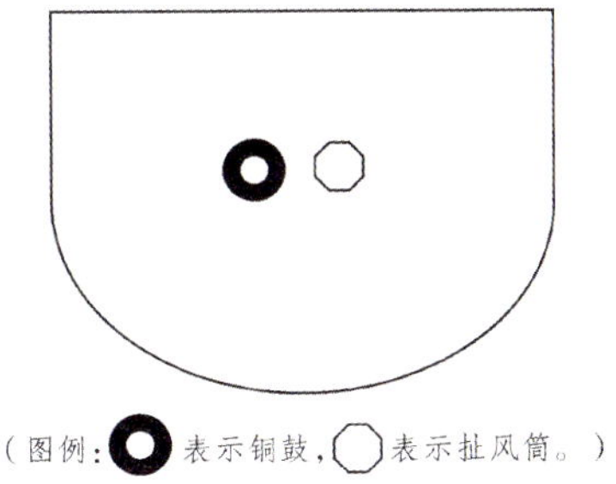

图三六六　铜木神鼓舞场记图（方钰婷　供图）

2. 红水河流域瑶族铜鼓舞蹈

瑶族主要分布在广西、云南、湖南、广东、贵州和江西等地。瑶族历史悠久，艺术文化丰富，主要信奉多神和祖先崇拜，因此瑶族的舞蹈艺术与本民族的宗教信仰和节令习俗有着密切的联系。瑶族的传统民间舞蹈十分丰富，较突出的主要有长鼓舞、铜鼓舞和陶鼓舞。瑶族铜鼓舞主要流传于布努瑶聚居地区和白裤瑶聚居地区。

瑶族铜鼓舞现在保存下来的主要有广西都安、巴马布努瑶铜鼓舞和广西南丹白裤瑶的“勤泽格拉”。瑶族铜鼓舞主要有两种表现形式：一种是用于纪念和敬奉祖先的舞蹈，如都安、巴马布努瑶铜鼓舞；另一种是用于丧葬仪式的舞蹈，如南丹白裤瑶的“勤泽格拉”。瑶族铜鼓舞动作粗犷、有力，舞姿矫健，风格淳朴，具有浓厚的生活气息和民族特点。

（1）广西都安、巴马布努瑶铜鼓舞

①概况

广西都安、巴马布努瑶铜鼓舞主要在祝著节和其他的喜庆日子表演，是节日中的主要娱乐项目。在祝著节这一天，青年男女可以通过跳铜鼓舞来寻觅如意对象。未婚的姑娘们看谁的舞技高超，便倾心于谁，所以男青年们都会在舞场上争相大显身手，以博得姑娘们的芳心。都安、巴马布努瑶铜鼓舞表演时，舞场上会搭一个木架。木架的中间架起一面皮鼓，木架横梁的两端各悬挂一面铜鼓，随后舞者出场表演。两名男子敲击公鼓，两名女子敲击母鼓。敲击公鼓者左手执鼓槌敲击铜鼓鼓面，右手执鼓槌敲击铜鼓鼓边；敲击母鼓者右手执鼓槌敲击铜鼓鼓面，左手执鼓槌敲击铜鼓鼓边。另有一人击皮鼓，为男性。击皮鼓者边击边舞，既是舞蹈的指挥者，也是舞者。同时，一名男子双手执竹笠为击皮鼓者伴

舞。此外，还有五至七位戴面具的男性舞者手持铜铃圈伴舞。都安、巴马布努瑶铜鼓舞动作粗犷有力、有趣诙谐，舞姿简洁大方、风格淳朴。舞蹈由缓慢到激烈，舞者相互之间争相竞赛，鼓点节奏不断加快，谁跟不上节奏就算输，胜利者便欢声高呼，整个舞蹈在欢声笑语中结束。

②音乐

都安、巴马布努瑶铜鼓舞的伴奏乐器为四面铜鼓和一面皮鼓。铜鼓有公母之分，公铜鼓声音尖细，母铜鼓声音粗重。铜鼓声与皮鼓声交替混合，此起彼伏，产生具有一定旋律性的音响效果。铜鼓曲谱为四二拍记谱，全曲共 24 个小节。铜鼓曲谱如下：

咚打　咚　| 咚打　咚　| 咚打　咚　| 咚打　咚　| 咚打　咚　|
咚打　咚　| 咚打　咚　| 咚打　咚　| 咚打　咚　| 咚打　咚　|
咚打　打咚 | 咚打　打咚 | 咚打　打咚 | 咚打　打咚 | 咚打　打咚 |
咚打　打咚 | 咚　打　| 咚　打　| 咚　打　| 咚　打　|
咚　打　| 咚　打　| 咚　打　| 咚　打　‖

（注：“咚”表示敲击公铜鼓，“打”表示敲击母铜鼓。）

③服饰、道具

女铜鼓手穿女式大襟上衣和宽脚中式长裤，系腰带，外穿蓝靛色围裙，脚穿黑布鞋，头戴花头围，佩戴银项圈和银耳坠。男铜鼓手穿男式大襟上衣和宽脚中式长裤，系腰带，脚穿黑布鞋。皮鼓手、执竹笠者、持铜铃圈者均穿无领大襟长袍，外穿无领大襟上衣，下身穿黑色中式长裤，脚穿黑布鞋，头戴牛皮制成的面具。

都安、巴马布努瑶铜鼓舞的道具包括铜鼓、皮鼓、鼓槌、铜铃圈和竹笠。

④舞蹈路线及基本动作

都安、巴马布努瑶铜鼓舞表演：舞场中央放置皮鼓一面，皮鼓两侧各放置铜鼓两面（一公一母）。第 1 至第 6 小节，击皮鼓者做虚点步击鼓动作 3 次，执竹笠者原地做晃笠动作 3 次，持铜铃圈者停 4 拍后做前后走步推铃动作 1 次。第 7 至第 10 小节，击皮鼓者做抬腿小跳击鼓动作 2 次，执竹笠者做抬腿跨笠动作 1 次，持铜铃圈者做走步左推铃动作 1 次。第 11 至第 16 小节，击皮鼓者做抬腿击棒动作 2 次，执竹笠者做扇笠动作 2 次，接着做左右晃笠动作 1 次，持铜铃圈者做走步右推铃动作 1 次，接着双手执铜铃圈于头上方做摇铃动作 4 次。第 17 至第 20 小节，击皮鼓者做大八字步环臂击鼓动作 1 次，执竹笠者做晃笠动作 2 次，持铜铃圈者双手执铜铃圈于头上方做摇铃动作 8 次。第 20 至第 24 小节，击皮鼓者做大八字步抡臂击鼓动作 1 次，执竹笠者用竹笠给击鼓者扇风，持铜铃圈者做走步前推铃动作。如此反复至曲终而止。

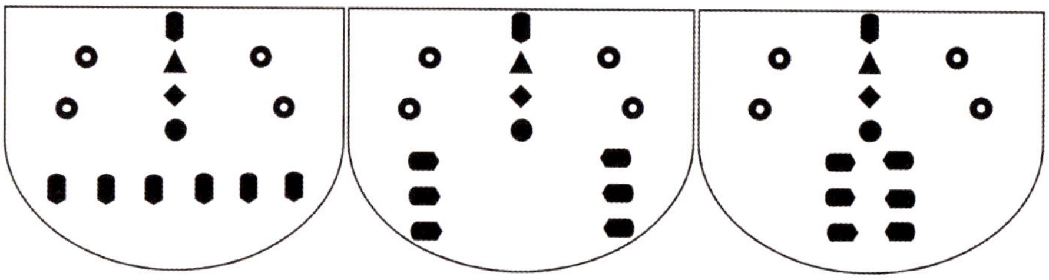

第1至第6小节　　第7至第16小节　　第17至第24小节

（图例：◎表示铜鼓，●表示皮鼓，◆表示击皮鼓者，▲表示执竹笠者，▮表示持铜铃者。）

图三六七　布努瑶铜鼓舞场记图（方钰婷　供图）

（2）广西南丹白裤瑶的“勤泽格拉”

①概况

广西南丹白裤瑶的“勤泽格拉”是在丧葬仪式中所跳的一种铜鼓舞蹈。“勤泽格拉”的表演是在砍牛仪式结束之后，舞者全部为男性。表演时，在舞场上埋桩搭架，将铜鼓吊在横杆上，离地面约20厘米，铜鼓数目不限。所有铜鼓排成一横排，每面铜鼓由两人进行敲奏：一人站在铜鼓侧面，左手执鼓槌敲击铜鼓鼓面，右手执竹片敲打铜鼓鼓边；另一人双手执扯风筒站在铜鼓后，按节拍把扯风筒送进铜鼓鼓腔或抽出，形成浑厚的声响。皮鼓放在铜鼓队列对面的正中央，由一人边击打边舞蹈。皮鼓手既是指挥者，又是舞者。

“勤泽格拉”节奏变化多样，舞者模仿猴子攀摘、挠耳、跃高俯低等各种动作，含胸弓背，一下双腿下蹲，一下单腿站立，动作古朴、粗犷敏捷、刚劲有力。舞者手上的鼓槌时而击鼓面，时而击鼓边，时而又击打身体的各个部位，舞蹈动作千变万化，伴随着围观者的喝彩声，舞蹈紧张热烈，舞至高潮时结束。

②音乐

“勤泽格拉”的伴奏乐器为多面铜鼓和一面皮鼓。“勤泽格拉”的铜鼓曲谱一共有53个小节。铜鼓曲谱如下：

咚　哄 | 咚　哄 | 咚　哄 | 咚　哄 | 咚　哄 | 咚　哄 | 咚　哄 | 咚　哄 |
咚　哄 | 咚　哄 | 咚　哄 | 咚　哄 | 咚　哄 | 咚　哄 | 咚　哄 | 咚　哄 |
咚　哄 | 咚　哄 | 咚　哄 | 咚　哄 | 咚　哄 | 咚　哄 | 咚　哄 | 咚　哄 |
咚　哄 | 咚　哄 | 咚　哄 | 咚　哄 | 咚　哄 | 咚　哄 | 咚　哄 | 咚　哄 |
咚　哄 | 咚　哄 | 咚　哄 | 咚　哄 | 咚　哄 | 咚　哄 | 咚　哄 | 咚　哄 |
咚　哄 | 咚　哄 | 咚　哄 | 咚　哄 | 咚　哄 | 咚　哄 | 咚　哄 | 咚　哄 |
咚　哄 | 咚　哄 | 咚·哄　咚·哄　咚 | 咚·哄　咚·哄　咚 | 咚　哄 ‖

（注：“咚”表示敲击铜鼓并将扯风筒推进铜鼓腔内，“哄”表示敲击铜鼓并将扯风筒从铜鼓腔内抽出。）

③服饰、道具

击铜鼓者和击皮鼓者均穿黑色镶边无领对襟短上衣和白色中短裤，裤脚饰有五道红色竖纹，腰间系黑色腰带，腿部扎黑色绑腿带和红底绣黑白交叉十字纹绑腿带，脚穿黑色布鞋。

“勤泽格拉”的道具包括铜鼓、皮鼓、鼓槌、扯风筒和竹片。

④舞蹈路线及基本动作

“勤泽格拉”表演：在舞场的中央悬挂铜鼓一排，皮鼓放在铜鼓队列对面的正中央。击皮鼓者从第5小节开始双击皮鼓，第6至第11小节绕鼓双击皮鼓鼓面，第12至第14小节绕鼓双击皮鼓鼓边，第15小节做“击顶”动作，第16至第17小节做“击耳”动作，第18小节做“击颈”动作，第19至第20小节做“击腋”动作，第21小节做“击后腰”动作，第22至第23小节做“击大腿”动作，第24至第25小节做“击胭”动作，第26至第27小节做“击膝”动作，第28至第29小节做“击小腿”动作，第30至第31小节做“击脚”动作，第32至第34小节绕鼓双击皮鼓鼓边，第35至第44小节单击皮鼓，第45至第50小节绕鼓双击皮鼓鼓面。击铜鼓者与执扯风筒者从第1小节开始敲打演奏铜鼓，直至第53小节结束。然后击皮鼓者按以上的动作顺序倒过来再跳一遍，舞蹈结束，此为一轮鼓。喝酒后再继续舞蹈，为二、三、四轮鼓。

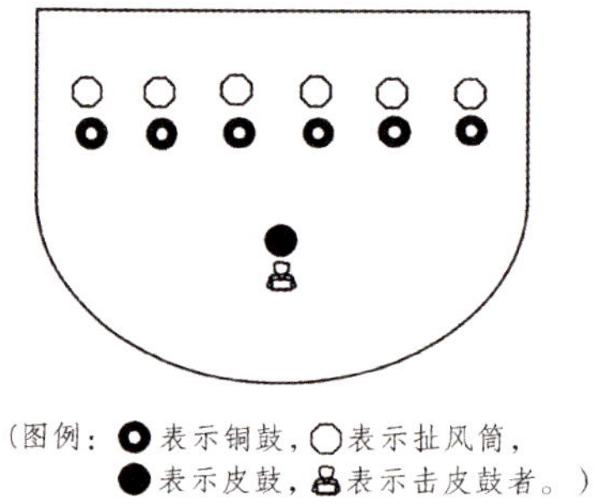

图三六八 “勤泽格拉”场记图（方钰婷 供图）

3. 红水河流域苗族铜鼓舞蹈

苗族是一个古老的民族，历史悠久，分布较广。苗族人民勤劳勇敢，纯朴忠厚，能歌善舞，热情好客。现主要分布在贵州、湖南、云南、四川、广西、湖北、海南等地区，其中贵州黔东南州为苗族最大的聚居区。苗族文化源远流长，苗族的传统民间舞蹈也丰富多彩，较具代表性的有芦笙舞、铜鼓舞、木鼓舞和湘西鼓舞，而其中的苗族铜鼓舞是苗族古代社会“鼓社制”的一种表征。苗族古代历经漫长的以鼓结社的原始公社社会，原始先民兴鼓社，倡笙歌鼓舞，设礼仪教化，立鼓为长官，团结村寨。铜鼓舞，苗语称为“菊略”。苗族铜鼓舞以铜鼓为伴奏乐器，由一人击鼓，众人和着鼓点徒手而舞。苗族铜鼓舞多在节日、婚嫁、丰收时表演，以表达欢悦的心情。

苗族铜鼓舞现在保存下来的主要有贵州雷山苗族铜鼓舞和贵州凯里苗族铜鼓舞。苗族铜鼓舞有两种表现形式：一种是在祀神祭祖仪式时表演，另一种是在节日、婚嫁、丰收时表演。苗族铜鼓舞的动作大多从日常生活和劳动生产中提炼出来，朴实无华，有浓厚的生活气息。舞至高潮，舞者配合鼓点拍手，并高声呼喊“嘿哧哧”，气氛热烈欢快。

（1）贵州雷山苗族铜鼓舞

①概况

贵州雷山苗族铜鼓舞具有悠久的历史，约在唐宋时期就开始流传，过去仅限于祀神祭祖时跳，现在也广泛地表演于节日、婚嫁、丰收时。跳铜鼓舞时，将铜鼓悬挂于木架上，击鼓手一手执鼓槌敲铜鼓鼓腰，另一手执鼓槌敲铜鼓鼓面。有时一人击鼓，另一人双手执木桶按节拍把木桶送进铜鼓鼓腔或抽出，形成浑厚的声响。其他舞者则围成圆圈，对着铜鼓舞蹈，舞者双臂自然下垂，双脚向前徐徐移步，双手前后慢慢摆动，节奏沉稳而缓慢。舞者或双手叉腰侧身摆动，或三步一盖腿转身击掌，或表演捉虾步、捉螃蟹步等动作。

②音乐

雷山苗族铜鼓舞的伴奏乐器只有铜鼓。击鼓者通过敲击铜鼓的鼓面、鼓腰和鼓边来变化音色，舞者则根据铜鼓的节奏来变换舞蹈动作。雷山苗族铜鼓舞一共有 5 套铜鼓曲谱。

曲谱一

咚咚　嘎嘎　咚嘎　咚　咚 | 咚咚　嘎嘎　咚嘎　咚　咚 |

嘎嘎　咚　嘎咚　咚　咚咚 | 嘎嘎　咚　嘎咚　咚　咚咚 ‖

曲谱二

咚嘎　咚　咚 | 咚嘎　咚　咚 | 咚嘎　咚　咚 | 咚嘎　咚　咚 ‖

曲谱三

咚　嘎嘎　咚嘎　嘎咚 | 咚　咚咚　嘎嘎 ‖

曲谱四

咚嘎　咚嘎　咚嘎 | 咚咚　咚嘎　咚咚　咚嘎 ‖

曲谱五

咚　嘎咚　咚　嘎 | 嘎嘎　地嘎　地嘎　嘎　嘎嘎 ‖

（注：“咚”表示敲击鼓面，“嘎”表示敲击鼓腰；“地”表示休止。）

③服饰、道具

男舞者身穿黑色对襟上衣、黑色便裤，脚穿黑布鞋，头包藏青色布帕。女舞者身穿蓝色银饰绣花上衣、黑色长裙，外系红色绣花彩带裙，脚穿船形绣花鞋，头戴银帽、银牛角，胸前挂银盘。

雷山苗族铜鼓舞的道具包括铜鼓、鼓槌。

④舞蹈路线及基本动作

雷山苗族铜鼓舞表演：人数不限，男女均可，围成圆圈。由鼓手敲击铜鼓指挥，鼓手敲什么鼓点，舞者就跳什么动作，同时围着铜鼓沿逆时针方向移动。每种鼓点可反复敲击，舞者随之反复起舞。敲曲谱一时男舞者做踹脚步动作。敲曲谱二时男舞者做三步跳动作。敲曲谱三时男舞者做捉虾步动作。敲曲谱四时女舞者做横移悠步动作。敲曲谱五时男舞者做踹步点地动作。

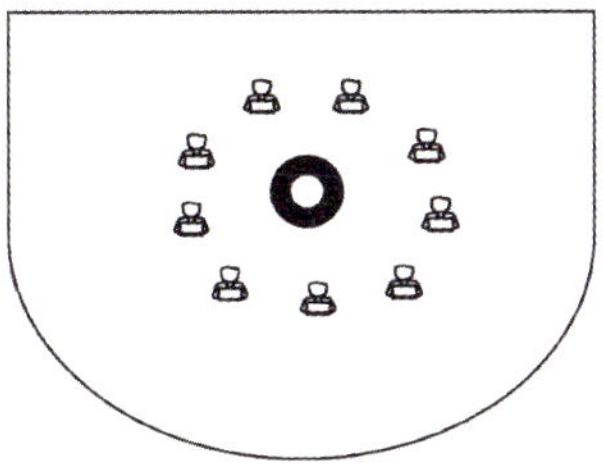

（图例：◎表示铜鼓，♙表示舞者。）

图三六九　雷山苗族铜鼓舞场记图（方任婷　供图）

（2）贵州凯里苗族铜鼓舞

①概况

贵州凯里苗族铜鼓舞，苗语音为“走略哥”，流传于凯里市舟溪、开怀、挂丁、旁海等地。凯里苗族铜鼓舞源于一个古老的传说。相传苗族先祖织布补天，玉帝奖赏一面铜鼓，于是每年苗家丰收过年之际，都要架起铜鼓，跳铜鼓舞。铜鼓通常保管在有威望的人家中，这个家的家长也就因此成为鼓主，他负责保管铜鼓，同时决定秋收之后跳铜鼓舞的时间，并通知大家提前准备，欢度佳节。节日当天，人们吃完午饭来到舞场，鼓声一响，身穿盛装、佩戴银饰的姑娘们便手牵手围成圆圈对着铜鼓跳起来。几圈后，小伙子们也在姑娘们的外侧围成圆圈跳起来。铜鼓声越激烈，舞者的情绪越高昂。参加跳舞的人越来越多，跳舞的圆圈似盘龙般由两个圆圈变成三个圆圈，甚至越来越多。跳铜鼓舞时，鼓师通常由鼓主担任，特别是开始和结束时必须是鼓主击鼓，中途若换人，必须经鼓主同意，并向铜鼓敬酒后才能击鼓。如若有其他村寨的铜鼓队参与，必须是由主队先击鼓跳舞，客队才能击鼓起舞。凯里苗族铜鼓舞一般举行三天，第三天傍晚，由鼓主担任鼓师起舞一番后，宣布此次盛会结束，鼓主再把铜鼓拿回家中放置好。

贵州凯里苗族铜鼓舞的特点主要是在双脚的踢、踏变化上。表演时，舞者们或前进，或后退，或左右交叉，或左右回旋，或跳跃踢腿，动作活泼而轻盈、大方而粗犷。舞蹈队形则是沿着逆时针方向绕圈行进，洋溢着一种舒缓流动的行进美。

②音乐

凯里苗族铜鼓舞的伴奏乐器为铜鼓。击鼓者通过敲击铜鼓的鼓面、鼓腰，或互击鼓棒来变化音色，舞者则根据鼓声的变化来变换舞蹈动作。凯里苗族铜鼓舞一共有 2 套铜鼓曲谱。

曲谱一

嘎 嘎嘎 | 嘎 嘎嘎 | 咚 嘎嘎 | 咚 嘎嘎 | 咚嘎 的咚 | 嘎 嘎嘎 |
咚 嘎嘎 | 咚 嘎嘎 | 咚嘎 的咚 ‖

曲谱二

咚 嘎嘎 | 咚 嘎嘎 | 咚 嘎咚 | 嘎 嘎嘎 | 咚咚 嘎咚 | 咚 咚 |
咚 嘎嘎 | 咚嘎 的咚 ‖

（注：“咚”表示敲击鼓面，“嘎”表示敲击鼓腰，“的”表示鼓棒互击。）

③服饰、道具

男舞者身穿花边对襟上衣、花边长裤，脚穿黑色布鞋，头用黑布缠头。女舞者上身穿古铜色镶紫红色花边的宽短袖上衣，下身穿紫红色或黑色镶灰色花纹的百褶裙，脚穿黑色布鞋，头戴银饰牛角帽。

凯里苗族铜鼓舞的道具包括铜鼓、鼓槌。

④舞蹈路线及基本动作

凯里苗族铜鼓舞表演：铜鼓安放在舞场的中央，女舞者两人一排，左侧身体对着铜鼓围成圆圈，并面向逆时针方向行进，舞过一段后，男舞者手牵手面向铜鼓，围成圆圈在女舞者之外。曲谱一中的鼓点开始时，女舞者沿逆时针方向反复做“走略哥”动作，行进一圈或数圈后，男舞者进入，反复做“走略哥”动作，配合女舞者沿逆时针方向横向移动。在曲谱二的鼓点下，全体舞者仍然以铜鼓为中心，围成圆圈，沿逆时针方向反复做交叉舞动作，缓慢前行。鼓师是全场的指挥，一边击鼓一边在原地做“走略哥”动作。舞至快结束时，鼓师快击铜鼓两下，众人即停止舞蹈。

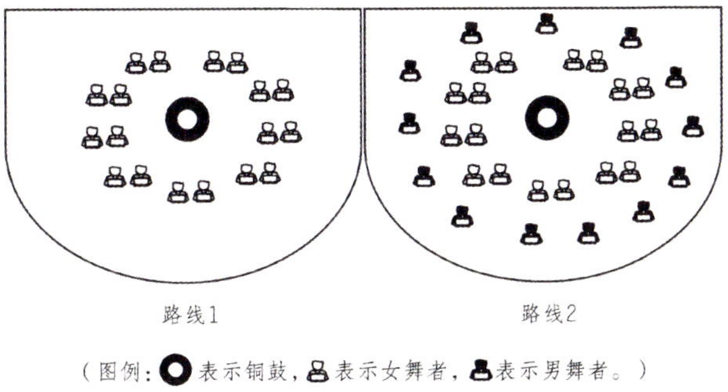

图三七〇　凯里苗族铜鼓舞场记图（方钰婷　供图）

4. 红水河流域布依族铜鼓舞蹈

贵州布依族铜鼓舞蹈经常在丧葬仪式中进行表演。在整个丧葬仪式中，伴随着铜鼓和皮鼓的鼓声，两名舞者表情凝重地缓缓起舞，以此哀悼死去的老人。铜鼓作为舞蹈的伴奏乐器，以粗犷的铜鼓声引导着人们踏着鼓点起舞。在贵州的独山、荔波、三都等地，布依族人民在平常跳铜鼓舞蹈时，会把刷把舞的动作也融合到铜鼓舞蹈中，组合为铜鼓刷把舞。舞时把铜鼓悬挂起来，由一个人手执木槌敲击铜鼓，其他舞者手执一根 1 米多长的竹竿（刷把）围成圆圈，按铜鼓敲出的鼓点节奏变换不同的舞蹈动作，一边跳跃，一边用竹竿（刷把）相互击打或敲击地面。在整个舞蹈的表演中，粗犷的铜鼓声和清脆的刷把声融合在一起，旋律别具一格，增添了独特的民族风情。

5. 红水河流域水族铜鼓舞蹈

水族源于我国古代南方百越族群，民族历史悠久，分布在云贵高原地区。水族人民能歌善舞，流传至今的民间舞蹈有铜鼓舞、芦笙舞、斗角舞等，其中铜鼓舞蹈历史悠久，影响较大。在水族，铜鼓是权势和财富的象征，因此水族人民极爱铜鼓。水族的铜鼓舞蹈源于古代的祭祀活动，是一种古老的巫师舞，传说它能降妖伏魔、驱邪除恶，后来它从祭祀巫舞慢慢演变为民间舞蹈。如今，水族在过节、庆丰收、婚嫁、丧葬期间，都会跳铜鼓舞蹈。水族铜鼓舞蹈融入了大量的田间耕作活动，如撒秧、薅秧、打谷等。舞者随着铜鼓的鼓点节奏踏地起舞，鼓点先是缓慢，再到急促，鼓声先是低沉，再到高昂，气氛一层一层往上推进，脚下的舞步也跟着一步一步地由缓而急，由疏而密，直到鼓声停止，舞者才立即收步，整个舞场气氛欢乐愉悦。

水族铜鼓舞蹈现在保存下来的主要是贵州三都水族铜鼓舞。水族铜鼓舞蹈的舞蹈动作幅度大，粗犷有力，表现水族人民爽朗、豪迈的性格。

（1）贵州三都水族铜鼓舞

①概况

贵州三都水族铜鼓舞主要流行在三都水族自治县都江镇上江村一带，每逢节庆、丰收之日，敲铜鼓、跳铜鼓舞蹈是水族人民的主要娱乐方式。三都水族铜鼓舞体现的内容较为丰富，舞蹈动作多包含祈求神灵保佑和五谷丰登的寓意，因而融入了大量插秧、薅秧、打舞九圈。随着铜鼓声由慢转快，舞步也随之加快，舞者快舞九圈把气氛推向高潮。那坡彝族铜鼓舞的主要动作有横迈步、两步抬、三步抬、四步抬、斜身两边踢步。舞蹈动律沉、稳、颤、顿，舞蹈时舞者全身放松，重心下沉，上身微微前俯，腿部屈伸灵活，步伐坚实沉稳。在舞至高潮时，舞蹈队伍里三圈外三圈，像大车轮一样旋转移动。在激越的铜鼓声中，舞者们完全沉浸在节日的欢乐气氛中。

②音乐

那坡彝族铜鼓舞的伴奏乐器为两面铜鼓。铜鼓有公母之分，公铜鼓体形较小，音色高昂、尖细。母铜鼓体形较大，音色浑厚、悠远。公铜鼓和母铜鼓的音调相差一至二度，一般用母铜鼓敲打基础节奏，用公铜鼓加花变奏，节奏清晰、音色和谐悦耳。铜鼓曲谱为四二拍记谱，全曲 21 个小节。铜鼓曲谱如下：

娘得 公 | 娘得 公 | 娘得 公 | 娘得 公 | 娘 娘 | 公 娘 |
娘 娘 | 公 乙娘 | 娘 娘得 | 公 乙娘 | 娘 娘得 | 公 乙娘 |
娘得 公 | 娘得 公 | 娘得 公 | 娘得 公 | 娘得 公 | 娘得 公 |
娘得 公 | 娘得 公 | 娘得 公 ‖

（注：“公”表示敲击公铜鼓，“娘”表示敲击母铜鼓，“得”表示敲击鼓边，“乙”表示休止。）

③服饰、道具

麻公身穿黑色上衣，外套中长袖白色短褂，下身穿黑色高脚裤，系围腰锦带，右肩斜披白色底黑色线方格巾，左肩斜披白色镶钻蓝色布边彩巾，打黑色绑腿，穿白色长筒布袜，脚穿船形布鞋，头戴白色圆筒帽。

麻公妈身穿蜡染锦袍和黑色高脚裤，戴银耳环、银项圈、银手镯、银戒指，打黑色绑腿，脚穿半筒花布鞋。脑后梳纂，簪银簪，头包方巾并打结披于背后，上压一条嵌有银饰物的锦带。

其余男舞者上身穿黑色或白色上衣，下身穿黑色高脚裤，系黑色腰带，打黑色绑腿，脚穿船形布鞋，头包方格巾，外缠黑色头巾。女舞者上身穿无扣白色上衣，围肚兜，下身穿黑色高脚裤，戴银耳环、银项圈、银手镯，系腰环，打黑色绑腿，脚穿半筒花布鞋。

那坡彝族铜鼓舞的道具包括铜鼓和鼓槌。

④舞蹈路线及基本动作

那坡彝族铜鼓舞表演：一人在舞场中间的金竹丛旁敲击铜鼓伴奏，其余舞者相互勾着中指围成一个圆圈，面向圆心，沿逆时针方向跟随鼓声围着金竹丛起舞。第 1 至第 4 小节，舞者做横迈步动作。第 5 至第 8 小节，舞者原地站立不动。第 9 至第 12 小节，舞者做三步抬动作。第 13 至第 15 小节，舞者原地站立不动。第 16 至第 21 小节，舞者做五步抬动作。如此反复，鼓停舞止。

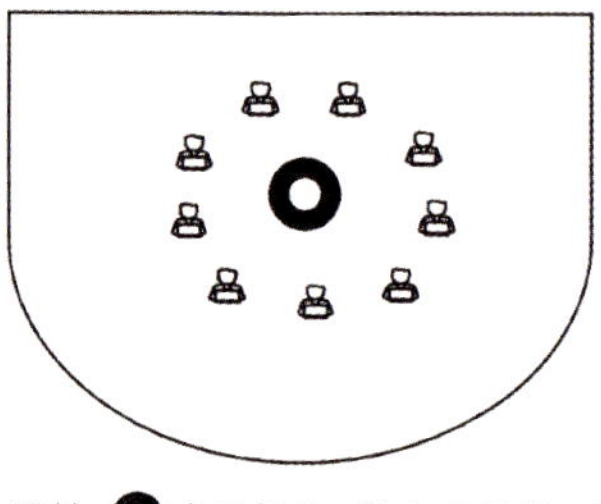

（图例：◎表示铜鼓，♙表示舞者。）

图三七二　那坡彝族铜鼓舞场记图（方钰婷　供图）

（2）云南文山彝族铜鼓舞

①概况

云南文山彝族铜鼓舞主要流传在文山州的富宁、麻栗坡、广南等县的彝族村寨中，是一种丧葬仪式舞蹈。彝族在办丧事时跳铜鼓舞蹈具有浓厚的娱神色彩。丧事一般举行两天，第一天晚上就要敲铜鼓，跳铜鼓舞。铜鼓一公一母放置于舞场的中央，由一人敲击铜鼓伴奏，众舞者随着鼓点的节奏沿逆时针方向转圆起舞，并在舞蹈中随时加入“丧歌”唱段，气氛庄严肃穆。舞者在沉闷的铜鼓声中缓缓移步，舞蹈动作有摆步、勾脚步等。文山彝族铜鼓舞一共有11套铜鼓曲谱。舞蹈时，动作跟随铜鼓鼓点的变化而变换，一般一个动作要反复数次。

②音乐

文山彝族铜鼓舞的伴奏乐器为两面铜鼓。公铜鼓代表太阳，被悬离地面，母铜鼓代表月亮，横放在地面上与公铜鼓鼓面相对。由一人敲击演奏，演奏者右手执鼓槌敲击公母两个鼓面，左手执鼓槌敲击公铜鼓腰部。文山彝族铜鼓舞的11套铜鼓曲谱均为四二拍记谱。

曲谱一

乙　公（乙娘）｜公　娘｜乙　公乙（乙娘）｜公　娘‖

曲谱二

乙　公乙（乙娘）｜乙　公乙（乙娘）｜乙公　公乙（乙娘）｜娘（公）　乙‖

曲谱三

公（娘）　乙｜公（娘）　乙｜乙　公乙（乙娘）｜乙　公乙（乙娘）｜
乙　公乙（乙娘）｜娘（公）　乙‖

曲谱四

乙　公乙（乙娘）｜乙　乙娘（·公）｜乙　公乙（乙娘）｜公　乙娘（·乙）‖

曲谱五

乙　公乙（乙娘）｜乙　公乙（乙娘）｜公　乙娘（·乙）｜公　乙娘（·乙）‖

曲谱六

公（娘）　乙（娘）｜公（娘）　乙（娘）｜公公公（娘）　公乙（乙娘）｜
公公公（娘）　公乙（乙娘）｜公（娘）　乙（娘）｜公（娘）　乙（娘）‖

曲谱七

乙　公乙（乙娘）｜乙　公乙（乙娘）｜公　乙娘（·公）｜公（娘）　乙‖

曲谱八

乙（公）　娘（乙）｜乙（公）　娘（乙）｜乙（公公公）　乙娘（公乙）｜
乙（公公公）　乙娘（公乙）‖

曲谱九

乙（公）　乙娘（公乙）｜乙（公）　乙娘（公乙）｜
乙娘（公乙）　乙娘（公乙）｜公（娘）　乙‖

曲谱十

乙（公） 娘（乙）｜乙（公） 娘（乙）｜
乙（公） 娘（乙）｜乙（公） 娘（乙）‖

曲谱十一

乙（公） 乙（公）｜乙（公） 娘（乙）｜
乙（公） 乙（公）｜乙（公） 娘（乙）‖

（注：“公”表示敲击公铜鼓，“娘”表示敲击母铜鼓，“乙”表示休止。）

③服饰、道具

男舞者穿开领无扣对襟圆领箭衣、中式长裤，光脚。女舞者穿圆领对襟无扣上衣、蜡染褶筒裙，脚穿草鞋，挽发并用黑方巾包裹，再盖一层银饰头帕。

文山彝族铜鼓舞的道具包括铜鼓、鼓槌。

④舞蹈路线及基本动作

文山彝族铜鼓舞表演时，两面铜鼓放置于舞场的一侧。年长善舞者领头，男女各成一队，全体面向圆心围成圆圈逆时针起舞。舞蹈动作与所敲击的铜鼓鼓点相对应：敲曲谱一、二、三时，做摆步动作；敲曲谱四时，表演铲草地动作；敲曲谱五、六时，做摆步勾脚闪身动作；敲曲谱七时，做八字半蹲闪身动作；敲曲谱八时，做勾脚闪身动作；敲曲谱九、十时，做摆步勾脚闪身动作；敲曲谱十一时，做摆步前弓步动作。

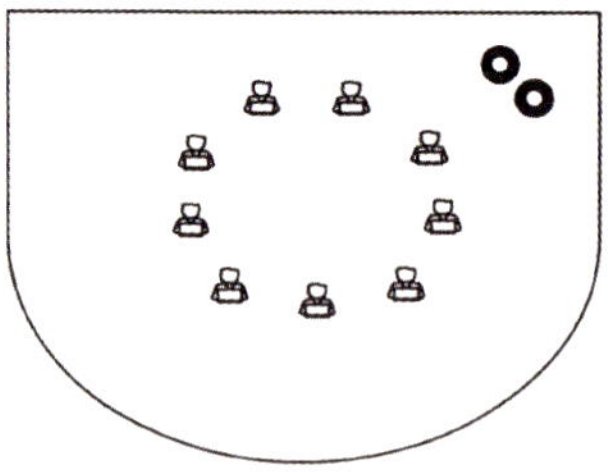

（图例：○表示铜鼓，表示舞者。）

图三七三　文山彝族铜鼓舞场记图（方钰婷　供图）

（四）红水河流域少数民族铜鼓舞蹈综论

铜鼓作为红水河流域少数民族的历史文化产物，具有独特的文化价值和艺术价值，是红水河流域少数民族审美意识、文化内涵的体现。铜鼓，无论是作为重器、神器，还是作为乐器，都是人们的审美对象，与人们的审美活动是相联系的，而随之产生的铜鼓舞蹈也是这种审美活动的延续。铜鼓上面的各种装饰性的塑像、绘画图案，都记录着古代先民的生活概况。人们通过舞蹈，再现了古老先民的生活场景，表现了先民们征服自然的信心和力量。铜鼓舞蹈是红水河流域各少数民族在祭祀、生产、生活、娱乐中创造出来的优秀文化艺术产物，具有重要的历史地位和广泛的民族影响力：第一，铜鼓舞蹈在其流变千年的轨迹中，从不同的角度反映出使用铜鼓的这些民族的宗教信仰、经济状况、政治制度和社会生活，体现了红水河流域各少数民族在漫长的历史发展中逐步形成的独特的生存力和创造力。第二，铜鼓舞蹈作为一种民族文化，不仅仅是历史发展到一定阶段的产物，也是红水河流域各少数民族交往交流交融的产物，既是历史文化的沉淀，又是对社会生活的反馈。铜鼓舞蹈的节奏、舞蹈的形成，都与红水河流域各少数民族的生态环境、生活方式、文化意识和审美能力相联系。第三，铜鼓舞蹈成为红水河流域各少数民族独有的文化象征和文化元素，它在一定程度上不仅反映了红水河流域各少数民族的历史文化与社会生活，而且表现了红水河流域各少数民族人民的思想感情和精神风貌，是红水河流域各少数民族重要的文化情结和文化标记。铜鼓舞蹈因此也被视为红水河流域各少数民族的精神象征，成为凝聚和团结红水河流域各少数民族的精神纽带。第四，铜鼓舞蹈集多种民族文化于一身。除了自娱的功能，红水河流域各少数民族还赋予了铜鼓舞蹈特定的民俗信仰。在生产劳动、节庆丧葬仪式，以及祭祀娱神的场合中，铜鼓舞蹈都扮演着不可或缺的角色。因此，铜鼓舞蹈是一种具有民族特色的多功能的综合性文化，对红水河流域各少数民族的文化传承、经济发展和社会生活起到了全面的协调与促进作用。第五，红水河流域的农耕文化造就了红水河流域各少数民族民间舞蹈独特的风格。红水河流域各少数民族属于稻作民族，特别重视农业生产而依赖神灵庇佑，娱神的铜鼓舞蹈很大程度上也来源于此。所以，红水河流域各少数民族铜鼓舞蹈既带有原始舞蹈的特征，又反映了农耕社会的生活面貌。随着铜鼓舞蹈不断的创新发展，如今已由最初的原始祭祀劳作舞蹈演变为具有一定审美价值的艺术舞蹈，并沿着一定的道路继续传承发展着。祭祀舞蹈与艺术舞蹈都是民族文化的重要组成部分。因此，红水河流域各少数民族铜鼓舞蹈作为一种文化艺术现象，既是历史的产物，也是我们的财富。它不仅是中华民族的重要文化遗产，而且是整个人类的文化遗产。

1. 红水河流域少数民族铜鼓舞蹈的艺术特征

舞蹈是一种古老的艺术形式。劳动和生活是艺术的起源。铜鼓是由煮食物用的铜釜演变而来的，当人们吃完食物后，就把铜釜翻过来，用木棍敲击。在敲击声中，人们手舞足蹈，做一些狩猎和耕种的动作，形成了最初的铜鼓舞。当铜鼓形式固定后，铜鼓舞蹈也就作为一种独立的舞蹈形式流传下来。只要铜鼓一敲起，舞蹈就会随之踏起。在历史文献中也有很多相关的记载，唐代诗人白居易的“蛮鼓声坎坎，巴女舞蹲蹲”①，就是形容女子在铜鼓声中踏地起舞的情景。明清时期，在我国的红水河流域各少数民族地区，跳铜鼓舞更是司空见惯的事情。嘉庆《广南府志》记载云南当地习俗，“自正月至二月，击铜鼓跳舞为乐，谓之过小年”②。清代田雯的《黔书》记载，苗族人死，也有击铜鼓跳舞的习俗。以上这些记载，都不同程度地反映了铜鼓在歌舞艺术中的重要地位。铜鼓伴舞的风俗流传至今，从这些铜鼓舞中，我们可以看到一些远古的遗迹，从而得知铜鼓舞蹈的原始功能和红水河流域各少数民族的巫术祭祀活动有紧密的联系，也给创作新型的民族舞蹈提供了方向和启发。

铜鼓舞蹈的表演，以铜鼓伴奏为主，也有配合皮鼓、芦笙等乐器伴奏，一般都在节日中进行。红水河流域各少数民族都有自己的节日和活动仪式，铜鼓舞蹈的跳法与风格也都各具特色，他们从不同的方面展现和表达铜鼓舞蹈的情感和意义。壮族铜鼓舞蹈有自娱性和表演性两种。自娱性舞蹈多为集体舞蹈，多在新春佳节中表演，动作原始、质朴、粗犷、

① 白居易：《郡中春宴因赠诸客》。

② 何愚等：《广南府志》卷二《风俗》，清道光五年（1825年）刻本。

奔放，气氛热烈。表演性舞蹈多用于祭祀仪式，具有严谨的表演程式和庄重的风格。苗族铜鼓舞蹈常在节日中表演，男女青年围成圆圈，双脚向前徐徐移步，双手前后慢慢摆动，节奏沉重缓慢，朴实无华，有浓厚的生活气息。瑶族铜鼓舞蹈中的皮鼓手则是舞蹈的主角，舞者模仿猴子取食、攀摘的姿态，动作原始古朴、敏捷粗犷、刚劲有力、形象生动。彝族铜鼓舞蹈是群众性的娱乐舞蹈，是多人的集体舞，舞蹈动作简单，围圈踏地而舞。水族铜鼓舞蹈有单人独舞，也有皮鼓手舞蹈，舞蹈动作幅度大且粗犷有力，表现出水族人民豪迈的性格。

尽管各民族的铜鼓舞蹈有所不同，但都是以敲击铜鼓为核心，通过强弱快慢、轻重缓急的铜鼓鼓点来控制舞蹈的进行。最早的铜鼓舞蹈中，巫术色彩的集体动作较多。铜鼓作为神器、重器，本身就使铜鼓舞蹈带有祭祀的色彩。人们通过举行各种以舞蹈为主体的巫术祭祀仪式，表达对铜鼓的崇拜和敬仰。当人类进入农耕社会以后，表现农业耕种的舞蹈动作逐渐加入到祭祀仪式中的铜鼓舞蹈里。人们通过舞蹈驱灾逐疫，祈求风调雨顺、人畜平安、五谷丰登。铜鼓舞蹈的节奏性强，动作原始质朴，这与原始舞蹈粗犷、单一、整齐、有力的风格是有着密切的关系的。铜鼓舞蹈依靠肢体动作来表达内心情感，有节奏地变换不同的动作及姿态，以构成铜鼓舞蹈所表现的艺术形象。铜鼓舞蹈的动作大部分来源于人的自然动作，也有一部分是对动物行为的模仿，但随着舞蹈艺术的发展，舞蹈动作的模仿成分逐渐减弱，表演成分逐渐增强，自娱自乐性也日益增强。铜鼓舞蹈还具有较强的社会性，几乎男女老少都可以参与。人们跳舞的目的就是娱神和自娱，舞蹈完全出于自发性。在铜鼓声中，人们以特有的音乐语言，共舞着同一个文明。因此铜鼓舞蹈作为红水河流域各少数民族文化的活化石，也向世界传播了他们的精神和文化。

2. 红水河流域少数民族铜鼓舞蹈的文化内涵

一个民族之所以成为民族，关键在于它产生了自身特有的文化，不同的文化特质，就成为区别不同民族的主要标志之一。红水河流域各少数民族在长期的历史发展过程中创造了独特的物质文化和精神文化，显示出本民族文化的个性和地域性文化的共性。

（1）少数民族铜鼓舞蹈文化中的图腾信仰

在原始社会时期，古代先民认为一些动物和人类之间存在着一定的联系，或源自相同的祖先，于是他们用自己的思维，围绕着图腾，对世界上的一些现象和事物发表看法，并做出以为合理的解释。因此，也产生了大量的图腾造型、崖画形象、神话传说和与图腾有关的舞蹈造型。这为古代铜鼓乐舞赋予了图腾文化的艺术特征。

①广西花山崖壁画和铜鼓纹饰中的蛙、鸟、葫芦等图腾

在广西花山崖壁画和铜鼓纹饰中的舞蹈图像里就出现过模仿青蛙、鸟、葫芦等物种的图腾、动作和形态。

a. 蛙图腾崇拜

青蛙，壮语称为“蚂蜗”，是一种两栖动物，生活在潮湿多水的地方，以昆虫为食，是益虫。在神话传说中，青蛙是天上雷神的女儿，雷神掌管布云施雨之事，听到青蛙在田中的叫声就会降雨。因此，有的民族为了表达对蛙神的敬畏和崇拜，把蛙视为图腾，以求得蛙神的庇佑。在先秦的文献《韩非子·内储说上》中就有记载越王勾践礼敬怒蛙的故事。

越王虑伐吴，见怒蛙而式之，曰："蛙有气如此，可无为式乎？"[1] 这个故事是说，越国被吴国打败以后，越王勾践一心想报仇。有一次在车上看见一只蛙在鼓气，他就伏在车前横木上表示敬意。车夫问他为什么。他说，蛙这样鼓足勇气，能不向它致敬吗？此外，在

图三七四　左江花山崖壁画上模仿青蛙姿态的舞人（王梦祥　摄）

① 韩非：《韩非子》，岳麓书社，2015，第 87 页。

《尹文子·大道上》《越绝书》等书中也都有越王礼敬青蛙的记载。从这些记载中，都可以看出古代越人对青蛙的尊敬和崇拜。而在相继出土和发现的一些铜鼓上也能看到一些以青蛙为图腾的标志，有的少数民族直接把铜鼓称为“蛙鼓”。铜鼓在古代是统治者权威和财富的象征，被视为神化的重器，因此在很多祭神祀祖的仪式上都会出现以蛙为图腾的铜鼓。又因为青蛙与祈雨仪式有关，所以人们相信铜鼓发出的隆隆鼓声犹如青蛙的呱叫声，可以止旱降雨。铜鼓被敲打时发出的隆隆鼓声，振奋着人心。人们仿佛看到一片大地被大雨滋润，谷物丰收，处处欣欣向荣。广西著名的花山崖壁画中的蛙形舞姿就蕴含着独特的图腾艺术元素。舞人以立蛙式的方形结构为基础造型，通过蛙形舞姿和立蛙动作生动形象地展现了先民们对青蛙的崇拜之情，充分表现了古代先民勤劳、质朴、粗犷、沉稳的民族性格特征。红水河流域的蚂蜗舞所包含的图腾舞蹈元素就是对蛙崇拜的一种艺术体现。古代先民们把蚂蜗奉为掌管雨水的天神，认为祭拜蛙神可以召唤雨水，给农业带来丰收，于是就产生了祭拜蚂蜗的祭祀仪式和与其相对应的祭祀舞蹈。人们通过祭祀蚂蜗神，祈求风调雨顺、五谷丰登。

b. 鸟图腾崇拜

鸟图腾崇拜在原始人的图腾崇拜中也是一种常见的现象，如商族崇拜的玄鸟图腾就是根据商族祖先与玄鸟有亲缘关系的传说而来的。

在历史文献中，我们可以找到大量的与玄鸟图腾有关的文字，如在《诗经·商颂·玄鸟》中就有“天命玄鸟，降而生商，宅殷土芒芒”① 的记载，又见《史记·殷本纪》中写到这样一段文字：“殷契，母曰简狄，有娀氏之女，为帝喾次妃。三人行浴，见玄鸟堕其卵，简狄取吞之，因孕生契……帝舜乃命契曰：‘百姓不亲，五品不训，汝为司徒而敬敷五教……’封于商，赐姓子氏。”② 传说帝喾的次妃简狄是有娀氏的女儿，和同伴一起出去游玩，在湖水中沐浴的时候看到一只燕子下的鸟蛋，便取来吞进肚里，不久简狄怀孕了，并生下了契，契就是商人的祖先，建立了商朝。玄鸟是古人对燕子的称呼，因燕子通体黑色，故名“玄鸟”。以貌取名，简单朴素。当时，玄鸟、凤都是指燕子。《史记·秦本纪》中也有这样的记载：“秦之先……玄鸟陨卵，女修吞之，生子大业。”③ 此传说讲述的是女修吃了玄鸟的卵，而生出了先秦始祖大业。所以从这些历史文献记载的故事来看，且不论这种认识准确与否，但有一点是可以认定的，就是这些都说明了我们人与鸟的关系十分亲密，并且在当时还有一些氏族以鸟类为名号，如凤鸟氏、玄鸟氏、青鸟氏等。

《山海经》中有文记载：“羽民国在其东南，其为人长头，身生羽。一曰在比翼鸟东南，其为人长颊。”④ 文中描述的南方羽民之国在交趾一带，正是古代骆越族的聚居地，当地族人都酷爱扮作鸟的形象，以此来表达对鸟的尊敬和崇拜。在中国南方的古代民族中，越人的图腾标志主要就是鸟。在铜鼓的鼓面和鼓身上出现的羽人，就是头插羽毛、身披羽衣、手执羽或盾的舞人。舞人的头顶上方还有飞翔的鹭鸟。这些舞人模仿鸟的形象和动作，其主要目的都是以鸟为图腾，尊鸟为祖先。

《吴越春秋》记载：“禹崩之后……天美禹德，而劳其功，使百鸟还为民田。”⑤ 从此记载可以看出，当时人们的社会生活和农业水平都极其低下，对自然灾害只能听天由命，

① 周振甫译注：《诗经译注》(修订本)，中华书局，2010，第512页。
② 司马迁：《史记》，中华书局，1959，第91页。
③ 司马迁：《史记》，中华书局，1959，第173页。
④ 郭璞注：《山海经》卷六《海外南经》，钦定四库全书本。
⑤ 赵晔：《吴越春秋》，时代文艺出版社，2008，第79页。

根本无能为力。而百越诸族崇尚鸟神，他们希望得到鸟神的保护和庇佑，因此会祈求鸟神帮助获得丰收。因此，越人对鸟神的崇拜之情油然而生，代代相传。不仅如此，红水河流域的古代先民对鸟图腾的崇拜还源于鸟对先民们生存的庇护和佑助。传说很久以前，古代先民在鸟的胃中发现了稻谷，从而找到了野生的稻种。当稻谷成为一种美味可口的饱腹食物时，鸟也就成为古代先民心目中的鸟神。人们祈求鸟神能源源不断地赐予食物，保佑氏族的生息繁衍，于是祭祀仪式中的鸟图腾舞就变得十分重要和流行了。

图三七五　铜鼓鼓身上的羽人纹和翔鹭纹（王梦祥　摄）

c. 葫芦图腾崇拜

葫芦是一种植物，它的果实和叶子都是能够当作食物的。葫芦除了能食用，还可以当作生活用具，如水瓢、酒壶等。在古代农耕文明时期，在万物有灵观念下，由于葫芦在人类的生活中有着很重要的地位，因此人们把葫芦当作神灵加以崇拜，于是就有了很多关于葫芦的传说和记载，其主题多数是围绕生命的繁衍。

《诗经·大雅·绵》中就有葫芦对人类起源的传说记载：“绵绵瓜瓞，民之初生。”[①]此传说讲的是同一根藤上结了许多大大小小的瓜，寓意人丁兴旺。而在创世纪的洪水神话中有一对兄妹，借助葫芦的保护躲过了灾难，得以生存下来，使人类繁衍至今。我国著名学者闻一多先生就曾经指出：葫芦是造人故事的一部分，在洪水的故事中，葫芦通过它的渡船作用，巧妙地把造人故事和洪水故事联系起来。因为葫芦，人类得以生存；因为生存，人类得以繁衍；因为繁衍，人类才有了种种发展。葫芦象征着母体，于是葫芦崇拜就成了

① 周振甫译注：《诗经译注》(修订本)，中华书局，2010，第373页。

最直接的母体崇拜、生殖崇拜。

徐松石先生认为，“铜鼓就是铜葫芦瓜，不过这个铜葫芦瓜是倒置的”[①]。从外形构造而言，最原始的铜鼓，其造型都脱胎于葫芦，而后期的铜鼓造型，也或多或少地保留着葫芦的基本形状。把铜鼓做成葫芦的造型，从一定意义上也可以说是一种图腾信仰和图腾崇拜。铜鼓本身就是一个重器，一个神器，再赋予葫芦的含义，则更能体现人们对两者的敬仰和膜拜。

②广西花山崖壁画和铜鼓纹饰中的生殖崇拜

图腾崇拜和生殖崇拜在古代先民的信仰体系中既有联系又有区别。图腾作为氏族的独特标志和象征符号，在母系氏族社会尤为盛行。在古代先民看来，氏族的繁衍与图腾的神秘力量息息相关。他们相信图腾的灵魂或生命力能够寓居于母体之中，从而促成后代的诞生。简而言之，人与图腾的某种联系被视为生育繁衍的必要条件。这种观念促使图腾崇拜逐渐演变，进而衍生出了生殖崇拜的信仰形式。而古代铜鼓乐舞图像中所蕴含的生殖崇拜文化元素，不仅是这一信仰的艺术化表达，也为铜鼓乐舞本身赋予了生殖文化艺术特征。

“鼓唯高大为贵”，因此一般都是以高大的铜鼓为母鼓。在演奏铜鼓时，母鼓居左（代表上位），公鼓居右（代表下位）。此外，多是先击母鼓，后击公鼓。壮族先民中流传取钗叩鼓的习俗。在春节里，人们击铜鼓以祈丰年的时候，未出嫁的女子将银簪连同发辫一起甩打到铜鼓上，然后把银簪取下送给意中人。待成婚后，男子再把银簪还给女子。他们认为这样做就可以夫妻百年偕老，鬓发无衰，生活幸福美满。据史料记载，取钗叩鼓者皆为女子，且所击之鼓都为高大的母鼓。由于母鼓与女性相对应，女子期盼通过与母鼓的接触，增强自身的生殖力，从而男女婚配，生儿育女，生活美满。

铜鼓舞蹈图像中模仿青蛙、鸟、葫芦等物种的图像，不仅是一种图腾崇拜，还象征着繁衍。青蛙作为多子的动物，雌雄抱对，自然成为生命繁衍的象征。鸟自古以来就被视为生殖力的象征，一方面是因为其数量众多、繁殖能力强，另一方面则是鸟生卵且数目众多，与远古先民祈求生殖繁盛的愿望相契合。因此，远古先民把鸟作为主司孕育的鸟神加以崇拜。古籍文献中亦有相关记载，如《诗经·大雅·生民》中载：“克禋克祀，以弗无子。”[②]《毛传》中载：“去无子，求有子……玄鸟至之日，以太牢祠于郊禖。”[③]由此可见，古代先民对鸟的生殖崇拜源于人类自身发展的需要。铜鼓舞蹈图像上的一些羽人及羽人舞蹈纹饰也正是对这种生殖文化意义上的进一步确定和强化。

③铜鼓祭祀与巫文化信仰

作为重器和神器的铜鼓，它的主要社会功能之一就是用于祭祀。在古代，铜鼓具有浓厚的民间信仰色彩。我国古代西南少数民族自古以来就多信巫鬼，巫术现象非常普遍。《史记·孝武本纪》中记载：“越人俗信鬼，而其祠皆见鬼，数有效。……亦祠天神上帝百鬼，而以鸡卜。上信之，越祠鸡卜始用焉。”[④]《汉书·地理志下》中也记载：“江南地广……信巫鬼，重淫祀。”[⑤]由此可见，在古代，巫风巫术已经渗透于红水河流域各少数民族的社会生活和文化中。由于巫术观念在思想意识领域中占有一定的地位，因此以歌舞

①《壮学丛书》编委会：《徐松石民族学文集》下卷，广西师范大学出版社，2005，第728—729页。
②周振甫译注：《诗经译注》（修订本），中华书局，2010，第394页。
③参见史应勇：《〈毛诗〉郑王比义发微》，华夏出版社，2016，第431页。
④司马迁：《史记》，中华书局，1959，第478页。
⑤班固：《汉书》卷二十八下，中华书局，1962，第1666页。

为主要表现手段的艺术形式也就成为巫术活动的重要组成部分。

广西花山崖壁画所呈现的铜鼓乐舞，正是战国至汉代流行于我国西南地区的巫术文化产物，是巫术活动的历史遗迹，反映了古代先民娱神、礼神、通神的强烈意识以及他们通过这一形式祈求神灵保佑的功利性目的。他们信仰神灵，把铜鼓视为神器、神灵的化身，举行各种以舞蹈为主体的巫术祭祀仪式，以表示对神灵的崇拜和敬仰。这些双手屈肘上举、双腿屈膝半蹲的舞人置身于整个巫术祭祀活动中。他们所跳的舞蹈，都是以祀神为目的的巫术祭祀舞蹈。舞群中高大突出的正面舞人，或许就是巫术祭祀仪式中的主持人。在古代文献中，“巫”狭义上特指女性，广义上兼指男女；“觋”在狭义上特指男性。《国语·楚语》中就有文字记载：“其知能上下比义，其圣能光远宣朗，其明能光照之，其聪能听彻之，如是则明神降之，在男曰觋，在女曰巫。”① 对于原始部落来说，巫舞充满着神秘色彩，可以维系部落、氏族的团结和增强部落、氏族的生存能力，因此巫文化在少数民族的生活中占有相当大的比重，巫舞也自然而然地成为巫术活动的重要组成部分。跳舞既是拜神，也是娱神，更是求神。

铜鼓是红水河流域各少数民族地区最具有代表性的民族文化产物，它不仅是红水河流域各少数民族地域性文化的象征，也是红水河流域各个民族之间情感和文化交流的标志，由此衍生出的铜鼓文化丰富多彩。铜鼓的出现，不仅表明古代先民的冶炼技术已达到一定水平，而且也标志着古代先民审美意识的觉醒。铜鼓作为重器，是财富的标志，是权力的象征；作为神器，用于祭祀天地、祈雨驱邪、超度亡魂、供奉先灵；作为乐器，可以丰富生活。但不管作为什么，它始终是人们的审美对象，与人们的审美活动是相联系的，而随之产生的铜鼓舞蹈也是这种审美活动的延续。围绕铜鼓产生的铜鼓舞蹈是红水河流域各少数民族在祭祀、生产、生活、娱乐中创造出来的优秀文化产物，铜鼓舞蹈可以从不同的侧面反映出红水河流域各少数民族的经济、文化、情感和生活。铜鼓上面的各种装饰性的塑像、绘画图案，都记录着古代先民的生活概况。人们通过舞蹈再现了古代先民的生活场景，显示了古代先民征服自然的信心和力量。因此红水河流域各少数民族铜鼓舞蹈蕴含着红水河流域各少数民族独有的民族文化元素，被视为红水河流域各族人民的文化象征。红水河流域各少数民族铜鼓舞蹈也在传承中不断创新发展，如今已由最初的原始祭祀劳作舞蹈演变为具有一定审美价值的艺术舞蹈，并沿着一定的道路继续传承发展着。在如今的节日活动、民间祭祀活动、丧葬活动和娱乐活动中，如壮族的蚂蜗节、瑶族的丧葬仪式、彝族的跳弓节，人们常常会敲铜鼓、跳铜鼓舞。

3. 红水河流域少数民族铜鼓舞蹈的保护传承

舞蹈作为民族文化的一种载体，它不仅承载了昨天文化的历史，同时也将成为向后世传承的一种民族精神。红水河流域各少数民族铜鼓舞蹈在走过漫长的历史岁月后仍然流传。每逢重要的节日和活动，红水河流域各少数民族的人民常常在热烈的铜鼓声中，唱铜鼓歌，跳铜鼓舞，以求风调雨顺、兴旺平安。可见，一种优秀民族文化的传承与发展，不仅是历史发展的趋势，也是本民族的意愿，更是时代发展的必然。但是随着经济的快速发展和文化的进步，人们生活水平的不断提高和各种娱乐方式的出现，人们的传统观念发生改变，人们对铜鼓文化的艺术依赖也随之减弱，而与之相关的铜鼓舞蹈也面

---

① 左丘明：《国语》，四部丛刊初编本，上海涵芬楼借杭州叶氏藏明金李刊本影印。

临着严峻的冲击。因此，我们应当积极主动地采取相应的保护措施，自觉地去保护和传承这种优秀的民族舞蹈文化，否则，具有悠久历史、丰富内涵的原生态铜鼓舞蹈将面临消失。

（1）保护红水河流域少数民族铜鼓舞蹈的文化生态

红水河流域少数民族铜鼓舞蹈蕴含着红水河流域少数民族特有的精神信仰、情感道德、文化理想和审美意识，包含了红水河流域各少数民族的历史记忆和生命基因，是红水河流域各少数民族独特文化形态的一种表现手段。它不仅体现了红水河流域各少数民族文化的独特性和丰富性，更是红水河流域各少数民族文化多样性、文明多样性的生动展示。因此，保护红水河流域各少数民族铜鼓舞蹈，也就是保护红水河流域各少数民族独特的文化基因、文化传统和民族记忆。红水河流域各少数民族铜鼓舞蹈的挖掘保护与传承发展是相辅相成的，是我们针对民间传统节日和民俗舞蹈艺术的一种手段。铜鼓舞蹈中的民族文化和舞蹈文化精神主要体现在红水河流域各少数民族的历史、宗教、习俗、生产、生活中，为了保护和传承这种民族文化，我们应该积极建立保护名录，把这种无形的资产转换成有形的形式。通过收集、记录、分类，建立档案，用文字、录音、录像、数字化媒体等手段，对铜鼓艺术和铜鼓舞蹈进行全面、真实、系统的记录，并积极收集有关实物资料，予以妥善保存，为铜鼓文化的有效保护提供持续的智力支持和理论指导。通过举办展会、论坛和讲座等活动，以及出版音像、舞蹈读物和教材等，人们更多地了解红水河流域各少数民族铜鼓舞蹈的丰富内涵。各民间团体也应该积极组织力量，开展文化艺术交流活动，吸引各界媒体和大众对铜鼓舞蹈的关注，激发人们对优秀民族传统舞蹈的热爱，从而在社会中形成较高的民族文化保护和传承意识。因此，拯救濒危民间舞蹈艺术，繁荣民间舞蹈，保护艺术精华，是我们的责任，也是我们的义务。我们不仅要保护和传承红水河流域各少数民族铜鼓舞蹈，也要保护和传承我国各族人民珍贵的非物质文化遗产，这样才能更好地发展我国各民族文化的多样性和创造性，为凝聚民族情感、维护国家统一提供坚实的文化基础。

（2）注重红水河流域少数民族铜鼓舞蹈的民间传承与校园传承

红水河流域各少数民族铜鼓舞蹈文化的传承关键在于教育。第一，充分利用学校教育渠道宣传铜鼓艺术和铜鼓舞蹈。可以把课堂艺术教学和民族舞蹈文化传承结合起来，通过铜鼓舞蹈的教学，培养学生的艺术素养和民族文化思想。这不仅能让学生重视本土民族文化，还能通过他们影响到身边的人乃至全社会，以唤醒人们的传承意识，从而增强民族舞蹈文化的内动力。第二，建立铜鼓舞蹈传承人保护制度。传承人是铜鼓舞蹈世代相传的关键，一些舞者年事已高，为了避免人去舞绝的现象，应及时开展对铜鼓舞蹈传承人的调查与认定工作，并对传承人进行表彰和奖励，使铜鼓舞蹈能够得到更好的保护与传承。第三，设置“濒危民族民间舞蹈研究基地和教学基地”，开设铜鼓舞蹈表演传习班，组织民间艺人培养民族舞蹈新人，努力抢救发掘和保护铜鼓舞蹈这种原生态舞蹈文化，使铜鼓舞蹈能够世代相传。第四，培养专业的铜鼓舞蹈研究学者，使其系统地对铜鼓舞蹈文化进行专项研究，形成学术成果，为铜鼓舞蹈的有效保护和传承人才提供持续的智力支持和理论指导。同时，文化主管部门应加强提高研究人员专业素质的措施，为抢救和保护铜鼓舞蹈提供人才保障；对于民间的传承力量，要立足于本地，充分发挥铜鼓舞蹈传承者的积极作用，利用各种文艺活动的文化传承方式进行培养，使铜鼓舞蹈的民间传承队伍不断发展壮大。

（3）加强红水河流域少数民族铜鼓舞蹈的传承、创新与传播

红水河流域少数民族铜鼓舞蹈的存在和发展离不开自身的创新和其他文化的补充，求变求新是铜鼓舞蹈文化在当今历史时期获得生存和发展的重要途径，利用文化产业方式发展民族舞蹈文化就是一条成功的经验之路。文化产业作为一种经济方式，对少数民族地区的生活观念、行为方式、舞蹈文化都有很大的冲击和影响，如《丽水金沙》《印象·刘三姐》《印象·丽江》等一些大型的歌舞剧就很好地利用了这一契合点。我们要在经济和舞蹈文化两者间进行科学的创新规划，进行正确且充分的引导和规范，趋利避害，在发展中实现对民族舞蹈文化的创新传承。通过铜鼓舞蹈的舞台艺术表演，将铜鼓舞蹈丰富的文化元素和民族精神以舞台化的形式展示出来，这是展现铜鼓舞蹈文化的最佳方式之一。与时俱进，创新发展，将铜鼓舞蹈以新的形式融入现代生活，使其在活态传承中发挥作用，这是红水河流域少数民族铜鼓舞蹈面临的一个新的时代契合点。没有发展就会赶不上时代，没有传承就会失去艺术的魅力。只有继承，才会有发展；只有发展，才会有创新；只有创新，才能更好地传承下去。

历史不去挖掘就会湮没，文化不去保护就会消失。我们应当自觉肩负起历史和时代赋予我们的重大职责，以科学发展观为指导，坚持“保护为主、抢救第一、合理利用、传承发展”的保护方针，坚持科学的保护理念，遵循民族舞蹈文化的传承、衍变规律，积极探索铜鼓舞蹈的多种保护方式，构建具有民族特色的红水河流域少数民族铜鼓舞蹈保护体系，充分发挥铜鼓舞蹈文化在弘扬民族精神、增强民族凝聚力、建设中华民族共有精神家园、推动社会主义文化大发展大繁荣方面的重要作用。随着人们对民族民间文化以及非物质文化遗产的高度认识和重视，红水河流域少数民族铜鼓舞蹈的挖掘与传承会有一个较好的契机和发展，只要我们对民族舞蹈文化保持不懈的努力与坚定的追求，使之得到更好的保护和传承，传统的铜鼓舞蹈就一定能够开疆扩土，作为一种活着的文化形式延绵千古。

三、红水河流域少数民族铜鼓的社会生命史

（一）走进红水河

1. 红水河流域的地理和人文

红水河是中国珠江水系的主要干流之一，从黔、桂两省区边境南、北盘江汇合处起，东南流到象州县石龙附近同柳江汇合处止，因流经红色砂贝岩层呈红褐色，故称为“红水河”。红水河进入广西境内朝东南流，其集水区域包括天峨、凤山、乐业、巴马、南丹、大化、都安、马山、忻城、上林、宾阳和合山等县（自治县）。

河池沿红水河流域地区是铜鼓文化习俗分布最为集中的地区，该地区内主要有两种地形：一种是有河流穿插而过的山谷地带，另一种是山峰耸立的洼地。前者因有河流灌溉，可耕种的土地沿河分布较广，农业生产条件较好，多为壮族聚居区；后者则因位于大石山区内，缺水少土，生产和生存环境高度依赖自然气候条件，交通相对不畅，多为历史上后来迁入的瑶族、汉族人民的聚居区。河池市境内居住着壮族、汉族、瑶族、苗族、仫佬族、毛南族、侗族、水族等 8 个世居民族，是广西的少数民族聚居地。

河池市管辖下的东兰县地处河池地区的西北部，云贵高原南缘，居于红水河中段。东兰县北面与天峨县和南丹县相接，南部毗邻巴马瑶族自治县和大化瑶族自治县，西连凤山县，东邻河池市金城江区。东兰县属于土石山区，群山耸立，山谷深壑，道路崎岖，北部为土岭，南部为石山。由于地处亚热带地区，东兰县的总体气候特征为夏长冬短，气候温和，光照充足，局部灾害天气频繁，光、温、水的地域差异明显，四季分明。当地农民的劳作习惯是早晨鸡鸣起床，日落而归，农闲时节唱山歌打铜鼓。东兰县居住有汉、壮、瑶、毛南等多个民族。根据东兰县第七次全国人口普查主要数据公报，截至 2020 年 11 月 1 日零时，东兰县常住人口为 219549 人，其中壮族人口占 86.2%。各族人民在这片土地上繁衍生息，和睦共处。

远古时代，广西这片土地上就有古人类居住。而考古资料进一步证实，在旧石器时代晚期，红水河流域就有人类生息和繁衍，如来宾市麒麟山、都安瑶族自治县加贵乡境内的干淹岩、隆林各族自治县那来洞等都发现旧石器时代的人类文化遗存。新石器时代遗址有都安瑶族自治县百旺镇八甫村北大岭遗址、马山县金钗镇尚朗岭遗址、来宾市迁江镇岜拉洞遗址、东兰县长乐镇永磨村望达坡遗址等。进入新石器时代，红水河流域由于农业的出现，生产力相对提高，人口繁衍日益增多，因而在该流域的各县市，都分布有该时期的文化遗存。自秦始皇统一岭南后，壮族与汉族、瑶族、苗族等民族共同生活在这片土地上，创造了独具特色的红水河文化。

图三七六　东兰县的红水河风光（黄国飞　摄）

2. 红水河流域的传世铜鼓

广西是目前世界上拥有铜鼓数量最多、发现类型最全的地区。在广西发现了迄今体积最大的铜鼓和体积最小的铜鼓。河池红水河流域的铜鼓记载始于宋代。根据 1991—1993 年河池地区文物管理单位展开的调查，河池有 1417 面传世铜鼓，其中东兰有 538 面，南丹有 380 面，大化有 274 面，巴马有 141 面。在这些地区中，东兰县拥有传世铜鼓的数量最多，使用铜鼓的人群分布最广，被誉为“世界铜鼓之乡”。总体来说，使用铜鼓的地区主要为分布于红水河流域沿岸的村庄。

河池市在 2003 年组织的民间铜鼓调查中发现，东兰县境内拥有 504 面传世铜鼓，其中东兰镇 51 面，长江乡 63 面，长乐镇 16 面，隘洞镇 151 面，三弄瑶族乡 28 面，泗孟乡 9 面，大同乡 17 面，巴畴乡 75 面，三石镇 3 面，金谷乡 79 面，花香乡 12 面。大化瑶族自治县有传世铜鼓 271 面，其中板升乡 155 面，雅龙乡 44 面，板兰乡（2005 年并入北景乡）67 面，古河乡 2 面，六也乡 2 面，流水乡（2005 年并入大化镇）1 面。都安瑶族自治县有传世铜鼓 11 面，其中三只羊乡 4 面，下坳乡（今下坳镇）6 面，安阳镇 1 面。巴马瑶族自治县有传世铜鼓 138 面，其中东山乡 108 面，甲篆乡（今甲篆镇）20 面，西山乡 3 面，巴马镇 5 面，那社乡 2 面。南丹县有传世铜鼓 405 面，其中里湖瑶族乡 215 面，八圩瑶族乡 91 面，中堡苗族乡 32 面，吾隘镇 47 面，六寨镇 3 面，罗富乡（今罗富镇）6 面，月里镇 5 面，城关镇 6 面。这些铜鼓的铸造年代多为明清时期，绝大多数是麻江型铜鼓，极个别为冷水冲型铜鼓和遵义型铜鼓。目前东兰县境内仍保持铜鼓文化习俗并尚在使用铜鼓的地区主要集中在长江镇、长乐镇、三弄瑶族乡、金谷乡、巴畴乡等地。这些地区在铜鼓的使用方式、使用频率、活动规模及参与人数等方面均有差异。

目前，河池红水河流域内，民间传世铜鼓的管理和拥有情况大致如下：大多数由村、屯集体所有，还有一部分是由具有血缘关系的宗族成员共同所有，少量归私人所有。按民族成分来看，壮族和瑶族是铜鼓的主要拥有者，占比超过 90%，其余铜鼓零散分布在苗族、毛南族、水族等民族中。

民间铜鼓的使用主要在农闲时期，不同民族在使用方式和时间点上也有较大的区别。壮族主要是在红事和岁时节日的仪式上使用铜鼓，如在春节、蚂蜗节、元宵节、中元节、中秋节等节日，以及建新房和婚庆场合使用铜鼓，极少在丧葬仪式上敲打铜鼓。布努瑶和白裤瑶在铜鼓使用上有区别：布努瑶主要是在春节、祝著节、婚庆、建新房、祭祖时使用铜鼓，有极个别地方的布努瑶会在家人去世的时候敲打铜鼓报丧及下葬做法事时使用铜鼓；白裤瑶使用铜鼓的场合集中在白事和春节的仪式上。南丹县中堡苗族乡的苗族在红白事都敲打铜鼓，多在春节、农闲娱乐、中元节、葬礼上使用。瑶族和苗族在使用铜鼓前后，一般都会进行简短的祭鼓仪式，对铜鼓怀有一种敬畏之情。在传统的使用铜鼓的场合，瑶族和苗族都遵循着一套较为严格的程序和禁忌，因此，一般不会轻易将铜鼓借出或随意请鼓出来使用。如今，随着旅游开发和政府的大力宣传、提倡，铜鼓在民间的使用场合及流程发生了变化。它除了在传统岁时节庆中保留原有风貌，还增添了一些现代的元素，如舞蹈、乐器演奏和娱乐活动等。现在，不仅在农闲时敲打铜鼓，当有游客到来时也会敲打铜鼓。

不同的民族在特定场合时配合铜鼓使用的器物也有所不同，如壮族一般用锣、钹、小皮鼓，瑶族用木制助音桶、大皮鼓、牛角号等。敲打的人员也有区别，如壮族多为男性，瑶族男女均可敲打。制作鼓槌的工艺也有讲究——据说这样会对鼓的发音和保护起作用——有用多层棉布经压制后套于鼓槌头部的，也有使用车轮胎嵌于鼓槌头部的。此外，鼓棒的材料可选用木头、竹片或树藤。击打铜鼓的鼓点也有较大的区别，各民族都各自有一套独特的击打方式和节奏。壮族一般是使用 4 面或偶数数量的铜鼓同时敲打，铜鼓分公母鼓。瑶族和苗族多为偶数数量的铜鼓一起敲打，亦可以是奇数数量的铜鼓组合敲打，甚至可以是单独一面进行敲打，铜鼓也分公母鼓。总体来看，在河池地区，那些有藏鼓习俗

图三七七　东兰县东兰镇壮族群众在蚂蜗节活动中使用铜鼓（黄国飞　摄）

图三七八　敲打铜鼓的鼓槌（梁富林　摄）

的少数民族聚居地大多保留有铜鼓文化习俗。当然，也有一些地区虽然藏有铜鼓但并不使用，这些地区大多为稍微远离红水河流域且相对开阔的地带。

（二）生命的开始：铸造阶段的铜鼓

1. 古代铜鼓的铸造

由于2000多年前少数民族部落没有自己的文字，有关铜鼓铸造工艺方面的古籍文献极其稀少，因此铜鼓的制作工艺至今还是个谜。如今，铜鼓制作工艺只能从现存的古代铜鼓与传世铜鼓来考察。但是从一些资料的记载，可以了解到古代铸鼓的某些情况。

《晋书·食货志》记载，在晋孝武帝时，“官私贾人”把铜钱运到广州，“货与夷人，铸败作鼓”[①]，可见当时制作铜鼓的原料为一些残破的铜币。

晋朝的裴渊在《广州记》中云：“俚僚铸铜为鼓，唯以高大为贵，面阔丈余。”[②]《隋书》卷三十一《地理下》亦云：“铸铜为大鼓，初成，悬于庭中，置酒以招同类。”[③]

清代的屈大均在《广东新语》中这样描述：“凡为铜鼓，以红铜为上，黄铜次之。其声在脐，雌雄之脐亦无别，但先炼者为雄，后炼则为雌耳。然诸工不善取音，每铜鼓成，必置酒延铜鼓师。师至，微以药物淬脐及鼓四旁，稍挥冷锤攻之，用力松轻，不过十余锤……广州炼铜鼓师不过十余人，其法绝秘，传于子而不传女云。”[④]

上述寥寥文字为汉人所作，它们从当时中原汉文化的视角描述了岭南少数民族的铸鼓情况。尽管这些文字并未详细记载铜鼓的铸造工艺和流程，但我们仍能从字里行间感受到当时民间对铸造铜鼓所持有的庄重态度和珍视之情。首先，铸鼓的技艺属于绝密，传男不传女，有禁忌，否则铸鼓不能成功。这也说明了铸鼓是有相当难度的，不可能轻易获取铸鼓的技艺。其次，如果铸鼓成功，技师是要得到重赏的，同时需要招呼同族人来庆贺一番，以让同族人都知晓这件事。

---

① 房玄龄等：《晋书》卷二十六，中华书局，1974，第795页。

② 周去非：《岭外代答校注》，杨武泉校注，中华书局，1999，第254页。

③ 魏徵等：《隋书》卷三十一，中华书局，1973，第888页。

④ 屈大均：《广东新语注》，李育中、邓光礼、林维纯等注，广东人民出版社，1991，第390—391页。

再来看看笔者于2012年和2013年在河池地区收集到的几则民间流传的传说。

传说一：在九龙山下的一个村庄住着一对夫妇叫雷加夫妇，他们有三个儿女，大儿子叫天轰轰，二儿子叫地沙沙，三女儿叫锦花花。官府的官兵经常来村里抢劫财物，于是村民们在九龙山上建造了一座鼓楼，在楼顶上悬挂一面大铜鼓。官兵从远处走来，天轰轰就在鼓楼上擂响大铜鼓。村民听到鼓声就立刻联合起来与官兵抗争，把官兵打得七零八落。后来官兵偷偷将铜鼓给砸烂了，皇帝亲自带兵来攻打村庄，雷加夫妇相继战死。天轰轰和铁匠在家赶制新的铜鼓，却不知什么原因始终都不成功。锦花花情急之下把自己的鲜血洒进铜水，终于炼成新鼓。官兵再次进攻村庄，鼓声又起，官兵大败，地沙沙杀了皇帝，锦花花却因失血过多而死去。锦花花在临死前交代村民把皇帝的头砍下埋在下边，把她的尸体埋在上边，这样就可以永远压住皇帝。人们把埋葬锦花花的岭称为“压皇岭”。不久，山岭上开出了许多红花，人们称之为“映山红”。

传说二：古时候苗家有两兄弟，哥哥非常懒惰和阴险，分家产时只分给弟弟一个鱼钩。但是弟弟得到仙人的指点，用鱼钩能钓到很多鱼。哥哥知道以后就把鱼钩借走了，但却钓不到一条鱼，于是他将鱼钩丢到河里，把龙王的喉咙给钩住了。龙王说谁能将鱼钩取下，就将龙女许配给他。弟弟帮龙王取下了鱼钩，与龙女结为夫妻。龙女仿照龙宫铜鼓的样子给人们铸造铜鼓，但不管怎么造都失败。龙女跳进铜水后，铜鼓终于铸成了。后来，苗族人就把铜鼓视为龙女的化身。

传说三：远古时期，布努瑶人在铸造铜鼓时，无论铸鼓人的技术多么精湛，铜矿质地多么好，造出来的铜鼓多么精美，敲打时发出的声音却总是非常难听，甚至有的铜鼓一敲就破碎。瑶王指派一个铸造高手去造铜鼓，并限定时间要其造出声音洪亮的好铜鼓，否则铸鼓人一家就要被砍头。铸鼓人铸造了数个鼓，就是造不出一个声音洪亮的铜鼓。期限将至，铸鼓人不知如何是好。深夜，铸鼓人烧起炉子，熔解铜矿，准备制造最后一批铜鼓。突然，在楼上观看铸鼓的儿子不小心落入熔炉里，与铜水熔化在一起。铸鼓人一家悲痛万分，但还是将铜水倒进模具里。当揭开模盖拿出铜鼓，试打一锤时，鼓声洪亮，震动八方。附近的瑶族人听到传来的铜鼓声，纷纷赶来向铸鼓人祝贺。瑶王为铸鼓人舍子造鼓的精神所感动，把一大批牛羊赏给了他。

传说四：村里来了几个走村串寨的工匠铸造铜鼓，村民将铸造铜鼓的材料和工银给了工匠，工匠们就在村边铸造起鼓来。但是第一天接连铸造了几面铜鼓都没有成功，工匠们甚是郁闷。第二天，工匠们继续铸造铜鼓，但不知何故就是造不出理想的鼓来，工匠们有些灰心丧气。第三天，工匠们在铸造铜鼓前向村民要了些供品，朝天做了祷告仪式，便又造起鼓来。这时，一位白发苍苍、气度非凡的老人抚须走来。工匠们觉得老人似神仙下凡，带来了仙气，可以帮助他们铸鼓成功。结果，真的如他们所愿。于是，喜出望外的工匠将其中铸造成功的一面鼓赠给了这位老人。

（受访人：W先生　采访时间：2013年2月　采访地点：东兰县东兰镇）

上述的传说虽有神话的渲染色彩，可是却透露出了一种古典朴素的万物有灵观念。古人的传统信仰中，世间万物都是有灵性的，都是富有生命的“活体”。铸造铜鼓是艰难的，也不是一次就能铸造成功的。当能造出一面“成功”的鼓时，潜意识中就会认为这是某个生命的降临附体或是神灵下凡，此时的“物”被人为地赋予了“生命”的意义，在人的世界里与人一样具有了“生命”，人与“物”是可以相互转化的。基于此，笔者认为古代先民铸造铜鼓，从一开始就希望对铜鼓赋予生命。此时的铜鼓作为“物的生命史”发展阶段的一种状态，属于“非商品化的物”，它还只是一种圣物。另外，对于铸造铜鼓的人，如今已难以追踪到他们的组织和工作方式。他们究竟是纯粹的铸鼓师，还是拥有一定社会地位和特权的人，也无从考证。然而，从铸造铜鼓的难度、铸造成功后的喜悦，以及人为地在铸造铜鼓时赋予其生命的意义中，可以窥见铜鼓文化与性别分工、艺术创作、民族价值取向、宗教信仰、仪式过程、生活习惯等方面的联系。铸造铜鼓的过程不仅是铜鼓文化习俗的基础，也是当时民族文化与区域历史的基石。

河池红水河流域的铜鼓记载始于宋代，我们有理由推测，在宋代之前，即唐代或更早时期，河池红水河流域可能已经有铜鼓使用。当时的中原朝廷逐渐意识到要加强对西南少数民族地区的统治，开始有针对性地限制当地部族头领的权力。然而，由于能力有限，朝廷无法完全控制这些地区，只能与当地部族头领互相利用，以达到各自的统治目的。因此，作为权力象征的铜鼓，从其诞生之初便被赋予和人相似的生命含义。有了生命的注入也就有了人与“物”的交流，甚至有了可以与掌握民间生存环境的神进行沟通的功能。如此，铜鼓的神圣属性才能进一步施展和演绎。在古代西南各少数民族族群的普遍认同下，铜鼓一旦被赋予生命，便可以上升为神的象征，作为神的附体，成为部族头领权力的象征。

2. 现代铜鼓的出现

（1）科研机构对铜鼓的铸造

与古代各民族造鼓工艺相比，现代的铸造设施和工艺有了很大的更新。经学者对现存古代铜鼓的研究，推测出古代铜鼓主要的制作方法有泥塑铸造法、金属型铸造法、失蜡法等。而现代的制作工艺是在钻研古法的基础上，结合现代科技手段形成的，主要为泥型合范法、失蜡法、砂模铸造法等。

20 世纪 80 年代，出于科学研究的需要，广西壮族自治区博物馆、云南省博物馆、北京钢铁学院冶金史研究室（现为北京科技大学冶金与材料史研究所）三家单位，对广西壮族自治区博物馆馆藏的 92 面铜鼓分别进行取样，采用原子吸收光谱分析法和金相检验法，对铜鼓的合金成分及金属材质进行分析。同时对每面铜鼓的体形大小、器壁厚薄、鼓高与鼓身最大径的比值等进行精确的测量。1998 年和 2004 年，北京科技大学冶金与材料史研究所先后两次根据上述检测分析结果进行具体的铜鼓铸造实验，铸出了两批麻江型铜鼓。1995 年，广西民族学院（今广西民族大学）组建了中国第一个铜鼓铸造实验室，进行麻江型铜鼓的铸造实验。由于采用了现代科技手段进行铸造，铸造出的铜鼓要么鼓壁太厚，要么音质不佳，始终未能成功复制出与传世铜鼓音质效

图三七九　砂模制造法工具——浇铸架（梁富林　摄）

果相媲美的铜鼓。当研究人员将铸造出的铜鼓送至东兰等使用铜鼓的地区进行试用时，群众反馈说，复制鼓存在声音不够洪亮、传不远，容易发热变哑等问题。这说明利用科学实验仿制铜鼓的道路异常艰难。

此外，江西、浙江等地一些工艺品制造厂也着手铸造了铜鼓。这些仿制的铜鼓虽然在外观上极为接近于传世铜鼓，其表面的做旧工艺也非常精湛，达到了很高的仿真度，但它们仍然只能作为工艺品和艺术鉴赏品来使用。与具有实用价值的传世铜鼓相比，这些仿制的铜鼓还是存在一定差异的，因此并未能满足河池当地群众对于使用铜鼓的文化需求。

（2）民间铸鼓

如今，河池市出现了多家铜鼓铸造厂，这些铸造厂在研究传世铜鼓制作工艺的基础上仿制出的铜鼓，在音质和外观上与传世铜鼓都非常接近，为铜鼓文化的传承提供了载体。

案例一：

2013 年 2 月，笔者对位于东兰县东兰镇上的一家铜鼓制造厂进行了访问调查。L 先生是该铜鼓制造厂的负责人，他原来是做机械修理工作的，并开办有一个小厂，平日主要修理一些机械工具和生产农具。

20 世纪 80 年代，社会各方面都呈现新的气息，民风民俗重新回到小镇上，东兰当地群众逐步恢复了过蚂蚜节的习俗。随着敲打铜鼓的频率逐渐增多，铜鼓被敲坏的情况也与日俱增。L 先生对群众送来修补的铜鼓进行焊接、捶打、抛光、打磨等，这些技术并不十分复杂，因而能将一件铜鼓修复好，使之能够将就着继续使用，他的手艺也逐渐得到当地群众的认可。

后来 L 先生心中萌发了重造铜鼓的想法，他开始走访铜鼓收藏家和民间打鼓爱好者，向他们请教铜鼓的铸造方法，记录各种鼓的形制和纹饰，并开始自己钻研铸造铜鼓的步骤和流程。在这过程中，L 先生提到他的曾祖父曾经在清代从事过铸造铜鼓的工作，并且还从当年的作坊带回一面麻江型铜鼓和两把金属剑。当年的制作工艺相当落后，设施也极其简陋。由于制作的流程和方法已经完全失传，他只能依靠自己平时积累的手艺，结合留存的实物特征来进行琢磨。在正式铸鼓之前，他仅用铁锤和铜板就制作出了一面铜鼓的样鼓。当时，他使用铁锤一锤一锤地将铜板打制出鼓面和鼓身，并用凿子凿出纹饰，最后将鼓面和鼓身焊接成型。这面铜鼓发出的声音虽不能和传世铜鼓相比，但它的成功铸造却让他对铸造铜鼓有了更大的动力。

之后，他结合传统工艺和现代科技手段，钻研出一套独特的铸鼓方法。这套方法综合了古法铸鼓的技艺，主要包括泥型合范法造模、失蜡法制作立体纹饰、印章法刻制图案等工艺。流程可简要归结为：使用泥沙制成各种鼓的造型模具，在模具上雕刻出纹饰，往模具中注入铜水，待冷却后脱模即成型，最后经过打磨、抛光、上色等工序，制成成品。如此，L 先生造出的铜鼓获得了群众认可。当地群众认为，L 先生所造的铜鼓在音质和外观上与传世铜鼓非常接近，完全可以满足平时的使用需求。但是，和传世铜鼓相比，它主要的缺点是不能长期持续地敲打，否则会发热，从而导致声音变小甚至变哑。不过，遇上这种情况时，只需要喷上少许酒水，铜鼓的声音就可以恢复。如今连续敲打铜鼓达数个小时以上的情况已经很少了，因此群众并不介意这种情况的出现。

L 先生为了配合县里宣传展示的需要，还铸造了一批装饰铜鼓用于建筑构件上。后来他在原有的生产技术上进行了改革创新，生产的效率加快不少。经过申请，L 先生的铸造技艺获得了专利许可，从而使装饰铜鼓得以进行批量生产。同时，为了适应各种需要，L 先生还将铜鼓做成各种类型的铜鼓工艺品，给当地旅游业增添了一抹民族文化色彩。来此

图三八〇　铜鼓工艺品（黄国飞　摄）

地旅游的客人，可购买小型铜鼓工艺品做纪念，携带极其方便。此外，还有一些仿古式青铜铜鼓，做旧仿古的样子充满了沧桑的感觉，颇有文化艺术品的内涵。

2010 年，L 先生的铸造技艺被列入东兰县非物质文化遗产名录，L 先生被推荐为铜鼓铸造技艺代表性传承人。之后，L 先生在当地建立了一家民间铜鼓厂，专注于传统铜鼓铸造，并致力于开发实用新型工艺品、礼品、收藏品和大型铜鼓装饰品。2012 年，L 先生的铜鼓厂被列为河池市铜鼓文化生态保护区，并被认定为壮族铜鼓铸造技艺生产保护示范基地。至此，L 先生也成为民族传统文化和技艺的传承人。

案例二：

2013 年的 5 月，笔者对河池市较为出名的一家民间铜鼓铸造厂进行调查。这家铜鼓厂的地点位于河池市环江毛南族自治县驯乐苗族乡，但是当地已经没有使用铜鼓的习俗。该铜鼓铸造厂的负责人为 T 兄弟，他们俩均为管理人，他们的父亲是一名出色的铸造铁锅能手，兄弟俩在其父亲的指导下逐渐掌握了铸造铁锅的手艺并接替了家业。

20 世纪 90 年代，他们看到河池红水河流域的很多村寨都兴起了敲打铜鼓的习俗。群众敲打的铜鼓都是传世铜鼓。这些传世铜鼓经过长久的敲击和岁月的侵蚀，本身就已有破损，再经历当代人的敲击玩赏，更是破烂不堪。因为当时没有新铜鼓可买，兄弟俩结合自己的铸锅工艺，想到铸造铜鼓或许是个不错的商机。

有了想法以后，他们就开始尝试用铸锅的砂模铸造法来铸造铜鼓。虽然铸造铁锅的原理似乎和铸造铜鼓相通，但是他们始终未能成功造出一面铜鼓，加上没有后续资金的支持，他们铸鼓的想法也只好作罢。

到了 2003 年的时候，在广西壮族自治区博物馆的指导和河池当地文物管理部门的支持下，兄弟俩终于成功铸造出第一面铜鼓。近年来，他们还成功仿制出大型北流型铜鼓，即面径在 1—2 米的大型铜鼓。至此，兄弟俩的铜鼓厂已经可以生产出形制大小不一的各种规格的铜鼓。在广西壮族自治区博物馆的指导下，他们还对铜鼓的纹饰进行了规范制作，为民间铜鼓文化的恢复和传承做出了重要贡献。

之后，他们铸造的铜鼓得到了河池当地使用铜鼓的群众的普遍认可，就连贵州黔南地区的一些群众也慕名前来购买铜鼓，博物馆等机构也在此定做相关类型的铜鼓复制品。兄弟俩还透露，他们已销售了上万件铜鼓，现在还在南宁市开设了销售分点，逐步扩大市场

图三八一　东兰县东兰镇那哼村六劳屯的破损铜鼓（梁富林　摄）

图三八二　铜鼓铸造师傅在浇铸铜鼓（梁富林　摄）

份额。现在T兄弟已被认定为广西壮族自治区非物质文化遗产壮族铜鼓铸造技艺代表性传承人，名声也逐步扩大。

（三）进程的轨迹：铜鼓的流通

1. 古代铜鼓的流通

铜鼓为人所造，自它被铸造出来后便是可移动之物。从一人之手转入另一人之手，或是从一个族群转移至另外一个族群，抑或是由一个阶层易至另一个阶层，都可以视为铜鼓的流通。铜鼓的生命史发展步入流通这个状态，与铜鼓的社会功能、承载的文化意义、所处的社会环境等都有着密切的联系。

在远古时期，当铜鼓由炊具向乐器过渡时，人们敲打铜鼓以自娱自乐。此时，铜鼓主要发挥其乐器功能。此时铜鼓的流通仅限于使用铜鼓的族群内部或族群间，且流通过程遵循着平等交换的原则。也就是说，不管双方是以物易物还是直接赠予，交换铜鼓双方的利益是均等的，其意图也是纯粹的，没有发生任何个人、群体或阶级利益的更替。

随着铜鼓的使用逐渐从日常器物上升至礼器和神器阶段，人们对铜鼓的态度开始进入敬畏时期，铜鼓更多地出现在祭祀活动中，其地位也随之发生变化，即从一般的物品上升至圣物，不再是一般人所能拥有的。这也导致了后来在部落间或不同利益集团争夺领土的战争中，铜鼓成为首领或掌权阶级号令和指挥军队的器具。发展到鼎盛阶段，铜鼓一度成为权力重器，并先后成为权力或财富的象征，仅为统治阶级和富有的贵族所拥有，不再单纯是普通民众所能使用的乐器。因此，此时铜鼓的流通通常伴随着利益的转移，或是人的地位和属性的变化。

《明史·刘显传》记载，万历元年（1573 年），刘显带兵攻下九丝山后，歼敌和俘虏当地“都掌蛮”数千人，占领土地四百余里，掳获诸葛铜鼓九十三面。对此，九丝山的“都掌蛮”酋长泣曰：“鼓声宏者为上，可易千牛，次者七八百。得鼓二三，便可僭号称王。鼓山颠，群蛮毕集，今已矣……鼓失，则蛮运终矣。”① 可见，刘显占地的胜果对于“都掌蛮”来说并没有什么大碍，但铜鼓被掳就是“蛮运终矣”。丧失铜鼓意味着部落首领丢失了统治一方的权力，同时也使其在族人中的声望和地位一落千丈，随之而来的是其族体的瓦解和崩离。在中国历代封建王朝中，中央军队在征剿和镇压西南少数民族部落后，都将缴获的铜鼓作为战利品运回朝廷邀功请赏。缴获的铜鼓数量越多，获取的奖赏也就越丰厚，这样的历史场面一直持续至明清时期。从中可以看出，缴获铜鼓的一方不仅会获得实际利益，还会加官晋爵，地位随之攀升；而丧失铜鼓的一方，即少数民族部落首领，将失去号令集众的权力，声望下降，统治地位也会被大大削弱，甚至会动摇维系整个民族认同和存在的精神支柱。

铜鼓还可以向上进贡和向下赏赐。《宋史》卷四百九十三记载：乾德四年（966 年），“南州进铜鼓内附，下溪州刺史田思迁亦以铜鼓、虎皮、麝脐来贡”。河池的铜鼓在《宋史·蛮夷列传》中也有记载：淳化元年（990 年），南丹州少数民族的酋帅莫洪燕去世后，其弟莫洪皓欲世袭刺史之位，便派莫淮通（莫洪皓儿子）向宋王朝进献银碗、铜鼓等物，以期得到中央朝廷对其世袭刺史之位的认可。《新唐书·南蛮下》云：“东谢蛮”赏有功者牛、马、铜鼓，以此体现少数民族首领对有功者的奖励与笼络。此时铜鼓的流通，无论是进贡给中央朝廷还是赏赐给下属，都象征着权力和利益的确认与分配：将铜鼓向上进贡，表明己方的臣服，以此获得中央朝廷的认可；而把铜鼓向下赏赐，则意味着少数民族统治者愿意与

① 张廷玉等：《明史》卷二百十二，中华书局，1974，第 5620 页。

有功之臣分享权力和利益。如此，铜鼓的流通便隐藏了利益及地位在某种程度上的转移。

在民间，铜鼓虽然不是一般人可以拥有的，但在富裕阶级看来，通过购买铜鼓同样可以提升地位，是显示其财富的象征。《晋书·食货志》记载了在晋朝时期出现了用当时的流通货币铜钱来铸造铜鼓的事件：当时的“官私贾人”将朝廷发行的流通铜钱运至广州，与当地的“夷人”进行交易，换取他们想要的奇珍异宝，从而赚取丰厚的利润，而“夷人”则把铜钱熔化后铸造成铜鼓。朝廷得知此事后，便颁布诏令，以阻止和杜绝此类事件的发生。把当朝货币进行熔化铸成铜鼓，这在今天看来也是违法的、不可思议的事情，可是对于当时的少数民族来说，铜鼓的价值远胜于货币。在“官私贾人”和“夷人”眼中，两者的价值差异巨大。“官私贾人”将铜钱交换于“夷人”，获取的是比铜钱更高的利润；“夷人”将铜钱造成铜鼓，获取的是地位和声望，这对于“夷人”来说是比获取铜钱更有利的。双方在交易过程中各取所需，也就促成了此类“异常流通”情形的出现。类似的情况直到清代依然存在，不过当时的清政府似乎并没有过多干预这样的交易行为。正因如此，今天河池红水河流域的传世铜鼓有一部分也是用铜钱所铸的。

铜鼓的使用在唐代以后逐渐衰落，但到了明清时期，河池当地又重新掀起敲打铜鼓的热潮。原本只有统治阶级和贵族才能享用的铜鼓，逐渐流入民间被百姓所拥有和使用。这与当时的中央王朝对西南少数民族地区实行的羁縻政策不无联系。在推行改土归流政策后，虽然土司的统领权力并未从根本上解除，但土司的影响力被大大削弱了。而作为权力象征的铜鼓不再是特权阶级所独有，民间出于对铜鼓神圣属性的崇拜和风俗仪式的需要，只要稍微富裕的人都可以通过各种方式获取铜鼓。于是在资本主义萌芽阶段，铸造铜鼓的作坊应运而生。清道光年间，在贵州黔南地区的“独山双和号”就是其中一个铸造铜鼓的商号，凡该商号所产的鼓，内壁上均刻有“独山双和号”的印记和年款。如今河池红水河流域的传世铜鼓有相当一部分是出自该商号的。喜爱铜鼓的民众到此购买铜鼓，商号在交易过程中，与使用铜鼓的少数民族完成了铜鼓的初次流通。商号获得了劳动应得的利润，而少数民族群众则得到象征民族圣物的铜鼓。双方的地位未发生改变，利益于双方而言属于“各取所需”，也未有变化。但需要指出的是，此时购买铜鼓的少数民族民众返回到自身的生活场景之后，他在整个族群中受尊重的程度得到了提高，在日常的生活秩序中也获得了更多话语权。拥有鼓的数量更是直接彰显了他们的财富实力，这在一定程度上揭示了铜鼓的流通对人们地位和利益的影响。

2. 近现代铜鼓的流通

明清以后，广西、贵州境内的铜鼓被运至全国各地的情况甚多。有在广西做官时得到铜鼓，将其运回老家当成宝物进行保存或赠予他人的；有在广西当地挖到铜鼓将其卖至外地的；有将铜鼓当成废品运至外地的；有将铜鼓卖到国外的……铜鼓通过各种渠道流通到全国各地乃至其他国家，这些铜鼓多为红水河流域的传世铜鼓。上述情况是从使用铜鼓的民族地区传播到非使用铜鼓的地区，此时这些传世铜鼓承载的文化意义已经变成历史遗存。随着时间的推移，铜鼓成为具有研究民族文化价值的重要文物载体。

如今，河池东兰等地尚在流传和使用的铜鼓有两类：一类是明清年间遗留下来的传世铜鼓，另一类就是现代铜鼓。以下笔者结合在东兰当地的调查访问情况，进行分析。

2013 年 2 月，笔者在东兰县进行田野调查，并在同年 8 月进行了回访调查。W 先生是东兰当地一位德高望重的退休老干部，出生在东兰县兰阳乡（今长江镇兰阳村），是一位热爱铜鼓文化的老学者。他收藏有近 30 面铜鼓，均为明清时期的麻江型铜鼓。他出生于 1928 年，访谈时已 80 多岁的他依然身体健康，思维敏捷。他这一生的经历，不仅见证了东兰县1949年前后铜鼓的风雨兴衰史，还让他亲身经历了河池传世铜鼓从近代到现代的发展变迁。笔者将与W先生关于东兰传世铜鼓流通环节的访谈内容整理如下：

> 我出生在兰阳，小时候经常看见大人们在打铜鼓。一般是在粮食丰收的时候，他们就聚在一块儿，两个或四个一组地打鼓。那声音非常好听，整个村子都能听见这种声音。小孩和老人围在一旁看热闹，整个场面非常欢快。我从8岁起就开始学习打鼓了，都是村里的老人和打鼓手教的。听说村里的鼓有些是请人做的，有些是到外地买的。听说清朝时，东兰原来是没有铸鼓师傅和作坊的，后来当地喜欢打鼓的壮族人从贵州请来铸鼓师傅，选择在一处离乡村不远的地方进行铸鼓。此处山峰连绵，山水相依，建作坊的地方离红水河不远。第一批铜鼓铸出来后，却不能得到合适的鼓音，鼓师也急得厉害。后来，一位路过的人教他口念吉语、摆物祭祀、向天朝拜，终于得到了合适的鼓音。之后造出的铜鼓声音好听，附近村屯的人听后无不赞不绝口。此名一出，各路来买鼓的人便越来越多，铜鼓供不应求。为了扩大生产规模，又建了一作坊在离红水河仅一里的地方。这里水陆交通便利，便于将铸好的鼓运至各地。于是东兰各地的铜鼓声就响之不绝了。
>
> （受访人：W先生　采访时间：2013年2月　采访地点：东兰镇）

W先生讲述的这个传说的真实性并不能确定，且在东兰当地至今并未发现任何铸造铜鼓的遗迹。此外，红水河的河床极深，水流在某些弯道非常湍急，在当时的条件看来并不适合在水上运输。因此，在东兰有铸鼓作坊的传说有待证实。笔者认为，从目前东兰传世铜鼓的考证结果来看，有两种较为可信的说法：一是当地少数民族群众在贵州黔南地区购买了铜鼓；二是贵州的师傅曾到东兰等地走村串寨，从事铸鼓买卖。这些活动很可能发生在明清时期。然而，自中日甲午战争爆发以来，古法铸造铜鼓的技艺逐渐消失，因此无从考究。

1949年以前，河池东兰民间的铜鼓数量多达几千面，足见铜鼓流通广泛，使用人群众多，深受民间喜爱。此时的铜鼓除了担负着神器的功能，作为乐器和传音集众的作用也重新显现出来。如此多的铜鼓，一个不争的事实就是通过交易买卖发生了铜鼓的流通。铜鼓的交易地点和交易方式，目前只能从仅有的传说和历史资料中获知，但是自从铜鼓象征权力重器的功能渐渐淡去之后，它的交易流通背后已经不再像远古的时候那样有着特殊的意义。此时购买回来的铜鼓在河池各地民众心中仍是一个可以通神的宝物，是家族的财产，也是财富的象征。

1949年后，河池东兰等地的传世铜鼓先后遭受过两次劫难：一次是在20世纪50年代末至60年代初，另一次是在20世纪六七十年代。而在群众的保护下，部分传世铜鼓躲过了这两次劫难，得以保存下来。

改革开放以后，社会面貌焕然一新。20世纪80年代初，东兰等地开始逐渐恢复打铜鼓的习俗。到了今天，这些传世铜鼓除了在民间继续使用，还有一部分则通过买卖交易流转到其他地方。这种情况主要基于目前传世铜鼓资源已经越来越少的现实。一方面，真正热衷于使用铜鼓的群众有刚性需要；另一方面，有收藏爱好的藏家则把铜鼓当成古董观赏品进行收购。这些交易既有公开的，也有私下的，在当地民间并不多见。

2012年，在东兰县访问调查的过程中，笔者就见到有人将他收藏的铜鼓转让给了其他人，转让的目的非常明确，就是为了获取报酬。转让的人认为，自己年事已高，家中也没有人愿意继续摆弄铜鼓，而买方十分钟爱打铜鼓，不如将铜鼓卖给他，让铜鼓发挥作用，自己也可以从中得到一笔可观的收入。因此，彼此交易完后，双方都非常高兴。

W 先生收藏的传世铜鼓中也有部分是购自他人手中，这些铜鼓都是他在不同时期分别用自己的收入以及一些物品从别人的手中交换来的。就连 L 先生用铁锤打制出的第一面铜鼓也被他买走了。W 先生酷爱铜鼓，除了自己玩赏，还组织打鼓队，甚至将铜鼓借予他人进行表演。他本人平时喜欢对铜鼓进行钻研，对当地传世铜鼓的来源、传说、使用与形制等都有所了解，因此在当地是为数不多的比较有权威的铜鼓收藏家。当地政府将他评为“铜鼓文化传承人”。目前，他已将传承铜鼓文化这个事业交予他的大儿子来继承。

此外，现代铜鼓也逐渐被当地群众所接受。现代铜鼓由于制作工艺与传世铜鼓不同，在使用的时候音质方面还是有所欠缺，使用过的群众普遍反映新铜鼓声音不够洪亮，传得不够远。新铜鼓和传世铜鼓同时敲打，离得稍微远一些就只能听见传世铜鼓的声音，而好的传世铜鼓声音远胜于新铜鼓，长期敲打声音也能保持稳定不会变哑，因此传世铜鼓的价格远比新铜鼓高。一些村寨的少数民族群众由于当地已经没有传世铜鼓，但是在民族节日里又必须敲打铜鼓，在借不到传世铜鼓的情况下就只能购买现代铜鼓来使用。目前，河池市只有东兰县和环江毛南族自治县这两个地方制作的铜鼓音质比较接近传世铜鼓，有需求的群众一般都是到这两个地方进行购买。由于东兰县当地的铜鼓厂生产的铜鼓得到了当地政府的大力支持，同时民间也有一定的使用需求，因此在不十分强调使用要求的情况下，其生产的现代铜鼓已逐渐成为传承铜鼓文化习俗的重要物质载体。此外，为满足当地旅游市场需要而制作的现代铜鼓工艺品和仿古复制品也深受人们的喜爱。

图三八三　东兰县铜鼓厂生产的铜鼓（黄国飞　摄）

（四）人与鼓的互动：铜鼓的使用

历史上铜鼓的使用功能是随时间和空间的变迁而不断演变的，同时，使用铜鼓的族群也在发生变化。因此，在探讨铜鼓的社会生命史时，笔者引入了“转折”这个概念。从广义上讲，铜鼓生命史是沿着时间轴展开的，它在特定的地域内经历了从鼎盛到衰弱，再到消退的过程。然而，这不意味着铜鼓的生命史就此完结。在现代，铜鼓的生命史还在演绎当中，红水河流域的铜鼓文化习俗以及以铜鼓为载体的文化传播便是实例。姑且认为这是铜鼓生命史上的一个发展状态，是与古代铜鼓生命史相区别的历史时期。最明显的一点就是铜鼓的神圣性在逐渐减弱，而铜鼓的商品属性和文化符号性在逐渐增强。以下通过古代铜鼓与现代铜鼓在使用环节的对比来增进了解。

1. 古代铜鼓的使用

铜鼓自被人类铸造出来以后，它的使用和发展都随时间的推移呈现出多元化的趋势。在外观形制、铸造工艺、使用分布、使用族群、使用场合等方面，铜鼓都发生了显著变化。铜鼓使用功能的发展脉络起始于作为釜具，随后逐渐演变为乐器、礼器、神器、权力重器和财富象征等。

春秋战国时期以来，中国南方自东南沿海地区一直延伸到西南地区，历史上战乱频繁，族群纷争以及中原王朝的开疆拓土活动，都导致了人口的大面积迁徙。部分迁徙的人口融入中原汉族，另一部分则逐渐形成今天少数民族聚居的格局。在不同的生态环境里，民族习惯、信仰等既有相同的一面，也有着各自独特的风貌，因此铜鼓的使用在不同的族群间同样有着相似的地方。

铜鼓从炊具逐渐演变为乐器，这一功用是铜鼓较显著的特性之一。远古时期，人们从最初学会制陶到冶炼金属，使用的炊具就是从陶制品向金属制品过渡的。试想人们在架锅煮食的过程中，不免会用硬物触碰炊具而发出声响。尤其是盛有水的容器，经敲打后会发出异于常态的声音。于是人们发现，将炊具反置过来敲打，接触的面积更大了，打击起来也更方便了。经过不断地改进，炊具发出的声音更趋于人耳的接受度，加上有节奏地敲击，一段原始“音乐”便产生了。同时，铜制品出现后，逐渐取代了陶制品，因为铜制品更能经受反复敲打。这些因素共同促成了古代铜鼓的产生。在古代没有太多可以娱乐和玩赏的活动，通过敲打“乐器”得到的“乐曲”无疑可以使人在精神上得到放松，并且伴随着“乐曲”进行舞蹈，更让人充满乐趣。通过对几个或更多的“乐器”进行敲击，声势越加震撼，人们沉浸于“乐曲”和舞蹈中，可获得一种愉悦的感觉。在当时的社会生态环境看来，这种感官享受是非常怡人的。在众人娱乐的过程中，人们互相认识和沟通，促进了族群内的人际交流。这种娱乐活动逐渐成为人们喜闻乐见的群体性活动。

在远古时期，由于人们对自然界的各种现象以及自身的生老病死等情况缺乏科学认识，加上铜鼓铸造不易和人为造神的作用，人们往往借助神灵和祖先的护佑来寻求精神上的慰藉。因此，与原始宗教有关的祭祀和祭祖等仪式和活动便越加重要和频繁。在这些仪式和活动中，铜鼓不仅作为乐器被使用，它宽阔的鼓面还常常成为摆放供品的平台，这使得铜鼓兼具了礼器和神器的功能。铜鼓被塑造成可以与神灵相通的圣物，从而得到人的崇拜。

由于铜鼓本身就是发声器，通过敲击能够发出洪亮而悠长的响声，这一特性使铜鼓成为古代的即时通信工具。当有事需要召集人群的时候，人们会敲击铜鼓，即使远处的人也能听见鼓声。这种非常有效的通信手段，类似于今天的敲钟报时。当发生战争时，铜鼓除了可以召集人群进行抵抗，还可以在战争进行当中作为指挥军队的信号，这是人类与社会自然环境条件相适应而做出的反应。

当铜鼓在各少数民族的心目中有了重要地位之后，族群首领将它占为己用，甚至限制其流转和使用。这一行为将铜鼓的地位推向了历史的顶峰，使其成为少数权贵阶级的专属物品。此时，铜鼓不仅是权力的象征，也是财富的标志。铜鼓在当时极其珍贵，人活着的时候拥有它象征着身份和地位，将它赠人可以获得同等的利益和认同，甚至死后也要让它成为随葬品。

当铜鼓的使用由盛及衰的时候，它的物用效果也发生了一定的变化，但是它在人的心里已经确立的神圣地位是不会那么轻易动摇的。当铜鼓不再为权贵阶级独享的时候，铜鼓在民间的使用便逐渐活跃起来。这一现象与当时中央王朝的边境政策有着紧密联系，反映了土官权力的日渐削弱。在没有外来文化的强势冲击和社会制度的干预下，使用铜鼓进行祭祀、祭祖、娱乐、娱神等活动又回归到民众的生活当中，成为南方各少数民族所认同的民俗行为。

2. 现代铜鼓的使用

现代铜鼓的使用包含了传世铜鼓在现代的使用以及现代铸造铜鼓的使用。在中国境内，红水河流域是目前还在使用铜鼓并传承铜鼓文化习俗的主要地区；使用的民族主要有壮族、瑶族、布依族、苗族、水族、毛南族、彝族等少数民族。笔者的主要调查地设置在“世界铜鼓之乡”东兰县，因为这里是河池红水河流域藏鼓数量最多、分布最广的地方。

（1）铜鼓在壮族蚂蜗节的使用

W 先生回忆：

东兰县各村屯的壮族人民在民国时期就非常喜欢在农闲时进行打铜鼓的活动。幼年时，我看到兰阳的长辈们为庆祝丰收而敲打铜鼓，铜鼓那充满神秘和力量的声音深深震撼了我，让我与铜鼓结下了今生不解的情缘。从此，敲铜鼓、收藏铜鼓、研究铜鼓成为我生平的一大爱好。之后我从乡村搬到县城居住，亲身体会了铜鼓文化的兴衰交替。尤其是 20 世纪六七十年代，铜鼓成为“违禁品”，整个民俗活动处于沉寂期，铜鼓也从人们的视野中消失，转入“地下”藏鼓阶段。1980 年以后，东兰民间才逐步将藏鼓重新拿出来敲打，并且主要在春节期间举办的蚂蜗节使用。

（受访人：W 先生　采访时间：2013 年 2 月　采访地点：东兰镇）

蚂蜗节是壮族民间的传统节日，主要是通过祭拜蚂蜗的仪式祈求神灵保佑来年世事平安、人畜兴旺。在整个仪式过程中，铜鼓的使用贯穿其中。传统的举办时间为每年的正月初一至二月初，为期一个月左右。据 W 先生反映，如今在东兰各地举办的蚂蜗节流程和 1949 年前后举办的蚂蜗节流程并无太大的差别，基本保持原风貌。凡是举办蚂蜗节的地方都建有一处蚂蜗亭。据河池文物站统计，在 20 世纪 50 年代，东兰等地共有 160 多个蚂蜗亭，如今已经锐减至几十个，且数量仍在持续减少。蚂蜗亭的存在直接反映了蚂蜗节举办地的历史和文化。

笔者在 2013 年 2 月春节期间做田野调查时，目睹了在东兰镇上举办的蚂蜗节仪式。该仪式为微缩版，与传统蚂蜗节的持续时间存在明显的差别，前后只持续了不到两天，整个过程简要概括如下：

①找蚂蜗

在大年三十那天，镇上组织者提前上山找好蚂蜗，并将蚂蜗放入蚂蜗棺中，然后安置于蚂蜗亭内，以备节日仪式使用。

②拜蚂蜗

正月初一早上 8 点，蚂蜗队员们来到蚂蜗亭前祭拜蚂蜗。蚂蜗队由镇里的男女组成，成员的年龄大多在 50 岁左右，全部身着壮族传统服装。

人们先将蚂蜗棺放置于镇上大榕树下修建的蚂蜗亭中进行祭拜。祭拜时，需要点燃蜡烛和香火，供奉鸡、鸭、酒等。然后架起公母铜鼓共 4 面，分别由 4 名男鼓手进行敲打；其他的女性成员则在另外一侧敲打小皮鼓。整个节奏由一名男性长者击打大锣鼓指挥。这时，铜鼓声和皮鼓声交相呼应，场面热闹非凡，围观的群众也逐渐增多。敲打铜鼓的环节持续了半个多小时才结束。最后由一名男性长者宣读祭拜词，点燃鞭炮宣告该环节结束。

图三八四　东兰县东兰镇壮族蚂蜗节拜蚂蜗场景（黄国飞　摄）

③蚂蜗拜年

男性成员抬着蚂蜗棺走在队伍前面，铜鼓队抬着 4 面铜鼓跟随其后，女性成员则身背腰鼓走在铜鼓队后面，边走边敲打鼓，来到镇上的一些住户家或商户门前列队。抬着蚂蜗棺的成员站在队伍的最前面，铜鼓声和皮鼓声同时响起，蚂蜗队员在一名男性长者的带领下齐声宣读拜年贺语。其大意为：

哈呵（好）——
过了今年又进明年，
做什么都灵、做什么都成功。
养母猪也成，
养母牛也能生小牛。
家里样样都有，
牛栏里有白牛、黑牛，
家里生男又生女
做什么都能成，
（过得）都比别人好。

建房很顺利，
每块砖砌得都很顺，
百分之百顺利。
十间瓦房五层楼房，
大风大雨也不会倒，
坐在房子里不怕风吹雨打。
养鸡成肥鸡，养狗成壮狗，
老鹰在天上飞，也不能吃掉家畜。
做什么事就和马蜂窝一样红火，
做事像燕子来做窝一样有好兆头。
家里有女孩，一天能做三床六床被子，
聪明伶俐，不用去规划也能做成事。
家里有男孩，一步顶三步，
能跨过深水，可以打土匪，能来能去。
哈呵——

红薯一个比一个大，
芋头一个比一个大，
一个都要三五个人去抬，
一个都要三五个人去扛。
红薯、芋头可以养家糊口，
吃了以后能经得住饿，
还可以养活小孩，
很美味。
小米满山坡都是，
鸭脚肥大，硕果累累，
高粱丰收长长一条，
一稻穗上有三百粒米，没有一粒是空的，
另外一稻穗上有四百粒米，没有一粒是扁的。
去年的一道就不用讲了，
今年的每一粒都和鸡蛋一样大，
像鱼卵一样多，
竹子编制的菜篮里全都是满的，
每一穗的每一粒米都很饱满。
蝌蚪都能长成蚂蚜并能四处独立生活，
家家户户都会上门祝福，
蚂蚜进到菜园里，青菜吃不完，
蚂蚜进到菜园里，吃竹笋吃到腻。
子孙都去送蚂蚜，
得送蚂蚜去坟山，
要给蚂蚜砌坟墓。
山上到处是树林，
有三条彩旗，

三条彩旗有公有母有仔，
上面还有六个纸花。
哈呵——

蚂蜗队员们虔诚地念完贺词之后，主人家便向蚂蜗队员分发食品，并向蚂蜗队交纳一些蜡烛、香、纸等物品。同时，由一名蚂蜗队员负责收取主人赠予的红包并用本子记录好。随后，队伍前往下一户人家拜年。

图三八五　蚂蜗队员抬蚂蜗棺游街拜年（黄国飞　摄）

图三八六　蚂蜗队中背着腰鼓的女性成员（黄国飞　摄）

图三九〇　板登村壮族群众在蚂蜗亭里打铜鼓孝蚂蜗（黄国飞　摄）

自从1990年举办过蚂蜗节活动后，每隔两三年就举办一次。2011—2013年，在村里一些老人的倡导下，村里连续几年举办了蚂蜗节活动。村里日常喜欢打铜鼓的人群里有专门负责保管铜鼓的长者（F主任的父亲），他负责铜鼓的保管和日常使用。在蚂蜗节活动开展的时候也是由他来组织蚂蜗队、书写彩纸、念赓词、筹集和保管经费。村里的人都很敬重他，他很有威望，可惜他于2012年因病去世了。2013年蚂蜗节活动的筹办有些后继乏人，年老者精力不足，难以胜任，年轻人则缺乏威望。于是，村里选了一名50岁左右的前任村干部来担任蚂蜗队的负责人，但效果没有从前的好。原因有五个方面：一是号召群众的威信力不够；二是热衷于这项活动的人多为农村留守老年人，他们并无太多精力和财力；三是蚂蜗节活动举办的时间定在春节期间，而村里的年轻人大多外出打工，只在初一到初三回家一趟，无时间顾及这样的活动；四是近年村里在春节期间举办的文艺演出和篮球比赛更吸引群众；五是村里的年轻人对打铜鼓这种文化习俗比较冷淡。

图三九一　板登村修建的蚂蜗坟（黄国飞　摄）

（受访人：K先生　采访时间：2013年3月　采访地点：板登村）

三条彩旗有公有母有仔，
上面还有六个纸花。
哈呵——

蚂蜗队员们虔诚地念完贺词之后，主人家便向蚂蜗队员分发食品，并向蚂蜗队交纳一些蜡烛、香、纸等物品。同时，由一名蚂蜗队员负责收取主人赠予的红包并用本子记录好。随后，队伍前往下一户人家拜年。

图三八五　蚂蜗队员抬蚂蜗棺游街拜年（黄国飞　摄）

图三八六　蚂蜗队中背着腰鼓的女性成员（黄国飞　摄）

④葬蚂蚜

蚂蚜拜年之后，跳过了传统蚂蚜节中时间跨度最长的孝蚂蚜这个环节，直接进入到葬蚂蚜环节。葬蚂蚜前，已由蚂蚜队组织者中最有权威的长老占卦选定好一处埋葬蚂蚜的地方。蚂蚜队边走边敲打铜鼓，一路行进到镇上一处山坡便停了下来。人们将各种祭品和蜡烛、纸等供奉在即将埋葬蚂蚜的墓前。麽公念完一轮祭词后，将蚂蚜棺埋进事先挖好的坑里。(此处省略了查看去年蚂蚜棺中蚂蚜遗体颜色这个环节，据说去年埋葬蚂蚜的地方在别处，麽公事先已经查看过了。) 埋好后，在墓旁立起一根约 10 米高的竹竿作为长幡，竹竿顶端扎有 3 条彩纸。接着，在蚂蚜墓上插满彩旗、蜡烛、香等，然后鸣炮，再敲打一轮铜鼓。整个葬蚂蚜仪式在中午时分结束。

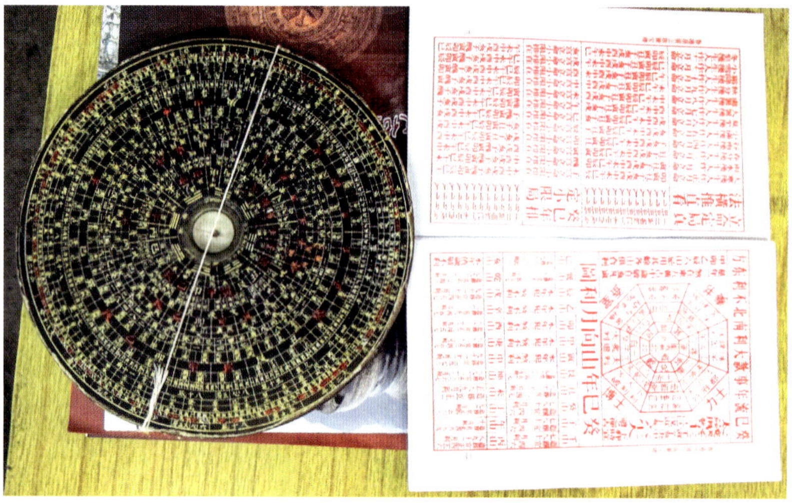

图三八七　选定葬蚂蚜地点所用的皇历和罗盘（黄国飞　摄）

⑤舞蹈活动

当天下午，蚂蚜队的部分成员就在镇上的广场举行舞蹈活动，活动中表演的舞蹈多由队伍自编自导。从晚上 8 点左右开始，男女双方在广场对唱山歌，一直持续至次日凌晨方才结束。

传统蚂蚜节原本需要持续近一个月，现在已精简为不到两天。此次微缩版的蚂蚜节活动是由东兰县文化局和东兰镇的一些商户出资，并由东兰镇蚂蚜队中的几名长者组织策划和负责实施的。活动中使用的铜鼓有一部分是向 W 先生借用的。

（2）铜鼓在休闲时的使用

东兰镇的一些广场和大榕树旁都是铜鼓爱好者日常敲打铜鼓的场所。这些地方比较空旷，是人群休闲聚集的场所。平时下午或晚上，一些铜鼓爱好者就会在这些地方架起铁制的铜鼓架子，挂上几面铜鼓，兴致盎然地敲打起来。据笔者观察，这些铜鼓爱好者多为 60 岁左右的退休人员，有男的也有女的。偶尔会有一些年轻人参与到敲打铜鼓的队伍中来，但他们也只是过过瘾，并不像年长者那样长期敲打玩耍。在敲打过程中，年长者会教年轻人如何去敲打。即使大家互不相识，也可以因为打鼓玩乐而聚在一块。打法主要是左手执小石敲鼓腰，右手执木槌敲鼓面中央。鼓点和节奏各有不同，可以随玩者的方式来进行。

在乡下村屯，打铜鼓也是村民的休闲活动之一。笔者于 2013 年 2 月至 5 月在东兰县兰阳村、巴英村、板登村，以及三弄瑶族乡等地的村屯进行走访，也有看到村民在农闲时打鼓的场面。一般有打铜鼓习俗的壮族地区多有蚂蚜亭。蚂蚜亭是人们平时聚集的地方，也是打铜鼓的场所。

图三八八　铜鼓爱好者在广场上打铜鼓娱乐（黄国飞　摄）

位于东兰县东部的长乐镇板登村，从 1980 年开始恢复打铜鼓的习俗。平时农闲有空的时候大家就聚在蚂蚜亭内聊天，村里的老人偶尔会敲打铜鼓，妇女、儿童就围坐在一旁观看和聊天。村里现在会打铜鼓的人不到 10 个了。笔者于 2013 年 3 月在板登村做田野调查时借住在村委会妇女主任 F 家中。F 主任的父亲是一位德高望重的长者，曾担任村里的党支部书记，村里的蚂蚜节活动主要是由他来主持，仪式中使用的道具都是他亲自操办的。全村共有的 4 面传世铜鼓，全部放在 F 主任家里，平时使用的时候蚂蚜队员才从她家中取出。以前使用铜鼓前后还要举行祭鼓仪式，但是现在使用铜鼓已经省略了祭鼓仪式。F 主任的父亲于 2012 年 10 月去世，他在世时，不管是在家里还是在村里，都是一位很有威望的长者，大家将铜鼓放在他家中是非常放心的，甚至平时筹集到的钱粮都悉数交由他家来保管。F 主任并不会打铜鼓，但是其父亲的威望延续到了她这一辈，所以现在村里的铜鼓还是交由她来保管，大家也信任她。村里的老支书 K 先生也证实了 F 主任的说法，并且告诉笔者村里举办蚂蚜节活动的情况。

图三八九　板登村举办蚂蚜节活动的场地之一（黄国飞　摄）

图三九〇　板登村壮族群众在蚂蜗亭里打铜鼓孝蚂蜗（黄国飞　摄）

图三九一　板登村修建的蚂蜗坟（黄国飞　摄）

自从1990年举办过蚂蜗节活动后，每隔两三年就举办一次。2011—2013年，在村里一些老人的倡导下，村里连续几年举办了蚂蜗节活动。村里日常喜欢打铜鼓的人群里有专门负责保管铜鼓的长者（F主任的父亲），他负责铜鼓的保管和日常使用。在蚂蜗节活动开展的时候也是由他来组织蚂蜗队、书写彩纸、念麽词、筹集和保管经费。村里的人都很敬重他，他很有威望，可惜他于2012年因病去世了。2013年蚂蜗节活动的筹办有些后继乏人，年老者精力不足，难以胜任，年轻人则缺乏威望。于是，村里选了一名50岁左右的前任村干部来担任蚂蜗队的负责人，但效果没有从前的好。原因有五个方面：一是号召群众的威信力不够；二是热衷于这项活动的人多为农村留守老年人，他们并无太多精力和财力；三是蚂蜗节活动举办的时间定在春节期间，而村里的年轻人大多外出打工，只在初一到初三回家一趟，无时间顾及这样的活动；四是近年村里在春节期间举办的文艺演出和篮球比赛更吸引群众；五是村里的年轻人对打铜鼓这种文化习俗比较冷淡。

（受访人：K先生　采访时间：2013年3月　采访地点：板登村）

图三九二　农闲时，铜鼓爱好者在蚂𧊅亭里打铜鼓娱乐（黄国飞　摄）

如此，板登村热衷于铜鼓的老人就希望每年都能举办蚂𧊅节活动，甚至有些老人写出海报呼吁大家在经济上和实际活动中支持举办蚂𧊅节活动。海报的大意是：

以往我们村里搞什么活动都不能吸引外来人的注意，但是一搞蚂𧊅节活动就可以吸引人，连外国人都来参观，可见这个传统节日活动是有搞头的。希望大家能支持蚂𧊅节活动，有钱出钱，有粮出粮。有蚂𧊅队上门祝贺的时候不要关门，尽量给些钱粮。我们有了钱粮才能搞起这个活动，吸引外地人来我们村旅游。

（受访人：R老伯　采访时间：2013年3月　采访地点：板登村）

F主任也告诉笔者：

现在的蚂𧊅队成员都已经老了，年轻人又接不上班。村里大多数老人是在蚂𧊅节活动和山歌会上互相认识并结成夫妻的，我和我老公也是这样结合的。如今时过境迁，年轻人多外出务工，热衷于流行歌曲等，把原来的民族传统习俗逐渐淡忘了。年轻人谈恋爱也不需要对山歌了，用手机或者网络就可以解决，平时工作都忙不过来，哪还有什么时间来打铜鼓和唱山歌。

（受访人：F主任　采访时间：2013年3月　采访地点：板登村）

据笔者调查，板登村会敲打铜鼓的人群年龄都在55岁以上，能对山歌的男女大多在40岁以上，能听懂山歌大致内容的在30岁以上，而25岁以下的年轻人则对打铜鼓和对山歌极其缺乏认识和了解。因此，平时只有在真正农闲的时候，村里的老人才会将收藏在管理人家里的铜鼓取出，在蚂𧊅亭中敲打，除此之外，平时难得一见。

（3）铜鼓在其他民族节日中的使用

壮族有蚂𧊅节，而瑶族中的布努瑶则有祝著节。祝著节在每年的农历五月二十九举办，相传这一天是瑶族始母密洛陀的生日，后人便将这一天定为祝寿日。这个节日相当于布努瑶人的春节，是他们一年中最隆重的传统节日。河池当地的布努瑶人都有过这一传统节日的习俗，节日活动中必有打铜鼓这一环节，并通过唱始祖歌、跳铜鼓舞、对山歌等活动让人们不忘本族群的历史和传统，以增强族群凝聚力。

东兰县三弄瑶族乡几乎每年都过祝著节这个传统节日，并且有个非常有特色的民族表演项目就是“口叼铜鼓”。位于东兰县三弄瑶族乡的瑶族人是从大化瑶族自治县迁徙过来的，全村人口有1000多，其中瑶族人口有500多。

笔者于2013年5月在三弄瑶族乡做调查时，从村党支部书记Z先生的话语中得知，现在全村传世铜鼓有20面，大部分是他们从大化迁徙过来的时候带来的，也有从贵州购买而来的。

当地村干部介绍，“口叼铜鼓”这一表演项目主要在祝著节中表演，并且成为一大看点。其特点在于人只用口中的牙齿咬住铜鼓鼓足边沿，然后使用双手执鼓槌轮番敲打鼓面，一直持续3分钟左右，给人与众不同的感觉，同时增添了民族特色。

笔者从Z先生那里了解到，“口叼铜鼓”存在的历史其实并不长，来由也不复杂。这一技艺实际上是经过民间艺人的艺术加工而形成的。Z先生在接受笔者访谈时已65岁，随父辈从湖南迁徙到这里居住已经有几十年了。在他担任村党支部书记期间，因为他工作能力较强，且在民族文化业务方面表现出色，他在群众中树立了非常高的威信。Z先生是汉族人，不懂铜鼓，家里的4面铜鼓均为其父亲用锅换来或用钱买来的，当地的瑶话他也不会说，但是他发现这里的民族习俗浓郁，就一直主张发展民族文化事业，并向县里申请经费发展民族文化事业，这才有了今天三弄瑶族乡生态村的建设。他和另外一位蓝姓的知识分子是推动这个民族文化项目的主要倡导者和组织者，他向笔者讲述了关于“口叼铜鼓”的情况。

图三九三　三弄瑶族乡布努瑶人表演“口叼铜鼓”(王梦祥　摄)

20世纪90年代，当地有一位擅长舞蹈的男性村干部，他极具才华，为当地民族的传统舞蹈——猴鼓舞增加了一系列的舞蹈动作。这些舞蹈动作滑稽而逗人喜爱，深受群众欢迎。后来在击打铜鼓表演中，他又创作了"口叼铜鼓"这一绝活，并在原来传承下来的猴鼓舞、皮鼓舞等舞蹈的基础上进行改进，极大地增加了铜鼓表演的观赏性。他将自己的舞蹈才华展现得淋漓尽致，成为"口叼铜鼓"这一绝活的传承人。但好景不长，他在38岁时因病去世。此后，无人能表演"口叼铜鼓"这一绝活。但经后人的模仿和学习，现当地已有四人练就了"口叼铜鼓"这一绝活，并逐渐可以进行表演。其中，M先生的表演最为娴熟。M先生家本无藏鼓，但由于他会表演"口叼铜鼓"，当地政府就送了四面新铜鼓给他，并认定他为"铜鼓文化技艺传承人"。应当地政府所倡导的生态旅游发展模式的需要，"口叼铜鼓"现已成为当地的旅游开发项目之一。

（受访人：Z先生　采访时间：2013年5月　采访地点：东兰县三弄瑶族乡）

此外，都安瑶族自治县和大化瑶族自治县的布努瑶在其传统节日——祝著节上，也会载歌载舞，其间还穿插使用铜鼓。南丹县白裤瑶则完整地保留了铜鼓文化习俗的原生态风貌，他们一般在亲人葬礼上使用铜鼓，并伴随有砍牛仪式。这样的仪式显得比较隆重，同时也有着诸多禁忌。瑶族人使用铜鼓的场合也有讲究，主要用在节日、婚庆、建房、丧葬上，而其他一般情况则不会使用铜鼓。以前在使用铜鼓的前后都必须举行祭鼓仪式，如今，为了旅游业的需要，一些少数民族地区也不再有此禁忌，无论是有游客到访还是演出需要，都不再举行祭鼓仪式，也不再对使用场合有所顾忌。这种情况的出现与当地的经济发展和社会宏观政策的倡导有关，民族传统习俗中的一些传承技艺与人的生计发生了联系。

（4）现代铜鼓和铜鼓工艺品的使用

如今，传世铜鼓在河池地区逐渐减少，为了传承传统民族文化，在民间自主研发基础上生产的现代铜鼓也逐渐被当地群众所接受。2013年3月，笔者在长江乡进行调查的时候，一位D老先生不无感慨地说起过去当地打铜鼓时那火热的场景。

过去，我们群众娱乐的活动很少，但是打铜鼓的比赛在农闲时经常搞。村屯之间在两个山头上架起木架，挂上铜鼓，两村屯的队员就对垒起来，哪方打错鼓点或者不能坚持下去就算失败。比赛持续的时间较长，有时几天几夜都不能分出胜负。失败的一方要请胜利的一方喝酒，胜利的一方会很有面子。年轻的小伙子就凭这打鼓技能找对象也容易很多。如此长时间打鼓，对铜鼓的质量要求非常高。老铜鼓打久了会发热，只要口含米酒喷洒到鼓面即可使铜鼓冷却下来，从而使鼓声恢复正常，而新鼓则不行。现在，这样的铜鼓比赛已经几乎绝迹，年轻人不喜欢打铜鼓，老年人又无体力进行长时间的敲打，因此长时间打鼓的机会少之又少。

（受访人：D老先生　采访时间：2013年3月　采访地点：东兰县长江乡）

现代铜鼓虽然在品质上不能和传世铜鼓相媲美，但在一定程度上是可以替代传世铜鼓进行敲打使用的。东兰和环江两地铜鼓厂生产的铜鼓在造型上模仿原来的传世铜鼓制作，音质上也逐渐与传世铜鼓相近，而价格却是同类型传世铜鼓的十分之一左右，这使铜鼓文化的传承有了更多的载体。

为了迎合当地旅游业的发展，铜鼓工艺品的制作应运而生。铜鼓厂制作的铜鼓工艺品

图三九四　巴马瑶族自治县东山乡布努瑶祝著节打铜鼓（梁富林　摄）

大多重量轻、体积小，整体厚度相对于用来敲打的铜鼓要薄，而且美观大方，易于携带，在纹饰上也有别于传世铜鼓，价格定位也不高，有利于游客带回家乡留作纪念品。另外，铜鼓厂还会针对一些政府单位的宣传需要和个人审美需求，制作面径稍微大一些的铜鼓工艺品进行展示和观赏。铜鼓本身具有典型的民族文化内涵，在历史上又具有神器功能，因此将其陈列摆设，不失为一种高端典雅的装饰品。

南宁市是铜鼓工艺品的一大销售地。目前，南宁市并不是铜鼓文化的传承地，当地的壮族居民也不会敲打铜鼓，但南宁却是广西壮族自治区的首府，是政治和文化的中心。在对外宣传上，壮族是广西人口最多的少数民族，也是中国人口最多的少数民族。壮族最具代表性的民族文化元素便是铜鼓、绣球、壮锦、山歌等，因此铜鼓理所当然地成为解释和象征壮族文化典型的实物载体。在此认识基础上，南宁成为铜鼓工艺品的一大销售地就不难理解了。目前，东兰和环江出产的铜鼓工艺品是业内较为认可的，其形制和音质都较为接近传世铜鼓。这些铜鼓工艺品除了在产地的店面销售外，还在南宁设有分销点。广西壮族自治区博物馆和广西民族博物馆就是其中的分销点。笔者在 2012 年 12 月向广西民族博物馆的销售人员 H 女士了解到以下销售情况。

现在我们的铜鼓工艺品主要是从环江那边进的货，因为那里做的铜鼓比较正宗，并且可以按照我们博物馆设计的图案来制作。一般的游客比较喜欢购买小型的铜鼓工艺品，就是面径在10—15厘米的那种，重量只有几斤，方便携带，价格也比较适中，一般在300元至2000元之间。大的那种铜鼓，也就是面径在30厘米以上的，就不怎么好卖了，除了本系统单位用作礼品来拿过货以外，私人购买的很少。现在这里的大铜鼓主要是用来撑门面的，可以吸引游客的眼球，但真正购买的很少。一是价格贵，要几千元甚至上万元；二是体积大，重量重，不方便携带。一般在旅游旺季，来博物馆参观的游客都会选择买些广西本地的工艺品回去做留念或是送人。相比其他工艺品，如绣球、壮锦、银饰等，铜鼓工艺品的销路只能算作一般，它在价格和观赏性方面稍显不足。

（受访人：H女士　采访时间：2013年6月　采访地点：广西民族博物馆）

笔者也曾向购买过铜鼓工艺品的外省游客了解过一些情况。

笔者："您买的这些工艺品知道是什么吗？"

Y先生："知道啊，是广西这里的特产铜鼓。"

笔者："哦，您知道这个铜鼓是用来做什么的吗？"

Y先生："呵呵，这个应该是用来敲的吧，是一种乐器。听说还是一种权力的象征。"

笔者："您知道如何敲打铜鼓吗？"

Y先生："不就是把鼓立好，用木棒敲就可以了吗？"

笔者："这鼓是不能平放在地面上敲打的，需要将鼓吊起，用特制的鼓槌侧击鼓面才行的。"

Y先生："哦，这样的啊。我还以为就像一般的鼓那样平放就可以打了。那种真的铜鼓那么重，吊起来打不方便呀。"

笔者："您买这种铜鼓工艺品回去做什么用？"

Y先生："我买了几个小的，打算留一个放在自己的书桌上做装饰。不是还配了木底座嘛，摆起来挺好看的。剩下的打算送给朋友，告诉他们这铜鼓据说能镇妖驱邪，还是一种权力的象征，他们应该会喜欢的。"

（受访人：Y先生　采访时间：2013年6月　采访地点：广西民族博物馆）

(5) 铜鼓造型在装饰上的使用

从事研究和热爱铜鼓文化的学者和人们发现，如今的铜鼓文化在全球文化一体化的强烈冲击下已逐渐衰落，这是不争的事实，但是以铜鼓为造型构筑各种景观装饰的现象却无处不在。有学者将该情况称为铜鼓的符号化与民族文化的再生现象。

在广西河池、南宁、柳州、百色等地的公园、街道、馆舍、桥梁、照明设施等处都可以看到基于铜鼓形象制作的各种景观装饰，有的甚至整个建筑造型都是铜鼓的形状。此外，一些文艺演出或装潢展示上也有采用铜鼓造型制作舞台、花车、背景的；网络上也有以铜鼓为设计元素的标志；一些动画片中也出了铜鼓元素；茶具也有制作成铜鼓模样的；在一些衣服、工艺品、书籍封面上也可以看到铜鼓的造型图案。这种情况的出现既有出于政府宣传的需要，也有出于商业形式设计的需求。这种套用铜鼓外观形象的现象，有人认为是新时代背景下的文化再生或变迁。不管怎样，现在看来，铜鼓的造型属于公共属性，是一种民族文化的象征，能得到大众的认同就是好的。如同象鼻山的造型直接就告诉人们这是桂林山水的标志性景观一样，只要在国家法律允许的范围内规范和正确使用铜鼓的造型，不对其传统形象和图案进行歪曲设计与套用，能被广大人民群众熟知，这未尝不是一件好事。

图三九五　以铜鼓造型为标志性建造主体的广西民族博物馆（王梦祥　摄）

(五) 传世铜鼓的社会生命史

铜鼓作为一种乐器，经过2000多年的发展历程，在不同的时空里一度成为古代南方少数民族的神圣之物，甚至被特权阶级奉为权力和财富的象征，在其社会生活中占据重要的地位，直至今天这种影响虽然不如从前，但却依然存在。如今，广西河池红水河流域少数民族仍然承袭着铜鼓文化习俗。前文以铜鼓为研究对象，以物的生命史为切入点，探讨古代和现代文化背景下人们对铜鼓的文化意义建构，分析铜鼓社会生命史不同阶段背后的影响因素及其支撑作用，进而揭示铜鼓所承载的深层文化内涵。通过对古代文献的筛选，以及对铜鼓社会生命史的跟踪，从铜鼓这一“物”的视角回归人类学的研究，笔者认为，可以得出以下初步结论。

1. 信仰是铜鼓文化发展的原动力

铜鼓作为“物”被人铸造出来后，在古代南方少数民族文化和社会生活中都占据着相当重要的地位，并被当时的人尊为神器，保持着一种神秘和敬畏的色彩，并由此衍生出极具民族内涵的铜鼓文化，至今仍在广西河池红水河流域流传和承袭着。支撑这样一种文化体系存在和发展的原动力就是信仰。信仰是人对自身世界观、人生观、价值观的确立和追求，一旦被人接受并认可，是不会随时空、地域、社会环境的变化而轻易动摇的，具有一定的传递性和稳定性。铜鼓文化的信仰就是认为铜鼓是神灵派驻人间的使者，上可通神，下可斗妖，能给人间以保护和庇佑，并维持人间万物的平衡。当然，在历史上，红水河流域的土司在明清时期继续利用并宣扬了这种信仰。他们一方面宣扬铜鼓就是神器，赋予它神的威力；另一方面，则将铜鼓构筑成权力的象征，以此来维持他们在当地的统治和号召力。在土司与中央王朝的权力争夺和互相牵扯中，铜鼓在红水河流域这个特殊的地理环境中一直都处于重要地位。它在当时的各个族群中确立了共同的民族归属感，也在人们的心中构筑起了共同的信仰。从其他方面来说，铜鼓在当地人心中是具有生命的活物，是家族的成员，既可以凝聚人心，也可以成为其族群身份的符号和标志。

图三九六　百色市火车站进站大道广场上的巨型铜鼓雕塑（廖明君　供图）

2. 铜鼓的社会生命史在现代阶段构建出新的意义

古代铜鼓在铸造、流通、使用等各个环节上，与现代阶段相比都发生了变化。铜鼓铸造成功后，便被赋予了生命的含义，如同人的诞生一般。此后，铜鼓在使用铜鼓的族群中流通，主要目的是维护各自的社会地位和利益的需要。在流通完成后，双方的利益发生了再分配和传递。铜鼓在中原地区与南方部落之间的流通则反映另外一种利益的互动。铜鼓无论是作为贡品还是作为珍贵的宝物流通到中原地区，实质上都是另一种形式的利益交换，只是表现方式不同罢了。在古代，铜鼓主要在祭祀、战事、集众、传递信息等方面发挥了重要的作用。同时，铜鼓满足了当时人们的精神需要，成为人界和神界沟通的承载物。到了如今，随着传世铜鼓的逐步减少，原来由传世铜鼓构建的文化意义发生了位移，相应的习俗、仪式、信仰乃至以铜鼓为纽带构建的人员关系都发生了不同程度的变化。在当今外来主流文化的强势介入下，文化同质性的现象日益凸显，与此同时，当地民族传统文化呈现出一种相对弱势的状态。随着社会生存环境的改善，人们的思维观念受到了极大的冲击，原来依附于铜鼓的文化意义也在逐渐消退，其中最明显的是铜鼓具有的神秘和神圣色彩正在逐步淡化。但是，在社会制度、市场需要、追求“本真性”的作用下，铜鼓文化习俗不仅在当地少数民族的岁时节庆活动中展现，还与经济发展也发生了紧密联系。因此，原有习俗中的一些禁忌、表现形式等内容也随之发生了变化。铜鼓的商品化趋势同样导致了其在使用方向上与原来构建的文化意义有所不同，以至于有些地方的人们将铜鼓及其相关技艺变成生计手段。如此，原来的文化从内容到形式发生变化也就不难理解了。

3. 现代铜鼓的社会生命史中人、铜鼓、制度、市场需求之间的关系

明清时期，由于河池地区地理位置相对偏远、闭塞，当地的统治者对铜鼓的管理并没有采取实质性的政策措施，导致铜鼓在民间几乎处于放任自流的状态。因此，只要手头宽裕，人们都可以根据自己的需求购进铜鼓。然而，清朝以后，铜鼓铸造技艺逐渐失传，造成传世铜鼓的数量逐步减少，这种情况一直延续到现代。在经历了 20 世纪社会制度的更替，当地的铜鼓受到了当时政治运动的洗礼，铜鼓的社会地位也从神坛跌落谷底。但当时的少数民族群众仍对铜鼓保持着神圣的信仰，即使面临着打压仍采取了一系列的民间保鼓行为。改革开放以后，社会制度发生了深刻变革，政府对民族地区实行自治管理，并在政策上给予倾斜支持，为当地民族文化的发展创造了有利条件，铜鼓文化因此得以复兴。而在政府进一步倡导发扬民族传统文化，并结合当地条件大力发展经济建设的号召和背景下，铜鼓又成为象征民族文化的载体，政府支持和鼓励铜鼓与铜鼓文化的存在和发展。因此，在制度的允许和支持下，当地少数民族群众恢复了使用铜鼓的习俗。为适应当下经济发展形势的需要，结合旅游开发，市场上出现了新鼓（包括铜鼓工艺品）的铸造和民族文化习俗表演等情况，于是群众对铜鼓的敬畏和崇拜之情相对过去来说已大大减弱，铜鼓也在朝着回归乐器的自然属性的方向发展。

4. 传世铜鼓的未来是其社会生命史研究的意义所在

在《物的社会生命：文化视野中的商品》一书中，阿尔君·阿帕杜莱将商品视为物的

社会生命的一个阶段，物必然要经过商品化和去商品化的过程，该过程也有循环往复的现象。处于不同的文化中，物在这种往复过程里，可以存在圣物、礼物、艺术品、商品等多种形态。在追踪物的生命轨迹中，阿尔君·阿帕杜莱强调政治在其中的作用，政治是促成价值转变和商品特定流动路径的关键。在阿尔君·阿帕杜莱的理论中，关注的是物的社会生命历程中发生转折的因素。然而，政治因素并不足以完全解释物的整个社会生命历程，也不能说明商品就代表了物的所有社会生命阶段。

按照上述理论，假设广义的铜鼓生命史以整个时间轴为发展顺序的话，那么现在红水河流域的传世铜鼓是到了什么阶段呢？由盛转衰之后是否会走向其生命的末期呢？笔者认为，从单个传世铜鼓的生命史来看，即从狭义的铜鼓生命史上分析，确实是有使用寿命终止的那一天，但广义的铜鼓生命史还远未到达终点，只是从一种状态转换成另一种状态，就如同生物体的繁衍进程一般。因此，对待优良的传统文化，采取的保护与传承方法应以文化继承人的意愿为本，鼓励当地人“参与式”的发展模式，倡导支持文化内容朝原生态的方向发展，传承过程中允许形式上的创新，努力营造人与自然和谐发展的氛围。

现阶段，从铜鼓的社会生命史可以发现，铜鼓从具有内在意义、社会地位的象征逐步演变为今天民族文化认同的重要符号和民族自豪感的体现。因此，研究铜鼓的社会生命史，是理解当地民族文化生成、传播、变迁的切入点之一。这种从物的视角回归人类学的方法论，为人们从事地方性民间传统文化在全球化的冲击下遭到边缘化的研究提供了理论参考。

四、红水河流域少数民族铜鼓文化传承与村落发展

作为一个传统的农业国家，村落是中国乡村社会结构的基本单位，也是人们繁衍生息的稳定单元，但在现代化浪潮的席卷下，那些以血缘和地缘关系为纽带的稳定的村庄日渐衰落，传统的村落该如何发展已成为摆在人们面前的一大难题。对于村落的发展，学界已形成几种观点：一是认为可通过村集体产权、公共权力运作、利益加亲情的村落文化等制度安排，有效地开发和利用村落集体资源，从而实现村落的发展。① 二是认为乡村精英人物在村落的发展中起重要作用。② 三是认为可通过空间重塑来把握村落的文化脉络，从而推动村落的发展。③ 四是倡导文化留村，如鲁可荣等人认为可通过“文字留村”有效地传承乡村文化，从而真正实现城乡一体化协调发展。④ 秦红增等人则认为可通过文化“留村、兴村”来实现预期的都市化目标。⑤ 笔者在对红水河流域少数民族铜鼓文化传承情况进行深入调研时，发现铜鼓文化的传承与村落的经济、社会及文化发展密切相关。受前人研究成果的深刻启发，下文以六个具体的村寨为例，通过实地考察和深入研究，探讨铜鼓文化的传承与村落发展之间的联系。

（一）红水河流域使用铜鼓的六个村寨

为深入了解红水河流域少数民族铜鼓文化，笔者自 2001 年以来，先后对天峨县都隆村、南丹县那地村、南丹县怀里村、大化瑶族自治县雅龙乡、大化瑶族自治县七百弄乡和东兰县兰阳村等六个极具代表性的村寨开展了实地调查。这些村寨各自承载着丰富的铜鼓文化传统，是研究红水河流域少数民族铜鼓文化不可或缺的窗口。通过实地考察，笔者得以近距离观察铜鼓文化的传承情况，感受其深厚的文化底蕴与独特的文化魅力。

① 韩喜平：《制度安排与村落发展——对村集体经济发展的一种解释》，《吉林大学社会科学学报》1997 年第 6 期。

② 杨筑慧：《民族精英与社会改革——以西双版纳傣族地区为例》，《云南民族大学学报（哲学社会科学版）》2008 年第 5 期。

③ 魏旭红、于川江：《基于公共空间视角的历史文化村落发展研究》，《小城镇建设》2011 年第 4 期。

④ 鲁可荣、曹施龙、金菁：《文字留村与村落重振：乡村学校嬗变与村落发展探析》，《广西民族大学学报（哲学社会科学版）》2014 年第 5 期。

⑤ 秦红增、杨恬：《乡村都市化进程中的文化实践：以桂中武台新村为例》，《广西民族大学学报（哲学社会科学版）》2014 年第 5 期。

1. 天峨县都隆村

天峨县位于广西西北部，红水河上游，隶属河池市管辖。都隆村位于天峨县六排镇，距县城约 20 公里，耕地面积约为 1400 亩，村民的经济收入以农业为主。近几年，都隆村农业有了新的变化。村里建立了百香果基地和烤烟基地。同时，也有外地人来村里租用土地建立苗圃。这些基地和苗圃占了村里部分耕地。从现在村里人口的职业分化中可以看到，单纯以务农为主的村民占总人口的 27.62%，外出务工的比例也达到 18.47%，而家里有人在村子里的百香果基地、烤烟基地、苗圃以及私人开设的石场等地方打零工的户数占全村总户数的一半。其中，女性大多到百香果基地、烤烟基地和苗圃工作，而男性既有在上述基地和苗圃工作的，也有在石场及建筑工地打零工的。

笔者于 2004 年 2 月参加天峨县文体局在都隆村举办的蚂𧊅节活动和 2005 年跟随“河池传世铜鼓”课题组对都隆村进行调查时，都隆村仍系天峨县 26 个贫困村之一，入村只有黄泥路，一到雨天满路泥泞，村里的水源就是水田边的小溪流，吃水要挑，洗澡要去溪边洗，用水极不方便。耕地里只产水稻、玉米、黄豆等传统作物。村民主要依靠外出务工增收。最多时，村里超过一半的家庭有人在外务工，只余老幼在家。正如当地山歌所唱：“有女莫嫁都隆村，半夜挑水到天明，一年辛苦半年饭，从春到冬肚无油。”但在 2012 年笔者重返都隆村时，村里的情况完全不一样了。在上级有关部门的扶持与村委会干部的努力下，自 2006 年以来，都隆村陆续实施了水、电、路、电视信号的改造工程，旧房改造项目，水利沟的修筑工程，新兴产业的建设项目，以及新农村的整体规划。

都隆村是个典型的壮族村寨，几乎月月都过节，如春节、“二月二”、“三月三”、清明节、“四月八”、“五月五”、“六月六”、七月半、八月十五等。最热闹的节日是春节，都隆村从大年三十开始一直过到正月十五。据宁荣勋介绍，以前过春节时，村里要举行葬蚂𧊅、敲打十二生肖鼓、敲年锣、跳夜牛舞、猫狮表演、唱山歌、抛绣球等活动，周围村子的村民都会过来参加，十分热闹。在所有活动中，葬蚂𧊅是最为重要的，而之所以能吸引其他村子的人前来，就是因为都隆村有铜鼓。在当地人看来，只有有铜鼓，才能葬蚂𧊅。

图三九七　天峨县壮族蚂𧊅节活动场面（王梦祥　摄）

2. 南丹县那地村

南丹是壮族的主要聚居地，也是宋代以来封建王朝设置土司、推行“以夷制夷”政策的主要区域。从北宋元丰三年（1080 年）设立南丹州以来，直到清代，这里一直是各土司分治的地区。那地村为古地州治地，始建于宋代崇宁年间，至明代洪武初年，将那州（治所在天峨县六排镇纳州屯）、地州合并，称为“那地州”，州治在今那地村。自民国始，当地的行政中心开始向南丹和河池转移，那地便由昔日的州府降级为一个村庄。行政中心的转移对当地文化产生了深远影响，诸多在州府时代积淀下来的地域文化，有的在适应和变迁中得以传承，而有的则随着那地州府的没落而慢慢被人遗忘。

如今的那地村是广西南丹西南部的一个相对闭塞的小村庄，紧靠红水河，在红水河东面。那地村四面环山，有一条水泥路通往外地，向西通往吾隘镇，向东通往丹炉屯，村民可由丹炉屯经大厂镇到南丹县城。那地村隶属吾隘镇，距镇政府所在地约 15 公里，耕地面积为 1884 亩，其中水田 1100 亩，旱地 784 亩，农作物以水稻、玉米为主，经济作物主要有甘蔗、板栗、大豆等。

笔者在 2013 年 8 月的调查中亲见那地村的三面铜鼓：一面归韦氏宗族所有，收藏于威亨屯韦功江家；另两面收藏于那地村新街屯宁显耀家，其中一面归狮会（那地蚂蚂节协会成立前的民间组织）所有，另一面为宁显耀私人所有。

图三九八　威亨屯韦功江家收藏的铜鼓（韦丹芳　摄）

图三九九　那地狮会的新鼓（韦丹芳　摄）

那地村还有一些石制铜鼓，如那地村小学校门口就放有一对铜鼓造型的石墩。

敲铜鼓曾是当地一大娱乐活动，为此还设有专门的铜鼓房。每年从腊月二十五开始，一直到正月十五，人们都会敲铜鼓。其中，大年三十更是通宵达旦敲铜鼓。在喜事、春节、蚂蚂节以及其他重大节庆的时候，人们都会敲铜鼓。后来铜鼓逐渐变少，喜事都不敲铜鼓了，春节和蚂蚂节的时候，铜鼓也和铜锣一起配合着来敲。铜锣比铜鼓小巧易拿，数量多，敲打方法简单，所以相较于铜鼓来说，铜锣的使用频率更高。

图四〇〇　那地村小学校门口的铜鼓造型石墩（韦丹芳　摄）

3. 南丹县怀里村

怀里村位于里湖瑶族乡东部，距乡政府所在地约 5 公里，居民主要是白裤瑶。里湖瑶族乡位于广西南丹县东北部，乡政府驻地距县城约 26 公里，总人口为 2 万余人，其中白裤瑶人口约占 67%，被称为“中国白裤瑶之乡”。由广西壮族自治区文化厅与南丹县委、县政府共同建设的南丹里湖白裤瑶生态博物馆就位于南丹县里湖瑶族乡怀里村。该馆于 2003 年 12 月奠基，并在 2004 年 11 月里湖瑶族乡成立 20 周年纪念日正式对外开放。该馆是中国第一座瑶族生态博物馆，也是广西第一座生态博物馆，同时还是中国民族博物馆和广西民族博物馆的工作站。

白裤瑶至今保存着较为古老的部落组织和严密的地域组织——“油锅”。白裤瑶以血缘为纽带，聚族而居。白裤瑶的铜鼓大多为同一“油锅”组织的公共财产，鲜有私人收藏。这种情况的出现，既与强大的“油锅”组织有关，也与白裤瑶人普遍贫苦的生活状况密切相关。对他们而言，铜鼓价格昂贵，单家独户无力购买，需要整个“油锅”组织凑钱才能买回。一般来说，历史悠久且生活富裕的村寨和“油锅”组织拥有铜鼓数量会多一些；而新建且生活较贫困的村寨和“油锅”组织拥有的铜鼓数量则少一些。往往铜鼓集中的地方都是白裤瑶聚居的中心地区。怀里村共有铜鼓 43 面，其中怀里屯 11 面、蛮降屯 9 面、化图屯 6 面、化桥屯 3 面、里摆屯 5 面、灰乐屯 5 面、牛皮洞 3 面、戈扎屯 1 面，均为麻江型铜鼓。

图四〇一　里湖瑶族乡怀里村白裤瑶男子和铜鼓（梁汉昌　摄）

4. 大化瑶族自治县雅龙乡

雅龙乡位于大化瑶族自治县东部，乡政府所在地距县城 50 多公里。从大化县城通往雅龙乡的公路崎岖难行，公路多数是绕着一座座高山盘旋而行。

据雅龙乡文化站韦德宁站长介绍，雅龙乡现有36面铜鼓，均收藏于民间，雅龙乡文化站并无收藏。雅龙乡布努瑶村民收藏的铜鼓每一面的花纹都不一样，铜鼓的大小、重量也都不一样。根据韦站长对铜鼓的长期调查，雅龙乡的铜鼓目前共有20多种花纹，有人形纹、异形游旗纹、定胜纹、十二生肖纹等。雅龙乡布努瑶村民一般会把铜鼓安放在瓦房上的木楼里，有的将铜鼓放在家中的玉米仓里。每一面铜鼓都会用铁链锁起来，他们认为这样可以防止铜鼓飞走。

5. 大化瑶族自治县七百弄乡

七百弄乡位于大化瑶族自治县西北部，距县城约86公里，是世界上喀斯特地貌保存最完整的地区。七百弄乡的瑶族全部为布努瑶，约占全乡总人口的56%。七百弄乡属亚热带季风气候区，雨水多集中于夏季，其他季节多干旱。在七百弄乡，往往要走好几个小时山路才能隐约看到几户人家。一个弄往往就是一个村子（或一个屯），有些弄里甚至只有两户村民居住，若是哪个弄里住上十几二十户人家，那就是大弄场了。尽管条件艰苦，但当地人靠山吃山，在岩缝中种植玉米，在山弄中垒出一块块梯田。

图四〇二　七百弄乡风光（王梦祥　摄）

七百弄乡的祝著节是从农历五月二十三开始，到农历五月二十九结束。节日期间，当地瑶族人会请出铜鼓来敲打，并跳起铜鼓舞。若有来宾或者游客到访，乡里也会找几个布努瑶老人来敲打铜鼓。布努瑶年轻人会敲铜鼓的很少，会敲的大多都是上了年纪的人。对于布努瑶来说，不管是新铸造的铜鼓还是传世铜鼓，都不能乱敲。七百弄乡文化站有两面新铸造的铜鼓（一公一母）和一面大皮鼓，均存放在文化站的活动厅里，主要用来给来宾或者游客观赏。平时如有需要，也可敲打铜鼓，但仍需事先举行祭鼓仪式，请出铜鼓。七百弄乡的布努瑶将皮鼓与铜鼓一起敲打，先敲皮鼓，再敲两面铜鼓，由皮鼓的节奏来引领铜鼓的节奏。皮鼓敲打者需要边敲打边表演，这不仅对体力要求很高，还要求他们具备较强的节奏感。

图四〇三　文化站里存放的铜鼓和皮鼓（韦丹芳　摄）

6. 东兰县兰阳村

兰阳村位于东兰县西北部，距县城约 20 公里，四面环山，中间为平缓的田峒，东兰至天峨的公路从村中穿过。在兰阳村居住的主要为韦、陈、农三姓居民，其中韦姓为大姓，陈姓和农姓为后来迁入或入赘的。全村以稻作农业为主，兼种一些玉米、红薯、花生和黄豆等。兰阳村人均水田面积为 0.5 亩，旱地为 0.3 亩。过去，因人多地少，加上缺乏足够的水源和完善的水利灌溉设施，兰阳村对雨水的依赖很大，所以谷物的收成很难得到保障，村民们收获的粮食仅能勉强维持生计。20 世纪 80 年代后，村里的年轻人纷纷外出打工，经济收入有所改观。兰阳村至今仍有 22 面铜鼓，这些铜鼓是由韦姓家族的人购买的。

在古代，兰阳地处要冲，是东兰通往天峨的咽喉要道。元代时，兰州改称“东兰州”，州治设在今兰阳村，兰阳成为东兰的政治中心。直至明成化年间，州治才从兰阳迁至今武篆镇旧州屯。由于建村年代久远且地处交通要道，兰阳很早以前就已经形成了集市中心。至今，这里还保留着圩亭，它们见证了兰阳过去的重要地位和圩集的繁荣景象。

兰阳的房屋集中分布在谷地东南边的坡地上，昔日土木结构的干栏建筑早已被一栋栋楼房所更替，当地人戏称其为“打工房”，因为这些房子几乎都是用外出打工的人挣回来的钱修建的。村边的大路旁还建有一个凉亭，亭下设有石凳，村民们很喜欢在此处纳凉聊天，当地人称之为“添寿亭”。以前，兰阳有很多小凉亭，多为木结构，是由一些家庭为给体弱多病的父母延年益寿、消灾祛病而专门修建的，而添寿亭则是由村里集资修建的。蚂蚜节的时候，添寿亭也是停放蚂蚜棺和敲打铜鼓的场所。

图四〇四　东兰县长江镇兰阳村壮族群众使用铜鼓（韦德生　摄）

（二）传统的留存：时空变迁中的铜鼓文化

红水河流域是至今仍保留和使用铜鼓的区域，这一区域为典型的喀斯特地貌，流域内高峰林立，交通闭塞，土地贫瘠，自然灾害频繁，无论是生态环境还是生活条件，都十分恶劣。在历史上，由于红水河流域被山脉阻隔，生活在此区域的族群相对较少地受到封建王朝的直接统治和影响。在唐代以前，红水河流域的行政建置十分稀少，唐代设立的羁縻州主要分布在上游的南丹和下游的忻城，地处流域腹地的都安境内直到明代洪熙元年（1425 年）才设立正式的行政机构——都阳堡和安定堡。而且从明代开始的改土归流在这一地区也是屡屡受挫，直到 1931 年，广西最后一个土州——那地土州才被取消。正是因为土司制度的长期延续，使中央王朝对红水河流域的渗透和控制都较弱，也正是这个原因，铜鼓这个代表土官权力的重器得以长期保存。换句话来说，铜鼓文化的传承是在相对封闭的土司制度内完成的，这是红水河流域少数民族铜鼓文化得以稳定传承的文化场。但这种稳定的传承环境自土司制度消失后也随之消失了，之后，铜鼓文化的传承呈现出大起大落的状况。

1. 隐秘的记忆与土司文化遗存

受文献的限制，关于红水河流域铜鼓的起源和传播，已很难说得清楚，但通过传说故事可做一些分析。

瑶族流传着这样的传说：

山顶寨口住着一个老铁匠，他有一个女儿叫娃妹，娃妹和寨里的孤儿成高定了亲。

老铁匠花了365天的工夫铸成了一面大铜鼓，并把它作为成亲礼物送给了娃妹和成高。娃妹和成高成亲时，官府的管家牙标来山顶寨逼债。牙标看见了铜鼓，故意说他们铸造铜鼓是想造反，大家将牙标轰了出去。牙标回到官府添油加醋地说老铁匠铸了铜鼓，准备带大家造反。官府派兵连夜赶到山顶寨，逼着老铁匠交出铜鼓。众人不让老铁匠交出铜鼓，说那是瑶家的欢乐。老铁匠擂响铜鼓。在铜鼓的鼓舞下，瑶族人和官兵打了起来。老铁匠牺牲后，娃妹和成高又使劲地擂起鼓来。在鼓声催促下，大家一次次打退了官兵。官兵见铜鼓声是瑶家的号令，就集中重兵来抢夺铜鼓。在和官兵抢夺铜鼓的过程中，娃妹和成高从寨门墙上滚了下来，一直滚到了寨门边的石洞里。官兵追到洞口一看，一股清悠悠的泉水流了出来，那泉水的响声像冲锋的鼓点，而娃妹和成高已经不见了。后来，大家把这泉水称为"铜鼓泉"。[①]

在这则传说中，铜鼓是瑶族铁匠送给女儿的结婚礼物。由此来看，在传说中的这个时代，铜鼓在瑶族中已颇为常见，否则不可能作为礼物送出。明代以来，土官为扩大势力而互相攻战，受到流官的严厉压制，权力逐渐被削弱。因此，在卫所的监控下，大范围、大规模的叛乱少有发生，但小规模的农民起义运动却层出不穷，这或许就是传说中的争战。对于土官而言，他们或许希望铜鼓仍能代表权力，所以他们认为"铁匠铸了铜鼓"，就是"准备带大家造反"，但现实却是铜鼓在红水河流域已经十分普遍，瑶家可将其作为礼品赠送。这则传说还强调"老铁匠擂响铜鼓"，"一次次打退了官兵"，可见，铜鼓聚众与凝聚人心的功能仍存在。

关于铜鼓的由来，贵州三都地区水族流传着这样的传说：

从前，水家没有铜鼓。有一回，水王到咸阳朝拜秦始皇，看见皇宫门外挂着一面铜鼓，轻轻一敲，便余音绕梁，他非常喜欢。水王只看了铜鼓的正面，不知道另一面是空的。他回去后，让所有手艺高明的铜匠照他讲的样式铸造铜鼓。结果，铸造出来的铜鼓敲起来都没有秦始皇的那面铜鼓响。一个老匠人随后将铜鼓改为一头空心，改后的铜鼓敲起来果然同秦始皇的那面铜鼓一样响了。水王在自家大门两边各挂一面铜鼓，平日轻易不让敲，逢年过节或有要紧的事情才敲。铜鼓成了皇家独享之宝，百姓可望而不可即。三国时，孔明路过水家地方，人们见孔明的军士做饭、做菜、盛米、装水都用铜鼓。孔明看水家老百姓很喜爱铜鼓，就送给他们一面。从此，铜鼓不再是皇家独享之宝。孔明送的那面铜鼓，刻有"孔明造"三个字。水家人自己铸造铜鼓的时候，为了纪念孔明，也刻上"孔明造"三个字。[②]

在水族的这则传说中，铜鼓虽为水王令工匠铸造，但工艺却是模仿汉族人的。由此可见，在这则传说出现的时代，汉族人对此区域的渗透已相当深入。但传说又强调"铜鼓成了皇家独享之宝，百姓可望而不可即"，可见铜鼓曾经只为部族头人或酋长所拥有，用于祭祀、典礼、召集部众和指挥作战，是掌握和行使统治权力的象征，是地位和财富的标志。所以《隋书》才有"有鼓者号为'都老'，群情推服"的表述。唐代刘恂的《岭表录异》也有"南蛮酋首之家，皆有此鼓"的表述。铜鼓从权力的重器下到民间，最为关键的是改土归流。当以"孔明"为代表的汉族军士大量进入红水河流域，流官代替土官成为实

① 红波：《红波诗文集·故事传说卷》，香港天马图书有限公司，2000，第600—603页。
② 岱年、世杰主编《水族民间故事》，贵州人民出版社，1984，第114—116页。

际的统治者后，铜鼓也就从神坛走入民间，不再为皇家所独享。

从上述两则传说中可以看到，红水河流域的铜鼓在很长一段时间里是土官权力的象征。当地的土官希望通过铜鼓的文化影响力来树立自己的权威，但随着中央王朝的不断渗透，铜鼓作为权力象征的存在也给来自中原的统治者带来了威胁，所以孔明将铜鼓送给水家老百姓，使铜鼓不再是皇家独享之宝。不仅红水河流域如此，早在唐代，房玄龄在《晋书》中就有西南少数民族不惜熔化货币来铸造铜鼓的记载，可见铜鼓的贵重。针对此种情况，中央王朝采取严令禁止和定罪刑罚的方式来处理。由此可以看出，中央王朝对于西南少数民族权力象征的铜鼓是有所认识的，所以对铜鼓的铸造严加控制，实际上也是对土官权力的控制。

南丹县那地村现存的土司权力物态化的遗存包括土司衙署的残址、石鼓（由基座和鼓身构成，基座的侧面雕刻有动物、植物图案，鼓面无装饰，但鼓的侧面雕刻有狮子兽头图案。狮子嘴里还咬着一个圆环，神情狰狞，样子像是大门上的两个狮子；兽头像门把手）、蚂蚜亭等。那地村的蚂蚜亭供奉太祖蟾祖之神位，即蚂蚜神。蚂蚜亭在蚂蚜节活动中扮演着重要的角色，大部分的祭祀仪式在蚂蚜亭中完成：首先，如在那地村和昌里村丹炉屯，人们找到蚂蚜后，要把蚂蚜请到蚂蚜亭并用不同的方法打死蚂蚜，后又烧香摆上供品祭祀蚂蚜。在开棺验完去年蚂蚜尸骨颜色后，又在蚂蚜亭把当年新找的蚂蚜放进棺材，摆在蚂蚜亭里。在孝蚂蚜环节，村民不定时地拿着供品（鸡、鸭、猪、糍粑、酒等）到蚂蚜亭祭祀蚂蚜神。在埋蚂蚜前，要把供奉在蚂蚜亭的蚂蚜神请入蚂蚜轿中，并在村民的护送下周游整个村寨。其次，蚂蚜节期间，各种文艺娱乐节目，如敲铜鼓、唱蚂蚜歌、唱山歌、舞狮子、跳蚂蚜舞、跳耙田舞、跳收割舞等都在蚂蚜亭旁边的空地上进行，蚂蚜亭成了活动的中心场所。蚂蚜亭一般建在比平地高一点的地方，如那地村的蚂蚜亭就建在田峒中间的小丘上。蚂蚜节活动通常是在蚂蚜亭周边的田地上进行的。那么，在土司昌盛时代，蚂蚜亭作为土司衙署建筑群落的一部分，承载着重要的祭祀功能。在整个祭祀仪式中，土司担任主祭官，麽公则是祭祀仪式的具体执行者，而其他壮族群众则簇拥于蚂蚜亭周围，积极参与这一活动。因此，蚂蚜节不仅是一场盛大的祭祀活动，还是建构族群向心力的重要方式。

图四〇五　那地村蚂蚜节祭祀仪式（李桐　摄）

2. 铜鼓的流通与保管

（1）铜鼓的流通

铜鼓是红水河流域少数民族独具特色的“物”，当地土官为得到中央王朝对自己统治权的认可，往往将铜鼓等地方特色物品作为珍贵礼品和权力象征献给中央王朝，表示臣服。

明代中央王朝受大藤峡起义影响，对红水河流域的少数民族以“抚”为主。红水河流域的土司也因领地狭小、兵力不强，不得不受州府统辖，如庆远府就辖有土司 7 个。在此种背景下，作为土司权力象征的铜鼓也自然不断地被州府所获。例如，唐代李延寿在《南史·欧阳頠传》记载：“钦南征夷僚，禽陈文彻，所获不可胜计，献大铜鼓，累代所无。頠预其功，还为直阁将军。”作为武将的欧阳頠，在讨伐西南少数民族获胜后，将所获铜鼓献给朝廷，表示战争的胜利，而少数民族首领则因为失去铜鼓而丧失了统治的权力。王世贞在《名卿绩纪》卷二中载，韩雍在镇压广西八寨和大藤峡壮瑶农民起义后，“军门列铜鼓数十”。明代应槚在《苍梧总督军门府志》中载，苍梧总督军门府有大小铜鼓 14 面。这些铜鼓都是从少数民族地区缴获而来的，其中不乏红水河流域的铜鼓。总之，铜鼓作为红水河流域少数民族的宝物，在当时大一统的政治背景下，铜鼓常常是地方领袖进贡给朝廷的贡物，或被官员、商贾、迁客带入中原地区。

明代田汝成的《炎缴纪闻》中有壮家“俗尚铜鼓，时时击以为娱，富家争购，百牛不惜也”的记载。明代壮族“富家争购”铜鼓已成为常态，但从何处购买，却没有文献的记载。从笔者调查到的情况来看，大多人都强调“祖传的铜鼓是从贵州购买的”，或者是“请铸鼓师来村铸造的”。虽然铜鼓宝贵，但或许是因为铜鼓铸造工艺尚存，或者是因为铜鼓较为普遍，所以红水河流域买卖铜鼓的行为甚为平常。例如，隘洞镇纳怀村纳浪屯年过七旬的韦相杰家收藏的 4 面铜鼓中，有 2 面是他家祖传的，据说这 2 面铜鼓是他爷爷用 4 头牛换回来的。隘洞镇纳怀村韦忠义家收藏的铜鼓是他太爷爷从其他村买来的，到他这一代，已经传了第四代了。东兰县巴畴乡巴畴村纳桃屯韦乔贵家收藏的内壁刻有“弗记号进宝”“乾隆四十年”铭文的铜鼓，也是从其他村子买来的。

图四〇六　纳桃屯韦乔贵家收藏的铜鼓及鼓内壁铭文拓片（梁富林　摄）

笔者在调查中发现，与壮族不同的是，瑶族禁止出售祖传铜鼓。都安瑶族自治县下坳镇的铜鼓均为私人所有。为了不让铜鼓流失，他们的祖上定下一个规矩：铜鼓要一代一代往下传，不许出售。在把铜鼓传给下一代时，要举行隆重的仪式：将铜鼓置于门外的桌子上，再放一把刀（过去还会放一支枪）于鼓面上，然后杀鸡烧香敬天地，将鸡血滴入酒碗中。接受铜鼓的人要对天发誓，承诺不会拿铜鼓去卖，否则将断子绝孙，不得好死。随后，他喝下碗中的血酒。只有经过这样的仪式，才能继承祖传的铜鼓。瑶族人只有在没有后代的情况下，才能把祖传的铜鼓卖掉。在笔者的调查中，瑶族人强调他们祖传的铜鼓是跟壮族人买的。

（2）铜鼓的保管

历史上，红水河流域的铜鼓曾为土官和贵族独享，是财富和权力的象征。而自明清之后，随着中央王朝改土归流政策的推进，土官的权力逐渐被削弱，直至最终完全丧失。铜鼓也不再为他们所垄断，而是逐渐成为平民百姓的祭祀神器和娱乐用器。如今红水河流域的铜鼓多为集体或宗族所有，少数为个人所有。根据《河池铜鼓》的记载，东兰县民间收藏的504面传世铜鼓中，有300面归集体（村、队、屯）所有，144面归宗族所有，私人收藏的仅有60面。

根据现有的文献和调查情况来看，1949年以前红水河流域最大的土司——那地土司拥有铜鼓数量最多，共计24面。现在个人拥有铜鼓最多的是东兰县的韦万义，他收藏有30余面铜鼓，被当地人称为“铜鼓王”。东兰县县城一位姓牙的老人也收藏有8面铜鼓，另一位姓韦的老人则收藏有4面铜鼓。在一些村寨中，也有家庭私人购买铜鼓的。

归宗族所有的铜鼓，或由长房保管，或由族内各家轮流保管。例如，西林县壮族村寨的一面铜鼓为李姓公有，由长房李金亮保管，谁借铜鼓，非他点头不可。[①] 田林县木柄瑶的铜鼓由年长且懂巫道的人保管。每次使用后，这些人会将铜鼓秘密地埋在地下，等到第二年需要用时，再由他们秘密祭祀后从山上将铜鼓请回。南丹县白裤瑶的铜鼓，一般由“油锅”组织里2—3名有威望的中年以上男子保管。铜鼓的启用和收藏均由这几个人负责，具体的藏鼓地点也只有这几个人知道。一旦要使用铜鼓，保管铜鼓的人就要征求大家意见，只有在大家都同意的情况下，铜鼓才能被启用。

图四〇七　“铜鼓王”韦万义与他珍藏的铜鼓（李桐　摄）

① 汪宁生：《铜鼓与南方民族》，吉林教育出版社，1989，第56页。

归村寨所有的铜鼓，则往往由村中大族的族长保管或由村寨的负责人保管。例如，东兰县金谷乡牙能村林庭屯的铜鼓属于集体财产，一般存放在宗族的族长家里。当需要使用铜鼓时，人们需要先到族长家里请鼓。传统上，人们认为铜鼓不仅是集体的财产，更是保佑全寨风调雨顺的神器，所以要由村寨中比较有威望的家庭来保管。但近年来，随着铜鼓市场价值的不断提升，一些村寨成员对归集体所有的铜鼓的保管方式产生了疑虑。他们担心，如果长期将如此贵重的铜鼓存放在某一家中，保管者可能会将铜鼓卖掉或占为己有。于是有人提议，直接将铜鼓卖掉，然后把钱平分掉。由此来看，一些地方的铜鼓已由神圣的“物”逐渐转变为纯粹的商品。特别是随着东兰、环江等地铜鼓铸造工艺的复兴，大量新铸的铜鼓进入市场上流通，铜鼓的商品属性愈发明显。

图四〇八　东兰县金谷乡牙能村壮族铜鼓阵（韦德生　摄）

天峨县都隆村的铜鼓归宁氏家族所有。据村中老人宁荣轩介绍，宁氏家族的祖先是从江西迁来的。他们首先在南丹那地定居，并生根发芽，然后再分支迁到天峨都隆。他们这一支的太祖公叫宁仕荣，生于清乾隆年间，死于道光三年（1823 年）。到宁荣轩这一代，已是第六代了。至今，宁氏家族在每年的清明节都要去祭拜太祖公的墓。宁姓的铜鼓据称是由太祖公出面集资购买的，共有 12 面铜鼓。都隆村的铜鼓鼓面上都有十二生肖图案，所以叫十二生肖鼓；又因都隆村壮族人是按春、夏、秋、冬四季的景象和农耕特点来敲打铜鼓，所以又把这些铜鼓称为“四季鼓”。据说，由于都隆村存放铜鼓的地方发生大火，当年的 12 面铜鼓有 10 面被烧毁了，只剩下 2 面，后来有 1 面又被敲坏了，现仅 1 面。1969 年，宁昌林又从天峨县文工团买来 1 面铜鼓。现该村的 2 面铜鼓分别保存在宁荣轩和宁昌烈的家里。当笔者向宁荣轩了解他家保存的这面铜鼓时，他说：“我家祖辈都有一面铜鼓，现在我保管的这面铜鼓鼓面上的十二生肖图案是逆时针排列的，现在我已分不清它是公鼓还是母鼓了。每年大年三十鸡叫第一遍的时候（凌晨 1—3 点），我就要敲响家里的这面铜鼓，一般要敲三下。而在敲铜鼓之前，我要先拿新的、干净的布来把铜鼓擦干净，然后再烧香请铜鼓。我小的时候，每年大年三十的晚上都会看到我大伯早早就备上鸡、酒、香、纸等物来祭铜鼓，时间大约是半小时。等到鸡叫第一声时，他就会敲三下铜鼓。村里每一户人家都能听到鼓声。敲一下后要等回音停了再敲第二下。自这一晚敲打铜鼓后，保管铜鼓的人就要将铜鼓挂到村里的凉亭里，以供过年开展活动时使用。在整个正月里，几乎每天都要打铜鼓，一个晚上会打上两三遍，就是打十二生肖鼓，而且表演夜牛舞时也会用铜鼓来配合。”

图四〇九　都隆村宁荣轩家保管的铜鼓（廖明君　摄）

图四一〇　都隆村宁昌烈家保管的铜鼓（廖明君　摄）

而宁昌烈家保管的铜鼓鼓面上的十二生肖图案是按照顺时针排列的。虽然都隆村的这两面铜鼓鼓面上的十二生肖的排序、生肖的形状、装饰花纹等有所不同，但都能从鼓上的敲打痕迹看出它们不是新鼓。

都隆村还组织了专门的锣鼓队，一般在春节期间与狮子队一起表演。敲年锣的队伍一般由四人组成，一人专门敲铜鼓，两人打镲，一人敲小锣。年锣有时也会配合着十二生肖鼓一起演奏，一般从正月初一打到正月十五，非常热闹。在敲锣打鼓的过程中还会有舞狮表演，由一人顶着狮子头，另一人顶着狮子身，还有一人舞狮尾，然后三人配合舞动狮子，并通过表演狮子的各种形态来取悦观众。

南丹县白裤瑶视铜鼓为神灵和传家宝，所以铜鼓的启用和埋藏都十分神秘，而且有非常严格的规定。每年只有在农历九月之后才能启用铜鼓。启用前需先进行祭鼓仪式，由铜鼓收藏者或“油锅”头人用酒、肉和糯米饭来祭祀，之后方可取出铜鼓敲打。过了正月十五，则一定要把铜鼓埋藏起来。其他时间，无论什么事都是不能敲铜鼓的。如遇“油锅”中的老人过世，也要把亡者暂时埋在家中或屋檐下，待农历九月后，再将亡者挖出，通过敲打铜鼓、砍牛来祭丧，然后再正式下葬。白裤瑶的铜鼓有公母之分。丧事只能敲单鼓，若亡者为男性则敲公鼓，亡者为女性则敲母鼓；春节则要敲双鼓，又叫喜鼓，此时公鼓和母鼓要配对使用。每年腊月二十七将铜鼓请出后，就可以把铜鼓悬挂在屋内或是悬挂于鼓场上的柱子上敲打。此时敲鼓意为接祖先回来过年，到正月十五还要敲铜鼓将祖先送走。铜鼓还要与一个接音的木桶配合使用，以使铜鼓的声音更深沉浑厚。白裤瑶铜鼓的收藏者多为“油锅”头人或“油锅”中有威信者。对于白裤瑶来说，有资格收藏铜鼓的人是

图四一一 南丹县白裤瑶男子打铜鼓（王梦祥 摄）

受人敬重的人，因为收藏铜鼓，他们会在“油锅”中获得很高的地位，成为有威信的人。为了保护好铜鼓，铜鼓收藏者往往将铜鼓藏在隐蔽之处。有的藏于岩洞，有的在山上挖坑深埋，不管藏于何处，知道的人都很少，所以也曾出现因收藏者意外死亡而造成不知铜鼓藏于何处的情况。

无论铜鼓归谁所有，铜鼓保管者都是有一定经济基础或社会地位的人。通过保管铜鼓，铜鼓保管者在乡土社会中的威望能得到一定的提升。例如，南丹县白裤瑶在中华人民共和国成立后很长的一段时间内生产力极其低下，依然处于刀耕火种时代，人们生活贫困，而铜鼓价格昂贵，一般人根本没有能力单独购买，只能依靠集体的力量，靠全体“油锅”成员凑钱，才能买得起。这也正是白裤瑶将铜鼓视为整个家族或氏族的宝贵财产的原因之一。由于价格昂贵，铜鼓被白裤瑶视为传家宝，不轻易动用，并且由“油锅”头人或村寨中有威信的人负责保管。因而，负责保管铜鼓或拥有铜鼓的人，会被公众认为是“好命”的人，他们的社会地位也随之提高，表现为在村寨中说话有分量，有一定的影响力和号召力。那些社会地位不高但经济上富有的人，通过购买铜鼓可能会提高自身的社会地位；相反，社会地位较高但经济上并不富裕的人，如果买不起铜鼓，他们的社会地位可能会因此降低。久而久之，白裤瑶的铜鼓又逐渐成为权力的象征，人们只要有钱，就可以买到铜鼓，因而也在乡土社会中拥有了一定的影响力和话语权。所以，在白裤瑶社会中，铜鼓不仅是一种财富，更是权力的象征，人们用金钱可以购买铜鼓，而买铜鼓的动机是为了提高社会地位，从而形成权力的转移。

再以举行蚂蜗节活动来说，铜鼓是举办此节的必需品。若某个寨子没有铜鼓却又想过蚂蜗节，就只能向铜鼓保管者借用铜鼓。此时，铜鼓的拥有者或保管者具有了“借”与“不借”的权力。“借”是一种单向的流动，拥有资源的一方能够借助资源的优势来强调自己的社会地位和威望。作为铜鼓保管者，无论铜鼓是他个人的，还是集体或宗族的，铜鼓都是从他手中借出的，而借出之前的仪式——祭鼓仪式也只能由铜鼓保管者来做。在不断地借出铜鼓与不断地祭鼓中，铜鼓保管者在乡土社会里的权威逐渐累积。这种权威的积累使他很容易成为当地社会秩序的发言人。

很多地方由宗族或村寨保管的铜鼓往往是非本宗族人或本寨人不得擅自使用的。之所以如此，是因为他们不具备本宗族人或本寨人的身份，是“外人”，是要区别对待的。“外人”若想借到铜鼓，必须先与拥有铜鼓的家族或村寨建立某种关系。也就是说，先要由“外人”变成与本宗族或本寨有关系的“自己人”，如借助姻亲或“拟亲”关系，携带礼物“回到”有铜鼓的宗族或村寨，然后才能将铜鼓借出。由此来看，铜鼓也是村寨或宗族成员身份认同的标志。这种认同有助于宗族或村寨的团结，对于宗族或村寨社会关系的维系具有重要的作用。

3. 时空变迁中的铜鼓文化

历史上那地村是红水河流域铜鼓的集中地之一，铜鼓被看作是权贵、财富和拥有神力的象征物，更是节日庆典活动必不可少的敲打乐器，但伴随着战乱、掠夺、偷卖，那地的铜鼓越来越少。到了民国年间，那地的铜锣已取代了铜鼓的地位，铜鼓从主角变成配角。在使用上，铜锣的用途比铜鼓广，使用的次数多；在敲奏上，铜鼓与铜锣一起打，主领是铜锣，铜鼓只是作为铜锣的配奏乐器。就像现在，那地村壮族人过春节敲的是铜锣，白事敲的是铜锣，节日里敲的也是铜锣，只有在举办大型蚂蚜节活动的时候才会邀请别的村屯带铜鼓来敲打。现在，那地村里只有一些老人和中年人懂得一些有关铜鼓的东西。因为不怎么敲打铜鼓，所以也只有为数不多的人还记得铜鼓的敲打方法。相比较铜鼓来说，村里有挺多人懂得敲打铜锣的，不管是老人还是年轻人，都有一部分懂得敲打铜锣。但是随着那地村的娱乐生活越来越丰富多彩，现在那地村年轻人对以前留传下来的敲锣打鼓的娱乐活动已不是那么感兴趣。早几年过春节时，那地村村民一到腊月二十几就开始敲锣舞狮，很热闹，特别是大年三十还通宵达旦地敲；现在，人们已不怎么热衷这些活动，只是到了大年三十有谁想敲的就拿来敲一下。就像罗忠怀老人所说的一样，各种新型娱乐方式的出现，使得这里的人对传统的文化活动不再感兴趣。年轻人对传统文化的传承意识也日益淡化。

据宁显标所说，宋朝时那地是铜鼓集中地，独田的 24 面铜鼓是那地土司分给的，东兰的铜鼓基本上也是来自那地，可见那地铜鼓之多。然而，由于改土归流、战乱等原因，那地的铜鼓越来越少，到 1934 年，那地村仅剩下 8 面铜鼓。当时拥有铜鼓的人家都是富裕的，或者是跟土司罗家有亲戚关系的。那地的铜鼓是个人所有，到了春节这些大节日才一起拿出来敲，平常不敲。那地的铜锣是集体所有，由狮会统一管理，有活动就拿出来敲打，没活动就统一存放。在那地，铜鼓是身份地位的象征，所以有钱人都想方设法买个铜鼓放在家里。每次一敲打铜鼓，很多村民都会去围观，一是去看热闹，二是为了沾沾铜鼓的宝气。1935 年，日军对南丹县那地村进行烧杀抢掠，村民跑进山洞幸免于难，但是铜鼓却被烧掉了 5 面，剩下没被烧的 3 面分别存放在那地朱家、王家和韦家。

上文所述 6 个村的铜鼓文化与红水河流域其他地方的铜鼓文化一样，在 20 世纪六七十年代遭到了严重的破坏。然而，值得庆幸的是，红水河流域很多使用铜鼓的民族都自觉地承担起保护铜鼓和铜鼓文化的角色。

进入 20 世纪 80 年代后，社会政策发生了根本性改变，一度被中断的铜鼓文化活动也开始得到恢复。都隆村从 1990 年恢复举办蚂蚜节活动后，每隔两三年就会举办一次。进入 21 世纪后，在该村老人的倡导下更是年年举办。但节日的规模却有了变化，主要体现在过节的时间大大缩短。传统上，蚂蚜节的活动持续一个月左右，但在刚恢复举办蚂蚜节活动时，因分田到户后人们生产积极性提高和外出打工人数增加，蚂蜗节活动持续的时间大大缩短，一般持续一个星期。进入 20 世纪 90 年代后，蚂蜗节的全部活动则被浓缩为一天，具体的举行日期要由麽公择定吉日，并经村老头人讨论决定。

除了节日之外，铜鼓文化的传承也被提上了日程。20 年纪 80 年代以后，无论是河池市政府还是天峨县政府，都对都隆村的铜鼓艺术给予高度重视，出台了一系列的保护措施，并多次邀请铜鼓专家到都隆村进行实地考察，对该村的十二生肖鼓谱进行挖掘。看到外界的重视，都隆村的宁家老人也开始对家传的十二生肖鼓谱进行整理。

个案：十二生肖鼓谱的传承

宁昌林退休前是一位音乐老师，从小在都隆村长大的他对铜鼓有着很深的感情。他保留有残缺的十二生肖鼓谱，并还记得些许打法。据他说，如今村子里这一套十二生肖鼓谱主要就是在他保留的那部分鼓谱的基础上再创作而成的。稍年轻的宁昌烈则在村里教年轻人十二生肖鼓的打法，但至今只有两个人能参加表演。按照传统，都隆村十二生肖鼓的打法只能传给宁家的男性，但现在已没有那么严格的规定了，只要是村里对十二生肖鼓有兴趣且有决心要学的，都可以学习。尽管如此，传承的情况却不容乐观，刚开始参加学习的人不少，但真正掌握的人却很少，这也是令宁昌烈最为担心的事。

在宁昌烈看来，之所以不能很好地传承十二生肖鼓的打法，有两方面的原因：一是村中只有两面铜鼓，即使掌握了十二生肖鼓的打法，也无法表演；二是年轻人对于铜鼓的热情并不高，缺少年轻人参与的传承是无法实现的。了解到铜鼓文化传承的困境后，政府部门采取了一系列的措施。为调动群众参与的积极性，天峨县政府对县域内参加相关表演比赛的获奖群众进行奖励，奖金为 500—1000 元。都隆村则开展十二生肖鼓进课堂活动，通过此种方法，希望能吸引更多年轻人了解、保护和传承铜鼓文化。2013 年春节，在都隆村驻村第一书记薛伟俊的努力下，广西壮族自治区住房和城乡建设厅赠送了 12 面铜鼓给都隆村，这使该村的十二生肖鼓得以重现。此外，他们还为村中的学生配备表演服装，让铜鼓文化从小在青少年心底扎根。如今，都隆村已有不少人认识到传统文化的重要性，因

图四一二　天峨县都隆村壮族群众在蚂蜗节活动中使用铜鼓（廖明君　摄）

为通过传统文化的复兴，村寨也得到了很好的发展。

在红水河流域，铜鼓被认为是神灵之物，可以镇妖驱邪，祛祸纳吉，因而又被人们视为镇寨之重器和传家之至宝。因此，人们认为一个村寨拥有一面铜鼓，整个村寨就会祥光永罩。壮族民间有一首《村寨铜鼓歌》唱道：

鸟靠翅膀高飞，房靠柱子屹立。寨有铜鼓才吉祥，福气永无穷尽时。粮满下家仓，财满上家门，有吃又有穿，村人多高寿……

同样，人们认为一个家庭、一个宗族拥有一面铜鼓，就会时时吉星高照。民间常有这样的情况，一面铜鼓是同宗的几个家庭的共同财产，这面铜鼓就由这几个家庭轮流保管，用他们的话说是“让福气轮流转”；某个家庭（或宗族或村寨）若感到连年运气不佳，首先想到的也是如何设法买回一面铜鼓，以驱散晦气。东兰县金谷乡板路村华姓群众还说：

从前，我们的一位先祖起新房时，地理先生说此地犯凶，除非有一面高音铜鼓来镇守，否则不能居住。先祖即与族中几位兄弟外出找铜鼓，走了三天三夜，找到了铜鼓师。铜鼓师铸了一面21公斤重的公鼓给他们带回来，后来家中一直平安无事。

因为铜鼓被当作消灾纳福的宝器，所以这一带老百姓都将铜鼓视为传家之宝而代代珍藏。除非铜鼓破裂无法使用而必须卖出以另购新鼓，否则绝不能卖出，更不许丢失。正因为如此，才有如此之多的传世铜鼓保存至今。

需要指出的是，红水河流域的铜鼓文化之所以能历经千年而持续传承，与历代封建王朝执行的羁縻政策、土司制度所造成的相对隔绝和保守的社会环境有一定关系。在全球化成为不可阻挡的趋势的今天，传世铜鼓的功能均已悄然发生变化，有的功能甚至已经消失。值得庆幸的是，近年来，在多种力量的交织下，红水河流域少数民族铜鼓文化得到了复兴。

（三）村落重振：在铜鼓文化复兴与村落发展之间

进入20世纪90年代后，红水河流域很多传统村寨都着力去复兴铜鼓文化，如天峨县的都隆村，正因为村里有着像宁昌林、宁昌烈这样热爱并积极传承和发展铜鼓文化的人，才有了后来社会各界包括各级政府对都隆村的不断关注，而各村寨也借此机会成功地推动了村落的发展。

1. 铜鼓文化的复兴与村庄凝聚力的提升

历史上，都隆村的盛衰与铜鼓密切相关。据《宁氏族谱》记载，始祖宁天宝，江西南昌府新建县（今南昌市新建区）人，明洪武十三年（1380年），奉旨开辟南丹那地土州。后宁氏聚居于南丹县大厂镇、吾隘镇，以及天峨县都隆村等地，人口约1万。而据都隆村的宁昌林介绍，宁家老祖公宁相生在收复“苗蛮”的战争中，为更好地掌握军情，他将当地的铜鼓和战争用的皮鼓配合，根据春夏秋冬的变化，创造了十二生肖鼓打法。“苗蛮”被收复后，宁相生便选择在壮族村寨都隆村定居。因为宁家老祖公的盛名和拥有的12面铜鼓，宁家很快成为都隆村的大家族，都隆村也成为当地的名村。但到宁家第四代的时候，因匪祸之乱，宁家收藏的铜鼓大多被毁，宁氏家族也在不断的匪祸中衰落，都隆村的影响力也日渐式微。

在天峨县都隆村，自宁仕荣率族人迁来此地后，他们便逐渐壮大，成为当地的一个大家族，并将购买12面铜鼓作为家族强盛的标志。至今都隆宁氏家族的后人仍以太祖公（宁仕荣）时代拥有12面铜鼓为荣，认为铜鼓的力量壮大了家族的发展。作为财富、权势象征的铜鼓，每年在祭蚂蜗、葬蚂蜗时，宁氏家族都要抬着蚂蜗轿，敲着铜鼓沿家族所属的田地巡游，以示家族的势力范围所及。当年的12面铜鼓，有10面不幸在匪祸中被土匪放火烧毁了，还有1面在后来的使用中因敲打损坏而被卖掉，现仅存1面。后来，宁昌林于1969年花了90多元从县文工团又买来1面铜鼓。所以，该村现有2面铜鼓。现今，一些宁氏老人说起匪祸都愤恨不已，认为铜鼓被毁导致了家族势力的衰落。由此可见，在他们的心目中，铜鼓是与家族的盛衰紧密相关的。

进入20世纪90年代后，都隆村的几个老人开始着力恢复传统的铜鼓文化，而首要恢复的就是蚂蜗节。蚂蜗节是红水河流域壮族古老而独特的传统节日，可以说，红水河附近规模较大、建村历史较长的壮族村落，几乎都举行过蚂蜗节。在调查中，宁昌林为笔者介绍了都隆村的蚂蜗节：

我们村的蚂蜗节很热闹的，有好多人从县城跑来我们这里看葬蚂蜗。不仅现在是这样，以前也是这样。蚂蜗田旁的拴马田就是以前专门给外地来看葬蚂蜗的人拴马用的。最早来这定居的是宁家，韦姓家族的人是后面来的。大年初一找蚂蜗时，全村人要统一到韦家的田地里找，因为找到的蚂蜗是要当蚂蜗女婿的，所以不能在宁姓的田地里找。蚂蜗一定要一公一母，如果一个人找到公的，另一个人找到母的，也可以把它们合成一对。哪个找到这样的蚂蜗，就是今年的蚂蜗郎。不过一般女的翻到蚂蜗，她们不会要的，而是跟旁边的男人讲“这边可能有，你来翻一下”。哪个喊“我找到蚂蜗了”，哪个就是当年的蚂蜗郎了。

图四一三　天峨县都隆村壮族群众在蚂蜗亭里打鼓祭蚂蜗（廖明君　摄）

都隆村蚂蜗节的仪式包括取旧棺观颜色、找蚂蜗、蚂蜗女婿拜年、立杆祭祀和埋蚂蜗。尽管人们对仪式过程的每一个步骤都早已耳熟能详，但在每一年的蚂蜗节，人们仍然穿戴一新，早早起来参加仪式。在整个仪式过程中，铜鼓贯穿始终，起到沟通人神和鼓动人心的作用。蚂蜗节仪式蕴含着丰富的信息，伴随着仪式的展演，人们对村庄的认同也在进一步加强。更为重要的是，蚂蜗节是红水河流域最为盛大的传统节日，节日期间会吸引周边村寨的人，甚至更远地方的人前来参加。在外出打工的人越来越多的今天，蚂蜗节还是周边村寨外出打工人员返乡聚会的重要场合。特别是年轻人，他们平时在钢筋水泥筑成的城市中生活，源自家乡的传统文化已在不知不觉间淡化甚至消失。而在蚂蜗节中，无论是蚂蜗歌还是夜牛舞中的农耕习俗，都承载了丰富的民族文化，热闹的蚂蜗节无疑成为人们了解传统文化的大好时机。再加上从葬蚂蜗前的准备工作、找蚂蜗、孝蚂蜗、游蚂蜗、葬蚂蜗，到最后的吃蚂蜗饭，整个仪式过程都需要全村人的通力协作，既提高了村民的组织能力，又加强了村寨内部的团结。尤其是最后的吃蚂蜗饭，既是全村成年男子的聚会，又是村中妇女交流的重要场合。此时的聚会，既能增进感情，又可讨论村中大小事情，推动村寨的有序发展。正是通过年复一年的蚂蜗节，村民形成了极强的族群意识和文化自豪感，对传统文化的认同度也逐渐加深。这种认同度无论是对铜鼓文化的传承还是对村落的发展都起到了积极作用。

2. 传统组织的复兴与村庄的发展

铜鼓是铜鼓文化的物质载体，它依托于人及人的社会活动而存在。铜鼓文化通过音乐、舞蹈、仪式、制作工艺等具体形式表现出来，并主要依靠口传身授的方式得以延续。这一文化的根基存在于铜鼓文化圈内各个使用铜鼓的少数民族村寨中。因此，只有保护好与铜鼓文化相关的人文环境和生态环境，铜鼓文化才能生机勃勃地发展与延续，从而促进村庄的振兴与可持续发展。

笔者在调查中发现，地方政府往往通过鼓励民众开展一系列自救活动，以恢复与铜鼓文化密切相关的传统习俗，如过蚂蜗节、重建铜鼓社亭、祭拜蛙婆庙、在丧葬仪式中打铜鼓等，从而激活并唤醒人们对铜鼓文化的集体记忆。例如，田林县木柄瑶铜鼓舞在地方政府和文化部门的共同推动下，不仅从面临失传的境地得到抢救性保护和传承发展，还成功入选首批国家级非物质文化遗产名录。而与此同时，借助铜鼓舞，田林县木柄瑶对民族传统文化的集体记忆也得到恢复。值得注意的是，地方政府和文化部门在大力弘扬铜鼓文化时，要注意铜鼓文化是植根于民间，与人民群众的生产生活息息相关的，只有人民群众才是铜鼓文化保护和传承的主体。若是反客为主，则往往会使铜鼓文化的保护与传承陷入浅薄的境地。

将铜鼓文化传授给年轻人亦是保护铜鼓文化生态的重要方式。笔者在田野调查中就经常能看到老年人向年轻人甚至小孩子传授打铜鼓技巧和祭祀铜鼓方法的场景，甚至有一些地方已经实现了铜鼓文化进课堂。例如，南丹县白裤瑶就在当地小学的教学课堂中插入每周一次的铜鼓课，专门请会打铜鼓的白裤瑶老人进课堂来传授白裤瑶传统的打铜鼓和跳铜鼓舞的技巧，这种将传统文化与现代教育相结合的方式取得了较好的效果，这些方式从不同方面有效地激活了传统的铜鼓文化。

个案：

以前，南丹县白裤瑶的孩子由于受语言的限制，很难与当地的汉族学生在学业上竞争，因此白裤瑶学生考上大学的人数很少，女生则更少。但自从铜鼓文化进课堂后，情况

图四一四　南丹县白裤瑶儿童在学习祭鼓（韦丹芳　摄）

> 发生了变化。白裤瑶孩子因为自小生活在有铜鼓的环境中，所以无论是学打铜鼓还是学跳铜鼓舞都很有优势。这一优势在很多公开活动中得到了展现，如南丹县白裤瑶地区小学的铜鼓队会登台在很多活动中表演。随着他们与外界接触的机会日益增多，他们对自己文化的认同也得到了加强。同时，孩子们的自信心也大大提高了，学习成绩自然也就能跟上了。最近这几年，南丹当地的白裤瑶涌现了不少大学生。[1]

近年来，南丹县白裤瑶地区和东兰县壮族地区的铜鼓文化生态恢复得较好，在蚂蜗节、丧葬祭祀活动中，使用铜鼓日益频繁，节庆盛典打铜鼓的场面也越来越宏大，促使铜鼓的需求量越来越大。笔者在调查中也发现，除了较早出现的广西环江毛南族自治县韦氏兄弟铜鼓铸造作坊，东兰县也相继出现了三个民间铜鼓铸造作坊。这些作坊铸造的新铜鼓不仅深受红水河流域使用铜鼓的民众喜爱，还成为当地重要的旅游纪念品，甚至远销海外。例如，2006 年贵州省六枝特区的布依族文化生态园开园时，当地政府就一次性从环江韦氏兄弟的铜鼓铸造作坊购买了 66 面麻江型铜鼓。这些新铸成的铜鼓在布依族文化生态园的开园仪式上引起了轰动。之后，在贵州布依族地区，铜鼓的使用愈加频繁，铜鼓生态亦在逐渐恢复中，村寨亦更具有活力。

与此同时，铜鼓文化的复兴也有力地推动了传统组织的复兴。笔者在调查中发现，都隆村铜鼓文化的复兴与村中宁昌林等几位老人的积极努力分不开，而正是在恢复铜鼓文化的过程中，老人们重新在村寨的管理中发挥了积极的作用，他们也被村民称为“村老头人”。当地人认为，村老头人的重新出现，对村寨的发展是很有帮助的。村老头人不仅重新恢复了蚂蜗节，还重新挖掘、整理并传承了夜牛舞和十二生肖鼓乐，而且在逢年过节或者有学者、政府工作人员进村调研时，村老头人们总会热情地展示这些传统文化，使得外

① 资料来源于南丹县白裤瑶协会黎夏女士，她是当地的白裤瑶女性大学生。

图四一五　贵州六枝特区布依族文化生态园开园仪式（蒋廷瑜　摄）

界对都隆村越来越感兴趣。不仅如此，自蚂蜗节成功恢复后，村老头人还借助蚂蜗节组织村民进行集体祭祀。在这种集体祭祀中，村老头人的权威逐渐得到恢复。之后，村老头人还利用在村寨中的威信，领导村民进行公共建设。2008 年，在村老头人和村委会的共同努力下，村民修通了村中年久失修的水渠，解决了长期困扰村民春耕用水的问题，同时也很好地避免了村中经常发生的早春抢水纠纷，在一定程度上维护了村寨的社会秩序，有利于村寨的有序发展。

3. 新兴经济组织的出现与村落经济的发展

笔者在调查中发现，红水河流域的很多村寨近年都出现了一些新兴的经济组织，如天峨县都隆村的百香果种植合作社，这种新的经济组织在一定程度上改变了传统村庄的“空心村”结构。

个案：百香果种植合作社

百香果种植合作社最早是由都隆村党支部书记韦冬梅和村里两个妇女合办的。她们在走访广西多地乡村经济组织后，最终与桂林一家企业以订单的方式合作，种植百香果。从 2009 年开始，她们承包了村里的 400 亩旱地，建立了百香果基地，种植百香果。百香果栽种当年即可收获，次年开始进入盛果期。一般第一年亩产 2000 公斤，第二年后的盛果期亩产可达 3000 公斤以上。鲜果的售价为每斤 1.5—2 元。2012 年，她们的年分红达 20 万—30 万元。这样的收益很快吸引了村里的其他村民，现在村里的罗静贵、索爱业、宁昌勤等人也种植了十几亩百香果。百香果基地负责提供苗木、技术支持。虽然基地也承诺收购鲜果，但当地市场对百香果鲜果的需求很大，所以他们一般愿意拿去市场零卖，零售价为每斤 3 元，每年也能获得不错的经济收益。

百香果基地的建立，无论对村内还是村外的人来说都有益处。对于村里人而言，特别是对村里的妇女及部分老人而言，百香果基地为他们提供了很多打零工的机会，诸如不需要强劳力的栽苗、升苗上网、插签、剪枝、除草、剪果、挖果肉等工作。至笔者调查时，常年在外打工的都隆人中已有超过一半的人回村务工了。对于村外的人来说，都隆村的发展是令人羡慕的。都隆村的蚂蜗节更是吸引了众多附近村寨的村民，他们来都隆村参加蚂蜗节，并借此机会到百香果基地学技术和买苗木。百香果基地免费指导村外的种植户，与他们签订回收鲜果合同，从而扩大了百香果在当地的种植面，实现了双赢。

（四）小结

从铜鼓文化在红水河流域的变迁来看，笔者认为，支撑铜鼓文化存在和发展的原动力是信仰。信仰是人对自身世界观、人生观、价值观的确立和追求，一旦被人们所接受并认可，是不会轻易随时空、地域、社会环境的变化而轻易动摇的，具有一定的传递性和稳定性。在历史上，红水河流域的土司构筑和利用了这种信仰。他们一方面宣扬铜鼓就是神器，具有神的威力；另一方面将铜鼓构筑为权力的象征，以维持他们在当地的统治和号召力。在红水河流域土司与中央王朝的权力争夺和互相牵扯中，铜鼓一直都处于重要地位，它在当时的各个族群中确立了共同的民族归属感，也在人们的心中构筑了共同的信仰。正是因为有了这种信仰，即使经历了诸多社会政治力量的干预，铜鼓文化也没有发生质变，而这也正是它能够传承下来的内在因素。

铜鼓作为一种与红水河流域村民生活密切相关的文化形态，蕴含着丰富的内涵。在物质和交通条件都相对较差的传统社会中，村民借助铜鼓构建了一个可以相互沟通的文化空间，并借助这一空间形塑了被当地人认可的共同价值观念，这一观念在葬蚂蜗的系列活动中得到了充分的展现：人们无须动员便会积极参与，他们或是参加活动，或是为活动的顺利开展提供各种服务，或是邀请亲朋好友前来参加活动。传统村落的集体力量透过节日中浓厚的铜鼓声得以重新整合。此外，铜鼓在蚂蜗节中所携带的丰富信息和展现出的较强的感染力，已逐渐成为红水河流域传统村落文化的重要组成部分。虽然曾经有一段时间受社会环境的限制，传统的蚂蜗节一度被迫中断，与之相关的系列表演也被禁止，但村民们始终保留着对铜鼓的兴趣，这为 20 世纪 90 年代蚂蜗节的复兴奠定了基础。

在传统的观念中，人们往往认为现代化是对传统的超越，与现代化相对应的城镇化或都市化则意味着传统文化或村落的终结。但在红水河流域，一些村落在进入 21 世纪后，经济与文化的同时发展却展示了与之相反的场景：红水河流域的铜鼓文化在 20 世纪六七十年代遭到了破坏，但进入 20 世纪 90 年代后，在红水河流域各村铜鼓爱好者的积极倡导下，在政府、媒体和学者的共同推动下，铜鼓文化在宽松的社会环境中获得了复兴和强化。同时，这种复兴的铜鼓文化也在红水河流域使用铜鼓的村寨的发展中扮演着重要角色。它不仅以自身的魅力吸引了外界对村庄的关注，使村庄获得了更多的发展机会，还在其传承过程中体现了较强的族群意识和民族凝聚力，并不断地衍生出为当地人所接受的乡村发展模式，最终促进了乡村的发展。

五、红水河流域少数民族铜鼓铸造技艺

中国铜鼓的使用主要集中在广西、云南、贵州等地区。红水河流域沿岸是铜鼓使用的集中地带，其中红水河流域广西段是出土铜鼓数量最多的地区。目前，该地区仍然保留着使用铜鼓的习俗。据考证，中国古代铜鼓铸造的年代最晚能推至清代，清代以降，中国传统的铜鼓铸造技艺基本失传。现代民间铜鼓铸造工艺是在文献中总结铸造工艺的基础上，对传世铜鼓及出土的铜鼓实物不断进行实验研究获得的。对铜鼓铸造工艺的恢复自 20 世纪 80 年代就已经开始，近几十年来，铜鼓铸造工艺不断改进，总结出翻砂铸造法、泥范法、失蜡法、混合铸造法等铜鼓铸造方法。除泥范法经过多次实践未能获得成功，现在已经不使用外，翻砂铸造法、失蜡法均已成为较为成熟的铜鼓铸造工艺。目前国内较为成熟的铜鼓铸造厂（工作坊）集中于红水河流域沿岸的广西环江、东兰及云南文山等地。

（一）红水河流域古代少数民族铜鼓铸造相关史料

红水河流域古代少数民族铜鼓铸造有悠久的历史，通过研究出土实物和文献记载，红水河流域少数民族铜鼓铸造从商周开始至隋朝都有铜鼓铸造技艺流传。唐以降，广西铜鼓铸造技术在红水河流域具有典型性和代表性，铸造的铜鼓体形庞大，纹饰铸件复杂，工艺水平精湛，当属全国翘楚。目力所及，红水河流域记载铜鼓铸造的文献集中于壮族和布依族两个族群，其铸造地区分布于广西、云南、贵州三省（自治区）。

通过出土实物的热释光进行年代测定，壮族铜鼓铸造的年代为西汉至唐朝之间，所铸的铜鼓类型多为北流型铜鼓和灵山型铜鼓两种。通过文献的记载推断，壮族铜鼓铸造地区以今天广西北流市为中心，辐射桂东南、粤西北及海南等地。铜鼓的相关文献较为丰富，但是记录铜鼓铸造的文献却是凤毛麟角。晋裴渊所著的《广州记》中记载：“俚僚铸铜为鼓，唯以高大为贵，面阔丈余。”[①] 这段文字说明了当时铜鼓铸造以体积庞大为贵。《晋书·食货志》中记载：“广州夷人宝贵铜鼓，而州境素不出铜，闻官私贾人皆于此下贪比输钱斤两差重，以入广州，货与夷人，铸败作鼓。”有学者根据这段文字推断当时铜鼓铸造的原料是铜钱。《隋书》记载：“自岭已南……其俚人则质直尚信，诸蛮则勇敢自立，皆重贿轻死，唯富为雄……并铸铜为大鼓。”[②] 这说明了岭南先民有铸造铜鼓的历史。清屈大均所著的《广东新语》中有关于铸造铜鼓的记载：“广州炼铜鼓师不过十余人，其法绝

① 周去非：《岭外代答校注》，杨武泉校注，中华书局，1999，第 254 页。

② 魏徵等：《隋书》卷三十一，中华书局，1973，第 887—888 页。

秘，传于子而不传于女云。”① 这段文字描述了广州当时铸造铜鼓的技师数量，因为“其法绝秘”，所以能掌握铸造铜鼓技艺的技师人数不超过十人。铸造技艺也只传给家族男丁。何正廷的著作《句町国史》记载有云南文山地区铜鼓铸造的过程：“此类大型铸件（铜鼓），其铸造工艺流程主要分制范、浇铸、修饰三个阶段。（1）制范……第一步，用木头按所需铜鼓的大小高矮及式样做一个光滑的模型，将此模型挖空，锯成两片或四片，用时将其合拢成一个中空的鼓模；第二步，用一份谷壳和两份黄黏土拌匀敷在木鼓模上，再用等量的牛粪和黄黏土拌匀敷上一层，使其成为一个铜鼓泥模，稍干以后用拍子打平，晾在通风处让它干透；第三步，在晾干的泥膜上敷一层两分厚的蜂蜡，拍实以后刮薄至所需铜鼓的厚度，使其成为一个蜡模，随后刻上花纹，再用蜂蜡捏成鼓耳安在蜡模适当的位置上；第四步，在做好的蜡模上撒一层筛过的细土，再用等量的牛粪和黄黏土拌匀，敷在撒上细土的蜡模上，然后再用等量的谷壳和黄黏土拌匀敷在外层，厚度要三寸以上，鼓脚留一个口……做好以后晾在通风处让它干透再把木鼓模卸除……（2）浇铸……不仅要有专门的炼铜炉和一定数量的坩埚，还要有鼓风设备和分工很细、技术熟练的工匠。准备浇铸铜鼓时，先要拿夹蜡的铜鼓泥膜去烧，让里面的蜡流出，在鼓模还热时将熔好的铜水注入模内……直至饱满为止。（3）修饰：浇铸工序结束以后，待其冷却，即可敲掉外壳，挖掉内膜，再将浇口的地方锉平磨滑……如有沙眼，也需填补，花纹不够清楚的仍可修饰，使之更为清晰、饱满。”②

20 世纪 80 年代，贵州省普安县出土了铸造铜钺的砂石范。根据考证，这一带的古地名为“铜鼓山”，说明布依族先民们早在 2000 多年前就已经掌握了铸造铜鼓的技术。贵州布依族铜鼓铸造的史料见于贵州省兴仁县王开洪（布摩）所保存的《摩经》。在《摩经》的《朵任·果龙》一篇中用汉字记布依语音的方式记载了贵州布依族先民铸造及使用铜鼓的情况：

> 果龙又来鲁？鲁龙又来贯？果龙又四府，鲁龙又贵绪。哈拜嘎乃妈，娜拜半乃妈。蒿素故斋甩的妈，乃素故龙兰的倒。拜信俗补哈，补哈倒松尧。拜信俗补尧，补尧倒松网。故筒俗官拐。官拐倒松拜。松拜党江纳。松龙党江洞。他绍鲁绍乙，他绍刚绍帅。他绍身小（lang）绍尼，他绍化拜帅。舵金哉菲奶，小蒿网等奶，小蒿疗败若。排襄孔妈壤，排襄响妈播，排襄洛妈达。排本拜本妈，五龙丁吉尽。排达拜达到，王龙射吉坎。敌故墨腊汝，须盘墨腊汝。敌故碰腊敖，须盘碰腊敖。敌故年根香，须盘年根香。敌故年贬向，须盘年贬向。

汉意内容为：古时铜源于何地？古代铜源于何方？铜产于黔南、黔西南、滇东南、桂西北。铜源于贵州。汉族人去购买铜来，布依族人去用物品交换铜来。用竹篓挑来，用竹篓挑回来。去汉族人家寄宿，汉族人接待布依族人两天两夜。去瑶家借宿，瑶族人招待布依族人两天两夜。活塞装在筒管里。装置双式活塞风箱。双塞风箱置田坝中。双式炼铜风箱安在坝子中。第一次布置试炼铜炉，先用铁矿去试炼。第二次进行试炼布置，又用铁矿去试炼。加进耐燃的柴火，横着加放在炉内，助燃物放在外面。用虎皮做的风箱来鼓风，用狮皮风箱来吹风，用兔皮风箱来加劲。风箱鼓风扇来扇去，铜矿烧得红彤彤的。风箱柄拉去又拉回，铜矿已熔化为液体。欲铸成冠形大铜锣，就成冠形大铜锣。欲铸成凸形铜

① 屈大均：《广东新语注》，李育中、邓光礼、林维纯等注，广东人民出版社，1991，第 391 页。
② 何正廷：《句町国史》，民族出版社，2011，第 172—173 页。

镲，就成凸形铜镲。欲做铜鼓过春节，就有过春节的铜鼓。欲做超荐亡人用的铜鼓，就有超荐亡人用的铜鼓。①

(二) 红水河流域铜鼓铸造技艺的现状

随着铜鼓铸造技艺的失传，铜鼓数量日趋减少，出土的铜鼓和民间流传的铜鼓，破损情况严重。目前铜鼓既是民间仪式中的礼器，又是舞台演出中的乐器。随着铜鼓文化的复兴，人们对工艺型铜鼓和演奏型铜鼓的需求日益增加。经过多年的实践，广西环江韦氏铜鼓铸造厂、东兰音乐铜鼓文化传播有限责任公司、东兰罗明金铜鼓铸造厂等工坊已经掌握铜鼓铸造技术，能成功铸造直径 5 厘米的工艺型铜鼓，也可以制造直径 8 米多的演奏型铜鼓。东兰音乐铜鼓文化传播有限责任公司通过常年的摸索实践，通过控制铜合金中的铅、锡含量铸造出定音铜鼓。

1. 环江韦氏铜鼓铸造厂

环江韦氏铜鼓铸造厂位于环江毛南族自治县，是广西较早开展铜鼓铸造的铜鼓厂。20 世纪 90 年代开始，韦启参和韦启初兄弟俩继承父亲的铁铺生意，其间，常有附近的群众拿破损的铜鼓请他们修补。韦氏兄弟发现红水河流域广西、贵州、云南三地的少数民族群众铜鼓使用量大，而旧铜鼓破损情况严重。于是，兄弟俩开始尝试铸造铜鼓，在仿制的过程中，获得铜鼓研究专家万辅彬、吴伟峰等人的支持。第一批铜鼓铸造出来以后，发现外

图四一六　铜鼓铸造流程之鼓面雕花（王梦祥　摄）

① 蒋英：《从布依族〈摩经〉看铜鼓铸造的历史渊源》，《民族艺术研究》2005 年第 6 期。

形上的花纹图案等都能与旧铜鼓相差无几，但是敲击起来没有声音。兄弟二人并不气馁，经过多年不断实践和探索，终于掌握一次性成型铸造铜鼓的技术，同时通过改变铜料的合金比例，铸造出来的铜鼓已经能敲击出洪亮的声音。2000年，兄弟俩带着铸造成功的100面铜鼓到贵州销售，得到当地群众的认可，销量非常好。2004年兄弟俩成立了韦氏铜鼓铸造厂。如今，韦氏兄弟的铜鼓铸造厂拥有了自己的厂房，驻厂熟练铸造师傅已有十几人，熟练掌握翻砂、铸模、压花、抛光、上漆等铸造工艺，现已经发展成为年产值千万元的铜鼓铸造大厂。2007年和2010年，韦氏兄弟的“铜鼓模具”“铜鼓铸造技术”分别获得国家发明专利。2011年，韦启初被认定为广西壮族自治区非物质文化遗产壮族传统铜鼓铸造技艺代表性传承人。

2. 东兰音乐铜鼓文化传播有限责任公司

东兰音乐铜鼓文化传播有限责任公司位于河池市东兰县，是一家从事音乐铜鼓铸造的企业。2010年成立以后，以音乐铜鼓的研发为业务核心，通过调整铸造合金的比例，获得固定音高的铜鼓。目前该公司采用的也是翻砂铸造法，可以一体成型铸造麻江型音乐铜鼓。音乐铜鼓除了保留传统铜鼓的外观，还不断探索定音铜鼓的铸造技艺。传统铜鼓音阶不全、音域狭窄，而新一代的音乐铜鼓音阶齐全、音域宽广，能够满足舞台演出的需要。2010年，温家宝总理视察东兰时，聆听了用音乐铜鼓演奏的《新年好》后，为音乐铜鼓题词“东兰音乐铜鼓”。现在，音乐铜鼓的铸造技术已经相对稳定。2012年，东兰音乐铜鼓文化传播有限责任公司的“冷模铸造音乐铜鼓工艺方法”等技术获得国家发明专利。2016年，其发明的“一种铜鼓模具的铸造方法”“一种铜鼓的防锈铸造方法”等技术获得国家发明专利。

3. 东兰罗明金铜鼓铸造厂

2009年，罗明金在东兰县成立了东兰罗明金铜鼓铸造厂。作为“中国民间（铜鼓）文化艺术之乡”，东兰县不仅致力于保护传统的铜鼓使用习俗，还积极推动铜鼓铸造技艺的传承与发展。在县领导的大力支持下，罗明金多次走访青铜冶炼和铸造专家，经过不断探索，成功掌握了翻砂铸造法、混合铸造法和失蜡法等技术。如今，他的铸造技术已趋成熟，能够制作出图案精美、工艺精湛的铜鼓。同时，罗明金还培养了村里的5名村民，使他们成为能够娴熟掌握铜鼓铸造技艺的工匠。

（三）红水河流域铜鼓铸造技艺

1. 铸造方法

（1）翻砂铸造法

砂模铸造法在古代常用于铸造铜钱，也有用来铸造铜镜等其他铜质物件的。《天工开物》中记载了翻砂法铸铜钱的工艺过程。在《元曲》《律学新说》《析津志辑佚》等书中记载有砂模铸造法铸造铜器的详细方法。砂模铸造法是中国铸造铜器的重要发明，现代翻砂铸造法是在砂模铸造法的基础上改良而成的。

（2）失蜡法

失蜡法是古代铜鼓铸造的主要方法。铜鼓铸造的早期文献都有失蜡法的记载，南宋时期的《洞天清禄集》中记载了用失蜡法铸造钟鼎的方法：“古者铸器，必先用蜡为模，如此器样，又加款识刻画，然后以小桶加大而略宽，入模于桶中，其桶底之缝，微令有丝线漏处。以澄泥和水如薄糜，日一浇之，候干再浇，必令周足遮护。讫，解桶缚，去桶板，急以细黄土，多用盐并纸筋固济于元澄泥之外，更加黄土二寸留窍中，以铜汁泻入。”失蜡法可以在蜡模上雕刻精美的花纹，其工艺精湛，“然一铸未必成，此所以为贵也”。现代铜鼓铸造的熔模铸造法源于古代的失蜡法，2010 年前后，南宁的张焕秋师傅利用失蜡法成功铸造铜鼓。

（3）混合铸造法

利用混合铸造法铸造铜鼓是目前铜鼓铸造较为常用的办法，既使用翻砂铸造法铸造铜鼓鼓身，又使用失蜡法铸造鼓身配饰。东兰的罗明金师傅常用此混合铸造法铸造铜鼓。

2. 使用材料

红水河流域壮、苗、瑶、水等民族使用的铜鼓多为麻江型铜鼓，从传世的近 2000 面麻江型铜鼓来看，其形制统一，装饰固定，可以断定麻江型铜鼓已经进入了规模化和批量化生产的阶段。20 世纪 80 年代初，国内外开启了铜鼓复制和失传铸造工艺的探索。1982 年，广西壮族自治区博物馆、云南省博物馆联合北京钢铁学院冶金史研究室（现为北京科技大学冶金与材料史研究所），对八大类型的铜鼓进行取样，采用原子吸收光谱分析和金相检验的方法，对 92 面铜鼓进行合金成分及金属材质分析。测量数据公布以后，铜鼓制作材料的合金比例被应用于铜鼓铸造工艺之中。专家们根据出土铜鼓鼓面遗留的痕迹，对翻砂铸造法的砂料进行了分析，发现鼓范的砂料是经过筛选和配比的细砂。根据对红水河流域矿区的分析，有专家认为，红水河流域的河池南丹地区是古时候远近闻名的锡矿区，主要矿物为锡石，此外还有黄铁矿、闪锌矿、磁黄铁矿、黄铜矿、辉铋矿等矿物。①

现代翻砂铸造法铸造铜鼓的原料有铜合金，辅料有模型粉、砂模粉。铜合金的比例为：铜 72.5%—75.5%，锡 24.5%—27.5%。模型粉比例为：细河沙 60%—80%，石英粉（又称“耐火泥”）10%—30%，水 3%—10%。制作模型粉时，根据湿度和温度调节沙、泥、水的比例。砂模粉比例为：石英粉 50%—80%，石膏粉 5%—30%，石灰粉 5%—20%，木灰粉 3%—10%。现代失蜡法铸造铜鼓的原料有橡胶、石膏、蜡。其中，橡胶是经过高温硫化后的固体橡胶，这种橡胶通常含有较高的天然树脂成分。石膏则是特制的混合材料，由石膏粉加入石英粉等添加剂制成。蜡是经过调配的特殊材料，原料多选用石蜡或蜂蜡，比例为 60% 左右。在蜡料中加入 10% 的植物油（麻油、豆油、花生油）和 30% 的松香做调和剂。配置蜡料时，先将蜡和松香加热至液态后，再加入植物油搅拌均匀，待冷凝至块状时，反复拉拔，使蜡料混合均匀。

① 陆秋燕、李延祥：《广西各类型铜鼓的分布与铜锡铅矿点之间的关系——兼论广西古代铜鼓矿料来源和铸造地问题》，《广西民族研究》2017 年第 1 期。

3. 翻砂铸造法铸造铜鼓步骤

早期的铜鼓体积较小，多为素面无纹，随着铸造工艺的进步，汉唐以后，铜鼓体积变大，鼓身、鼓面也有了简单的纹饰，再由简单的纹饰发展到精美的纹饰。清以后，传统的铜鼓铸造工艺失传，现代的铜鼓多是用混合铸造法铸造完成，装饰与鼓身分开铸造，铸造完毕后再焊接在一起。广西环江的韦启初兄弟把翻砂铸造法的铸造工艺应用到铜鼓的铸造中，能够一次成型地铸造出鼓壁厚薄与传世铜鼓相当的铜鼓铸件。翻砂铸造法铸造铜鼓的工序复杂，主要有制模、浇铸、打磨这几个步骤。

（1）铜鼓模具（范）制作流程

铜鼓成型是靠熔炉将金属铜熔成铜水后浇铸到铜鼓模具中一次成型的。因此，制作铜鼓模具是铸造铜鼓工艺最重要的一步。

①制备沙料

先将河里采来的沙子用打沙机打成粉末状，用细过滤网筛出均匀细腻的细沙。准备河沙的量要比铜鼓体积大两倍左右，以备筛出体积合适的细沙。

②调制型砂

在沙子中加入适量石英粉，用铲子反复翻拌，使石英粉和沙子混合均匀。接着，反复洒水和翻拌，以调制型砂。型砂必须具有一定的黏合强度和耐火性，以便能够被塑造成所需的铜鼓形状，并能有效抵御高温铜水的冲刷。

③制作铜鼓边耳模

为了在砂型内塑成与铸件鼓耳形状相符的空腔，必须先用木材制成边耳模型（称为“木模”）。炽热的铜水冷却后体积会缩小，因此木模的尺寸需要在铸件原尺寸的基础上按

图四一七　铜鼓模具（梁富林　摄）

收缩率加大，需要切削加工的表面相应加厚。空心的铸件需要制成砂芯子和相应的芯子木模。有了木模，就可以翻制空腔砂型。

④制作内范套件、外范套件模

根据铜鼓底部外开的形状先用石膏泥做好圆盘底座、鼓身模、内筒套、鼓面模和模盖，再用3毫米左右的铁板切割焊接好外筒套，圆盘底座纵向剖面呈“凸”字形，圆筒状的内套筒竖直安装在圆盘底座的中央。筒身比鼓身模低，上端封口，鼓身模竖直安装在以内套筒为中心的“凸”字形圆盘底座上。鼓身模分为两块，呈扇形对接围成。圆筒状的外筒竖直套接在“凸”字形圆盘底座的凸肩上，其筒身比鼓身模高，由四块扇形外模块连接围成。模盖呈翻盖式，活动式连接在与底座相连的支架上，并与外套筒上端口相配接。

（2）铜鼓模具安装流程

铸造铜鼓的模具需要把内套筒、外套筒和模盖安装起来，让模具内部形成铜鼓形状空隙，且相互连通，确保铜水能一次性在空模内注满，无镂空。

①安装圆盘底座模具

将圆盘底座以及连接底座的内筒套和模盖的支架平放在地上。

②安装内套筒模具

将内套筒竖直安装连接在圆盘底座的中央，由鼓身模块对接围成的鼓身模竖直安装在以内套筒为中心的“凸”字形圆盘底座的凸台上。

③安装鼓身模具

以内套筒凸点为中心点，将两块鼓身模放在内套筒底座上，用铁线将鼓身模箍紧。为了防止填砂时漏砂，填砂前要检查鼓身模是否还有间隙。如有间隙，应重新调整鼓身模并箍紧，直至没有间隙。

④鼓身模内范填砂

用铲把调好的型砂填到鼓身内模里，一边铲砂一边用小铁棍按压，直到填压的型砂高过鼓身模，再用笔直的钢尺顺着鼓身模的平面把型砂刮平。

⑤安装鼓面模盖

先把鼓面模盖平放在鼓身模上，再用铁钳把原先固定鼓身模的铁线拆除，然后再用毛刷把底座边多余撒落的型砂清理干净。

⑥安装外范模块

将四块扇形铜鼓外范模块（外套筒）抬立起来，包住鼓身模，用螺栓连接扣把四块外范模块拧紧安装好。

⑦铜鼓外范模块填砂

按鼓身模内范填砂的方法，将型砂填入由外套筒围成的外范中，并夯实，注意不能过实。在鼓身弯曲的地方，要用手填压型砂。当型砂填到外范边距时，用一块平整的木板沿着鼓身模盖刮平，再用毛刷把鼓面模盖上的型砂清理干净。

图四一八　鼓身模内范填砂（梁富林　摄）

图四一九　安装外范模块（王梦祥　摄）

⑧安装鼓面模具

在填砂清理后的铜鼓内外模上面铺一层薄膜，再用更细的筛网把型砂筛到鼓面模上，让型砂铺满整个鼓面。接着，把鼓面模具平放在鼓身模端口，并用笔做记号，以便合范的时候能精确无误地盖上模盖。最后，向模盖套内按压充填型砂。在充填型砂时，要在对角

图四二〇　在填砂清理后的铜鼓内外模上面铺薄膜（梁富林　摄）

方位留浇铸口和排气口。

⑨脱鼓身模和鼓面模

型砂充填好后，翻起模盖，拆开外套筒，取出鼓面模和鼓身模，修补好外筒套砂模内壁、模盖底面砂模，并用细纱布将滑石粉均匀地撒在鼓身模和鼓面模上，使鼓身模和鼓面

图四二一　脱鼓身模和鼓面模（王梦祥　摄）

模的表面变得光滑。这样做有利于铜水在空模内快速流动，以防止铜水分布不均匀而导致镂空。

（3）制作鼓身纹饰

根据鼓身大小及铜鼓文化特征，需在鼓身上印制具有民族文化特色的纹饰，具体步骤如下：

①刻印章范

在蜡模上，先用笔画出图案或文字（文字要反写），再用刻刀在蜡模上凹刻图案或文字。

②制作印章模

将原子灰加少许固化剂调制成糊状，均匀地涂抹在刻好图案或文字的蜡模上，10 分钟后，将已经固化的原子灰抠出即成印章模。

③外范压印

将做好的印章模根据铜鼓纹路特性轻轻压印在外范模具和鼓上盖范。

（4）合外范、鼓盖范

将四块扇形外模块（鼓身外范）轻轻合起来，扭紧外范四颗固定螺栓，再对准原来做的记号盖上鼓盖范。

（5）熔制铜水

将原材料金属合金铜块（比例大概为 70% 铜 +30% 锡）放入电子熔炉中，先将温度调至 200℃，铜块开始熔化时再调到 500℃，使铜块快速熔化成铜水，用铲子把漂在铜水表面的杂质捞掉。

（6）浇铸铜水

再次检查外套筒模块及模盖是否安装正确，然后从熔炉内舀满足量的铜水，从模盖的浇铸孔往内注入铜水，直到注满为止。

（7）脱外套筒模

注满铜水后，等待约 10 分钟，冷却后打开外套筒模具，然后清理掉铜鼓内外的型砂，用木槌敲击成型的铜鼓，以振动清理铜鼓缝隙的型砂。

（8）修饰打磨

焊接鼓面立体装饰，如焊接蛙饰，并对铜鼓外部、内部进行修饰打磨抛光并适当调音。

表二三　定音铜鼓的铜合金的比例和尺寸大小

音调	大小／厘米	厚度／毫米	Cu（铜）	Sn（锡）
D	16	2.3	73%	27%
E	16	2.6	73.5%	26.5%
F	13.8	3	74%	26%
G	13.8	3.3	74.5%	25.5%
A	11.8	3.6	75%	25%
B	11.8	4	75.5%	24.5%

牙运永和谭安益的音乐铜鼓是采用失蜡法铸造的，并通过改变铜鼓的大小、厚薄、硬度等因素，使铜鼓获得不同的音高。如鼓面大且薄、硬度较低的铜鼓音高相对较低；鼓面小且厚、硬度较高的铜鼓音高相对较高。

图四二三　黄仲裕等人研制的定音铜鼓（梁富林　摄）

（四）小结

铜鼓铸造制作技艺从失传到恢复，是几代人共同努力的结果。目前，红水河流域铜鼓铸造技艺仍然遵循的是师傅教徒弟的方法。徒弟能学到多少，除了要看师傅传授了多少技艺，还得看徒弟的接受力和领悟力。这种传统的传承模式具有一定的局限性。一是受传统传承方法的限制，对新材料、新工艺的掌握未能及时获得更新，导致技艺增长缓慢。二是受地域和制作师傅视野的限制，铜鼓流通仅局限在极小地域内，未能开拓更大的市场。鉴于红水河流域铜鼓铸造传统模式的局限性和铜鼓铸造的现状，急需在人才培养方式、新材料、新工艺上有所突破。

六、红水河流域铜鼓艺术与现代设计

——以广西南宁市和东兰县为例

(一) 城市景观中铜鼓景观的建构

城市景观是人类社会组织制度、价值观念、思维方式的载体。源于远古时代的铜鼓艺术，脱离传统社区的文化土壤，以城市景观为载体出现在现代社区，成为城市民众视野中的一种文化符号，是 21 世纪以来红水河流域民族文化景观建设中的重要内容。下文以红水河流域的南宁市区与东兰县为主要调查区域，考察铜鼓景观在现代城市环境中的建构方式。通过将不同类型的铜鼓景观视为分析“文本”，结合其所处城市环境、形制及与该场景中人群的关系等方面，梳理这些铜鼓景观的艺术特征与文化意义，探讨现代城市景观语境下作为文化符号的铜鼓和民间传统文化语境下的铜鼓艺术之间的关系及其可能存在的相互影响。

1. 铜鼓景观集中分布地及其建设历程

(1) 南宁市区

广西首府南宁是具有 1700 多年历史的古城。在历史上，南宁是南疆边陲的小镇，如今已成为现代化多功能的区域性国际大都市和泛北部湾经济合作区域的核心城市，城市形态也随着历史的进程发生着变化。城市空间的变化记录着城市发展的历程：过去，“建筑是石头的史诗”，凝聚着各民族的智慧和创造力；如今，延续着传统文化血脉的建筑见证了的广西发展。

自 1958 年广西壮族自治区成立后，南宁的城市面貌发生了翻天覆地的变化，尤其是进入 21 世纪后，城市环境建设和建筑设计日新月异，民族文化元素被越来越多地融入城市景观中。铜鼓作为历史上红水河流域壮族地区重要的文化内容之一，是象征着权力和财富的重器，也是沟通人神的礼器，曾扮演非常重要的角色。因此，铜鼓艺术成为广西的文化名片，以铜鼓艺术为原型，通过造型、装饰、打散重塑等方式设计的文化景观出现在人们日常生活的各类环境和场景中，古老的铜鼓以新形态焕发出了新活力，传达出新的意义。以下具体梳理南宁市区中以铜鼓为设计主题的建筑和环境景观，分析这些景观所处的地点及场所特征，并探讨在现代城市语境下铜鼓文化景观的特点。

①铜鼓景观分布情况

从空间分布上看，南宁市区的铜鼓景观主要集中在青秀区。青秀区是南宁七大区之一，它集重要的政治、经济、文化、科技、教育、金融和信息中心于一体，也是中国-东盟博览会会址南宁国际会展中心所在地，已经成为广西对外展示的城市名片。此外，还有少量铜鼓景观分布在进入南宁市区的交通枢纽地。这些铜鼓景观既展示了红水河流域的民族风情，又体现了各族人民的热情好客。

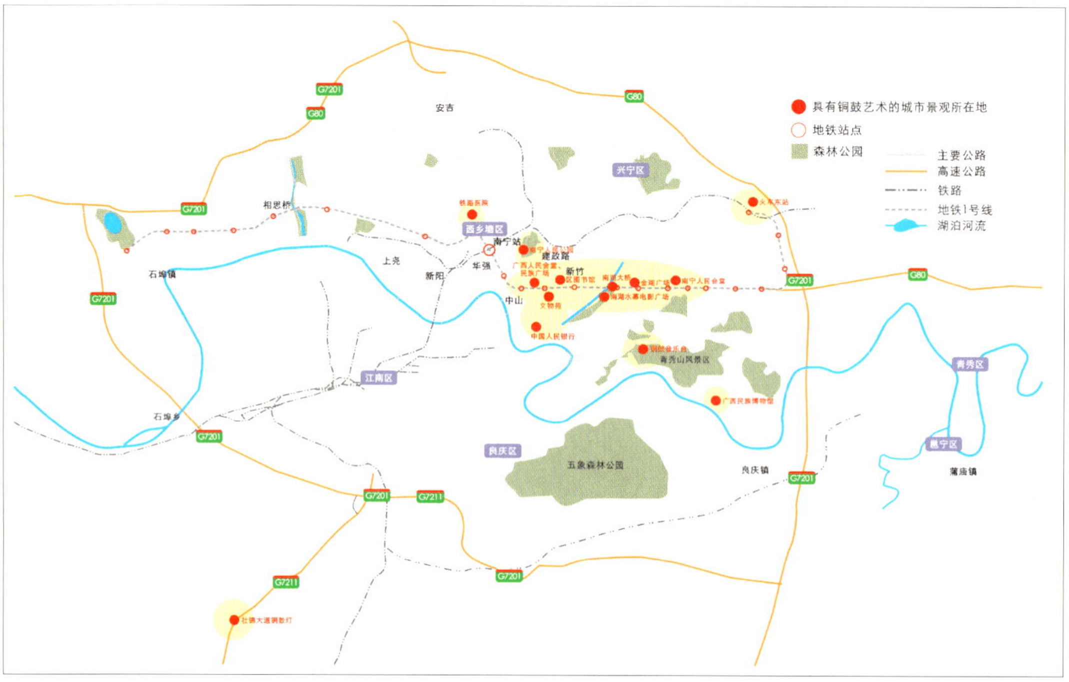

图四二四　南宁市区铜鼓景观的大致分布示意图（蓝艳　供图）

从铜鼓类型上看，南宁市区的铜鼓景观展示的铜鼓造型包括石寨山型、冷水冲型、麻江型、灵山型、西盟型等类型铜鼓的轮廓和纹饰特点，有的景观是由几个铜鼓类型组合而成，有的则只具有其中一种铜鼓类型的特点。据不完全统计，南宁市区具有石寨山型铜鼓艺术特点的景观有 9 个，有 7 个是在发展期建设落成的；具有冷水冲型铜鼓艺术特点的景观有 6 个；具有灵山型铜鼓艺术特点的景观有 2 个；具有麻江型、西盟型铜鼓艺术特点的景观各 1 个。

具体来看，凸显铜鼓文化符号的场所主要集中于五类地点。第一，在公共文化宣传展示的窗口部门，如广西壮族自治区博物馆的民族文物苑和广西民族博物馆最为典型，这是了解广西历史文化的窗口；第二，政府标志性的主体建筑，如广西人民会堂和南宁人民会堂，其建筑的主体部分都采用了铜鼓艺术元素进行装饰；第三，各大公园与市中心的广场，如南宁人民公园的西南大门和民族大道旁的金湖广场；第四，各旅游景区，如青秀山铜鼓音乐台融入了铜鼓艺术元素，展现了广西各民族载歌载舞的文化特色；第五，道路基础设施，如南湖大桥上的铜鼓圆墩。

②建设历程

通过初步考察，南宁市区内比较显著的铜鼓景观所在地大致如表二四所示，其中 20 世纪 90 年代建造的占 5 个，其余的建设于 21 世纪。

表二四　南宁市区内比较显著的铜鼓景观统计表

景观区	景观铜鼓	建设时间 / 年
民族文物苑	铜鼓雕塑群	1990
南湖大桥	铜鼓石墩	1993
人民公园	西南大门铜鼓石雕	1998
广西人民会堂	主体建筑	1998
青秀山风景区	铜鼓音乐台	1998
壮锦大道	铜鼓灯	2003
滨江公园	远古之门	2003
南湖公园	南湖水幕电影广场铜鼓阵	2004
南宁人民会堂	右侧浮雕柱	2004
金湖广场	主体雕塑与地面纹饰	2004
民族广场	铜鼓灯	2008
广西民族博物馆	主体建筑	2008
火车东站	地面北广场雕塑	2015

综上所述，以铜鼓艺术融入南宁现代城市景观的时间与广西政府的相关政策为基点，并以广西壮族自治区成立为时间节点，笔者将铜鼓景观建设的历程大致分为探索期、开拓期、发展期与繁荣期四个阶段。这四个阶段的城市景观为不同的社会阶层服务，具有不同的特征，表达出不同的目的。

a. 探索期（1958—1988 年）

这一时期，受政策、经济条件的制约，南宁市的建筑多以朴素、实用为主，没有过多的装饰，因此所形成的城市景观亦是如此。政策上，1955 年南宁市第一个城市总体规划草案将南宁市定位为：由商业、消费城市转为为人民政权与新经济服务的新城市；中国南方连接东南亚的国际城市。由此可以看出，此草案对南宁市发展提出了指导性意见，特别是对中华人民共和国成立初期南宁的城市建设起到了积极的推动作用。经济上，由于经济困难导致物力、财力缺乏，南宁的城市建设主要以国家建设领域制定的“适用、经济、在可能条件下注意美观”的“十四字方针”为指导思想。人们关注的重点在于“适用、经济”，而对于“美观”方面没有明确需求，建筑功能追求实用，建筑形式追求大方简洁，形式服从于功能。因此，这阶段的南宁城市建筑受政府主导的政治话语因素影响较大，尚未形成清晰的城市景观特点，也就没有形成凸显地方民族文化特点或风格的城市景观。

b. 开拓期（1989—1998 年）

经过前三十年的探索阶段，经济繁荣发展，为城市建设提供了物质基础，也为城市景观提供了有利的社会空间。南宁的城市建设迎来了新的发展机遇，呈现的城市景观在国际性、地域性和民族性上都有了进一步的发展。1990 年，民族文物苑的铜鼓雕塑群（现已拆除）建成开放，标志着铜鼓艺术运用在城市建设中迈出了第一步。这座铜鼓雕塑群的外观是仿照石寨山型、灵山型、冷水冲型和麻江型铜鼓的造型组合而成的，鼓身上饰有各类型相对应的纹饰。铜鼓雕塑群的内部分上下两层，可作为办公或娱乐的空间。这座集建筑、雕塑于一身的大型城市景观，是一座集欣赏性、艺术性、公共性、实用性、功能性于一体的人文景观，也是当时南宁市的地标之一。对之后相继出现的铜鼓雕塑、铜鼓纹饰浮雕等城市景观，起到了引领启发的作用。一些景观也因所在地段的需求，结合建筑结构来展现民族特色。例如，1993 年建成并通车的南湖大桥，就巧妙地融入了这一设计理念。南湖

图四二五　民族文物苑的铜鼓雕塑群（王梦祥　摄）

大桥位于民族大道中部，而民族大道作为“广西第一路”，是南宁的重要通道。设计者巧妙融合桥梁结构，将视觉效果较为突出的小型铜鼓石墩间隔装饰于桥梁的护栏上，以强调道路环境中的民族特色。

此外，广西人民会堂是为迎接广西壮族自治区成立40周年大庆而建的；青秀山铜鼓音乐台是广西壮族自治区成立40周年的一个献礼项目；人民公园处于南宁城区的中心位置，它在中华人民共和国成立初期，曾于南宁乃至广西的公共政治生活中扮演重要角色，1998年公园西南大门重建时也选择了铜鼓元素作为设计重点。上述这类城市公共建筑和场所的环境景观都运用了铜鼓造型或装饰纹样。这些设计在为政府宣传主流政治话语服务的同时，也凸显出城市文化与民族传统文化之间的承继关系。可以说，这一时期作为广西首府的南宁，在城市景观建设中逐渐尝试以铜鼓造型及纹饰来体现本区域的民族文化特色，把铜鼓符号化为公共景观，以此表达国家尊重各民族文化传统的态度，同时传递出促进民族团结、各民族共同繁荣发展的政治意愿。这反映出铜鼓景观具有纪念性和政治性的鲜明特征。

c. 发展期（1999—2008年）

1999年，由于国家实施“西部大开发”战略，国家给予南宁城市建设极大的政策支持。同年，南宁市委、市政府要求南宁市规划管理局规划工作要按照“上档次、出精品、造品味、创特色”的指导思想，抓重点，抓精品，抓质量。自2002年起，南宁以城市建设为突破口，全力实施“136”目标（即“一年小变化，三年中变化，六年大变化”的目标），坚持突出绿色生态和民族特色原则，因此铜鼓艺术融入南宁城市景观中的表现形式也呈现多样化。

2003年是实施“136”目标的第一年，首先落成的铜鼓景观建筑为“远古之门”。其位于南宁市邕江一桥江滨休闲公园广场，由五块模仿残缺状设计的花岗岩铜鼓雕塑组成。五块花岗岩铜鼓雕塑或卧或立，中间两块形似两扇门的造型。景点前的花岗岩上有说明文字：“远古之门作品以花岗岩本身特有的材质语言与奇异的造型重构传统与现代的和谐，

图四二六　南宁人民公园西南大门的铜鼓石雕（蓝艳　摄）

透过铜鼓开启的缝隙可看到邕江大桥繁忙的都市景象。铜鼓——远古的文明与现代生活的喧嚣、活力都在这里交融，此情此景我们可以感受到先人的智慧、开放的气息和未来的憧憬。”“远古之门”体现了这类景观设计越来越注重展示城市历史文脉与现代生活之间的关联。此时期南宁城区道路的新建、改造、扩建，也注重遵循“以人为本、适用安全、尊重历史、立足环境、求精求美，突出地区特点”的原则。例如，位于壮锦大道机场高速路的城市景观亮化工程，也采用了铜鼓作为原型，设计了12个具有民族特色的巨型铜鼓灯。为了迎接首届中国-东盟博览会，自治区党委、政府在承办工作总体部署中，明确要求各级各部门各单位一定要严格按照《首府南宁迎接“东博会”搞好市容景观环境综合整治工作方案》的要求，按时按质按量完成综合整治工作任务，确保市容景观环境综合整治实现“特、净、绿、亮、美、畅、保”的整体效果。其中的“特”就是指要精心设计，注重特色——按照城市街道的功能分区和临街建筑物的建筑风格，扬长避短，充分发挥主观能动性，大胆创新，精心设计，充分体现南宁作为亚热带园林城市和广西首府的特色；展现现代城市的时代风貌，在整治中打造更多的精品。这时期采用铜鼓造型和纹饰等艺术特点体现城市特色的突出景观有：南湖公园中由12面仿石寨山型铜鼓组成的铜鼓阵；按照城市街道功能分区而建成的南宁人民会堂，其两侧大型支柱上以浮雕形式呈现了铜鼓上的羽人舞蹈纹和龙舟竞渡纹；成为南宁城区新地标的金湖广场，其在地面、墙面、花坛等装饰上，都借用了铜鼓艺术中的装饰艺术进行美化，突出广西首府的特色；广西民族博物馆，作为广西壮族自治区成立50周年大庆的重点工程之一，更是突破以往多将铜鼓纹饰或造型元素融入雕塑中，或者运用浮雕表现铜鼓的模式，把铜鼓轮廓造型与博物馆主体结构相融合，使整个建筑造型既具有功能性又兼顾艺术性与民族性，令观者印象深刻。这一时期，随着南宁城市建设的全面展开，更多的铜鼓艺术符号被运用在城市景观设计中，南宁逐渐被打造成具有浓郁壮族文化特色的现代城市。尽管城市景观建构的主要决策权掌握在设计师和政府人员手中，但设计思想日益多元化，设计实践越来越受全球消费文化的影响，景观风貌更趋向于个性化、概念化。

图四二七　壮锦大道机场高速路上的铜鼓灯（张小宁　摄）

图四二八　壮锦大道机场高速路上的铜鼓灯（张小宁　摄）

d. 繁荣期（2009 年至今）

近十几年来，南宁的城市景观建设越来越注重文化内涵和人文精神的融入。政策上，2010 年中共南宁市第十届委员会第九次全体（扩大）会议提出，要加快建设独具特色的宜居城市。政府强调加快城市规划，在城市建设中彰显个性，充分展现南宁独特的南国风光、文化内涵和人文精神；体现出城市建设中精益求精的思想，而不是像以往将广西传统文化生搬硬套在城市景观建设中。实际操作中，政府部门开始在城市建设中重视征求当地居民的意见。

图四二九　金湖广场地面上的铜鼓纹饰（蓝艳　摄）

例如，2014年1月开展的南宁火车东站地面南北广场雕塑设计方案征集活动。首先，设计师提交设计方案，参与投标；其次，政府决策者从中选取符合这一火车站规划理念的11个优秀作品作为备选设计方案，请市民到南宁规划信息港官方网站（www.nnghj.gov.cn）对入围的11个方案（其中北广场6个，南广场5个）进行投票；最后，北广场主题雕塑方案选定铜鼓与芦笙相结合的雕塑，南广场主题雕塑方案选定绿叶与朱槿花相结合的雕塑。

综上分析可知，南宁市区的城市景观建设思路经过多个阶段的发展：从20世纪50年代末的只追求经济实用，到突出纪念性和政治性，再到强调民族特色和追求个性，最终转向突出城市历史脉络和文化蕴意。以下以铜鼓景观为例，通过梳理其各个历史时期的状况和特征，反映南宁市区城市景观建设的转变历程。

表二五　各个历史时期南宁市区城市景观建设的转变历程

对比项	探索期	开拓期	发展期	繁荣期
铜鼓景观特征	简单大方	纪念性、政治性	个性化、概念化	民族性、地域性
铜鼓艺术空间分布状况	少量建筑	建筑、文化展示部门、景区、公共设施	建筑、文化展示部门、景区、公共设施	建筑、文化展示部门、景区、公共设施

续表

对比项	探索期	开拓期	发展期	繁荣期
景观设计目的	经济、实用	传达国家意志、民族意愿	建构城市特色，展示民族文化特色，塑造城市文化形象	利用文化资源，营造文化氛围，丰富城市文化
对城市形象的影响	数量少、影响小	数量增多，有一定程度的影响	影响程度加深、范围扩大	文化氛围浓厚，具有浓郁的壮族文化特色
代表性景观	无	广西壮族自治区博物馆民族文物苑铜鼓雕塑群	广西民族博物馆主体建筑	火车东站北广场铜鼓雕塑

根据上述调查材料的分析结果可知，铜鼓艺术元素在南宁城市景观中的出现与丰富化，很大程度上得益于政府的推动。城市景观的功能从实用性向艺术性转变，这与现代化语境下国家对优秀传统民族文化传承的重视及对多元民族文化生态的保护与发展政策密不可分。

（2）东兰县

本调查研究的另一个重点研究区域是东兰县。东兰县地处广西西北部，属河池市辖区，壮族人口约占全县人口的85%，是桂西北壮族聚居地之一。东兰县的铜鼓文化传承久远，绵延至今，被誉为“世界铜鼓之乡”，现存传世铜鼓500多面，分布于东兰镇、隘洞镇、长江镇、金谷乡、巴畴乡、三弄瑶族乡等11个乡镇中。在红水河流域中，东兰县目前保存铜鼓的数量是最多的。如今，当地人仍对铜鼓怀有深厚的感情，认为它具有灵性，能够镇邪保寨。东兰县民间还保留着使用铜鼓的习俗。地方政府也把铜鼓作为象征地方民族文化的艺术符号，运用在县城景观建设中，以装饰城区环境并突出地方历史文脉。

①铜鼓景观分布情况

从分布空间上看，东兰县的铜鼓景观主要分布于县城，还有一部分位于东兰县各旅游景点。从铜鼓类型上看，东兰县城的景观主要运用石寨山型和麻江型两种铜鼓的造型或纹饰元素。有的景观同时具有两种类型的特点，有的则只具有其中一种类型特点。

图四三〇　东兰县九曲河具有铜鼓纹样的河堤护栏（蓝艳　摄）

从承载铜鼓文化符号的地点场所来看，东兰县的铜鼓景观主要分布于道路基础设施、广场及旅游景点等处。

道路基础设施：道路灯光照明设施的运用，较突出的是进出东兰县城的路段两侧路灯，每根灯杆顶部有两个铜鼓鼓面组合而成的造型。还有南北贯穿县城的九曲河，在2003年至2004年建设的河堤防洪工程中，河堤护栏及路边照明设施也运用了铜鼓元素。护栏的侧面可见铜鼓鼓面图案与红丝带结合的雕刻装饰，并配以“东兰颂歌”“铜鼓神韵”等文字。此外，九曲河上每一座桥梁的路灯灯罩外形都是黄色塑料仿铜鼓鼓面造型。整个东兰县城区道路两侧都能看见运用铜鼓文化符号作为装饰的传统文化宣传牌。

图四三一　东兰县具有铜鼓装饰的路灯（蓝艳　摄）

广场：东兰县城主要有3个广场，按面积从小到大依次是马鞍山广场、文化广场和拔群广场。马鞍山广场位于马鞍山脚，紧贴县城主干道，面积较小，广场上有一个小舞台，舞台背景以浮雕形式呈现出东兰县人民欢歌起舞的节日场面，其中铜鼓的鼓面外形也雕刻在其中。文化广场位于整个县城中心位置，背靠东兰县人民政府。文化广场后部依地势呈阶梯状升高，广场中央舞台的背景采用两面铜鼓鼓面造型，隔开了广场两侧“培育和践行社会主义核心价值观”的宣传标语。拔群广场与东兰县革命烈士陵园、东兰县人民政府相邻，东面、西面和北面都是苍翠的青山，南面有气象局、纪念碑和韦拔群墓地等建筑，场地标高有20多米的高差，交通由东西向县城大道引入。拔群广场中心区域铺设了4块绘有铜鼓鼓面图案的地面装饰，东西两边设有12根图腾立柱，柱子上方分别装饰着一面大型双面铜鼓。

图四三二　东兰县具有铜鼓装饰的宣传牌（蓝艳　摄）

旅游景点：可分为红色旅游景点与自然风貌景点两种类型。红色旅游景点中有铜鼓元素装饰的场所包括拔群广场、烈士陵园、韦拔群墓地、纪念馆、左右江革命老区武篆镇、广西农民运动讲习所旧址、韦国清故居等。武篆镇曾是左右江革命老区的中心，位于东兰县西北部，距县城约32公里，有多处革命遗址，以列宁岩（广西农民运动讲习所旧址）、魁星楼为代表。列宁岩和魁星楼的铜鼓元素都是用大石墩仿铜鼓造型，位于主要建筑的前方，蕴含守护和装饰的意义。韦国清故居背靠东兰第一高峰莫中山，面朝一坡，故居广场设有铜鼓地面铺砖。以铜鼓文化符号来装饰的自然风貌景点主要有位于三石镇板文村境内的红水河第一湾景区。红水河流经这里时形成了“U”字形的大峡谷，从三石镇四合村一带恰可俯视这一壮美的自然景观。为便于观景，四合村通往板文村的公路旁修建了可俯视这一河湾的观景凉亭，其间放置了12个铜鼓造型的石墩。

图四三三　魁星楼前方的铜鼓造型大石墩（蓝艳　摄）

②建设历程

根据笔者在东兰县考察时统计的数据，东兰县铜鼓景观建设时间大都集中于2000年以后。详见表二六。

表二六　东兰县铜鼓景观建设时间

景观区	景观亚区	建设时间／年
良风洞景区	马鞍山广场	2011
文化广场	舞台背景	2010
拔群广场	图腾立柱	2009
九曲河	河堤护栏	2009
东兰县道路	文化宣传牌	2014
东兰县道路	路灯	2011
左右江革命老区武篆镇	广西农民运动讲习所旧址	2012
左右江革命老区武篆镇	魁星楼	2012
红水河第一湾	凉亭	2015

综上所述，从空间维度来看，具有铜鼓文化符号的城市景观主要分布于道路基础设施、市政设施、广场及旅游景点；从时间维度来看，铜鼓文化最初形成并传承于传统社区，自21世纪起开始向现代社区传播和发展。是什么契机促使它被运用于当地的现代景观设计中，其中经历了怎样的建设历程？笔者认为，铜鼓景观在东兰县出现的时间大致可以划分为探索期、发展期和繁荣期三个建设阶段。

a. 探索期

东兰县壮族铜鼓习俗具有深厚的历史文化和精神内涵，20世纪90年代以来逐渐受到社会各界关注，对东兰县文化与经济发展产生极大的影响。1993年，东兰县政府开始对民间的传世铜鼓进行普查登记，对铜鼓习俗以及铜鼓舞等加以保护传承；2004年，东兰县被广西壮族自治区文化厅命名为“广西铜鼓艺术之乡”；2006年，以东兰为主要传承地的“壮族铜鼓习俗”和“壮族蚂蜗节”被列入首批国家级非物质文化遗产名录；2008年，广西东兰铜鼓民俗文化旅游区获得“中国民间文化遗产旅游示范区”称号；2009年3月，东兰县被文化部授予“中国民间（铜鼓）文化艺术之乡”的称号。通过这一系列评比与宣传，东兰县政府和民间社会对铜鼓及铜鼓习俗的价值日益重视，传承与保护铜鼓文化的观念开始自上而下地渗入民众心中。

b. 发展期

从以上城市景观建设的时间以及笔者对当地人的采访可印证，2009 年东兰县开始出现铜鼓文化的城市景观，因为这一年东兰县要申报“中国民间（铜鼓）文化艺术之乡”，并筹备举办河池市铜鼓山歌艺术节。这个艺术节每年一届，由河池市各县轮流主办，是河池市政府为带动桂西北地区旅游产业发展、推动地方经济发展、宣传地方传统文化而组织的重要节庆活动。随着人们物质生活水平和文化生活水平不断提高，以及政府对建设高质量人居环境的日益重视，社会各界对城镇景观环境建设过程中凸显地方文化特色的问题也越来越关注。在此背景下，东兰县政府出台了一系列政策和措施。2011 年，东兰县政协在第九届六次会议提案工作报告中明确指出，要把东兰县打造成集绿色、生态、探秘、朝拜于一体的旅游新景点，使全县红色、铜鼓、绿色三大品牌得到有机结合。其中，《强化城区铜鼓文化氛围》提案提出的意见和建议与东兰县委、县政府正在实施的“唱响红色旅游，做强铜鼓文化”发展战略目标相一致。如上文所介绍的，正是在此背景下，城区一些路段的路灯杆安装了小巧玲珑的铜鼓，拔群广场地面也以精美的铜鼓图案来装饰，广场两侧 12 根图腾立柱上分别摆放着一面大型双面铜鼓。此外，还兴建了东兰民间铜鼓收藏馆，把种类各异、品种繁多和各具特色的 150 多面传世铜鼓呈现于人们面前。笔者通过以下被访者的介绍了解到这一时期的一些具体情况。

东兰县县城居民：“以前没有接触过铜鼓，2009 年拔群广场建成后，有很多人来表演敲铜鼓，之后只要一有节日就会敲，我才开始关注铜鼓。我店门前的文化展示宣传牌弄起两三年了，因为这里是铜鼓之乡又是革命老区，很多外地的人会到这里旅游。”

东兰镇政府人员：“铜鼓、红色是东兰县的旅游品牌，大力‘唱响红色旅游，做强铜鼓文化’是政府这几年发展的战略目标。然而，最直观的表达方式就是在东兰县的建设中融入铜鼓元素，让外来的人感受到铜鼓文化。所以这几年就有运用铜鼓文化符号的城市景观出现在东兰。”

东兰县列宁岩景点小摊贩：“我从 2012 年开始在这边摆摊，干了好几年了。因为 2012 年的时候这里被评为红色旅游景点，我家就住附近，所以来这里做点小本生意。”

可见，不同阶层、民族和职业的民众对本地铜鼓文化的认知和表述是不同的，并不是所有东兰民众都对与铜鼓有关的习俗熟悉，但以政府为主导在县城及旅游景点等处建构起的东兰铜鼓景观，确实使铜鼓真正成为地方社会空间标志性的民族文化符号，使之与更多人的生活、更多人的活动空间发生了新的关联。

c. 繁荣期

东兰县既有得天独厚的自然风光，又曾是右江革命根据地的腹心地，还保存着民族性、地域性突出的铜鼓艺术与铜鼓习俗，是集自然文化景观与非物质文化遗产于一体的“旅游富矿”。东兰县委、县政府实施的“红色东兰，铜鼓之乡”文化旅游发展战略，以红色旅游景点与铜鼓文化符号结合，既展现了革命老区的红色文化底蕴，又彰显了铜鼓文化的独特魅力。这一战略通过融合象征革命的红色与象征壮族文化的铜鼓，打造了独具特色的文化旅游品牌。而文化是人与自然相关联的产物，铜鼓处在具体的文化时空中，与当地的自然地理生态密切相关，铜鼓文化符号运用于自然景观观赏点，正是互动关联的体现。

根据东兰县铜鼓景观的三个建设阶段分析可知，当铜鼓受到政府关注并被广泛宣传，它就因此成为地方民族文化传统的标志性文化符号。政府是决定铜鼓景观是否出现在东兰县城和各旅游景点等处的把关人，而在这些场所活动的民众对铜鼓景观的认知特点则折射出社会各阶层不同的文化观念。铜鼓景观在这一铜鼓习俗传承区域的建构，体现了政府与民间、历史与现代的主流政治宣传、经济理性意识与民族文化传统的有机融合。

2. 铜鼓景观类型分析

铜鼓景观根据分布地的功能性需求不同，采用了不同的体量与不同的材质，大致可分为大型铜鼓景观、中型铜鼓景观和小型铜鼓景观。每种类型的铜鼓景观都具有不同的艺术功能，在社会生活中赋予不同的人群以不同的感受。

（1）大型铜鼓景观

笔者调查到的大型铜鼓景观主要集中于南宁市，具代表性的包括广西壮族自治区博物馆民族文物苑的铜鼓雕塑群、青秀山风景区的铜鼓音乐台、广西民族博物馆主体建筑、广西壮族自治区图书馆扩建的接待大厅、南宁火车东站北广场铜鼓雕塑。这类铜鼓景观多是把铜鼓轮廓运用在主体建筑的结构上，或以大型具象铜鼓造型为雕塑主体立于广场之中，呈现出铜鼓造型的艺术特点。

图四三四　南宁火车东站北广场上的铜鼓雕塑（蓝艳　摄）

广西壮族自治区博物馆民族文物苑的铜鼓雕塑群是民族文物苑展示广西各少数民族民俗文化的特色建筑之一，建成于 1990 年。这座铜鼓雕塑群的外观是仿石寨山型铜鼓、灵山型铜鼓、冷水冲型铜鼓和麻江型铜鼓的造型组合而成的，鼓身装饰着与各铜鼓类型相对应的纹饰，整个雕塑长 24 米、宽 18.5 米、高 16 米，最大铜鼓的面径为 14 米。雕塑群内部分上下两层，每层有大厅 1 个，房间 3 个，卫生间 1 个。雕塑群利用铜鼓鼓身的花纹空隙形成空气对流，通风效果佳，可作为办公或娱乐的空间。原来，内部结构的一层大厅空置不对外开放，另外 3 个房间租赁给人做买卖，一间用作陶瓷展示与售卖厅，一间用作陶瓷制作工艺房，另外一间用于储存杂物。第二层内部空间则只有大厅租赁给人做买卖，其余 3 个房间空置。游客可以从楼梯上至二楼观光。现在这个雕塑群已拆除。

从雕塑群所处的整体环境来看，民族文物苑是广西壮族自治区博物馆室内陈列的延伸和扩展。从博物馆后侧的民族文物苑正门望去，最醒目的建筑就是铜鼓雕塑群，它正对文物苑正门，从门外路过的人很容易一眼就记住它的形象。此外，民族文物苑内还有侗族风雨桥、鼓楼，苗族特色民居，毛南族特色民居，以及寨门、戏台、民族手工作坊等。

广西民族博物馆是广西壮族自治区成立 50 周年大庆的重点工程之一，始建于 2003 年，2008 年正式对外开放。广西民族博物馆的主体建筑在结构外观上采用一大两小的铜鼓造型，采用了玻璃、铝材和钢材等材质塑造出高达 32 米、鼓面直径为 44 米的铜鼓造型的楼宇空间。主体建筑正门挑檐的设计也采用了铜鼓龙舟竞渡纹中龙舟龙头的造型。大部分来观光的游客路过广西民族博物馆时都被它的造型所震撼。

（2）中型铜鼓景观

笔者重点调查的南宁市内中型铜鼓景观分布在民族广场、南湖公园水幕电影广场、人民公园西南大门、金湖广场等地；东兰县内中型铜鼓景观分布在拔群广场、文化广场、马鞍山广场。这些景观主要是汲取铜鼓造型艺术特点，以仿真铜鼓塑造景观环境，或者采用铜鼓的纹样装饰广场的地面和舞台背景。

民族广场位于南宁核心城区青秀区的中心位置，南临民族大道，北倚广西人民会堂，东靠广西民族艺术宫。广场呈圆形，设有西南往东北方向的人行道，地面由大理石铺面，以民族团结宝鼎为核心向四周辐射，中心内围由 16 个花坛与铜鼓灯组合而成，南面是庄严的升旗台。外围由大面积绿地与绣球灯组合而成。广场中心布设民族团结宝鼎和铜鼓灯。每当夜晚来临，民族广场的铜鼓灯与周边的照明灯齐放光明。早晨的广场有散步、跑步、玩拳耍剑的人，也有匆匆路过去上班的人。傍晚是广场人群最多的时候，孩子们会在广场上玩耍，大人们或三三两两散步或在铜鼓灯下坐着休憩或跳广场舞。

民族广场在 1998 年以前叫“七一广场”，用于召开群众大会，整个广场只有简单的主席台和观礼台，周边是树木，没有林立的高楼。1998 年，作为广西壮族自治区成立 40 周年献礼工程的一部分，民族广场经过一次大修整，在北面新建了广西人民会堂，其高层墙面和四端塔楼开始出现了绣球、铜鼓、凤凰、花卉、花山羽人等展现广西民族文化特色与

图四三五　广西人民会堂（蓝艳　摄）

风格的图案。当时的民族广场造型与现在一样呈圆形，中间是大理石铺成的大圆圈和大型旱地彩色灯光喷泉，四周是波浪起伏的带状花卉和绿色草坪。节假日期间的夜晚，喷泉就会在音乐和灯光中开启，到这里休憩、玩耍的人越来越多。2008 年，正值广西壮族自治区成立 50 周年之际，民族广场上的装饰发生了很大的变化，民族元素的融入不再局限于广西人民会堂主体建筑的上方，广场上还出现了鼎、铜鼓、壮锦、绣球等造型或装饰的景观，最明显的是广场中间的民族团结宝鼎和铜鼓灯。随着南宁对外开放程度的加深以及交通的日益便捷，外来人口日益增多，不少游客也会来民族广场游玩。笔者发现，民族团结宝鼎及铜鼓灯深受游客喜爱，是广场上被拍摄最多的两个景观，可见铜鼓对一般人也具有相当的艺术吸引力。

拔群广场是东兰县城的标志性公共活动场所，它位于东兰县城的中心位置，从县城中心商业街的背面经过一个长长的坡就能到达。长坡上的街道两旁有卖小吃的，广场汽车通行道闸口旁是东兰国际大酒店。拔群广场是南北轴向，从人行通道引道进入后，到达广场入口——一座三开间的牌坊，其前方是花坛与传统文化宣传牌。穿过牌坊，拾级而上就到达广场中心位置。广场东西两边共设有 12 根图腾立柱，柱子上方分别装饰着一面大型双面铜鼓。广场地面斜对角由两个铜鼓鼓面纹样的地砖铺成，再往前行是主席台。主席台背靠韦拔群纪念馆。广场西侧有将军园，东侧前半部分是用大理石护栏相隔的机动车道。大理石护栏两侧横面分别用铜鼓鼓面做装饰，后半部分是“对党忠诚、一心为民、追求真理、百折不挠、顾全大局、无私奉献”的标语，周围有翔鹭装饰的路灯。整个广场的景观设计中被运用得最多的元素就是铜鼓元素，分别出现在灯饰、地面铺装、广场的护栏、12 根图腾立柱等处，它们共同构成铜鼓景观体系。夕阳西下，拔群广场上的人逐渐增多，有全家人来散步的，有夫妻俩一起跑步的，有小朋友滑直排轮的，也有男女老少聚集起来跳广场舞或交际舞的，整个广场热闹非凡。外地游客也喜欢去拔群广场休憩，和当地人攀谈。在攀谈中，笔者了解到拔群广场所在地在 2008 年以前是苍翠的青山（这与笔者在东兰县政府查阅的资料是一致的），只建有烈士陵园，当时很少有人会来这里游玩。拔群广场建成后，很多外地人来东兰旅游时都要到这里逛逛。

图四三六　拔群广场上的图腾立柱和铜鼓（蓝艳　摄）

（3）小型铜鼓景观

小型铜鼓景观主要出现在路灯、桥墩、石凳等地方，通常采用铜鼓的造型与装饰艺术进行微型图案的装饰。如南宁市内铜鼓造型石凳、仿铜鼓蛙饰的立体雕塑、铜鼓造型圆墩护栏、铜鼓造型路灯底座等；东兰县九曲河河堤护栏上的铜鼓图案装饰、路灯灯杆顶部的铜鼓造型装饰、路边文化宣传牌上的铜鼓造型装饰、红水河第一湾景区凉亭上的铜鼓造型石墩等。

图四三七　红水河第一湾景区凉亭（蓝艳　摄）

图四三八　民族文物苑内的铜鼓造型石凳（蓝艳　摄）

铜鼓造型的凳子较早出现在民族文物苑内，其造型仿制了石寨山型、冷水冲型和西盟型等铜鼓样式，材质为石材。这些铜鼓石凳位于苑内风雨桥下池塘的四周，靠近池塘边缘的护栏，部分铜鼓石凳前设有休憩水泥长凳。早上，民族文物苑内常有一些退休老职工散步、唱歌，他们在晨练之余会坐在长凳上休息聊天，但没有人会选择坐在铜鼓石凳上休憩，大概是因为这些铜鼓石凳距离池塘过近，有安全隐患。来民族文物苑的游客一般也只会放置一下物品在铜鼓石凳上。此外，铜鼓面的直立蛙也出现在民族文物苑的铜鼓雕塑群中，其造型仿照灵山型铜鼓上的累蹲蛙，即一大青蛙背负一小青蛙，四足直立，花纹丰满而规范，以修长的线条和细密的点组成带状，沿着背脊、吻端面及四足蜿蜒展开，近似绣花工艺的绲边，整体疏朗明快。蛙身分为两区，然后填充对称的几何花纹，装饰效果强烈，雕塑群上的青蛙造型与原铜鼓上青蛙装饰的平面花纹几乎保持着一致的风格。

东兰县的小型铜鼓景观则主要体现在市政设施的设计上，如拔群广场上的路灯，它的顶部装饰为两个塑料材质的石寨山型铜鼓鼓面，夜晚照明时只有路灯是明亮的，铜鼓装饰在夜光的照耀下隐隐约约能看清。照明灯下方是两个小型的广告板，广告板两边各有三个灯笼，再下方才是路灯的底座。大概是因为这些铜鼓装饰的位置高于行人的视线，尤其是在夜晚，人们更难看清它们，所以很少有路人注意到灯杆顶上的铜鼓装饰。

3. 铜鼓景观的艺术分析

（1）景观造型

认知心理学认为，人们知觉活动的基本形式是模式再认。铜鼓景观采用铜鼓的造型元素进行景观设计，使识别景观造型的人们将外界刺激信号同大脑中贮存的铜鼓原型进行比较，当刺激的感觉形象与铜鼓原型获得最近似的匹配时，人们就确认该刺激属于铜鼓原型代表的范畴。铜鼓景观的设计者正是运用这一原理，尊重并突显所在环境的地域文化与地方感。根据南宁市与东兰县两地铜鼓景观的主要造型特点，笔者认为可概括为平面图案纹样类、立体雕塑与建筑类两大类。

①平面图案纹样类

平面图案纹样是以一种纯化的构成方式反映当地的社会生活状况与思维方式，彰显众多的文化内涵与人文主义精神。图案纹样的造型，通常是用借喻、象征、谐音的形式把人们对美好生活的向往与追求表达出来，因此在景观设计中被广泛应用。

在文化产生和发展时期，人对自然的支配能力远低于自然对人的制约。红水河流域的自然环境造就了当地以稻作文化为代表的丰富多样的物质文化。铜鼓文化的产生体现了红水河流域少数民族先民的万物有灵观念、“物我合一”的原始宗教思想和巫神文化。铜鼓上的纹样更是在各族先民的主观情感影响下，将感知和想象到的各种植物、动物在头脑中形成物象，再借助质朴的艺术手法纯化为铜鼓纹样的形象。从原始宗教思想到物化成为纹样的过程无不充斥着自然崇拜、生殖崇拜、丰饶崇拜的内容，体现出多样的文化寓意和精神内涵，成为各族信仰习俗、历史记忆、社会角色的标志和文化象征符号，成为现代城市建筑及环境景观的视觉语言符号。广西各处铜鼓景观采用的纹样主要有翔鹭纹、太阳纹、云雷纹、龙舟竞渡纹、羽人舞蹈纹。这些平面图案纹样多为写意造型，表现出简单大方、线条流畅、神韵含蓄的审美特点。(见表二七)

表二七　广西各处铜鼓景观主要采用的纹样

纹样种类	图例	历史文化象征
翔鹭纹		渔业民族的化身

续表

纹样种类	图例	历史文化象征
太阳纹		万物生长靠太阳，而红水河流域少数民族先民将野生稻驯化成栽培稻，更加需要丰富的日照。此纹样表示对太阳的崇拜和敬仰
云雷纹		云与雷是和雨相生相伴的，稻作民族将对雨的需求物化成铜鼓的纹饰以示通神灵
龙舟竞渡纹		反映了船对稻作民族的重要性，它既是重要的交通工具，也是捕鱼的重要工具
羽人舞蹈纹		体现出当时使用铜鼓的少数民族能歌善舞、热情好客的民族特征

②立体雕塑与建筑类

与平面图案纹样相比，立体雕塑与建筑类景观造型的最大特点是它们建立在立体的视觉空间之中，随着光影的变幻可表现出更加丰富的视觉美感。

景观代表了人们客观生活存在的真实物质性存在，也象征着某个区域内的民族的集体意识。铜鼓景观的造型设计采用了与人们脑海中贮存的铜鼓原型最接近的造型艺术，这是最直观的表达方式。笔者在调查中注意到，使用具象直观设计手法的铜鼓景观比较多，如南宁市有 10 个较重要的立体雕塑与建筑类的铜鼓景观，包括民族文物苑的铜鼓雕塑群、广西民族博物馆主体建筑、青秀山风景区的铜鼓音乐台、广西壮族自治区图书馆等；东兰县则有拔群广场、列宁岩等 5 个地方运用了不同尺寸的铜鼓具象造型来塑造景观。政府选择以具象的铜鼓元素设计公共场所和机构的雕塑与建筑，一方面是因为铜鼓代表着传统民族文化与历史的延续，另一方面是希望在现代城市空间无声地营造出具有地方民族文化特征的多元文化氛围，体现出现代国家认同和尊重少数民族传统文化的立场与态度。

（2）表现形式

景观的表现形式多种多样，以下只论述现代社区内铜鼓景观的材质表现和视觉表现两个方面。

①材质表现

每一种材质都有其特殊的艺术表现力，材质内部隐性的张力形成了欣赏者心理上浑重与单薄、沉重与轻巧、坚硬与柔软、华丽与朴素等富于反差的审美感受。南宁市区的铜鼓景观运用的材质种类较多，分别有石材（包含混凝土与各种类型矿物质石材）、铜材、玻璃、铝材和钢材等；东兰县的铜鼓景观材质运用则略为单一，主要为石材和铜材。不同材质的铜鼓景观，传达出不同的生命情感和审美意义。

石材，材质坚硬，具有永恒性。世界上大多数国家都有以石材为景观塑造材料的传统。例如，花岗石、青石等石料质感坚硬，用其建造而成的景观，质感往往显得雄伟壮丽、庄严大方；大理石的质地细腻，纹理自然，赋予景观纯洁、雅致的心理效果。因此，用石材作为铜鼓景观的原材料，不仅取材方便，还能结合石材本身的艺术张力，充分体现铜鼓景观的宏伟气魄，从而与历史上铜鼓“唯高大为贵”的审美特征相呼应。

铜材，质感古朴自然，略带沧桑感和深沉的历史感，用其塑造的景观往往引人入胜、耐人寻味；如果经常用手接触或摩擦其表面，铜材就会逐渐露出本色，金属发亮的质感更能增添一种高贵气质；铜材的色彩具有时间性，将铜材作为景观材料，能够突出景观的历史感。铜材在铜鼓景观中得到广泛运用，主要原因有两点：一是铜材特有的质感、色泽和肌理具有独特的装饰性效果与触觉效果，能够充分展示其尊贵的气质；二是通过还原铜鼓的原材料，能够激发人们内心深处对铜鼓原型久远历史的感怀。

玻璃，性脆质硬且晶莹剔透，给人高雅、精致与活泼的心理感受。铝材与钢材，质感坚硬，用其来塑造铜鼓景观，能给人挺拔刚劲、深沉稳重之感。广西民族博物馆的主体建筑采用了玻璃、铝材和钢材等材质来塑造铜鼓景观，既表现出了优质金属材质和玻璃结构的轻盈、光滑、晶莹、端重，又不失活力，从而展现出使用铜鼓民族热情好客的性格。

②视觉表现

视觉表现，主要是指景观给人的视觉感官感受。视觉作为人们获取自然界各种信息的主要途径，可分为两种：一是由于外界刺激而产生的人体基本心理反应；二是基于视觉感受的认知过程，依赖于个体的教育程度和生活经验等，通过感知、记忆、联想、思维等获取知识。因此，视觉心理是由个体的视觉认知过程所产生的主观感受，也是评价景观好坏的标准之一。

铜鼓景观对观者视觉感官产生的视觉心理，会因景观的服务对象、服务目的、设置地点等的不同而产生变化。南宁市与东兰县不同的铜鼓景观带给笔者不同的视觉心理感受，大致可概括为规整型、活泼型、庄重型三种类型。首先，铜鼓元素在道路基础设施中的运用属于活泼型。不同的道路基础设施往往采用不同的形式来展现铜鼓原型，比如浮雕、镂空雕刻的铜鼓鼓面，或是铜鼓造型的仿制品。由于这些铜鼓景观被设置在道路上，具有一定的空间距离感，加上尺寸较小，因此它们给人一种视觉上的跳跃感，使人在视觉心理上感受到轻松与欢快。其次，市政设施及建筑中的铜鼓景观属于规整型。这类铜鼓景观多处于政府重点建设场所或建筑中，其铜鼓形象多与政府主流话语宣传或文化宣教功能相结合，且代表政府身份，传达国家话语，为国家意志服务，因此须塑造得比较规整方正，表现出权威感。最后，旅游景观中的铜鼓景观属于庄重型。这类铜鼓景观多表现铜鼓庄重、雄伟、古朴、神秘的特点，其形式既有大尺寸的铜鼓原型仿制品，也有仿铜鼓的石凳、铜鼓纹饰风格的微观景观装饰等。

（3）审美特征

城市景观的呈现，不仅取决于设计者个人的喜好，还往往具有更为深层的文化内涵，与这一民族的文化心理、审美意趣、信仰习俗、生态环境及社会生活有着密切的关系。铜鼓景观并不是与生俱来的独立的艺术品，而是衍生于红水河流域少数民族地区社会生活中的铜鼓。在红水河流域一些壮族聚居地区，铜鼓不仅是人们信仰与仪式所需的器物，也承载着壮族世代相传的共同的族群记忆。因此，在铜鼓景观设计中，应遵循严谨的集体程式，在造型、材质、视觉感受的选择上体现地域性和民族性，同时需要服从当地的铜鼓习俗和审美习惯。铜鼓景观一般具有以下审美特征。

①造型：高大威武与自由灵性有机结合

壮族铜鼓“唯高大为贵”的记载由来已久，在壮族传统的集体记忆中即是重量与力量之美。传统铜鼓材质皆为青铜所铸，比其他相同体积的贵金属重。南宁市与东兰县部分地方的铜鼓景观也采用高大威武的造型，如广西民族博物馆铜鼓造型的主体建筑、东兰县拔群广场的12根图腾立柱上的双面铜鼓等，这些铜鼓景观外在形式上结合了铜鼓轮廓与现代装饰风格，以巨大的体量强调重量之美，给受众带来感官的刺激与震撼。古代铜鼓“唯高大为贵”的审美特征与历史上铜鼓作为重器、礼器，象征权力与地位的功能密切相关。而现代铜鼓景观外观设计的巨型体积则给予人们“崇高”的力量美。由此可见，传统铜鼓的功能在其转化为文化符号，成为城市景观之时已发生了重大的转变。它仅部分保留了传统铜鼓的体量特征和作为礼器、重器的象征意义，更多的是深化了其审美价值。它不再是小范围的部落、族群的拥有者、统治者个人权力及财富的象征，而是整个红水河流域特别是广西地区文化的象征。具有铜鼓文化符号的城市景观，既是政治需求的产物，也是审美需求的产物。政府通过其地域性的艺术特质来装饰和美化公共环境，也通过其可辨识性来展示和形塑本土文化的“自我”特性及民族性。

铜鼓景观造型不仅高度仿真铜鼓原型，还随着时代的变迁衍生出一些自由的表现形式，以实现写意的艺术效果。这种艺术形式的变化往往是社会群体文化系统变化的映射。历史上，铜鼓的材质、尺寸等的变化，反映了使用铜鼓的民族对社会生活、日常劳动和自然万物的节奏、韵律变化规律的掌握与理解；看似简单的造型和线条，却是社会内容的自然写照，是先民长期以来的信仰情感与生活感受的凝结形式。而在现代生活中，传统铜鼓神圣的光环渐渐淡去，铜鼓渐渐融入大众群体生活，以简化的物质形态来展示意味深刻、内涵丰富的民族文化与民族精神。例如，在东兰县城的铜鼓景观中，设计者根据景观结构，运用简化过的铜鼓鼓面点缀河堤护栏与道路护栏，以及部分灯柱。以此类形式再现的铜鼓艺术，是世俗化、理性化的现代社会的产物，摆脱了蕴含传统民族信仰意味的铜鼓习俗，使铜鼓景观产生了新的社会意义与社会价值。

②材质：现代与传统的交融

一方面，铜鼓景观通过材质独特的语言特征，以其构成艺术形式传达出岭南地区独有的文化特征。铜是人类较早发现的贵金属之一，自古以来价值仅次于金、银，同时由于铜具有适于铸造的材料特性，形成了丰富的工艺文化传统，长期服务于人类的社会生活和精神生活。在城市景观中，部分铜鼓景观的材质延续使用了传统铜鼓的原材料——铜，这不仅隐含着铜作为贵金属象征地位与权力的文化意义，突出了传统铜鼓作为手工技艺产物的文化特点，传承了使用铜鼓的历史，还突出了铜鼓作为文化符号蕴含的古朴神秘的审美意味。

另一方面，现代制造材料与制造技术的不断创新使多种现代材质的使用成为塑造铜鼓景观的重要方式，由此带给人们不同的艺术感受与审美感受。正如黑格尔所言，铜鼓的装饰与某些概念相关，它在任何民族中，不论大小，都是普通的。但是艺术的感受和美的欣赏是后来加以发展的。例如，东兰县作为一块“红色的土地”，为了纪念革命先烈，在东兰县红色旅游景区、革命教育基地等处塑造铜鼓景观，将传统铜鼓庄严、威武的意象转化为现代社会语境下英雄主义精神的隐喻，逐渐内化为当地人革命品格的象征物，将象征壮族文化传统的铜鼓与关联着革命先烈的东兰现代历史叙事有机结合，用铜鼓作为文化符号喻示革命先烈永垂不朽的精神，选用石材作为景观造型原料，以石材永恒性的寓意突出革命精神的崇高感与历史感，彰显这一类公共性建筑物及其周边环境的纪念性特征。

③视觉：象征与符号

外界的信息通过人们的视觉加工（即视觉认知心理上的感知、认知）进入大脑。人们对于铜鼓景观的视觉感知过程如滤镜，大脑通过眼睛收集复杂多样的环境信息，然后加以重组、编排。人们凭借过去对环境的经验对铜鼓景观做出判断，而人们的需求、目的、文化背景、个性会把这一判断归纳为过去的经验，进而社会文化、个性会在头脑中积淀成种种图式，从而形成铜鼓原型图式。图式不仅能代表眼前的个别事物，还能代表与这一个别事物相类似的无限多其他事物。因此，铜鼓景观塑造的并不是简单原始的铜鼓原型图式基本的写实形态，而是充满想象和夸张的艺术加工形态。从人们内在感知传统铜鼓视觉图式的形成，再外化为一个区域城市的特色景观，高度概括地反映着这一区域内各民族自然崇拜、生殖崇拜、祖先崇拜、图腾信仰、农业意象、族群历史等内容。更为重要的是，铜鼓景观还承载着多样的文化寓意和精神内涵，成为当地信仰习俗、神话传说、历史记忆、社会角色的标志。它作为红水河流域精神文化的象征，已然成为一种特殊的文化符号。

（二）形塑铜鼓景观的人

当代全球化的进程对代表着民族的、民间的、地域的和边缘的传统文化造成了巨大冲击，导致这些文化趋向同质化、碎片化。在这个过程中，传统文化与全球化带来的新文化元素在相互竞争与融合中寻求各自的发展。在如此语境下，很多民族艺术的文化内涵和功能在现代化的进程中不断变迁，既有不断退化、消失的，也有一些新的因素从传统文化中不断出现。铜鼓艺术作为集社会实践、仪式、节庆活动于一体的综合性民间艺术，同样也无法避免发生变迁。铜鼓景观的出现就是其中一个典型的变化。在漫长的历史中，铜鼓文化曾在红水河流域少数民族的社会生活中占据重要地位；然而到了现代社会，它逐渐成为边缘化的少数民族文化的代表、“传统”中的一员，不断受到各种社会力量的影响，它的生存环境也随之不断变化。以下将重点介绍形塑铜鼓景观的人群，分析推动铜鼓景观普遍出现的各种原因，梳理铜鼓景观被塑造和呈现后，铜鼓艺术发生了什么样的变化。

1. 对铜鼓景观的解读

现代社区中铜鼓艺术以城市景观为载体出现，与一些把关人相关。笔者在调查中将这些把关人分为两类：一类是有决定权的景观设计师和规划师，另一类是政府相关部门的管理者和工作人员。这两类把关人对铜鼓景观的解读，反映了他们在形塑选择，或者建造铜鼓景观过程中形成的认知。通过他们的解读，我们可以理解传统的铜鼓艺术为何会成为城市景观设计中的重要元素，甚至成为亮点。

（1）展示传统铜鼓艺术的文化特点

①神器功能的展示

神器功能，是铜鼓在传统社会最主要的社会功能，主要体现在壮族村落仪式习俗上。特别是鼓面的青蛙塑像更是其神圣性的直观体现。万辅彬、蒋廷瑜和廖明君等学者的著作都论述了铜鼓作为神器的意义：沟通神灵的中介，具有保村安寨的作用。现代社区的铜鼓景观也在一定程度上保持了传统铜鼓作为神器的寓意。设计师和规划师认为，突出铜鼓的神圣性，更能体现壮族铜鼓作为民族文化标志的厚重意味，这是他们必须明确的设计或规划定位。

笔者通过走访南宁市城市规划管理局，了解到民族广场运用铜鼓艺术元素的规划理念。规划师认为，民族广场处于南宁市的中心区域，在第一景观干道民族大道的旁边，周围的多座公共建筑具有很强的政治意义。南宁市作为广西首府，壮族文化特征应该得到充分表现。因此，民族广场这个场所既是政治、经济文化中心，也是南宁市地域中心，还是南宁市外来人口和本地人口流动量较大的地点之一。铜鼓艺术运用在此地的环境景观中，就必须在体现民族性的基础上突出政治性、时代性和群众性。民族广场具有的场所特征，与铜鼓传统上蕴含的权威性和神圣性正好相契合。

广西华蓝设计公司（原广西建筑综合设计研究院）的一位设计师介绍说，把铜鼓上的青蛙塑像运用在景观设计中，最开始是想直接采用原有造型，不过出于制作材质和工序的考虑，把青蛙背面、臀部细节上的装饰省去了。而他将青蛙塑像运用在景观中的灵感，源自之前看过的广西壮族蚂蜗节习俗的影像资料。在查阅铜鼓相关著作后，这位设计师觉得简洁又美观的青蛙造型可以直接运用在现代社区的景观设计中，这不仅有助于让了解铜鼓文化的民众感受到青蛙是“雷神之子”的神圣性，寄托自己的美好祈愿，也有助于不了解铜鼓文化的民众通过具象精美的青蛙造型去挖掘铜鼓文化，感受铜鼓艺术之美。

其他的设计师和规划师对铜鼓景观的解读，也给出了类似的回答。可见，铜鼓是壮族传统社会的一种神器，这一认识已成为设计师和规划师的普遍共识。因此，他们希望通过铜鼓景观来引发人们的两种心理反响：一种反响是，原本就认识铜鼓、了解传统铜鼓文化意义的观者，在“凝视”这些景观中的铜鼓时，能得到一种“神灵保佑”的感觉；另一种反响是，使民众通过观看铜鼓景观的外观造型，被引导去保护与传承铜鼓文化。

②礼人功能的展示

传统铜鼓的礼人功能主要体现在：它作为一种神圣的乐器，在祭祀、庆典等仪式中被请出来，用以表达对祖先、神灵或宾客的敬意。铜鼓一般放置在村落的特定广场，或举行仪式家人的门口，以示欢迎。铜鼓景观是涵盖城市地标的人造景观，是供人们欣赏、娱乐的景观。不同的民众出于不同的目的来到铜鼓景观周边活动。铜鼓景观的礼人功能在现代社区中主要体现在两个方面：一是在进入一个地区的特定位置塑造铜鼓景观，如由机场高速公路进入南宁城区的交通要道壮锦大道上的铜鼓灯；二是在城区特定的对外展示的公共空间塑造铜鼓景观，如东兰县拔群广场的图腾立柱上的双面铜鼓。

其一，壮锦大道所展示的铜鼓灯就具有礼人的功能。南宁城市照明管理处提供的相关项目背景资料是这样写的：“南宁历史悠久，是最美丽的城市，全市绿化覆盖率近40%，被形容为‘半城绿树半城楼’。这里世代聚居着壮、汉、苗、瑶、侗、仫佬等民族，有着多姿多彩的民族文化风情，一年到头总有着接连不断的传统民俗活动，民歌的悠扬旋律和抛绣球、板鞋舞、抢花炮、踩风车等民间活动使你会跟着情不自禁地快乐起来。绿都南宁的旅游资源十分丰富，这里山、河、湖、溪与绿树鲜花交相辉映，南亚热带自然风光与

图四三九　壮锦大道机场高速路上的铜鼓灯（王梦祥　摄）

现代园林城市的风貌融为一体。以南宁为中心的桂南旅游区是广西三大旅游区之一，清洌恒温的灵水、神秘的花山壁画、雄伟的德天瀑布、宁静的扬美古镇与壮族人娓娓动听的山歌构成了南宁古朴的山水人情画卷。”项目的概述内容是这样写的：“本项目位于南宁壮锦大道，壮锦大道与机场高速公路相衔接，是迎接五洲来客的交通要道。在大道中间的绿化带上安装12个铜鼓灯，一面面铜鼓仿佛奏响具有壮族特色的乐章，让初来乍到的宾客感受南宁丰厚的民族文化底蕴。铜鼓象征着友好的东盟十国与中国携手擂响友谊之鼓，共同发展，同时也表达了南宁对五洲宾客的欢迎与敬意。铜鼓设有灯光动态效果，极具民族气息。”

在项目背景资料中阐述了设计师在壮锦大道设置铜鼓灯的其中一个原因——南宁是广西三大旅游区中桂南旅游区的中心，潜藏的含义即是外来旅游人口多。项目的概述内容中则指明南宁壮锦大道是由南进入南宁城区的门户路段，可以让宾客感受南宁民众的热情好客。在此，铜鼓成为象征友谊之鼓，承载着广西政府促进各民族共同和谐发展的美好愿景。

其二，东兰县拔群广场的图腾立柱上的双面铜鼓具有礼人功能。拔群广场在东西两边共设有12根图腾立柱，柱子顶部分别摆放着一面大型双面铜鼓。广场地面斜对角由两个铜鼓鼓面纹样的地砖铺成，周边的大理石护栏两侧横面也分别用铜鼓鼓面做装饰。从东兰县铜鼓景观建设历程可知，拔群广场之所以出现各种铜鼓装饰图案，与东兰县申报“中国民间（铜鼓）文化艺术之乡”有关，也与东兰县筹备举办河池市铜鼓山歌艺术节这一每年在河池各市、县轮流组织的重要庆典活动有关。设计师选择在举办重要庆典的场所使用铜鼓装饰艺术，反映出铜鼓的礼人功能在现代城市景观中的转化。

③文化载体功能的展示

在古代社会，随着社会私有制的发展和贫富差距的拉大，铜鼓成为权力与财富的象征，因此具有文化象征性的意义。笔者认为，红水河流域现代社区中的铜鼓景观是传统民族文化的载体。以铜鼓艺术为蓝本构建各种城市景观的社会行为，突破了过去主要依托民族习俗展演、博物馆展示等途径宣传民族文化的模式。铜鼓景观具有不可替代的表征特点。首先，从时间上来说，铜鼓作为壮族文化的重要组成部分，传承时间长，相对民俗文化展演的持续时间，城市景观承载的民族文化内容可以延续数年甚至数十年。铜鼓景观建设的开端，可追溯至广西壮族自治区博物馆民族文物苑铜鼓雕塑群的设计建造，从此开创了铜鼓由室内展厅展示迈向室外空间展示的第一步，至今已经历 30 多个春秋。其次，铜鼓景观无须耗费大量的人力、物力、财力即可实现长期展示，操作较为简单。最后，铜鼓景观形式多样，不仅可以展示整个铜鼓或突出铜鼓的某些细节，还可以让人近距离触摸和敲打。

综上所述，设计师、规划师希望提炼铜鼓艺术中精美的造型和装饰艺术的具象元素，将这些元素运用在特定的场所中，在不同程度上延续传统铜鼓作为神器、礼器的功能，以及文化载体的社会功能。

（2）融合现代主流文化的设计理念

在当下社会，现代文化的同质化越来越严重，铜鼓要在现代语境中以城市景观为载体塑造出来，就必须适应现代社会并在其中运作。

①作为文化符号的铜鼓

在当今中国文化同质化严重、城市建设“千城一面”、文化建设模式单一化明显的大背景下，需要一种民族的、区域的、特色的文化来突出城市之间的区别。在这样的语境中，政府这个把关人把铜鼓景观塑造成为增强民族文化自尊心、自信心的“砝码”，以及地方化的象征符号。铜鼓景观作为地方化的象征符号，包含了两个方面的意义：一方面，符号的“所指”在空间上的运用范围广泛，从宏观的区位选择到微观的城市建设，都被“区域特色”“地标”等概念所定义，从而呈现地方化的符号空间；另一方面，铜鼓景观作为符号空间内的一种精神文化符号，是人们对它所形成的心理概念的“所指”。

把铜鼓景观作为广西的象征——这是笔者调查各类型景观建设把关人期间听到最多的解读。以下是笔者于 2016 年 8 月 1 日与南宁市城乡规划设计研究院市政设计一所所长黄韬的交谈内容。

问：“南湖大桥两侧铜鼓造型的石墩有 174 个，数量是否有什么文化含义或意义？”

答：“个数只和桥梁结构有关，并无其他的含义。”

问：“为何选择铜鼓作为原型来运用？”

答：“铜鼓是广西文化的代表，其象征意义明显。民族大道是广西第一路、南宁的门面，起于南北高速公路收费站，终于邕江一桥，而南湖大桥位于民族大道上。”

问：“壮族元素多样，为何不选其他传统文化？”

答：“铜鼓明显，石雕视觉效果较为显著。”

问：“您认为南湖大桥运用铜鼓元素的设计是否成功？”

答：“成功，夜景效果美，同时具有民族特色，有别于南宁市其他的桥梁。”

问：“如果需要改进，您认为该如何改造或改善？”

答：“整体是不用改变的，可以增加绿化或结合现今趋势做改善。”

问：“政府对这个项目是否有运用传统元素的相关要求？”

答：“政府有前提条件的要求。”

问：“对于南湖大桥上铜鼓石雕和绣球路灯是否有主次之分？”

答："没有主次吧（相对来说路灯上的绣球较为突出）。在结构方面，没有考虑太多，因为桥小，主要从装饰上体现民族特色。"

在黄韬与笔者的交谈中反复出现"明显""显著""民族特色"等字眼，可以看出他对铜鼓是广西的文化标志这一观点是认可的。他根据桥梁结构将铜鼓石墩运用在南湖大桥，使之区别于其他桥梁，避免了"千桥一面"。

在与研究铜鼓文化的学者交谈中，笔者也了解到了铜鼓景观作为地方文化符号的多种表现，以及它如何成为壮族文化的象征。

万辅彬①说：

现在我们已经把铜鼓作为地域文化的标志。我们把展览馆做成铜鼓的样子，把饭店做成铜鼓的样子等就已经把铜鼓作为一个文化标志、地方符号，这是南方壮族地区特有的东西，还有些历史，让人们想到这个文化的独特性。这种城市景观还带有一种历史悠久的自豪感。说起来，铜鼓有了两千多年的历史，我们这个民族，在两千六七百年前，就有了铜鼓。实际上，这是文化自信、民族自豪感的表现，有利于社会的和谐，有利于文化的交融和认同。

陈真阳②说：

将铜鼓元素运用在东兰县城市建设，有利于提升城市的底蕴。一个城市一定要有它自己的底蕴，这是城市文化的一个展示。特别是在我们壮族地区有一个说法——铜鼓孕育了我们，没有孕育哪来的革命。革命的火种为什么会在这里燃起来，这就跟我们的性格相关，和广西的民风有关。这个（铜鼓）就是民风啊！以前，有人去村里面一敲铜鼓，人们都会起来。看看，就是以前民国时期也会敲铜鼓，可能到了后面就变成敲锣了。如果说红色文化的话，就是铜鼓孕育了本土人，孕育了韦拔群，韦拔群又受马列主义的影响。首先是影响了性格，后面马列主义影响了思想，思想影响了行为，行为就是革命。

综上所述，相关人士希望把铜鼓景观塑造成为精神文化符号，体现红水河流域少数民族的民族性格，也希望现代社会中人们通过铜鼓景观产生精神上的慰藉。铜鼓景观用它所承载的民族文化唤起人们对过去、对传统社会的依恋之情。也就是说，铜鼓艺术在红水河流域现代社区的功能不局限于器物本身的功能，而是成为代表人们行为体系符号之间关系的一个元素，是主体的心理表象。

②作为寻求文化身份与民族精神的载体

在财富话语占主流地位的社会中，经济身份是其主流认同方式，但此种身份具有不稳定性特征，其危机感已成为社会的普遍事实。因此，急需一种新的认同方式来改变这种危机状况。把关人则在此主流文化中通过铜鼓景观构建出人们的"共同体"——文化身份。

红水河流域正处于全球化与现代化进程中，人们既渴望社会高度发达，又渴望了解传

① 万辅彬，男，汉族，广西民族大学教授，研究方向为科技考古与遗产保护。

② 陈真阳，男，壮族，东兰县三弄瑶族乡人，东兰民间铜鼓收藏馆馆长。

统社会。一个承载着祖先崇拜、民族信仰、民族文化的城市景观的产生，激起了人们对民族历史的追寻，了解那些民族历史上构成自我的因素。不管居住时空如何变幻，只要是民族文化的象征之物都能唤起人们对这个民族的依恋之情，因为这个“物”保存着我们民族自我的文化身份。如前所述，从南宁民族广场的铜鼓景观建设个案来看，广场的布局印证了美国学者斯图亚特·霍尔在文化身份问题上所阐述的第一种维度的观点。斯图亚特·霍尔认为文化身份是一种共有的文化，集体的“一个真正的自我”，藏身于许多其他更加肤浅的或人为的“自我”之中。共享一种历史和祖先的人们也共享这种“自我”。也就是说，铜鼓灯被放置于民族广场是壮、苗、瑶、彝等民族共同的历史经验和共有的文化符号，是他们的文化身份的反映。铜鼓灯作为民族文化符号放置在首府的公共空间，通过铜鼓的“自我”共享着民族历史，成为集体中的“一个真正的自我”，体现着文化身份具有历史性与集体性的特征。从广场的发展历程来看，它与斯图亚特·霍尔论述的文化身份问题的第二种维度契合。文化身份有相对的变化和绝对的存在的关系，它在历史进程中是不断变化的，可指过去，也可指未来。在此意义上，文化身份具有动态性特征，是在运动变化中不断发展的，由后来者继承或认识或建构等。从“七一广场”简单的设置，到广西人民会堂建设与融入民族元素，再到民族广场出现广西各民族特色的城市景观的发展历程，说明在现代社会中民族文化之间一方面不断地互相借鉴、吸收与融合，文化趋向同一，另一方面各民族又坚守自己独有的文化传统，从而区别于其他民族，因为这是民族赖以生存的依据。随着现代社会发展到一定程度，物质生活逐渐丰富，自我的生存空间逐渐缩小，身份地位界限模糊，人们生活在焦虑与迷茫之中，因此人们越来越容易产生怀旧心理，渴望寻求自我的差异性与存在感。民族广场是现代社区中社会团体成员之间与家庭成员之间的联系空间，也是与传统社会联系的空间。铜鼓景观出现在现代城市空间正是对壮族文化的展示，这种展示抛弃了传统的室内博物馆陈列模式，走向人们生活的各个方面。把关人试图通过铜鼓景观告诉民众，如何在文明进程中回答对于他人和自我来说的“我是谁”的问题。

2. 形塑铜鼓景观的多重力量

铜鼓景观的出现是铜鼓艺术在红水河流域现代社区传承与发展的必然趋势。民族文化融合是现代化发展不可避免的客观规律。铜鼓景观普遍存在的原因需要客观认识。通过笔者的调查得知，铜鼓景观在红水河流域现代社区的出现，是多方力量共同作用的结果。

（1）来自市场经济的力量

在“资本逻辑”的影响下，市场经济是影响文化变迁的一个重要力量。在知识经济中，高新技术与文化产业的发展是满足人类物质与精神需要的两个主要方面。随着全球化的发展，科学技术文化交流促使物质的需求已临近饱和，而精神需求却日益增加。旅游这种社会行为正可以满足当下人们的精神需求，还可以增加旅游地民众的经济收入。旅游是人与人、人与空间之间的互动，是在具有差异性的文化体系、社会人群、生活环境等背景中寻求“自我”的活动。当下，民族文化成为旅游消费品是促进地方经济发展的一种策略，因此越来越多的人参与到开发民族文化旅游资源的队伍中。

在这样的文化背景下，铜鼓艺术已成为市场主体眼中文化旅游开发的资源。现今，广西由“景点旅游”向“全域旅游”转变，地方政府通过运用铜鼓装饰艺术营造城市景点的民族文化特色景观，遍及南宁和东兰等地，着力打造文化旅游胜地。对铜鼓艺术的旅游开发，一方面带来了经济效益，另一方面也改变了传统铜鼓艺术赖以生存的自然地理环境和人文社会环境。以下是笔者在东兰县调查中了解到的一些内容。

以前，我们各个村屯之间的路是很难走的，有的没有公路，有公路的因为山里面弯多又陡峭，也不好走，大家走路去赶圩是很普遍的事情，走一两个小时算是走得快的，有的人天还没亮就出发了，走上四五个小时才能到。有一些村可以走水路，走水路的就比较快，但是也很不安全啊，以前就有听过走水路淹死人的事情。现在就不一样了，特别是现在好多外地人会来这里旅游，来看我们的铜鼓和拔群广场。前几年政府就花了好多钱去修路、建广场等，所以村村都通公路了，路好走了。因为搞旅游开发，很多人也赚了一些钱，所以年轻一点的人都骑摩托车或者自己开小汽车了，只有部分老人家还是走路出来或者让亲戚、村里人顺便搭出来，现在出行很方便了。

我是2012年之后开始在这路边做生意的，以前是在家里种田、种菜，没什么收入，只够我一家人的生活开销。现在在这边卖东西，生意还行，日子过得比以前好，家里的田地有的给别人种，有的就荒了。我们村很多人都出来做点小生意，或者去外地打工，能多赚点钱。

之前在“三月三”的时候，就有三弄瑶族乡那边的瑶族人来拔群广场表演铜鼓舞，都是些老人家，而且他们还要用牙齿咬住铜鼓，也就是那个时候能看见“口叼铜鼓”表演，所以我就会去看。平时吃完饭，没事做，我就出来到广场里遛一遛，看见打牌的、打麻将的、下象棋的就会凑过去看一看，有时候也会参与一下。

旅游带来的生活环境的改变是铜鼓景观出现的主要原因之一，而铜鼓景观引发的旅游又进一步促使旅游地群众的生活方式发生变化。为了适应当今社会环境与现代的审美取向，铜鼓景观也相应地发生了变化。

（2）来自官方的力量

可以说，铜鼓景观在红水河流域现代社区的出现，与政府通过种种意识形态、政策法规推动文化发展密不可分。推动铜鼓景观出现的官方力量主要有两个方面：一是国家政策的推行与法律的保障；二是地方政府的决策。

在传统社会中，铜鼓艺术是在乡民社会里“土生土长”出来的，受到国家政策的影响较少，都是以稳步发展的状态延续在壮族社会民众生活之中。中华人民共和国成立初期，人们将铜鼓视为封建迷信的象征，铜鼓文化受到了严重破坏，使得这一时期铜鼓艺术的传承与发展出现了暂时的中断。改革开放以后，社会形势逐渐好转，有了较宽松的国家政策和社会环境。铜鼓出现在社会民众生活中，人们逐渐认识到铜鼓艺术的文化价值和财富价值，但同时也因为一些投机倒把分子非法骗卖老百姓手中的铜鼓，部分铜鼓再次流失。

进入21世纪以来，国内外对民族文化的认知逐渐深刻，提出了保护文化的多元性，尤其强调对非物质文化遗产的保护。2003年，联合国教科文组织第32届大会通过《保护非物质文化遗产公约》。2004年，第十届全国人民代表大会常务委员会第十一次会议上批准了联合国《保护非物质文化遗产公约》，我国的非物质文化遗产保护工作就此开始。2005年，国务院办公厅印发的《国务院办公厅关于加强我国非物质文化遗产保护工作的意见》指出，要充分认识我国非物质文化遗产保护工作的重要性和紧迫性，提出“保护为主、抢救第一、合理利用、传承发展。正确处理保护和利用的关系，坚持非物质文化遗产保护的真实性和整体性，在有效保护的前提下合理利用，防止对非物质文化遗产的误解、歪曲或滥用。在科学认定的基础上，采取有力措施，使非物质文化遗产在全社会得到确认、尊重和弘扬”的工作指导方针。2005 年 6 月，文化部发布《文化部关于申报第一批国家级非物质文化遗产代表作的通知》，使文化保护落在实地，走入了人们生活之中。

除了文化政策的引导与扶持，政府还通过立法保护，对传统文化给予强有力的法律保障。2004 年，广西、福建、贵州和云南地区响应国家政策，制定了有关民族民间传统文化保护条例。《广西壮族自治区民族民间传统文化保护条例》明确言明“具有代表性的文学、戏剧、曲艺、音乐、舞蹈等民族民间口头和非物质文化”等当属本自治区行政区域内应该受到保护的对象，并且要求县级以上人民政府对当地民族民间传统文化做好“抢救与保护”“传承与命名”“管理与利用”的工作。2011 年 6 月 1 日，《中华人民共和国非物质文化遗产法》开始施行，从法律法规的角度加强了非物质文化遗产保护、保存工作。2016 年 11 月 30 日，广西壮族自治区第十二届人大常委会第二十六次会议通过了《广西壮族自治区非物质文化遗产保护条例》，该条例的总则中明确了非物质文化遗产种类、保护方针、镇（乡）以上人民政府部门职责及鼓励支持高校、科研机构和社会团体等开展非物质文化遗产研究工作。

国家政策的推行和法律的保障使铜鼓艺术这一非物质文化遗产以城市景观为载体出现在现代社区中，这在笔者的调查中也得到证实。东兰民间铜鼓收藏馆馆长介绍说：

以前一般只有掌权者、有权力有财富的人手里才会有铜鼓，到清朝时地主阶级手里也有铜鼓。中华人民共和国成立以后不允许有地主，地主家里的铜鼓流到哪里去呢？流到了农民手里。20 世纪 50—70 年代，农民手里的铜鼓被毁掉了很多，但有一些还是留在了农民手里，农民不一定知道铜鼓的价值。现在铜鼓被定为非物质文化遗产，铜鼓可以保存与传承，不是说不知道铜鼓价值农民就会随意乱丢，现在家里还有传世铜鼓的基本上都会保存的。20 世纪 90 年代，很多外地人来我们这里收铜鼓，农民以很便宜的价格就把铜鼓卖掉了。到 2000 年以后，农民基本上都不怎么卖铜鼓了，一个原因是国家对非物质文化遗产的保护措施，让农民认识到它的重要性，还有一个原因是政府把现有的铜鼓都登记在册，谁家铜鼓丢了是要负法律责任的。现在都很难征集到铜鼓，铜鼓价格虽然贵，但人们知道铜鼓的重要性都不会卖。这是我们文化里面很重要的一个传承。我们壮族以前没有本民族统一规范的文字，很多时候我们了解文化需要从铜鼓里面吸取，比如说战争等，你可以从铜鼓上面看他们以前是怎么样打仗的。

铜鼓景观的塑造，地方政府的决策力量是不可忽视的。国家政策、法律法规的实施都依靠于地方政府机构。现代社区中，铜鼓艺术作为文化资源参与到城市建设，是否得到真实与完整的呈现，决定于地方政府机构的把控。它是影响传统铜鼓景观出现的时间、地点、空间、形态的重要因素，同时也是影响现代社区民众对铜鼓艺术认知的因素。例如，壮锦大道隔离带中间的 12 盏铜鼓灯，可以让初来乍到的宾客感受南宁深厚的民族文化底蕴。

（3）来自专家学者的力量

在红水河流域铜鼓景观形塑的过程中，各方面的专家学者的推动作用是不可忽视的。在保护非物质文化遗产语境下，研究铜鼓的学者把铜鼓艺术定位为“濒危的民族艺术”“非物质文化遗产”，探讨其如何进行保护与传承，为政府的相关工作出谋划策；城市建设的专家则把铜鼓艺术看作是文化资源，结合现实生活需求让它得以充分的利用。

研究铜鼓的学者们力求在立法性保护、生产性保护、数字化保护、政府行为保护、产业化保护、学校保护和传承人保护等方面对铜鼓艺术进行考察，并呼吁社会各界对这一传统文化给予更多的关注。为此，他们组织召开了“中国古代铜鼓学术研讨会”和“铜鼓及其文化国际学术研讨会”等重要会议。在南宁召开的“2017年铜鼓及其文化国际学术研讨会”，更是紧跟时代步伐，为在“一带一路”倡议的时代背景下推动铜鼓文化的传承与新发展奠定了坚实的基础。此外，关于铜鼓艺术的学术研究著作也层出不穷，数量众多。而城市建设专家则结合铜鼓的艺术性，在设计表现广西民族特色的城市景观时，充分运用铜鼓元素，突出地域文化、城市内涵。例如，南宁市城乡规划设计研究院市政一所所长黄韬在谈到南湖大桥的设计思路时说：

整个大桥的圆墩是以铜鼓为原型，总共有174个，数量多少只和桥梁结构相关，并无其他含义或意义。在那么多壮族文化之中选取铜鼓是因为铜鼓明显，石雕视觉效果较为显著，且铜鼓艺术价值高，象征意义明显。民族大道为广西第一路，南宁的门面，起于南北高速公路收费站，终于邕江一桥，而南湖大桥位于民族大道上。

图四四〇　南湖大桥铜鼓圆墩（蓝艳　摄）

综上所述，在专家学者和设计师们的推动下，铜鼓艺术活跃于现代普通大众生活中，改变了当地人对传统铜鼓艺术的认知，也为外来者描绘了一个新的带着某种“原生态”民族风味的文化空间。

（4）来自民众的力量

在考察铜鼓景观塑造的过程中，笔者不仅看到了外部的“作用力”推动着文化的发展，还看到了民众传统文化观念的转变。随着市场经济及科学技术的发展，人们对铜鼓的经济意识逐渐加强。在传统社会里，铜鼓的经济价值是建立在精神之上的，民众把它当作祈求风调雨顺、安家保寨的宝物。现在，民众更看重的是铜鼓作为收藏品的文物价值，视其为无价之宝。这在笔者的调查中得到了证实。东兰县民间铜鼓收藏馆馆长介绍道：

> 我们馆的铜鼓都是我的父亲收集的，不是我收集的，我是80后，这么多铜鼓要我现在来收集，得花几千万元，还不一定收集得到。我父亲是20世纪70年代开始收集的，因为我祖父和曾祖父他们家里面就有铜鼓，我父亲就对铜鼓很感兴趣。我父亲是个壮医，同时也是一个瑶医，他和瑶王关系好，他有个发小就是瑶王儿子，所以瑶王把瑶族的很多药方传给他，没有传给瑶族人。以前瑶王只会传给他儿子，但是他儿子对此不感兴趣，我父亲相当于瑶王的干儿子，所以瑶王就传给我父亲。我们这边有个说法就是我医好你，你就要谢师，即使你没有钱也要随便给点东西（这是一种仪式，以示感谢与对先人和此人的尊重）。在那个时候铜鼓被打破了，当废铜烂铁卖也得几毛钱，所以很多人看好病后，就想把铜鼓打烂来换钱给他当谢师礼。我父亲之前不知道，有一次他碰见一户人家，家里有6个人，把4面铜鼓全部拿去打烂，拿钱来当谢师礼。我父亲再去那户人家里的时候铜鼓就不见了，他就很痛心，之后就开始收集铜鼓了。前两年，外面的人想在这边收集一些铜鼓，价格只给5万元。现在很多人都将铜鼓视为无价之宝，即便有铜鼓也不想卖，况且这些铜鼓已被河池市政府登记在册，谁敢卖？总而言之，现在已不是我父亲收集铜鼓那时的社会环境。

从访谈中可知两点：一是以经济价值为重心的传统观念的转变成为铜鼓景观出现的原因；二是由于经济价值的增长，人们对铜鼓神圣性的信仰成为他们表述铜鼓价值时的次要因素。

3. 铜鼓景观背后铜鼓艺术的变化

在现代化快速发展的进程中，传统铜鼓艺术脱离了原生的“土壤”“日照”“水分”，被社会各种力量推动成为红水河流域现代社会城市建设中的文化资源，成为铜鼓景观的设计元素，使其发生了很大的变化。具体而言，这些变化主要表现在主体的变化、时空与受众的变化、社会功能的变化三方面。

（1）主体的变化

铜鼓景观中表现出的铜鼓艺术的主体变化包括两个部分：一是传承主体的变化；二是承载媒介主体的变化。

过去，铜鼓艺术的传承主体是当地民众，是仪式、节日活动的主持者和拥有铜鼓的民众。他们使铜鼓活跃于当时社会的各种场合，有独自存在的场合，也有依托其他民俗事象存在的场合。例如，在春节、“三月三”等岁时节日，以及新居仪式、结婚仪式、宗族祭祖仪式、开工竣工仪式等各种喜庆场合，民众喜以铜鼓助兴。壮族乡村社区的民众为铜鼓艺术的文化传承做出了不可磨灭的贡献，使具有两千多年历史的文化流传至今。但现在，由于仪式主持者年老体力不支或相继辞世，一部分年轻人则因受现代主流文化的影响而较少组织或参与仪式活动，致使铜鼓文化的传承衰落。如今在东兰的壮族村寨中，仅余小部分村寨民众还在传承铜鼓艺术。

现代，随着国内外社会保护与传承民族传统文化及保护非物质文化遗产观念的兴起，社会各个阶层也积极参与到铜鼓艺术的抢救与保护中。笔者在民族文物苑调查铜鼓雕塑群时，发现里面有一个约50平方米的圆形房间，里面主要是售卖陶器的，中间摆设着一张长木桌，木桌的右边是招待顾客喝茶的木凳等，其余空间则随着内部空间结构在墙上设置了一些摆放陶瓷的木架。木架上除了陶瓷，还有几个小型铜鼓纪念品和一些陈放了六堡茶的陶罐。当时店铺里只有笔者和店家。在交谈中，笔者得知店家姓江，名庆志，广西梧州人，初中文化程度。江庆志说店里展示的主要是他自己工场烧制的陶瓷，顾客来了无论买或不买都可以坐下来聊一聊，顺便品尝一下梧州六堡茶。当笔者问他为什么会把店开在民族文物苑的铜鼓雕塑内，并在店内摆放小型铜鼓纪念品时，江庆志说他认为广西有三宝：一是铜鼓，它是最有象征意义的；二是钦州坭兴陶；三是梧州六堡茶，这是有历史文化的。他还给笔者介绍了铜鼓的历史，使用铜鼓的民族、地区范围，以及铜鼓上的青蛙塑像为何屁股大等与铜鼓有关的知识。他认为他的职业与民族文化相关，应该深入基层，熟知历史，而不是样样依靠百度搜索。自己讲的东西也许没有大学教师讲得那么透彻，但是至少是自己深挖出来的东西，经过了实地考察，还可以评论一番。在笔者与店家交谈之时，有两个30岁左右的女青年进来，听到交谈，也很欢快地坐着一起喝茶。她们感慨店家为什么知道那么多民族文化。店家认为这些知识都是自己职业所需要的，同时自己也喜欢去了解与民族文化相关的知识。

由此可见，铜鼓艺术的传承主体不再局限于红水河流域传统村落的壮族民众，而是拓展到社会各个阶层。与铜鼓相关的从业者，或是在不可预知的情况下碰巧听见谈论的人，都有可能成为潜在的文化传承者。同时，当下承载铜鼓艺术的媒介种类也发生了变化，有可能是铜鼓景观，有可能是铜鼓纪念品，甚至有可能只是与之相关的民族文化。而笔者调查的铜鼓景观也只是把铜鼓艺术作为文化资源参与到城市建设中的一种形式。就研究与宣传非物质文化遗产而言，还有文化研究、开研讨会、新闻报道等形式。

(2) 时空与受众的变化

①时空的变化

红水河流域铜鼓艺术的变化主要体现在两个方面：一是传承空间的变化；二是铜鼓艺术形态的演变。

据笔者调查，南湖公园水幕电影广场的铜鼓阵始建于2004年。最初，这个铜鼓阵并不位于现在的水幕电影广场旁边，而是设置在南湖公园西北边的草地边，12面铜鼓以圆形排列组成一个铜鼓阵。现今，12面铜鼓依次排列于广场两边，每边各有6面，它们与喷水区域之间设有间隔带。铜鼓后面的空间还设有花圃带，花圃带里种有大王棕。广场右侧设有回廊供人休憩，左侧则有一条小溪与一座穿行过对面的拱桥相连。白天，行人和游客只是匆匆而过，偶尔有游客会在路过时停留一会儿，与铜鼓拍照或者拍打铜鼓，大多数游客是在回廊处停歇，面向广场从此处眺望铜鼓。傍晚则会有越来越多的人聚集在水幕电影广场前玩耍，和铜鼓阵接触的人也越来越多，大多数人还是拍照和拍打它，也有人围着铜鼓转一圈，寻找出厂说明。通过与维护广场秩序的人员交谈，得知当天正是放映水幕电影的日子，也就是星期五。每个星期五都会有从各处来的人，包括学生、务工者、周边小孩与老人、外来游客等，汇聚在广场周围，等待晚上八点半开始的水幕电影。到了快播放电影的时候，人数值达到最大，直到晚上九点水幕电影停止播放，人们才开始散开，有些人则继续停留在广场旁边游玩。

铜鼓阵设置在南湖公园水幕电影广场中，突破了铜鼓在传统乡土社区中的使用局限。以往，铜鼓仪式的举行时间通常固定在特定的岁时节日，活动空间也局限于特定的乡村场

图四四一　南湖公园水幕电影广场上的铜鼓阵（蓝艳　摄）

景，如收藏铜鼓的主人家门口、村寨聚集的场所、山坡或者其他固定的场所。铜鼓平时都被收藏在家中，仅在活动时才展示出来。而如今，只要你去到南湖公园水幕电影广场，都能看见铜鼓阵，它的出现不局限于特定时间、特定场景。民众传承铜鼓艺术的情境由原来的乡土社区转变为现代社区的城市景观之中，展示空间具有分散性的特点。铜鼓景观零散地分布在公共文化宣传展示区、主体建筑、城市公园、休闲广场、旅游景区、道路设施等，突破了单一地点的局限。这种展示方式具有长效性，只要人们路过，都可以看见。

由于不同时期不同政策以及审美需求的变化，铜鼓景观的造型设计随之变化。2004 年南湖公园建设期间，最开始是把铜鼓阵设置于公园草地上的一角，之后由于水幕电影广场的建设，铜鼓阵的摆放位置也发生了变化，以使更多的人得以感受铜鼓之美，而这只是现代社区中铜鼓景观的一个缩影。在城市建设初期，由于设置铜鼓景观的目的单纯，仅为文化展示，因此铜鼓景观的造型相对单一且仿真度较高，其影响的范围相对有限。之后，由于社会经济的快速发展，地方政府和企业大力开发旅游，第一届南宁国际民歌艺术节举办后，在政府的参与推动下，铜鼓艺术成为社会性的文化产业资源，铜鼓景观的呈现方式变得多元化，其设计形式也更独特多样，出现的地点也随着城市景观建设的普及不断扩大。

②受众的变化

在红水河流域传统的乡土社区，铜鼓艺术是村寨民众智慧与情感的结晶，主要受众是各村寨的民众，但现在这一部分的民众变得越来越少了，而村寨以外的现代社区的受众规模却日益增长。

在当今社会中，乡土社会被各种现代文化、生活方式、娱乐方式冲击着，传统的文化生态发生了很大的变化。村寨民众有了强烈的现代意识，审美取向、娱乐方式、精神信仰、生产生活方式等都发生了变化，致使他们对铜鼓艺术的兴趣骤然减少。这是传统的乡土社区自身受众的变化。

与此形成鲜明对比的是，铜鼓景观的呈现使得生活在现代社区的民众能接触到铜鼓艺术，成为文化传播的受众群体。铜鼓以城市景观艺术元素的形式出现，让更多的人了解铜鼓艺术，使其受众群体从传统乡土社区到现代社区出现了结构性的变化。在笔者的调查中，就有像下文访谈的这位云南妇女表达出此变化：

> 我们云南那边手鼓比较有名，我对铜鼓不了解，来广西旅游让我了解到铜鼓。铜鼓景观是古代社会生活的一种写照，从它里面能读到很多信息，每个地区每个民族都有它自己博大精深的文化，而在这里，铜鼓的存在更能让人们了解和体验这些文化。

（3）社会功能的变化

铜鼓景观中铜鼓艺术的社会功能变化主要体现在民众对铜鼓的信仰心理、展示铜鼓艺术的目的、铜鼓艺术意义的变化上。

①民众对铜鼓的信仰心理的变化

过去，铜鼓在传承这一文化的民众心里是神圣不容侵犯的神器，民众在使用铜鼓时需要遵循诸多禁忌与仪式，怀着非常崇敬的心理对待铜鼓习俗。

黄小英[①]说：

> 我现在是跟儿子住在南宁，给他带小孩，老家在南丹，过年过节也会回去。我们村里是没有铜鼓的，小时候看见或听见别的村里人在老人过世后打鼓，就回去问父辈有关铜鼓的事情，他们会说你问这个干什么，不会告诉我们的。现在，在我们县城的文化广场都可以看见铜鼓和水牛的雕塑在那里，很多人都会问这是什么，特别是外地人来我们这游玩的时候，大家都不会不敢告诉别人了。

由访谈内容可见，如今铜鼓的神圣性光环在逐渐淡化，人们对铜鼓的崇敬心理也开始弱化，人们敢于在铜鼓景观周围玩耍、休憩，对仿真的铜鼓会有意去拍打，也会在公共空间里跟他人讨论铜鼓艺术。

②展示铜鼓艺术的目的的变化

在传统社会，铜鼓艺术出现在人们生活中的目的是沟通神灵，以求保佑。现在建造铜鼓景观的行为更多的是对外展现广西的民族文化和地域文化。铜鼓景观是面对当地民众的，因而其设置的地点普遍在公共场所，如文化宣传部门、景点、公园、广场、代表性建筑的显眼处。实际上，这些都是对外宣传的窗口。可以说，“让不了解、不认识铜鼓的人看见铜鼓”是现代社会建设铜鼓景观行为的一个重要的动机。这既展示了民族文化，又提高了广西铜鼓艺术文化品牌的知名度，对保护与传承铜鼓艺术具有积极的意义。

③铜鼓艺术意义的变化

如前所述，把关人对铜鼓景观的解读，主要通过铜鼓景观的展示来建构公众对铜鼓这一民族文化的认识。在现代化主流文化背景下，把关人希望通过景观塑造来建构广西民族符号，并寻求文化身份认同。

---

①黄小英，女，汉族，河池市南丹人。

（三）活动在铜鼓景观中的人

活动于铜鼓景观周边区域的人，是与这一景观关系最密切的人。民众在此地的社会行为是景观价值的体现，也是检验景观社会功能的标准之一。以下主要分析活动在铜鼓景观周边的人群的社会行为，陈述铜鼓景观对民众社会生活的影响，并揭示其艺术表征中的问题。

1. 对铜鼓景观的认知

不同的社会群体对铜鼓景观有不同的认知。笔者根据群众在铜鼓景观周边活动的时间长短，把他们分为三类：生活在周边的人、路过的人和旅游观光的人。

（1）生活在周边的人

①个体经商户

在部分铜鼓景观范围内，有摆摊卖儿童玩具、开设副食品零售店、维修自行车等的个体经商户。

笔者在南湖公园水幕电影广场旁的零食店采访了店主，她叫黄琴玲，25 岁。她告诉笔者她虽是壮族人，但是以前没有接触过铜鼓，对铜鼓的知识不了解，都是从别人口中得知铜鼓，感觉铜鼓很神乎。她在南湖公园水幕电影广场旁开店一年多了，但没有近距离地看过广场上的铜鼓。她从店里看过去，觉得广场上的铜鼓景观就像是人站在那里镇守着这一片土地。

图四四二　南湖公园内的铜鼓（蓝艳　摄）

韦大姐是笔者在东兰县人民政府前的文化广场上认识的，她在广场上摆地摊，售卖小孩子玩耍的游戏纸牌。她是在五六年前就开始做这个小本生意的，不过每个星期只有星期六和星期日两天能出来摆摊。她告诉笔者，文化广场的铜鼓装饰是新做的，原先广场最高处的中心是圆形喷泉，水喷得到处都是，之后就用铁皮盖住了。铜鼓装饰做好后大多数是老人家去看，年轻人不怎么看，她自己对此也没有什么感觉。不过，在文化广场两旁设置了铜鼓文化宣传牌后，就有比较多的人来这里玩了，小孩子也多了，所以她的生意比以前好了。

②休憩玩耍的本地人

在铜鼓景观周边经常活动的人多为本地人，他们一般选择在清晨或者傍晚时分在景观周边耍剑、打太极、散步、跑步等。笔者在民族广场调研时，看见一个学生模样的男孩子，拿着相机并配有三脚架，在民族广场的外围每隔十步左右就停下来拍照。笔者好奇他在做什么，就走过去与他攀谈。他叫唐鑫，是一名大二的学生，住在附近，常来这拍照玩。他计划把广场的景物拍摄剪辑后放到网上去，让更多的人了解民族广场。虽然他不是壮族人，也不了解铜鼓习俗，但是他希望铜鼓能更多地出现在生活中，让铜鼓从古老的神器变成现代生活中的一种文化元素，他觉得这样做很有意义。他认为设计者会使用铜鼓这个元素，或者说在公共场所呈现铜鼓景观，一定是有它的目的的。他认为，将民族文化适当地融合在城市建设中有助于突显城市特色。

笔者在东兰县拔群广场遇到来跳广场舞的当地中年妇女覃芳芳（壮族人），她告诉笔者，她经常在拔群广场活动。这个县城比较小，四面八方都是山，没有什么地方可去，也就这个拔群广场比较大，也热闹，她时常来此跳广场舞。她说："我活动的地方就在右边第二个铜鼓图腾立柱下面，大家都知道那里，因为明显，能轻易找到。后来，那里就成为我们跳舞的地方。有时候，我们一家人也会来这边玩，特别是过节的时候，政府会在这里举办活动，我就和家里人一起过来，因为只有过节的时候儿子和儿媳妇才会从广东回来，平时也没有空在一起。图腾立柱上面的铜鼓好像跟我们没什么关系。"

③在景观空间内从事某种职业的人

林长娣，女，汉族，南宁火车东站地面北广场清洁工。她和笔者说，铜鼓是广西的标志，这个大大的铜鼓摆在这里，有很多游客都会停下来拍照。她以前对铜鼓不是很懂，来这里工作后，旅游团的导游带游客路过的时候，说这是广西的标志，之后她给人介绍时也这么说。她每天都在北广场工作，与铜鼓雕塑的互动仅是外来游客问起这是什么时给游客简单介绍一下，也只知道那么几句，给她的生活也没有带来什么变化。

综上所述，从笔者对不同社会群体的观察和访谈来看，生活在铜鼓景观周边的民众，不管是南宁市的还是东兰县的，他们对传统铜鼓的知识了解甚少，对铜鼓也没多大兴趣，没有形成地域或民族文化的自觉。铜鼓景观对他们的生活影响各不相同。有的民众从景观造型上建立起与传统铜鼓神圣性的联系，有的民众认为铜鼓景观的出现规范了民众的社会行为，还有的民众认为铜鼓是地方民族特色的体现。

（2）路过的人

笔者观察路过铜鼓景观的形形色色的人，印象最深刻的是路过南宁人民会堂前铜鼓景观的一个中年妇女。她是航洋国际大楼里的一个商户，叫兰静，瑶族，广西河池市人，但从小在南宁市长大，具有本科学历。对于将传统文化运用在城市景观规划方面，她有一些深刻的见解。她认为，城市景观既然运用了传统元素，首先就是要美观。因为好看才让它摆在路上，摆在老百姓都能看到的地方。其次，还要兼顾实用。景观光好看不实用也是不行的。好比如民族文物苑中的铜鼓石凳，因为凳子太靠近水边了，没有人敢去坐，它虽然很好看但是不实用，这就是资源浪费。在南宁能见到很多地方运用了传统文化，比如有一些护栏边上做成凤凰等鸟类的造型，也有像壮锦一样的图案和绣球形状的路灯。笔者问及她看见铜鼓景观的感受时，她回答说：“看上去是圆的，像铜鼓造型，一般看到这些就知道带了点广西特色。在外地游客看来，铜鼓就是广西的象征，但是对广西本地人而言，平时见多了就没有想太多，更没有往深里头想它有什么意义，也就觉得只是一个图案而已。”

（3）旅游观光的人

①本地游客

位于文化展示部门和旅游景点的铜鼓景观，时常有很多本地游客和外地游客前来观光。笔者在调查中最先接触的游客是在广西民族博物馆主体建筑前拍照的施姓一家三口——一对夫妇带着一个小男孩。他们是本地游客，常年在外做生意，即使居住在这附近，之前也没有过来游玩过。以下是笔者与他们对话的内容：

问：“您家以前有来过这边游玩吗？”

女游客答：“没有，所以今天带小孩来感受一下。”

问：“我看姐您给小孩和主体建筑一起拍照，您是觉得好看还是其他原因？”

女游客答：“就是觉得没带小孩来看过，所以给他拍照纪念一下，说好看也谈不上。”

问：“以前你们了解过铜鼓的有关习俗吗？”

女游客答：“不知道。”

问：“您第一眼看见这个主体建筑是什么感觉？”

女游客答：“说不出来是什么感觉，都不知道怎么去评论它。”

男游客答：“民族历史感，外观给人一种历史的感觉。”

笔者与施姓一家三口的交谈虽有限，但是也能从他们的言语中感受到他们对铜鼓景观并没有太多心理上的共鸣。他们仅仅是觉得这是民族历史的一种表现，也没有因为笔者提及铜鼓而表现出迫切希望了解铜鼓知识的心理需求，更谈不上体会这一铜鼓景观所蕴含的设计理念。

②外地游客

杨燕梅是笔者接触的外地游客之一。她是云南人，34 岁，从事物流管理工作，从北海游玩至南宁。笔者碰见她的那天是她在南宁的第三天，前两天分别去了金湖广场和中山路小吃街游玩。在参观广西壮族自治区博物馆内各个展厅时，笔者就注意到她，因为每次讲解员讲解完，她如果还有疑惑的问题，都会大胆提问。在讲解员解说完后，她行至博物馆二楼馆外的走廊，看向民族文物苑的铜鼓雕塑群。这时，笔者与她攀谈起来。

问：“你自己家那边有什么鼓呢，看见这个雕塑群后是什么感觉？”

答：“我们那边手鼓比较有名，还有腰鼓，都是用动物的皮毛制作而成。我对铜鼓不是很了解，看见后觉得非常不可思议。”

问：“它的不可思议体现在哪里呢？”

答：“它的造型带有民族的气息，看上去那么大，很像碉堡，应该跟以前打仗有关，可能有掩人耳目或者助威的意思，再一个它的造型让我觉得牢固性比较好。”

问：“以这种方式融入城市景观中，它能吸引你吗？为什么？”

答：“肯定啊，因为每一个东西，它的存在都有它的意义和价值。首先，它是传统文化在现实生活中的一种写照，从它里面能读到很多信息。其次，它有观赏价值。再者，它具有地方特色。每个地区每个民族都有它自己博大精深的文化，在这的话更能让人们去了解一些东西吧。”

问：“传统文化作为一种文化资源已经参与到我们的社会建设中，对于传统文化的未来发展，您有哪些期待呢？”

答：“传统文化应该在生活的无意间或者公众场合慢慢去渗透，不至于被人们遗忘。因为在某个特定的区域比方说哪里画个区域出来的话，有可能我们很多人不一定有这个时间或者说闲工夫专门去看，但如果说你是在各处随意地穿插传统文化或者将它融入大街小巷中的一些建筑的话，那么可能我们每去到一个地方，都能有所感受。但要避免千篇一律，这样的话我们就慢慢地对一些东西有了印象，就会进一步去了解，最后带动这个文化的传承。”

笔者随后也观察和访谈了一些外地游客，他们的表述与杨燕梅相似，这体现出游客仅从铜鼓景观外形和装饰进行解读时，容易出现方向性的错误认知。同时，他们也希望能在铜鼓景观以外的地方了解到当地文化。

2. 铜鼓景观表征中的问题

在现代理性工具的社会中，将文化作为工具的问题就在于这通常会导致表达文化形式肤浅且没有场所作为根基。多年来，红水河流域铜鼓艺术由传统乡土社区走向现代社区，为不同的社会阶层服务，也使得更多的人了解铜鼓是红水河流域少数民族传统文化的代表性器物，具有高超的艺术价值。然而，对于负责铜鼓景观塑造的决策规划者来说，他们没有明白文化本身不会自由流动，要展示铜鼓艺术的真实性和整体性需要营造原生的“土壤”“日照”“水分”等条件。以下将对铜鼓景观表征中突出的问题进行阐述。

（1）为艺术而艺术的铜鼓艺术

红水河流域铜鼓景观表征中最大的问题是铜鼓艺术的文化内涵得不到很好的体现，部分铜鼓景观的呈现是为视觉美而设计，为迎合参观者或观众的审美取向而设计，或以城市建设把关人或设计师的审美取向为美。传统铜鼓艺术的文化内涵在现代社区的铜鼓景观上得不到体现，人们只知其然而不知其所以然。如下为一名受访者的陈述：

我是瑶族人，一直生活在南宁，对于本民族的民族传统文化和非物质文化遗产不太了解。我周围能感受到的民族文化有不少，就比如说路灯，柱上有一些壮锦图案，地上的圆球也会雕刻成像绣球一样的造型。这样的情况在民族广场最多了。比如民族广场上的铜鼓灯，晚上去那边散步的时候看见铜鼓灯会亮，挺漂亮的。关于铜鼓，首先听名字就知道它是一个乐器，以前农村就是用它来搞一些活动的，如祭祀啊，求雨啊。这些也都是看电视才了解的。现在我们在城市里看见铜鼓，也不会觉得它有什么特别的意义，自己的工作不是干这一行的，它跟生活不是很贴近，所以大家都不怎么想这样的问题。如果你为了写论文或者做研究工作需要了解这些事情，就专门去多看点书和资料。平时你随便采访一些老百姓，他们就会说，这些元素平时就在生活里，我就没有特别注意到它哦，不会想它有什么意义，有什么影响，有什么深层的意思。

可见，在城市中人们更关注的是铜鼓景观如何漂亮，与自己的生活是否相关，而不是它的内涵。城市中有形形色色的人，他们不同的原生家庭、文化环境、地域来源、生活习俗造就了城市文化的复杂性。传统铜鼓艺术进入到城市中的文化土壤必然呈现不同的特点，这也使铜鼓艺术的文化内涵无法清楚地体现。由于人们来自不同的地域及民族，各地不同种类的铜鼓艺术杂糅进现代社区中，汇合了各方面的文化信息后，很难考究城市中的铜鼓艺术来自哪里，又蕴含着什么文化内涵。

铜鼓原有文化内涵得不到体现还表现在铜鼓景观造型上。铜鼓起源于何物说法颇多，有木臼说、铜釜说等。目前源于铜釜说日益被人们所认同，但笔者认为无论源于其中任何一种，铜鼓的原型都是一面开口，另一面闭合，而不像其他的皮鼓等是两面闭合的。目前，在现代社区中的铜鼓景观就有两面闭合的形态，这样的造型也不利于铜鼓艺术内涵的体现，以至于传达出错误的信息。笔者与广西民族大学万辅彬教授交谈中，他也说了这样一个问题：

环江的韦氏兄弟最近在做一个特大铜鼓，直径6.68米的大铜鼓，两层楼那么高。我去看了下，两面焊在一起，这个是不懂铜鼓文化的体现。我跟他们讲了，以后再做的时候不要把两面焊接在一起。在新的发展传承过程中，也有些人对文化不太了解。这个铜鼓的祖先是一个锅，本来是没有底的，只有一面有，后来逐步当成鼓来敲，当作蛙一样看待。蛙鼓，鼓也是蛙，蛙也是鼓，鼓上面装饰青蛙，蛙是什么意思？是生殖崇拜。这个鼓就代表女性的宫体，这在贵州表现得更为明显。贵州有个葬式叫套头葬，即人死了以后用铜鼓套头，穷的人没有铜鼓，就用铜釜，表示死了以后他又回到母体，他又能够投胎这个意思。现在你把底下封起来，就跟原来的意义不一样了，蛙鼓的那种概念就没有了。

可见，不知铜鼓的文化渊源，就会使得城市里的铜鼓景观呈现出与其本义不同的特征，而我们不应为了所谓的艺术之美，而把铜鼓文化内涵弱化或扭曲，这与《广西壮族自治区非物质文化遗产保护条例》是相悖的。该条例第四条中明确指出：涉及非物质文化遗产项目有关的保护、开发、利用、经营等活动，应当尊重其形式和内涵，尊重各民族风俗，禁止以歪曲、贬损等方式使用非物质文化遗产。

另外，对社会受众群体影响力不足也是不可忽视的因素之一。人们对铜鼓艺术的了解是通过政府对节日活动的宣传和推广，或者是新闻媒体的传播。大多数人对铜鼓艺术是没有情感基础的，认为它可有可无。除了相关研究学者对铜鼓及其文化内涵的研究较为重视外，社会大众更多的是把它当作城市的点缀来观赏，而游客则往往只将其作为一种旅游景观，缺乏对其文化价值的深入理解。如果把广场上的景观换成壮锦或者是绣球等装饰物件，他们也同样可以接受。以下为笔者在民族广场与坐在铜鼓灯下面休憩的人攀谈的内容。

问：“这个灯挺好看的，是什么造型？”

答：“上面这个是铜鼓灯。你是外地的姑娘吧？我在的这个地方是民族广场，这栋建筑是广西人民会堂，前面这条路是民族大道，所以这边好多我们民族的东西，都挺好看的。你看的这个我们这边很多地方都有，在南湖公园有几个真铜鼓，你可以去看看，那边的还可以敲打，还有这边博物馆也很多。”

问：“您知道有关铜鼓的历史吗？”

答：“我不知道，就知道是老人留下的财富，挺好看的。但是就是不实用，立那么高，晚上灯光也不亮，拍照也拍不到。”

问：“听说铜鼓在以前既神圣又神秘，在这边乡下，是不会轻易拿出来示人的，很宝贵的，还有专门请铜鼓的仪式等。现在出现在我们这里，是不是就不敬了？”

答：“既然政府都把它立在这里，说明没有什么不敬的。”

上面的例子说明，铜鼓艺术的神圣性并没有随着铜鼓景观进入现代社区之中。对于现代社区中的居民来说，这是政府安排的，环境景观有没有铜鼓存在都无关紧要。从这可以看出，现代社区民众对铜鼓艺术的认识往往流于表面，而不知其内在深层的含义。

(2)“传送带”上的铜鼓艺术

第二个问题就是关于铜鼓景观设计的同质化倾向，即现代社区空间设计普遍采用同样的铜鼓元素。许多城市打着要凸显城市文脉、地域特色、文化特色、民族特色的旗号，结果却做着一件同样的事情——同类景观的复制。铜鼓景观中铜鼓艺术的发展也不可避免地落入俗套，不管是笔者调查的南宁市还是东兰县亦有此问题。铜鼓景观呈现出“标准化”的特征，原因有三：其一，建设投标落入少数知名的建设公司手中，这些公司倾向于复制已经得到认可的景观空间样式，以确保项目的成功率。其二，规划部门存在刻板印象，认为这种“标准化”样式才是人们需求的文化空间，才是人们认知中的铜鼓艺术。其三，标准化也是全球“明星建筑师”思想的产物，他们渴望能在竞争激烈的城市规划中凸显自己的地位。上述三个原因导致了铜鼓景观的雷同，就如雷尔夫认为，场所表面上被贴满独特标志的同时也越来越同质化，于是它们变成了“假场所”。如笔者上文对路过铜鼓景观的人认知的描述：“我偶尔会与朋友谈起城市景观规划问题，一般局限于路过的一些广场建得怎么样，那些装饰元素应该怎么样，花花草草摆放得怎么样。铜鼓元素在广场或者路上的下水道井盖上都有见到过，看到没有什么感觉，觉得都差不多长一个样，给人印象不深。既然是要宣传我们的传统文化，但是建起来的样子要么是铜鼓的鼓面，要么就是凤凰还是什么鸟（翔鹭鸟）的那种造型，会审美疲劳，没有什么创新的东西，千篇一律，很单一。景观上要有传统元素，最好要兼顾实用，光好看也不行，但问题就是你既然都让它摆在路上了，摆在老百姓都看得到的地方，如果都不好看，还会有谁想仔细去观察。如果大家见一个东西见多了，也就司空见惯了，更何谈兴趣呢？”

由此可见，人们对生活中相似或相同的铜鼓景观已有审美疲劳的心理，铜鼓景观已陷入同质化问题当中。

(3) 支离破碎的铜鼓艺术

传统铜鼓艺术是壮族先民漫长历史进程的产物，不同的社会环境造就了类型多样、造型各异、层次感强的铜鼓，同时也使不同类型的铜鼓具有不同的文化象征意义。每种类型的铜鼓都是一个独特的文化统一体，反映了特定时期一个民族的历史与文化特征。因此，不能随意将不同铜鼓的纹饰嫁接在一起，以免破坏其文化内涵和历史价值。这正是现代社区铜鼓景观表征出的第三个问题：城市空间内景观的碎片化，出现“景观多、无主题”和“类型多、无中心”的局面。高调、高投资的城市景观本致力于吸引人们驻足，却忽视了对文化进行追根溯源，这种规划方式将文化问题简化成美学问题，即装饰和美化问题，而不是从人们如何使用生活环境并与之发生关系的人类学角度去考虑。笔者在与广西壮族自治区博物馆吴馆长的交谈中也谈到了这几个问题，吴馆长认为：

> 铜鼓文化的推广和运用，还停留在表面上。虽然很多人都在使用铜鼓符号，但其实很多人对铜鼓是不了解的，仅仅是为了用而用。他们就觉得这个地方要突出地域文化特色，突出民族文化特色，就用了。实际上，他们是不懂铜鼓是怎么来的，它的用途是什么，仅仅是为了用而用，这是现在比较普遍的一种现象。另外，铜鼓文化符号的运用比较单一，千篇一律。到哪都是那个鼓面，特别单一，这跟我们的研究有关，或者说和我们民族文化的传播有一定的关系，说明我们现在做这方面研究的人太少。铜鼓文化的元素是很丰富的，但现在用到民间，其象征性的元素多是鼓面，显得特别单调。同时，也有一些地方用得不对，同一种类型不相符，有一些错误的图案误导了我们。但是我对这个也不是特别注意。

（四）铜鼓艺术田野考察反思

铜鼓艺术参与到红水河流域城市建设中是当今全球化与城市化必然的结果。在这一过程中，铜鼓艺术成为红水河流域社会各阶层的工具，传统铜鼓作为神器的价值被逐渐淡化，人们更多地追求铜鼓艺术作为文化符号的符号价值，以实现身份认同的心理投射。一方面，现代社区中以城市景观为载体的铜鼓艺术，它的本真性、神圣性被部分消解，却也凸显了它在文化身份、民族精神方面的象征意义。壮族人民珍视铜鼓艺术，对铜鼓艺术仍满怀敬仰；壮族人民需要铜鼓景观来展现民族文化与历史，更需要铜鼓景观来展现文化身份、民族精神。另一方面，铜鼓景观出现在现代社区，对于他者而言，能获得他心中对该地区及民族的印象，获取最具代表性的文化符号；对于文化持有者而言，能够使本民族文化得到保护与宣传，并在全球一体化浪潮中得到传承与发展。与此同时，对文化持有者也带来了一些不良影响：文化主权的剥削、文化解释权的弱化等。由此可见，传统铜鼓艺术脱离原生自然环境及人文环境成为广西首府的文化符号，并不能简单论其功过是非，我们应该理性看待，利用积极正面的因素推动民族文化的新发展，也应当理性思考与对待其中可能存在的问题，避免对民族文化过分的开发利用而导致歪曲、贬损的现象，提高全社会保护民族文化的意识，引导民族文化健康有序地发展。

1. 铜鼓景观与人的关系

（1）把关人视角下的民族文化符号

把关人希望融合现代主流文化，把铜鼓景观塑造成民族文化符号。笔者认为，把关人对铜鼓景观的解读就是在回答他们如何构建人、景观、符号三者的关系网。

索绪尔的结构语言学是在社会文化体系发生转变时期提出来的，目的在于能通过对语言的研究让社会上普遍流行的符号法则更为明晰，提出了符号由能指和所指构成，认为两者具有意指关系。法国学者罗兰·巴特继承并发展了此理论，他认为结构语言学是符号学的一部分，在文化符号学中起指导作用，目的是解释文化和文学现象的两种普遍意义构造：直接意义系统（直指作用）和间接意义系统（涵指作用）的构成分析。也就如尚·布希亚所说，一个物抽象化成为符号之间有三个系统，且每个系统之间又有能指和所指：第一个是真实系统，也就是物的本身；第二个是直接意指系统，也就是成为符号后所指符号的载体，而意指则是它的象征价值；第三个是含蓄意指系统，已经上升到罗兰·巴特所谓人的心理投射意识形态方面。尚·布希亚把此文化符号学理论作为研究工具使用，认为如果我们排除纯粹的技术物品，我们便可观察到两个层次的存在，那便是客观本义和引申意义层次。[①] 也就是说，铜鼓艺术向现代社区铜鼓景观的转换，经历了三个功能之间的能指与所指的表征，铜鼓艺术这个“物”的功能向功能性转变。

以东兰县城的拔群广场为例加以说明。步入拔群广场，可以观察到铜鼓艺术的这个“物”在广场设计中被广泛运用，出现在灯饰、地面铺装、护栏和图腾立柱等处，形成了独特的铜鼓景观。这一运用已经脱离了原本第一系统“物品、物体”的能指和所指，上升到了第二系统。

笔者在拔群广场听到一游客询问本地人：“这里命名为拔群广场，为什么广场中还用那么多铜鼓做设计？”本地人是这样回答他的：“韦拔群同志是我们本地人，也是带领我们走向中国共产党的第一人，为建设红色革命根据地做出了不可磨灭的贡献；同时韦拔群同志又是壮族人，是社会生活中铜鼓习俗成就了他，因此广场上既有铜鼓景观，又有将军园，这样的景观组合成了拔群广场。”拔群广场的铜鼓景观本身没有直接的实用功能，但由于人们喜欢在拔群广场休憩、锻炼、游玩，加之东兰县举办的河池市铜鼓山歌艺术节也以此为场地，人们的社会活动赋予了铜鼓景观新的意义。它不再仅仅是物理空间，而是承载了时间维度的四维空间，成为文化与生活的交汇点。铜鼓景观向外来者展示的是广西本地的历史文化，好像时时刻刻都在提醒自己和外来者，我们广西这里的民族是有文化有地位的，铜鼓艺术就是我们广西的文化符号，反映了寻求身份认同的心理投射。就如罗兰·巴特第三个含蓄意指的寓意：铜鼓艺术在现代社区已经成为一种文化符号，它的文化引申意义能指的是广西文化。

铜鼓在传统村落社会生活中也是一种工具，此时铜鼓艺术对应于罗兰·巴特的第一系统——物品、物体，而它具有物的一个自然属性——功能。但是从传统村落到现代社区的空间与时间转变使铜鼓的功能发生了改变。传统的铜鼓具有特定的意义和地位，如祭祀、娱人娱神等，这种能指与所指的规约性使铜鼓艺术获得一种深度象征——神器，因此，它具有一种独一无二的神圣感。现代社区把它抽象成为文化符号呈现在城市景观中，建立起一种与城市风貌协调的整体性。也就是说，现代社区铜鼓艺术的价值不在于其本身的功能，而在于其与整个社会环境组织的关系。由此，传统铜鼓艺术的神圣感逐渐淡化，代之以不同的景观空间中人们自由地流动与变化，成为代表壮族文化体系符号的一个元素。由此，现代社区铜鼓景观超越了传统的功能而走向了功能性。“功能性的真义是能被整合于一个整体中的能力。就物品而言，正是拥有超越它的‘功能’的可能，以迈向一个二次度功能，并且也代表有可能，在一个普遍的记号体系中，成为游戏、排列组合、计算中的一个元素。”[②] 这样铜鼓艺术经过抽象化程序进入了城市景观中，即第二系统铜鼓景观，对于传统铜鼓艺术而言，它是非功能物，能指不是铜鼓景观，而是看这景观的人的心理投射。此时的铜鼓艺术抽象化为一个概念，成为主体的一个心理表象。

因此，铜鼓景观在现代社区中成为社会各阶层的工具，并非被动的利用与开发，而是“一种［建立］关系的主动模式（而且这不只是［人］和物品间的关系，也是［人］和集体与和世界间的关系），它是一种系统性活动的模式，也是一种全面性的回应，在它之上，

① 尚·布希亚：《物体系》，林志明译，上海人民出版社，2001，第7页。
② 尚·布希亚：《物体系》，林志明译，上海人民出版社，2001，第72页。

建立了我们文化体系的整体”[①]。概览当前全球化与城市化进程中铜鼓艺术作为文化资源参与城市建设的现状可知，传统民族文化作为一种文化资源和民众身份的象征，通过塑造城市空间的方式进入了红水河流域的社会公共空间，使得民族文化得以激活、保护与传承。同时，这些文化元素在社会公共空间中寻求自己的身份认同，成为现代社会人与人、人与物、人与社会关系之间的桥梁。

(2) 民众眼中的活动场所

铜鼓景观对于民众来说，是日常生活的活动场所。

第一，铜鼓景观是人们日常交往的场所，人们在此处聊天、散步、跳舞等。正如阿格妮丝·赫勒所指出的：“日常的接触发生在自己的空间……日常生活清楚展示其空间，空间的经历和空间的理解不可分割地连接在一起。”铜鼓景观所处的空间范围是最放松的休息和社交场所，可以一个人独自在景观周围停留几个小时，观赏景物或者看他人跳舞，或者自己融入其中跑步、散步、跳舞、打拳、聊天等。

第二，感受民族文化的场所。游客通过铜鼓的外观感受到当地丰富的历史文化，以及景观所展现的、与自身文化不同的具象造型。游客通过对景观的想象来认识铜鼓文化，从而获得对铜鼓文化的浅层认知。对当地民众而言，虽然铜鼓景观体现了他们的民族文化，但是并没有让他们更加认同自己的文化，也没有激发他们保护和传承文化的意识。所以只能说这些铜鼓景观是感受民族文化的场所，而不是学习或者传承民族文化的场所。

2. 谁的文化解释权？

学术界一直在关注研究民族文化应该由谁来表达，应该如何表达或者说以什么样的方式来表达的问题。其实，对此问题，日本学者太田好信在《谁拥有文化的话语权》一文中有明确回答，他认为文化话语只有文化的创造者拥有，包括对本民族文化的解释权、表达权、继承权、创造权、所有权、优先受益权及保留和发展权等，其他非社区村民或者生存在“他者文化”中的成员则没有这种权利。

在“非物质文化遗产热”的语境下，一方面在政府的政策支持下出现了全民开发和保护非物质文化遗产的现状，社会各个阶级积极热情地响应非物质文化遗产保护运动；另一方面，市场经济、旅游和社会精英也不断地介入民族文化之中，不断对民族文化进行开发利用。民族文化已经成为一种资源，被视为一个国家或地区的软实力，是一个国家、地区发展的推动力。因此，“因其特色、因其向世人展示了一种独特的可能的生活方式而可能获得世界性的关注，但不可否认的是一旦这些文化‘走向世界’，由‘脱域’（离开原来的语境）到‘入域’（进入新的语境），就再不可能还是原有的文化了，新的语境会毫不留情地赋予它新的意义而使其不再全然是原有的民族文化”[②]，从而诱发了相关群体对此文化解释权的激烈争夺。

铜鼓艺术脱离传统乡土社区进入红水河流域现代社区的发展主要是受三方面因素的影响：一是国家政策和地方政府的强力推动；二是市场经济冲击；三是专家学者的研究与引导。政府希望通过对铜鼓艺术的重塑，一方面让当地人可以与过去相联系，增强人们的民族向心

① 尚·布希亚：《物体系》，林志明译，上海人民出版社，2001，第222页。
② 马翀炜、陈庆德：《民族文化资本化》，人民出版社，2004，第42页。

力，维护社会秩序；另一方面可为他者提供活态历史和公众记忆，为民族文化的复兴提供新方式。经济上则通过外来游客寻求发展，文化上则通过公共记忆继续传承。但这种自上而下以利益为目的塑造的民族文化话语权已经悄然改变，文化持有者也只是变成“名义上的主人”。当前，铜鼓艺术是以城市景观为载体不断出现在政府宣传部门、主要建筑、市政设施、公园、广场等地方，成为对外展示的地域特色，但城市居民真正了解其中内涵的人却是少之又少，更不要说为他人解说关于铜鼓的知识。对铜鼓艺术的解释具有权威性、代表性的，应该是那些原本了解其民族信仰、传统习俗的传统村落的民众，而不是那些规划者和设计师。铜鼓当然可以出现在城市空间的重要位置，并代表官方话语下的文化体系，但在此过程中，须警惕真正属于文化持有者的、完整的、地域性的文化体系不断消逝的现象。譬如铜鼓的造型艺术，在景观建构中为了美观出现歪曲、嫁接、误读的现象。更有甚者，为了满足游客的好奇心，编造各种民间传说，严重歪曲了其文化内涵。毋庸置疑，非物质文化遗产的保护与开发已经成为文化持有者实现其文化主导权的保障之一。

“这就是一个谁拥有文化解释权的问题，以往的民众虽然是文化的弱势群体，但他们还掌管着一套属于自己的、完整的、地域性的文化体系，但在未来的发展中他们有可能会失去他们文化的全部。即使未来的大众文化也不会属于大众，而是属于文化产业，属于商业化的符号经济。”① 也许笔者在这太过小题大做，但是我们要消解现代社区建构铜鼓景观时出现的文化话语权问题，必须在不破坏本地文化持有者文化传统的基础之上，即把文化持有者从被动变为主动，引导他们学会掌握自己文化话语权的能力，对自己文化有深刻的认识和了解，从而增强文化自觉意识。只有这样，在现代化进程中，面对文化多元与差异并存的现状，才能做到不盲目自卑、不盲目跟从，在文化大变革中才能有自信参与文化结构的转型，从而在文化转型中有自主权，在文化发展中有自主权。这不仅是壮族人民的需要，也是我们整个中华民族的需要，更是全人类的需要。因为说到底，人类的非物质文化遗产应该属于整个人类社会，它是人类社会未来文化发展的基础。

3. 民族艺术融入城市景观设计的启示

通过以上社会群体对铜鼓景观的认知研究，我们可以看到，国家、市场、社会精英、学界等共同的推动使铜鼓艺术以城市景观为载体的方式活动于红水河流域现代社区，但是由于社会各阶层立场不同，往往只顾及自身利益，没有从文化主体方面考虑铜鼓文化的原真性，使得铜鼓景观的艺术特征呈现原真性缺失、同质化和碎片化等问题。这也是其他的民族艺术融入城市景观设计中时常面临的问题。

（1）外部运作：社会各阶层的立场

城市空间是我们现代人赖以生存的空间，而其建设与人们的生产生活密不可分，具有面向公众的开放性，是现代社会民主、公正、共生、理性的体现。因此，社会各阶层面对民族文化在城市空间的运用要有自我立场，要积极合理地引导民族艺术健康有序发展，同时要维护公众的利益。

① 中国非物质文化遗产研究中心：《中国非物质文化遗产保护与开发全书》中卷，长城出版社，2006，第691页。

① 政府

政府可从以下三方面积极引导民族艺术符号融入城市空间的规划和建设。

首先，加强民族艺术内涵的教育与宣传，采取高度整合策略。要让民族艺术被更多的人理解，让地区民族被更多人认同，单纯地寄托于文化客观发展规律是不够的，而应该人为地、健康地、有序地推动文化的发展，使其具有时代性。加强民族艺术文化内涵的教育与宣传，注重将借鉴地的经验和本地情况相结合，注重教育理念、手段和策略的有效整合，有计划、有步骤地实施民族艺术文化内涵公关战略，进行民族艺术宣传。在政府层面设立专门的对外教育和宣传指导协调机构，制定战略教育宣传框架，形成长远规划，变被动教育为主动教育，变被动宣传为主动宣传，分层分类逐步推进。例如，在教育方面，形成从政府领导层到地方院校再到社会大众的、自上而下的教育体制，其中政府人员应起模范带头作用；在宣传方面，搭建从小众媒体到文化展示平台再到国际文化论坛等多层次的宣传平台，旨在培育和打造具有民族艺术特色的文化产业，推出文化产品，传承并发展出新的文化，最终形成当地民族艺术、民族文化"润物无声、细水长流"的对外宣传和教育机制。制定民族艺术对外宣传和教育的反馈、评价和纠正机制，提高教育和宣传的针对性和有效性。教育的过程应避免只知其然而不知其所以然的问题，要深度注重民族艺术文化内涵，借助现代教育形式和传播手段，让现代性教育与宣传不断创新，实现民族艺术的现代性重构，积极营造"各美其美，美人之美，美美共美，天下大同"的氛围。

其次，明确民族艺术符号在城市建设中的应用目标和范围。在"非物质文化遗产热"的语境下，民族艺术作为文化资源参与城市建设的现象已司空见惯，这符合文化自然发展的规律。在城市建设中，应明确民族艺术符号的应用目标和范围。民族艺术符号的应用目标分为民族艺术种类目标和城市应用地目标，应合理规划两者之间的关系。要分清楚什么样的民族艺术应该进行保护与开发，并探讨应如何进行保护与开发，同时考虑这些措施是否适合当地的民族历史与文化精神。此外，还应确保同类民族艺术符号的共性与差异性能够并存。明确城市建设时使用哪些民族艺术符号，同一区域不同单位都应统一，避免"补丁"规划。将民族艺术符号应用在城市建设中要做到主次分明，不是所有领域而是选择重点领域融入民族艺术符号，做到空间上的错落有致，视觉上的协调平稳。

最后，设立相应的民族艺术应用管理部门，提供城市建设研究、策划、建议和评审等平台。现国家政府已有城市规划部门，但缺乏民族艺术应用管理部门。第一，应在民族艺术应用管理部门配备一定数量的具有民族学、文化人类学、建筑美学、社会学等专业背景的人员，对城市民族艺术景观的建设数据进行数字化管理，并记录归档，为设计者和研究者提供资料参考；第二，将民族艺术应用于城市建设，需要通过建立制度来保障。各级政府要建章立制，在公共基础设施建设和公共事业项目的立项、可行性研究、社会评估、绩效评估等环节中，对民族艺术元素的应用提出具体要求，推动建设项目合理有序地吸收民族艺术精华，打造具有文化特色的城市景观精品。

② 规划者 / 设计者

在城市空间与建设的实践环节，规划者或者设计者具有举足轻重的作用，应该从设计的出发点、设计过程、设计评判方面，为社会各阶层提供"以人为本"的服务。

a. 设计出发点：了解城市历史、阅读大地、体验生活

"拼接城市"观念认为，城市是历史的沉淀物，每个历史时期都会在城市留下自己的印记和沉淀。不同时期的印记和沉淀留于城市空间中，可以成为公众识别城市地域历史文化的重要坐标。因此，规划师或设计师应重视了解城市历史，倾听未来场所使用者讲述足

下土地的故事，阅读关于这块土地的自然及人文历史，无论是实物还是文字记录。由此感悟地方精神——一种在当地历史发展历程中形成的内在力量。虽然现在许多地方的基础生活设施已日益现代化，但内在的精神实质却没有变。正如伽达默尔所言：“历史精神的本质并不在于过去食物的修复，而是在于现时生命的思维沟通。”这是规划师或设计师进行规划设计与建设的动力，也是建设后应展现场所本质属性的目的。虽然人们不可能回到那老时光，但地方过去的建筑、空间、文化、生活方式中所有内在的本质都会保存下来，这样既承担了传承历史文化的责任，也符合现代文化发展的需要。

阅读大地的重要性在于你是否了解当地人的生产生活方式。一个民族的历史文化与当地的自然环境息息相关。大地景观是一部人文著作，深刻地烙印着当地人在这生活的足迹，讲述了当地人与人、人与自然的“爱恨情仇”，了解过去、现在甚至未来，才能真正认识自己。

规划师或设计师需要亲身体验生活，只有了解当地人的生活方式和生活习惯，才能了解当地社会的价值观。如果不去了解使用铜鼓艺术的习俗，你就理解不了当地人对于铜鼓内在神圣性的尊崇；如果不去了解壮锦编织技艺的编织程序，你就不理解为什么它能体现壮族妇女勤劳能干的民族精神。只有了解当地人的生活，才会有符合当地人生活的公共空间的设计。

b. 设计过程：号召公众参与

城市空间的建设是社会公众利益的体现，考验着规划师或设计师在建设时体现的道德立场，考验着宣传平台和行业内评论是否遵循正确舆论导向。在设计过程中，体现公正、合理、公开是实施过程中的核心。积极引导公众参与其中，建立公开机制，不论是过程还是结果都公开，让社会大众拥有知情权、反映权和监督权。这样才能保障规划决策和建设方案出台时的程序与结果的公平，促进城市空间建设方面的良性发展。当为不同社会阶层服务的城市景观开始建造时，社会公平也就成为一种定式。“公众参与”成为平衡各阶层利益的有效方式之一。

“公众参与”带给当地人的不仅是自豪感、成就感和归属感等心理感受，还使得城市空间建设具有了更深层的社会意义。这是在规划设计过程中社会公众意愿的真实反映，是对社会各阶层集团利益的平衡尝试。

c. 设计评价：聆听公众内心

营造城市特色名片是现在很多城市表达地方特色的重要手段。要通过具有地方民族特色的城市景观来表达广西的文化形象，一些重要地点的地标都格外吸引目光。然而，社会公众对此褒贬不一，既有质疑也有赞美。那么，谁才是评判的主角呢？在景观设计研究者俞孔坚先生眼中，一个地方城市景观的优劣，首先要看它是否体现当地城市内涵，其次要看它是否得到当地人的认可，符合当地人社会行为中的文化体系标准，最后要看其是否与时俱进，具有时代性的特征。可见，公众对城市景观的认同成为主要的评价标准之一。在当今民族艺术参与城市空间建设的情况下，政府越来越关注融合性问题，规划师或设计师也努力表达其民族特色和文化内涵，然而是否真正受欢迎还是要聆听老百姓内心的声音，而不能受公众媒体左右。

毋庸置疑，社会公众是评价城市景观优劣最有发言权的代表，他们是城市社会的主体，对当地历史了解最清楚，也最能感受到城市景观是否具有历史文脉。那些“面子工程”“政绩项目”是无法正面体现城市地方特色的，因为这种“刻意而为”的城市景观，体现的是政绩功利，而不是能够记录时代、反映城市个性、留存于公众内心、有生命、有灵魂的独特历史文化的再现，因此很难得到社会公众的认同。

③学者

学者对民族艺术的研究是民族艺术在城市空间设计与建设的理论基础，是理论联系实际的基本方式。自20世纪非物质文化遗产保护运动兴起，研究中国各民族民间艺术的专家学者做了大量的工作，通过对民族艺术相关文献整理、考古发掘、田野调查、工艺研究以及实验测试等，厘清民族艺术各个种类的起源、传播和发展，并对其文化内涵进行解读，为民族艺术在现代社区的传承与发展指明了方向。笔者认为，民族艺术相关专家学者在继续加强对各民族艺术研究的同时，还应该大力宣传保护这些非物质文化遗产，以科学的理论依据去指导社会实践，让其为民族艺术保护与开发工作出谋划策，充分发挥出民族艺术作为文化资源参与城市建设时的优势。

④社会公众

社会公众是现代社区生活的主人，社会空间的舒适抑或恶劣，影响着每个人的生活质量。特别是在当今快节奏的时代，不可能像生活在小农经济时代那样，过着四世同堂、日出而作日落而息的日子。不管时代如何变迁，生活方式如何改变，人总是离不开脚下的那片土地。因此，那片土地上的东西是现代生活中的寄托。但是随着文化全球化，政府、专家学者等参与挖掘民族文化历史，文化持有者的文化主权一点点被侵蚀，民族艺术融入城市规划与建设，社会公众成为所谓的受益者。面对这样的境况，笔者认为社会公众应当明晰自身定位，实现从被动受惠者向主动价值创造者的转变。这一角色转变需经历文化认知层面的三重跃升。首先是利益驱动层面，即民族艺术在城市空间的建设源于利益驱动；其次是情感驱动层面，即对民族文化本质的天然情感；最后是知识驱动层面，即在理性认识自身文化价值的基础上，参与城市建设。这三方面都需要提高。每个地区发展状况不一，还需要经过较长的发展过程，经过社会公众的共同努力，把被动受益变为主动受益，营造和谐的社会空间。

（2）内在机制：社会各阶层观念的转变

①多元文化的取舍

构建具有民族文化认同的社会公共空间是城市建设的重中之重。当今，任何一个城市或地区都不是在单一文化下发展起来的。城市景观是体现一个地区本土文化、外来文化、民族文化、宗教文化等多元文化的载体，是城市文化的缩影。所以，在多种文化交融之际应该做好取舍。对本土文化，要保留精髓，摒弃糟粕，这是最能唤起社会公众对城市历史与文化认同的东西，是地域特色表现的关键；对外来文化，要选择性吸收，结合城市的实际情况选择性融合，既不能全盘否定，也不能一概吸收。

多元文化的特点决定了规划师或设计师在提取当地民族艺术文化符号时，应遵循以当地主导文化为主的原则。要真正做到尊重当地民族文化特色，就必须对多元文化进行正确的取舍和表达，否则容易引起社会公众对文化产生误解，甚至引发社会观念的错误导向。

②民主意识的渗透

“民主”一词源于古希腊语，其本意是指一种政治制度，即遵循多数决原则进行集体决策，同时保障个人和少数群体的权利。城市空间的设计和建设也应该积极吸取社会民众的意见。如俞可平所言：“民主是个好东西，不是对个别的人而言的，也不是对一些官员而言的；它是对整个国家和民族而言的，是对广大人民群众而言的……民主政治不会自发运转，它需要人民自己和代表人民利益的政府官员去推动和实践。”①

城市空间的塑造体现着一个城市的整体形象，既是政府民主机制的体现，也是检验社会民主实施的试金石。那些具有“特色”的城市景观蕴含着社会责任意识和人文关怀，因此把关人不应只是政府人员和一些专家、设计师等少数人，既然民主采取以少数服从多数的原则，那么就应该提供社会公众发言的平台。例如，南宁火车东站地面南北广场雕塑设计方案评选就是通过“谁是南宁未来的‘名片’？你来选选”的网上投票活动评选出来的。

为了更好地优化广场景观，打造城市亮丽的风景线，于2014年1月开展的南宁火车东站地面南北广场雕塑设计方案征集活动已圆满结束，下一步将请市民们对入围的11个方案（其中北广场6个，南广场5个）进行投票。

车站广场是集旅客集散、城市休闲、商旅、文化展示于一体的城市综合型广场。建设中的南宁火车东站位于南宁市凤岭新区东北部，是南宁未来的新名片。南广场的用地面积为12.76万平方米，净用地面积为10.76万平方米；北广场的用地面积为9.58万平方米。

在南北广场雕塑设计方案征集活动中，南宁市规划管理局要求设计单位根据南宁市火车东站广场景观规划方案，针对不同的主题景观区域进行设计。其中，北广场景观以“壮乡客厅”为主题，雕塑以体现民族风情为主，分为壮韵洞天（主题雕塑所在区域）、装饰柱、骆越源泉、梯田彩韵、秀石映水、三月歌海6个主题区；南广场景观以“绿城窗口”为主题，雕塑应体现“山水绿城”的特点，分为绿城印象（主题雕塑所在区域）、绿源野趣、绿荫闲怡、绿丘别苑、绿岛阳光5个主题区。本次活动共邀请到4家设计单位进行方案设计，共收到雕塑方案131个。其中，主题雕塑方案33个，小品雕塑方案98个。

专家组经过打分排名及集体讨论，评选出本次进入各主题景观区域前6名的雕塑设计方案。本次入选方案定于2014年4月11日至4月17日在南宁规划信息港（www.nnghj.gov.cn）进行展示，广大市民可通过网络进行投票（每个IP地址只能进行一次投票），每个主题选出4个自己喜爱的方案，投票结果将作为下一步设计工作的参考。

从以上新闻报道可知，南宁火车东站广场的设计遵循了民主原则，且在笔者问卷调查中得知这组铜鼓景观的受众满意程度也是最高的。

总体看来，城市空间的设计或规划体现了政府行政的透明性、开放性。公共场所景观的规划应该考虑到政府视角和民主视角之间的矛盾与统一，做到公共性和人性化并重，既要不失地域特色和端正严明的政府形象，又要最大限度地满足社会民众的便利性需求。城市空间的建设需要相关法律和政策的正确引导和监督，完善民主制度，同时最主要的是社会民众民主意识的培养。积极提倡民主行为，把民主意识带入城市建设中，才能让城市富有活力，体现社会责任意识和人文价值。在迈向民主社会的康庄大道上，城市空间的建设才不至于沦为仅仅象征权力的空间载体。

① 新望主编《改革30年：经济学文选》下册，生活·读书·新知三联书店，2008，第1130页。